AutoCAD 工程设计视频讲堂

轻松学 AutoCAD 2015
电气工程制图

李　波　等编著

電子工業出版社
Publishing House of Electronics Industry
北京 · BEIJING

内 容 简 介

本书共10章和2个附录，分别讲解AutoCAD 2015快速入门，电气工程图的分类特点与常用电气元件图例的创建方法，根据电气工程图的特点讲解电力电气、电路电气、机械电气、控制电气、工厂电气、建筑电气和照明电气工程图的绘制方法，附录中介绍CAD常见的快捷命令和常用的系统变量。

本书以“轻松·易学·快捷·实用”为宗旨，采用双色印刷，将要点、难点、图解等分色注释。配套多媒体DVD光盘中，包含相关案例素材、大量工程图、视频讲解、电子图书等。另外，开通QQ高级群（15310023），以开放更多的共享资源，以便读者能够互动交流和学习。

本书适合AutoCAD初中级读者学习，也适合大中专院校相关专业师生学习，以及培训机构和在职技术人员学习。

图书在版编目（CIP）数据

轻松学AutoCAD 2015电气工程制图 / 李波等编著. —北京：电子工业出版社，2015.6
（AutoCAD工程设计视频讲堂）
ISBN 978-7-121-26208-1

I. ①轻… II. ①李… III. ①电气制图－AutoCAD软件 IV. ①TM02-39

中国版本图书馆CIP数据核字（2015）第118534号

策划编辑：许存权
责任编辑：许存权　　　　特约编辑：谢忠玉　鲁秀敏
印　　刷：涿州市京南印刷厂
装　　订：涿州市京南印刷厂
出版发行：电子工业出版社
　　　　　北京市海淀区万寿路173信箱　　邮编：100036
开　　本：787×1092　1/16　　印张：20　　字数：512千字
版　　次：2015年6月第1版
印　　次：2015年6月第1次印刷
定　　价：65.00元（含DVD光盘1张）

凡所购买电子工业出版社图书有缺损问题，请向购买书店调换。若书店售缺，请与本社发行部联系，联系及邮购电话：（010）88254888。

质量投诉请发邮件至zlts@phei.com.cn，盗版侵权举报请发邮件至dbqq@phei.com.cn。

服务热线：（010）88258888。

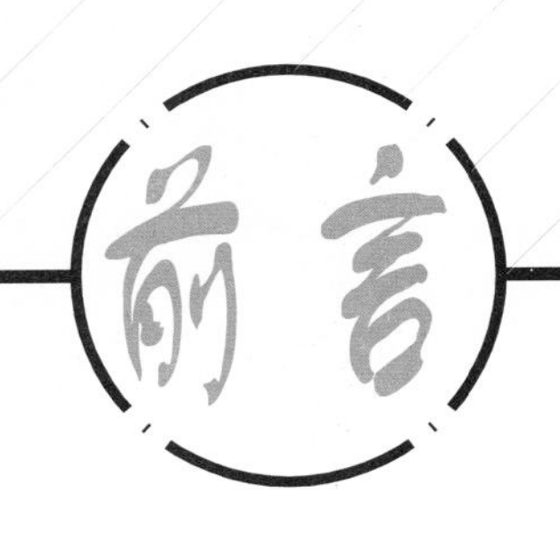

前言

- 随着科学技术的不断发展，计算机辅助设计（CAD）也得到了飞速发展，而最为出色的 CAD 设计软件之一就是美国 Autodesk 公司的 AutoCAD，在 20 多年的发展中，AutoCAD 相继进行了 20 多次的升级，每次升级都带来了功能的大幅提升，目前的 AutoCAD 2015 简体中文版于 2014 年 3 月正式面世。

本书内容

第1章，讲解AutoCAD 2015 快速入门。

第2～3章，讲解电气工程图的分类特点与常用电气元件图例的创建方法。

第4～10章，根据电气工程图的特点，讲解电力电气、电路电气、机械电气、控制电气、工厂电气、建筑电气和照明电气工程图的绘制方法。

附录A、B，介绍CAD常见的快捷命令和常用的系统变量。

本书特色

- 经过调查，以及多次与作者长时间的沟通，本套图书的写作方式、编排方式将以全新模式，突出技巧主题，做到知识点的独立性和可操作性，每个知识点尽量配有多媒体视频，是 AutoCAD 用户不可多得的一套精品工具书，主要有以下特色。

版本最新 紧密结合

- 以2015版软件为蓝本，使之完全兼容之前版本的应用；在知识内容的编排上，充分将AutoCAD软件的工具命令与建筑专业知识紧密结合。

版式新颖 美观大方

- 图书版式新颖，图注编号清晰明确，图片、文字的占用空间比例合理，通过简洁明快的风格，并添加特别提示的标注文字，提高读者的阅读兴趣。

多图组合 步骤编号

- 为节省版面空间，体现更多的知识内容，将多个相关的图形组合编排，并进行步骤编号注释，读者看图即可操作。

双色印刷 轻松易学

- 本书双色编排印刷，更好地体现出本书的重要知识点、快捷键命令、设计数据等，让读者在学习的过程中，达到轻松学习，容易掌握的目的。

全程视频 网络互动

• 本书全程视频讲解，做到视频与图书同步配套学习；开通QQ高级群（15310023）进行互动学习和技术交流，并可获得到大量的共享资料。

读者对象

- 特别适合教师讲解和学生自学。
- 各类计算机培训班及工程培训人员。
- 相关专业的工程设计人员。
- 对AutoCAD设计软件感兴趣的读者。

学习方法

- 其实 AutoCAD 工程图的绘制很好学，可通过多种方法利用某个工具或命令，如工具栏、命令行、菜单栏、面板等。但是，学习任何一门软件技术，都需要动力、坚持和自我思考，如果只有三分钟热度、遇见问题就求助别人、对此学习无所谓，是学不好、学不精的。
- 对此，作者推荐以下 6 点建议，希望读者严格要求自己进行学习。

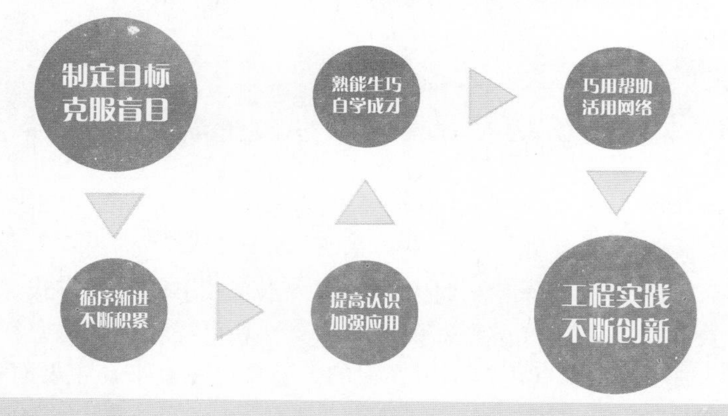

写作团队

- 本书由“巴山书院”集体创建，由资深作者李波主持编写，另外，参与编写的人员还有冯燕、江玲、袁琴、陈本春、刘小红、荆月鹏、汪琴、刘冰、牛姜、王洪令、李友、黄妍、郝德全、李松林等。
- 感谢您选择了本书，希望我们的努力对您的工作和学习有所帮助，也希望把您对本书的意见和建议告诉我们（邮箱：helpkj@163.com　QQ 高级群: 15310023）。
- 书中难免有疏漏与不足之处，敬请专家和读者批评指正。

注：本书中案例工程图的尺寸单位，除特别注明外，默认为毫米（mm）。

李波

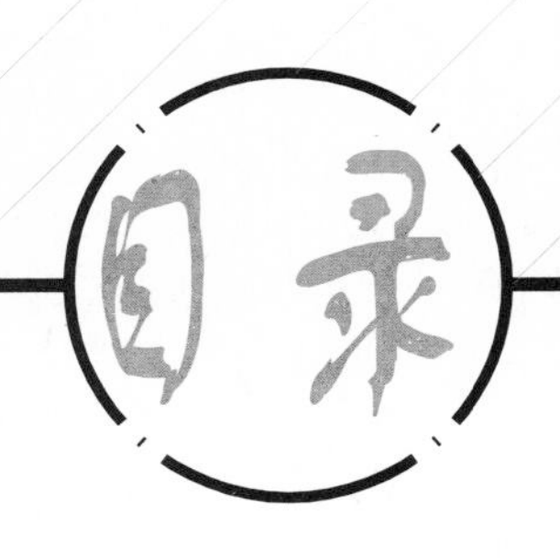

读书破万卷

读书破万卷

1

AutoCAD 2015 快速入门

本章导读

随着计算机辅助绘图技术的不断普及和发展，用计算机绘图全面代替手工绘图将成为必然趋势，只有熟练地掌握计算机图形的生成技术，才能够灵活自如地在计算机上表现自己的设计才能和天赋。

本章内容

- AutoCAD 2015 软件基础
- ACAD 图形文件的管理
- ACAD 绘图环境的设置
- ACAD 命令与变量的操作
- ACAD 辅助功能的设置
- ACAD 图形对象的选择
- ACAD 视图的显示控制
- ACAD 图层与对象的控制
- ACAD 文字和标注的设置
- 绘制第一个 ACAD 图形

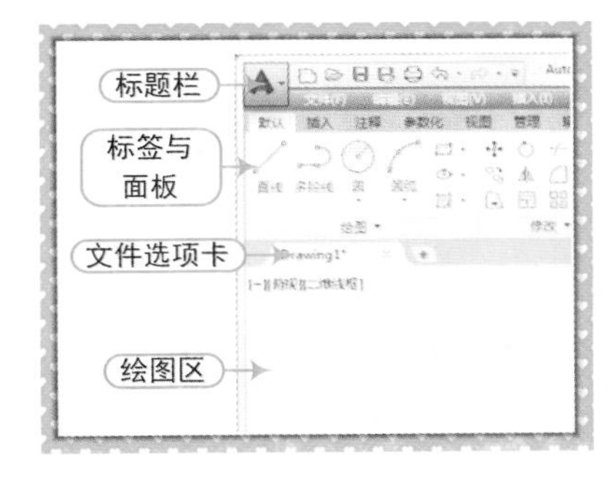

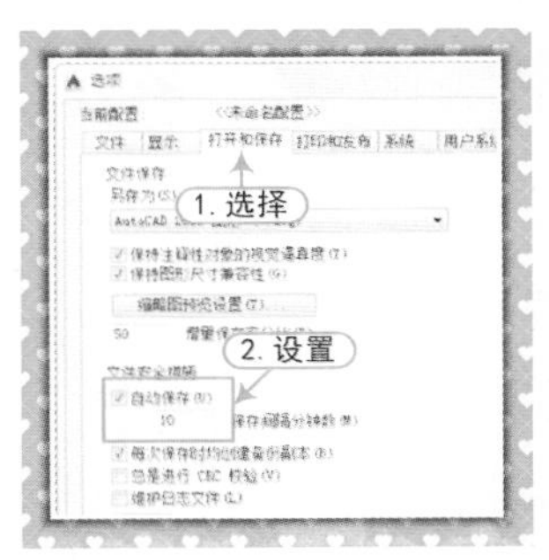

1.1 AutoCAD 2015 软件基础

AutoCAD 软件是美国 Autodesk 公司开发的产品，是目前世界上应用最广泛的 CAD 软件之一。它已经在机械、建筑、航天、造船、电子、化工等领域得到了广泛的应用，并且取得了硕大的成果和巨大的经济效益。

1.1.1 AutoCAD 2015 软件的获取方法

案例	无	视频	AutoCAD 2015 软件的获取方法.avi	时长	03'16"

对于 AutoCAD 2015 软件的获取方法，请用户观看其视频文件的方法来操作。

1.1.2 AutoCAD 2015 软件的安装方法

案例	无	视频	AutoCAD 2015 软件的安装方法.avi	时长	04'52"

对于 AutoCAD 2015 软件的安装方法，请用户观看其视频文件的方法来操作。

1.1.3 AutoCAD 2015 软件的注册方法

案例	无	视频	AutoCAD 2015 软件的注册方法.avi	时长	05'23"

对于 AutoCAD 2015 软件的注册方法，请用户观看其视频文件的方法来操作。

1.1.4 AutoCAD 2015 软件的启动方法

案例	无	视频	AutoCAD 2015 软件的启动方法.avi	时长	02'40"

当用户的电脑已经成功安装并注册 AutoCAD 2015 软件后，用户即可以启动并运行该软件。与大多数应用软件一样，要启动 AutoCAD 2015 软件，用户可通过以下四种方法实现。

方法 01 双击桌面上的【AutoCAD 2015】快捷图标。

方法 02 右击桌面上的【AutoCAD 2015】快捷图标，从弹出的快捷菜单中选择【打开】命令。

方法 03 单击桌面左下角的【开始】|【程序】|【Autodesk | AutoCAD 2015-Simplified Chinese】命令。

方法 04 在 AutoCAD 2015 软件的安装位置，找到其运行文件“acad.exe”文件，然后双击即可。

1.1.5 AutoCAD 2015 软件的退出方法

案例	无	视频	AutoCAD 2015 软件的退出方法.avi	时长	01'36"

在 AutoCAD 2015 中绘制完图形文件后，用户可通过以下四种方法之一来退出。

方法 01 在 AutoCAD 2015 软件环境中单击右上角的“关闭”按钮。

方法 02 在键盘上按<Alt+F4>或<Ctrl+Q>组合键。

方法 03 单击 AutoCAD 界面标题栏左端的图标，在弹出的下拉菜单中单击“关闭”按钮。

方法 04 在命令行输入 Quit 命令或 Exit 命令并按<Enter>键。

通过以上任意一种方法，可对当前图形文件进行关闭操作。如果当前图形有所修改且没有存盘，系统将出现 AutoCAD 警告对话框，询问是否保存图形文件，如图 1-1 所示。

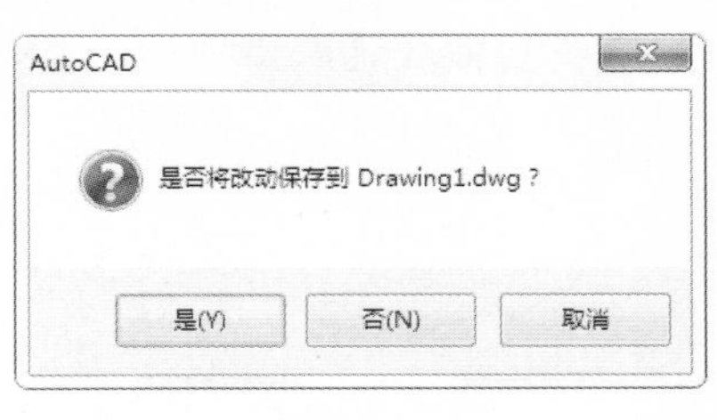

图 1-1

注意：ACAD 文件退出时是否要保存。

在警告对话框中，单击“是（Y）”按钮或直接按（Enter）键，可以保存当前图形文件并将对话框关闭；单击“否（N）”按钮，可以关闭当前图形文件但不存盘；单击“取消”按钮，取消关闭当前图形文件操作，既不保存也不关闭。如果当前所编辑的图形文件没命名，那么单击“是（Y）”按钮后，AutoCAD 会打开“图形另存为”的对话框，要求用户确定图形文件存放的位置和名称。

1.1.6 AutoCAD 2015 草图与注释界面

案例	无	视频	AutoCAD 2015 草图与注释界面.avi	时长	11'14"

第一次启动 AutoCAD 2015 时，会弹出【Autodesk Exchange】对话框，单击该对话框右上角的【关闭】按钮，将进入 AutoCAD 2015 工作界面，默认情况下，系统会直接进入如图 1-2 所示的“草图与注释”空间界面。

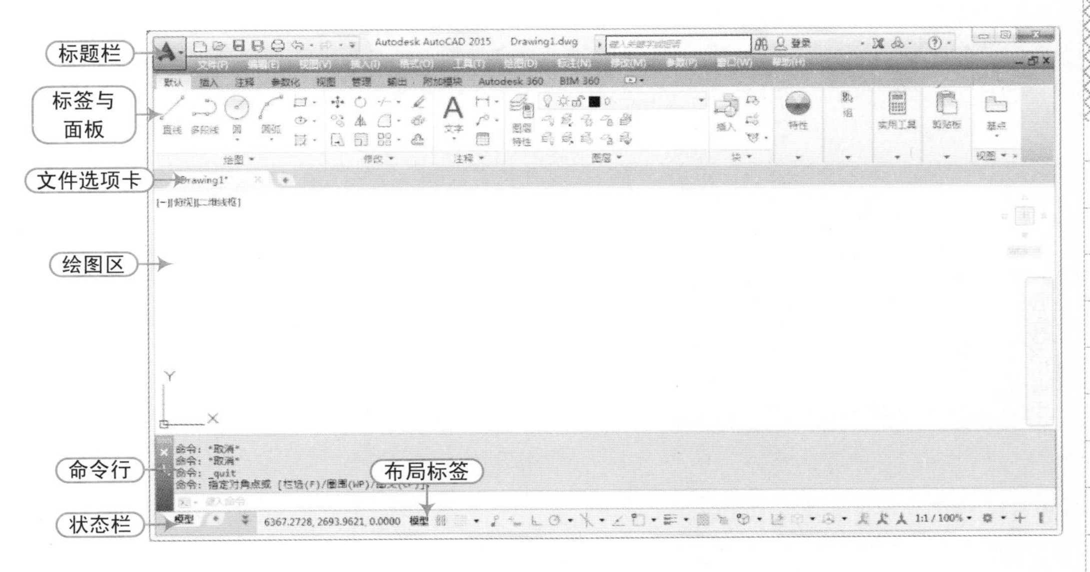

图 1-2

1. AutoCAD 2015 标题栏

AutoCAD 2015 标题栏包括“菜单浏览器”按钮、“快速访问”工具栏（包括新建、打开、保存、另存为、打印、放弃、重做等按钮）、软件名称、标题名称、“搜索”框、“登录”

按钮、窗口控制区（即“最小化”按钮、“最大化”按钮、“关闭”按钮），如图 1-3 所示。这里以“草图与注释”工作空间为例进行讲解。

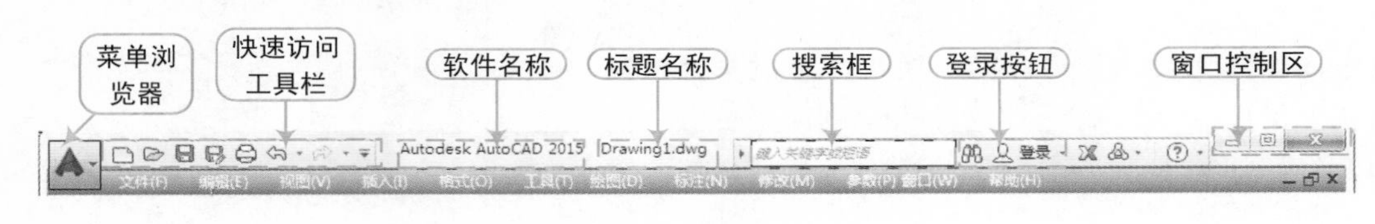

图 1-3

2. AutoCAD 2015 的标签与面板

在标题栏下侧有标签，在每个标签下包括有许多面板。例如“默认”选项标题中包括绘图、修改、图层、注释、块、特性、组、实用工具、剪贴板等面板，如图 1-4 所示。

图 1-4

提示：选项卡与面板卡的显示效果。

在标签栏的名称最右侧显示了一个倒三角，用户单击按钮，将弹出一个快捷菜单，可以进行相应的单项选择来调整标签栏显示的幅度，如图 1-5 所示。

图 1-5

3. AutoCAD 2015 图形文件选项卡

AutoCAD 2015 版本提供了图形选项卡，在打开的图形间切换或创建新图形时非常方便。

使用“视图”选项卡中的“文件选项卡”控件来打开或关闭图形选项卡工具条，当文件选项卡打开后，在图形区域上方会显示所有已经打开的图形选项卡，如图 1-6 所示。

图 1-6

文件选项卡是以文件打开的顺序来显示的，可以拖动选项卡来更改图形的位置，如图 1-7 所示为拖动图形 1 到中间位置的效果。

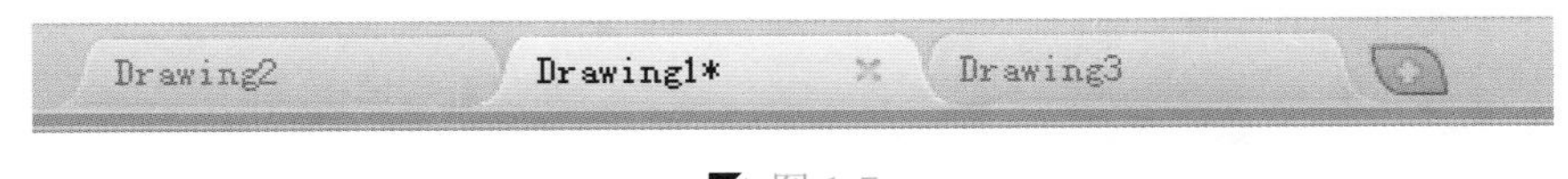

图 1-7

4. AutoCAD 2015 的菜单栏与工具栏

在 AutoCAD 2015 的“草图与注释”工作空间状态下，其菜单栏和工具栏处于隐藏状态。

如果要显示其菜单栏，那么在标题栏的“工作空间”右侧单击其倒三角按钮（即“自定义快速访问工具栏”列表），从弹出的列表中选择“显示菜单栏”，即可显示 AutoCAD 的常规菜单栏，如图 1-8 所示。

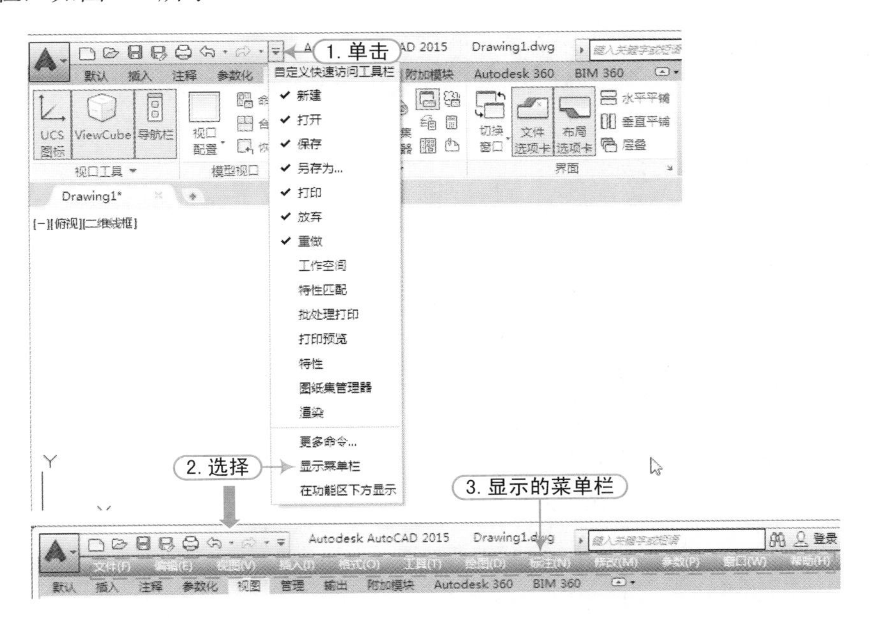

图 1-8

如果要将 AutoCAD 的常规工具栏显示出来，用户可以选择"工具｜工具栏"菜单项，从弹出的下级菜单中选择相应的工具栏即可，如图 1-9 所示。

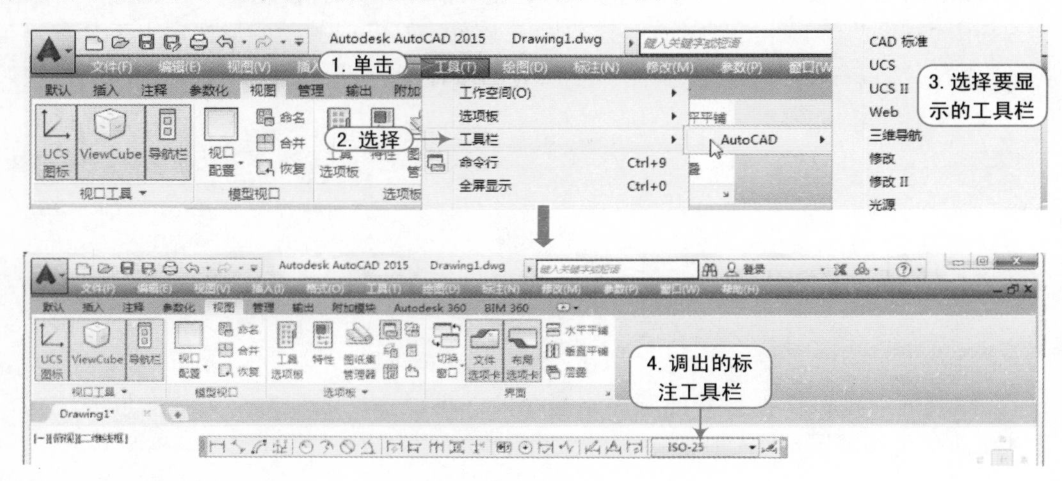

图 1-9

技巧：工具按钮名称的显示

如果用户忘记了某个按钮的名称，只需要将鼠标光标移动到该按钮上面停留几秒钟，就会在其下方出现该按钮所代表的命令名称，看见名称就可快速地确定其功能。

5. AutoCAD 2015 的绘图区域

绘图区也称为视图窗口，即屏幕中央空白区域，是进行绘图操作的主要工作区域，所有的绘图结果都反映在这个窗口中。用户可以根据需要关闭一些"工具栏"，以扩大绘图的空间。如果图纸比较大，需要查看未显示的部分时，可以单击窗口右边和下边滚动条上的箭头，或拖动滚动条上的滑块来移动图纸。在绘图窗口中除了显示当前的绘图结果外，还显示了当前使用的坐标系类型及坐标原点，X 轴、Y 轴、Z 轴的方向等。

默认情况下，坐标系为世界坐标系(WCS)，绘图窗口的下方有"模型"和"布局"选项卡，单击其选项卡可以在模型空间和图纸空间之间切换，如图 1-10 所示。

6. AutoCAD 2015 的命令行

命令行是 AutoCAD 与用户对话的一个平台，AutoCAD 通过命令反馈各种信息，用户应密切关注命令行中出现的信息，根据信息提示进行相应的操作。

使用 AutoCAD 绘图时，命令行一般有以下两种显示状态。

（1）等待命令输入状态：表示系统等待用户输入命令，以绘制或编辑图形，如图 1-11 所示。

（2）正在执行命令状态：在执行命令的过程中，命令行中将显示该命令的操作提示，以方便用户快速确定下一步操作，如图 1-12 所示。

7. AutoCAD 2015 的状态栏

状态栏位于 AutoCAD 2015 窗口的最下方，主要由当前光标的坐标、辅助工具按钮、布局空间、注释比例、切换空间、状态栏菜单、全屏按钮等各个部分组成，如图 1-13 所示。

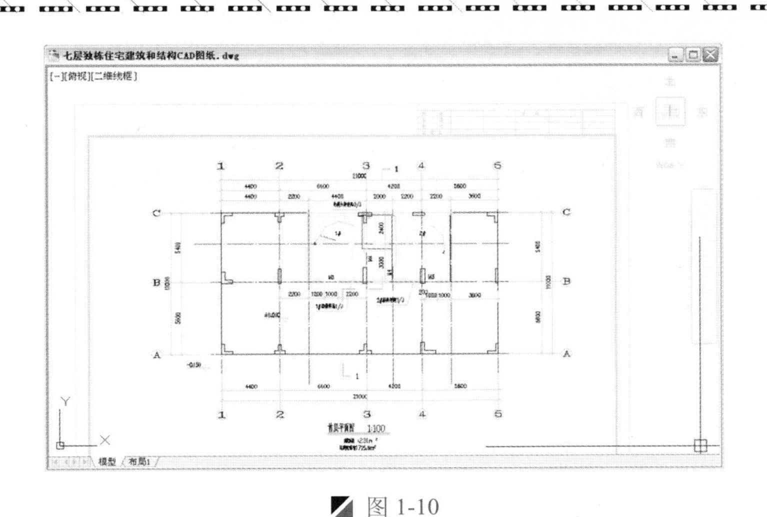

图 1-10

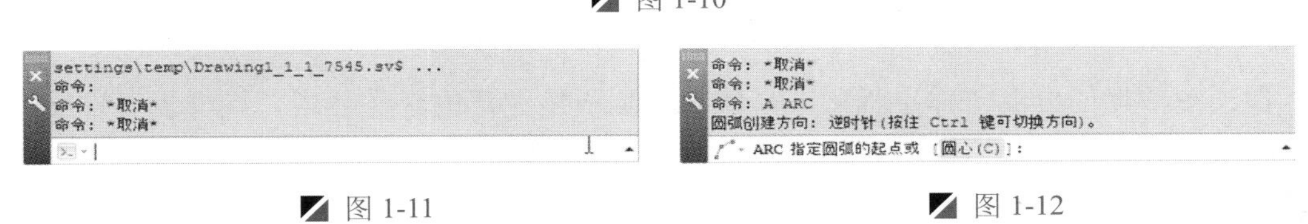

图 1-11　　　　图 1-12

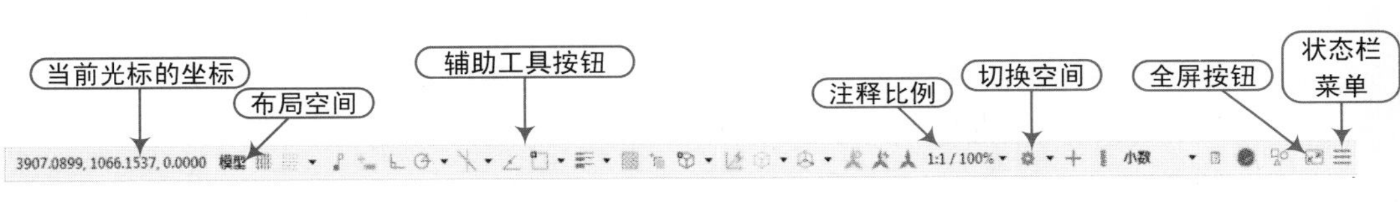

图 1-13

1.2　ACAD 图形文件的管理

在 AutoCAD 2015 中，图形文件的管理包括创建新的图形文件、打开已有的图形文件、保存图形文件、加密图形文件、输入图形文件和关闭图形文件等操作。

1.2.1　图形文件的新建

案例	无	视频	图形文件的新建.avi	时长	02'27"

在 AutoCAD 2015 中新建图形文件，用户可通过以下四种方法之一来实现。

方法 01　在 AutoCAD 2015 界面中，单击左上角快速访问工具栏的“新建”按钮。

方法 02　在键盘上按<Ctrl+N>组合键。

方法 03　单击 AutoCAD 界面标题栏左端的图标，在弹出的下拉菜单中单击“新建”按钮。

方法 04　在命令行输入 NEW 命令并按<Enter>键。

通过以上任意一种方法，可对图形文件进行新建操作。执行命令后，系统会自动弹出“选择样板”对话框，在文件下拉列表中一般有 dwt、dwg、dws 三种格式图形样板，根据用户需求，选择打开样板文件，如图 1-14 所示。

读书破万卷

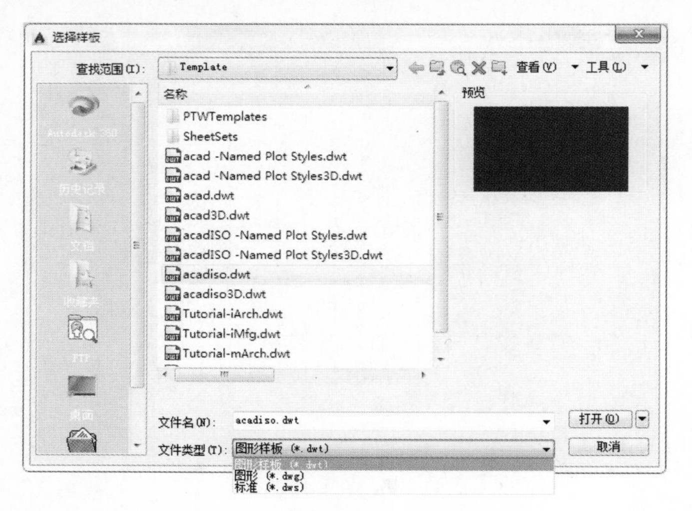

图 1-14

在绘图前期的准备工作过程中，系统会根据所绘图形的任务要求，在样板文件中进行统一图形设置，其中包括绘图的单位、精度、捕捉、栅格、图层和图框等。

注意：样板文件的使用

使用样板文件可以让绘制的图形设置统一，大大提高工作效率，用户也可以根据需求，自行创建新的样板文件。

1.2.2 图形文件的打开

案例	无	视频	图形文件的打开.avi	时长	05'04"

在 AutoCAD 2015 中打开已存在的图形文件，用户可通过以下四种方法之一来实现。

方法 01 在 AutoCAD 2015 界面中，单击左上角快速访问工具栏的“打开”按钮。

方法 02 在键盘上按<Ctrl+O>组合键。

方法 03 单击 AutoCAD 界面标题栏左端的图标，在弹出的下拉菜单中单击“打开”按钮。

方法 04 在命令行输入 Open 命令并按<Enter>键。

通过以上几种方法，系统将弹出“选择文件”对话框，用户根据需求在给出的几种格式中进行选择，打开文件，如图 1-15 所示。

注意：文件格式的了解

在系统给出的图形文件格式中，dwt 格式文件为标准图形文件，dws 格式文件是包含标准图层、标准样式、线性和文字样式的图形文件，dwg 格式文件是普通图形文件，dxf 格式的文件是以文本形式储存的图形文件，能够被其他程序读取。

在 AutoCAD 2015 中，用户可以根据需要，选择局部文件的打开，首先在 AutoCAD 2015 界面标题栏单击左上角的“打开”按钮，在弹出的“选择文本”对话框中，选择需要打开的文件后，单击“打开”按钮右侧的倒三角按钮，在下拉菜单中会出现包括“局部打开”在内的 4 种打开方式，如图 1-16 所示。

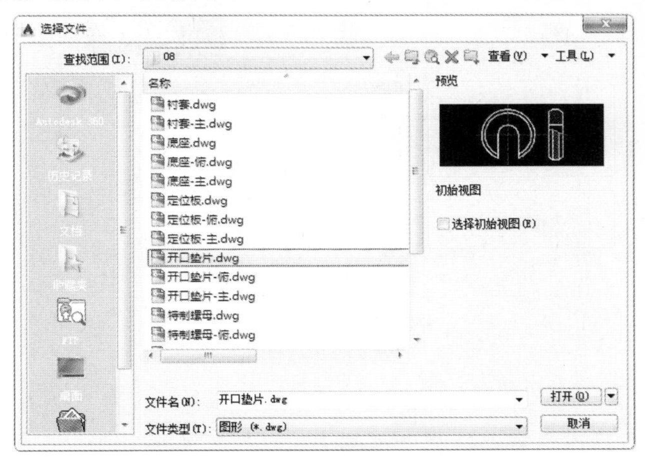

图 1-15

在 AutoCAD 2015 中，用户也可以同时打开多个相同类型的文件，通过各种平铺的方式来展示所打开的文件。单击菜单栏中的“窗口”菜单命令，在下拉菜单列表中，有“层叠”、“水平平铺”和“垂直平铺”三种常用的排列方式，用户可根据需求选择使用，如图 1-17 所示。

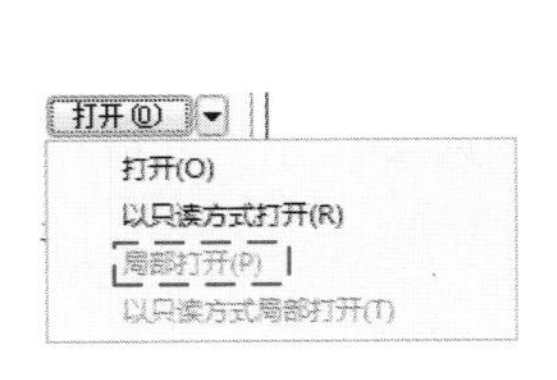

图 1-16

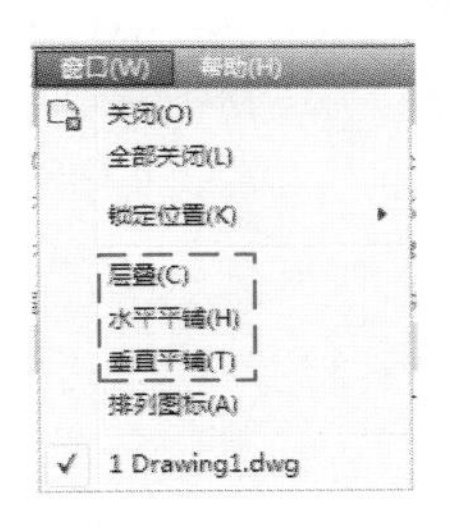

图 1-17

1.2.3 图形文件的保存

案例	无	视频	图形文件的保存.avi	时长	04'05"

在 AutoCAD 2015 中，要想对当前图形文件进行保存，用户可通过以下四种方法之一来实现。

方法 01 在 AutoCAD 2015 界面中，单击左上角快速访问工具栏的“保存”按钮。

方法 02 在键盘上按<Ctrl+S>组合键。

方法 03 单击 AutoCAD 界面标题栏左端的图标，在弹出的下拉菜单中单击“保存”按钮。

方法 04 在命令行输入 Save 命令并按<Enter>键。

通过以上几种方法，系统将弹出“图形另存为”对话框，用户可以命名中进行保存，一般情况下，系统默认的保存格式为.dwg 格式，如图 1-18 所示。

图 1-18

提示：文件的自动保存

在绘图过程中，用户可以选择“工具 | 选项”菜单项，在弹出的“选项”对话框中选择“打开和保存”选项卡，然后在“自动保存”复选框中设置间隔保存的时间，从而实现系统自动保存，如图 1-19 所示。

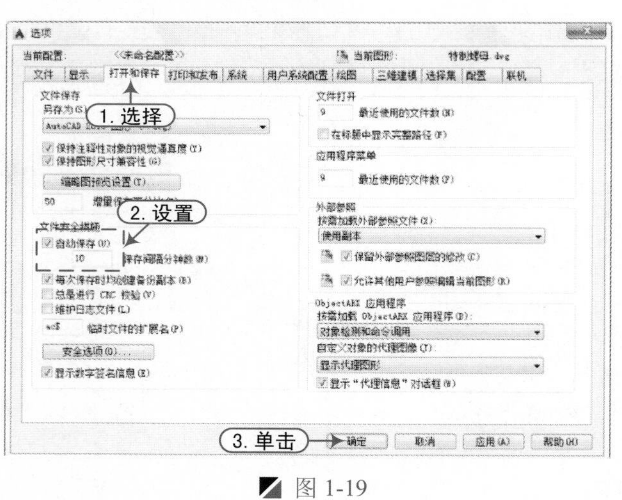

图 1-19

1.2.4 图形文件的加密

案例	无	视频	图形文件的加密.avi	时长	02'05"

在 AutoCAD 2015 中，用户想要对图形文件进行加密，使得别人无法打开该图形文件，可以通过以下步骤进行设置。

Step 01 执行“文件 | 保存”菜单命令，在弹出的“图形另存为”对话框中，单击右上侧的“工具”按钮，在弹出的下拉菜单中选择“安全选项”命令，系统将弹出“安全选项”对话框，如图 1-20 所示。

Step 02 在弹出的“安全选项”中填写想要设置的密码，并单击“确定”按钮后，系统将弹出“确认密码”对话框，再次输入密码后单击“确定”按钮，即已对图形文件加密，如图 1-21 所示。

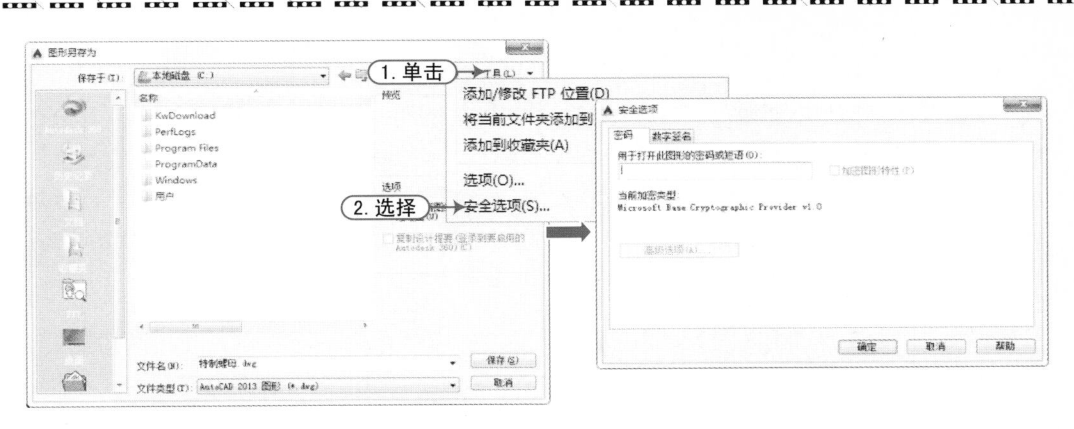

图 1-20

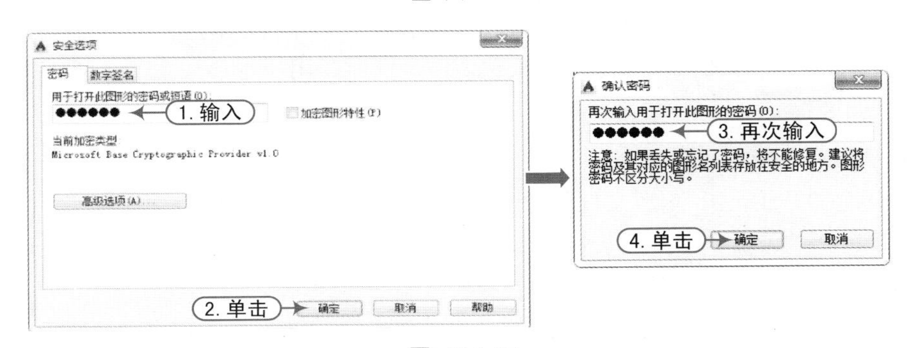

图 1-21

1.2.5 图形文件的关闭

案例	无	视频	图形文件的关闭.avi	时长	03'59"

在 AutoCAD 2015 中，要将当前视图中的文件关闭，可使用如下四种方法之一。

方法 01 在 AutoCAD 2015 软件环境中单击右上角的“关闭”按钮 ×。

方法 02 在键盘上按<Alt+F4>或<Ctrl+Q>组合键。

方法 03 单击 AutoCAD 界面标题栏左端的图标，在弹出的下拉菜单中单击“关闭”按钮。

方法 04 在命令行输入 Quit 命令或 Exit 命令并按<Enter>键。

通过以上任意一种方法，可对当前图形文件进行关闭操作。如果当前图形有修改而没有存盘，系统将出现 AutoCAD 警告对话框，询问是否保存图形文件，如图 1-22 所示。

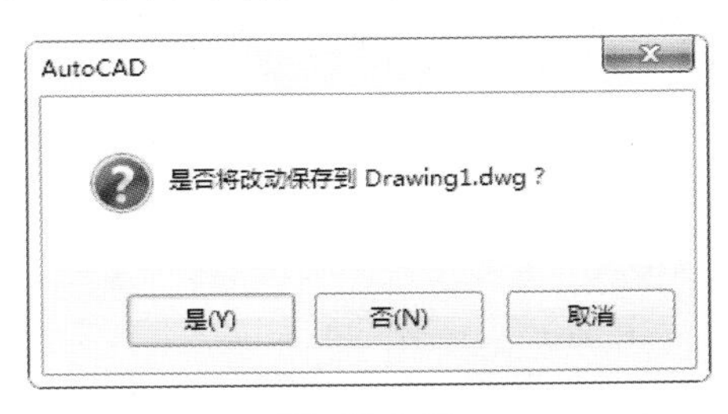

图 1-22

注意：ACAD 文件退出时是否保存

在警告对话框中，单击“是（Y）”按钮或直接按〈Enter〉键，可以保存当前图形文件并将对话框关闭；单击“否（N）”按钮，可以关闭当前图形文件但不存盘；单击“取消”按钮，取消关闭当前图形文件操作，既不保存也不关闭。如果当前所编辑的图形文件没命名，那么单击“是（Y）”按钮后，AutoCAD 会打开“图形另存为”的对话框，要求用户确定图形文件存放的位置和名称。

1.2.6 图形文件的输入与输出

案例	无	视频	图形文件的输入与输出.avi	时长	04'06"

在 AutoCAD 2015 中，绘制图形对象时，除了可以保存为 .dwg 格式的文件外，还可以将其输出为其他格式的文档，以便其他软件调用；同时，用户也可以在 AutoCAD 中调用其他软件绘制的文件。

1. 图形文件的输入

在 AutoCAD 2015 中，图形文件的输入可通过执行“文件 | 输入”菜单命令，或者在“插入面板”中选择“输入”命令来完成，随后系统会弹出“输入文件”对话框，用户根据需要，在系统允许的文件格式中，选择打开图像文件，如图 1-23 所示。

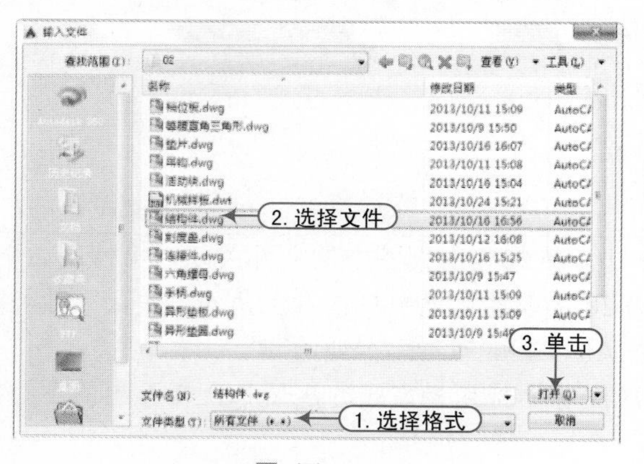

图 1-23

提示：图形文件的显示

在“输入文件”对话框中，只能在首先选择了需要打开的图形文件格式后，图形文件才会显示出来，供用户单击选择。

2. 图形文件的输出

在 AutoCAD 2015 中，图形文件的输出可通过执行“文件 | 输出”菜单命令，系统会弹出“输出数据”对话框，用户根据需要，在“输出数据”对话框中设置好图形的“保存路径”、“文件名称”和“文件类型”，设置好后，单击对话框中的“保存”按钮，将切换到绘图窗口中，可以选择需要保存的对象，如图 1-24 所示。

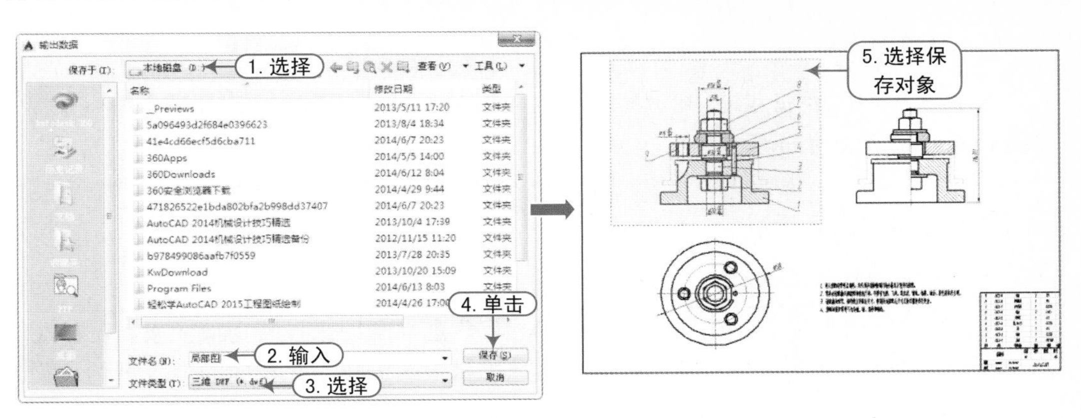

图 1-24

注意："输出数据"对话框

"输出数据"对话框记录并存储上一次使用的文件格式，以便在当前绘图任务中或绘图任务之间使用。

1.3 ACAD 绘图环境的设置

在 AutoCAD 2015 中，可以方便地设置绘图环境，根据绘图环境的不同要求，在绘图之前，用户根据绘制的图形对象对绘图环境进行设置。

1.3.1 ACAD"选项"对话框的打开

案例	无	视频	ACAD"选项"对话框的打开.avi	时长	01'33"

在 AutoCAD 2015 中，ACAD"选项"对话框包括"文件"、"显示"、"打开和保存"、"系统"等选项卡。用户可以根据需求对各选项卡进行设置。

用户可通过以下四种方法之一来打开"选项"对话框。

方法 01 在 AutoCAD 绘图区右击鼠标，从弹出的快捷菜单中选择"选项"命令。

方法 02 在 AutoCAD 界面执行"工具｜选项"菜单命令。

方法 03 单击 AutoCAD 界面标题栏左端的图标，在弹出的下拉菜单中单击"选项"按钮。

方法 04 在命令行输入 OPTIONS 命令并按<Enter>键。

通过以上任意一种方法，可对 ACAD"选项"对话框进行打开操作。执行命令后，系统都将会自动弹出"选项"对话框，如图 1-25 所示。

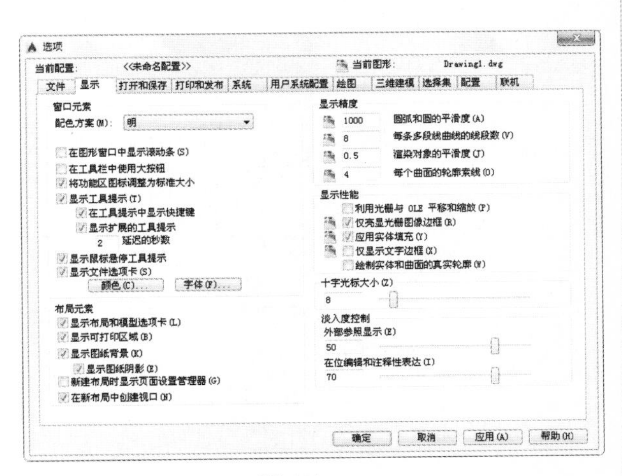

图 1-25

技巧：快速打开

在打开“选项”对话框时，用户可直接在命令行或动态提示输入快捷键命令“OP”，即可打开“选项”对话框。

1.3.2 窗口与图形的显示设置

案例	无	视频	窗口与图形的显示设置.avi	时长	06'45"

在 AutoCAD 2015 的“选项”对话框中，“显示”选项卡用来设置窗口元素、显示性能、十字光标大小、布局元素、淡入度控制等，用户可以根据需要，在相应的位置进行设置。

1. 窗口元素

在“显示”选项卡的“窗口元素”选项区域中，可以对 AutoCAD 绘图环境中基本元素的显示方式进行设置，用户在绘图时，窗口颜色与底色的颜色对设计师的眼睛保护有很大关系，可以通过设置窗口元素来调节，其中背景颜色的调节如图 1-26 所示。

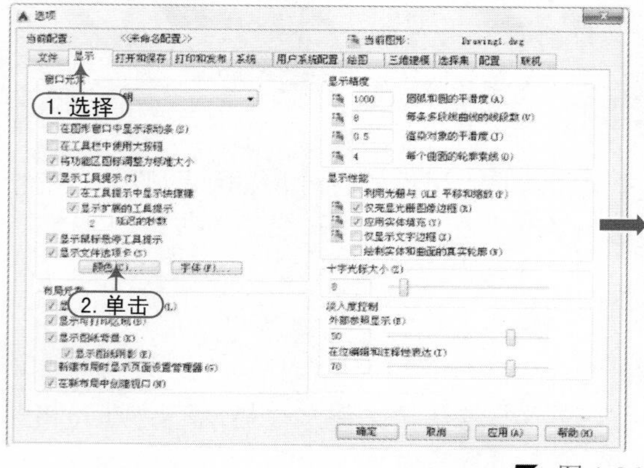

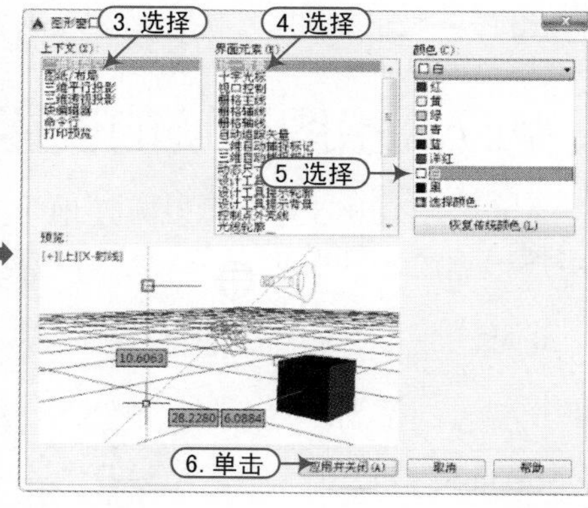

图 1-26

2. 十字光标大小

在绘图时，调整十字光标的大小，能使图形的绘制更方便，十字光标大小的设置如图 1-27 所示。

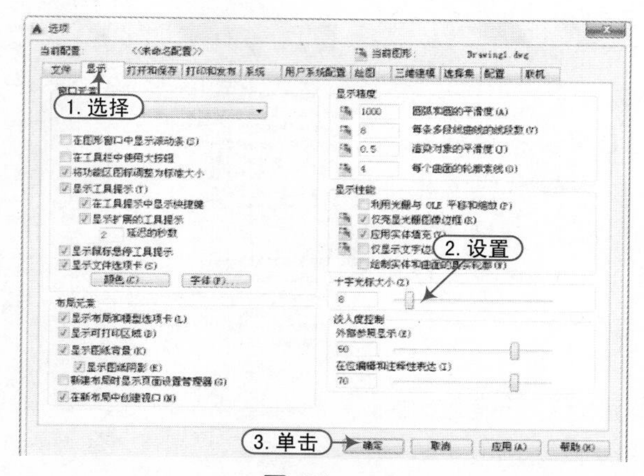

图 1-27

1.3.3　用户系统配置的设置

案例	无	视频	用户系统配置的设置.avi	时长	05'20"

在 AutoCAD 2015 的“选项”对话框中，“用户系统配置”选项卡可用来优化 AutoCAD 的工作方式，如图 1-28 所示。

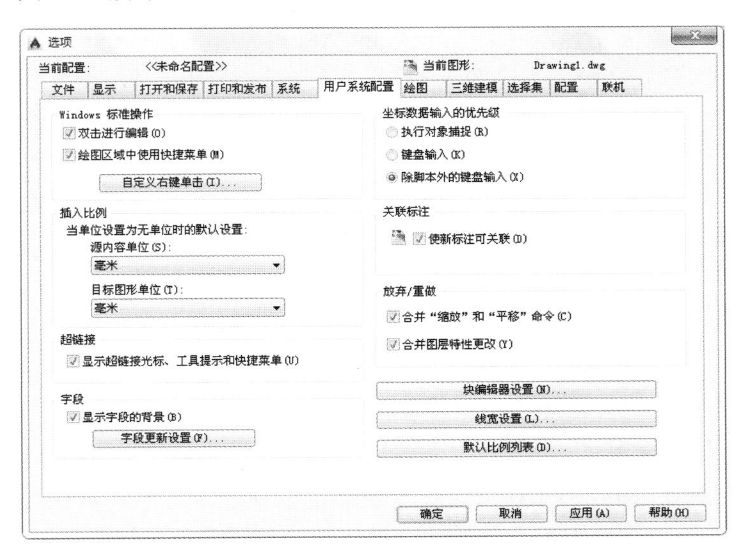

图 1-28

在“用户系统配置”选项卡中有几个设置按钮，可以进行“块编辑器设置”、“线宽设置”和“默认比例列表设置”，依次弹出的对话框为“块编辑器设置”对话框、“线宽设置”对话框和“默认比例列表设置”对话框，如图 1-29 所示。

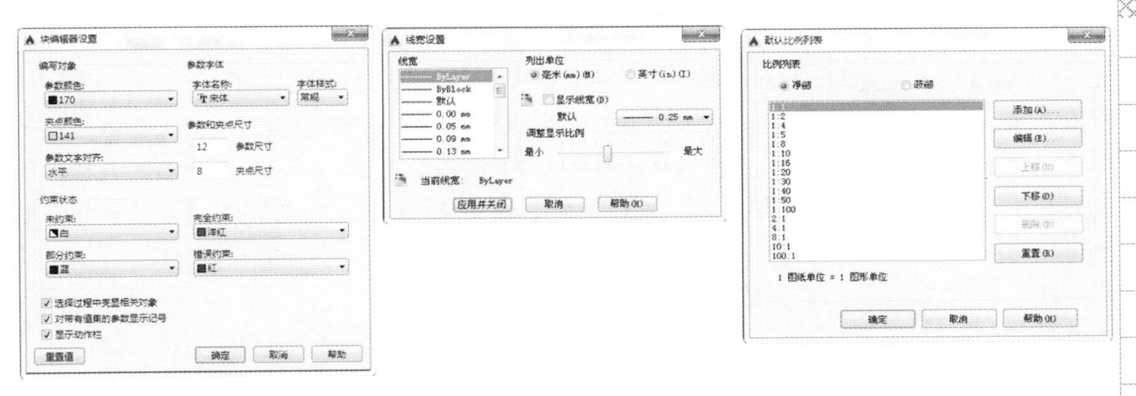

图 1-29

1.4　ACAD 命令与变量的操作

在 AutoCAD 2015 中，命令是绘制与编辑图形的核心，菜单命令、工具按钮、命令和系统变量大都是相互对应的，可在命令行中输入命令和系统变量，或选择某一菜单命令，或单击某个工具按钮来执行相应命令。

1.4.1 ACAD 中鼠标的操作

案例	无	视频	ACAD 中鼠标的操作.avi	时长	06'19"

在绘图区，鼠标显示为“十”字线形式的光标，在菜单选项区、工具或对话框内时，鼠标会变成一个箭头，当单击或者按动鼠标键时，都会执行相应的命令或动作，鼠标功能定义如下。

（1）拾取键：指鼠标左键，用来选择 AutoCAD 对象、工具按钮和菜单命令等，用于指定屏幕上的点。

（2）回车键：指鼠标右键，相当于 Enter 键，用来结束当前使用的命令，系统此时会根据不同的情况弹出不同的快捷菜单。

（3）弹出菜单：使用 Shift 键和鼠标右键的组合时，系统将弹出一个快捷菜单，用于设置捕捉点的方法，三键鼠标的中间按钮通常为弹出按钮。

1.4.2 ACAD 命令的执行

案例	无	视频	ACAD 命令的执行.avi	时长	04'48"

在 AutoCAD 2015 中，有以下几种命令的执行方式。

1. 使用键盘输入命令

通过键盘可以输入命令和系统变量，键盘还是输入文本对象、数值参数、点的坐标或进行参数选择的唯一方法，大部分的绘图、编辑功能都需要通过键盘输入来完成。

2. 使用“命令行”

在 AutoCAD 中默认的情况下，“命令行”是一个可固定的窗口，可以在当前命令行提示下输入命令和对象参数等内容。

右击“命令行”窗口打开快捷菜单，如图 1-30 所示，通过它可以选择最近使用的命令、输入设置、复制历史记录，以及打开“输入搜索选项”和“选项”对话框等。

3. 使用“AutoCAD 文本窗口”

在 AutoCAD 中，“AutoCAD 文本窗口”是一个浮动窗口，可以在其中输入命令或查看命令的提示信息，便于查看执行的命令历史。如图 1-31 所示，其窗口中的命令为只读，不能对其进行修改，但可以复制并粘贴到命令行中重复执行前面的操作，也可以粘贴到其他应用程序，如 Word 等。

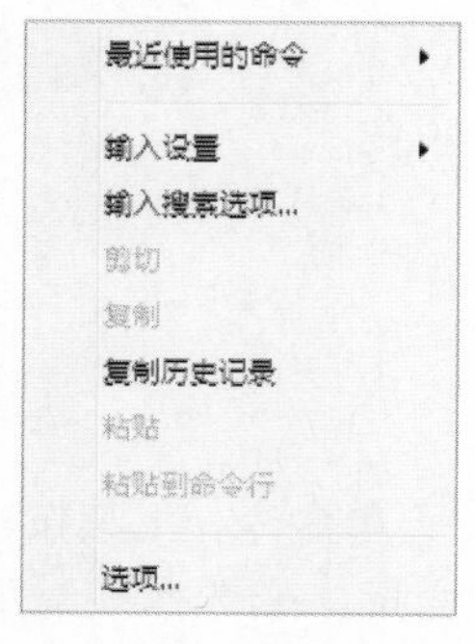

图 1-30

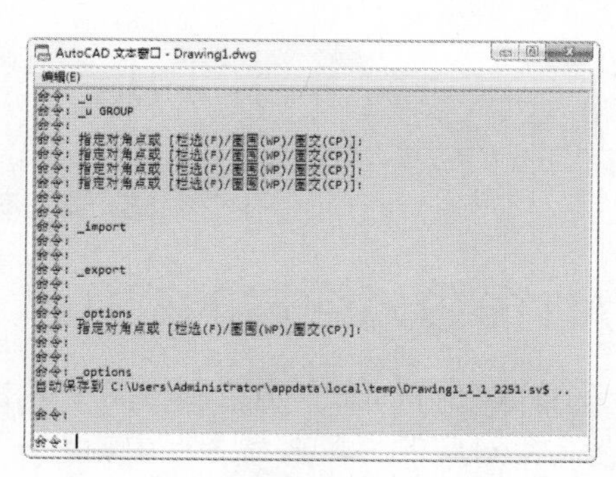

图 1-31

提示："AutoCAD 文本窗口"的打开

在 AutoCAD 2015 中，可以选择"视图｜显示｜文本窗口"命令打开"AutoCAD 文本窗口"，也可以按下 F2 键来显示或隐藏它。

1.4.3 ACAD 透明命令的应用

案例	无	视频	ACAD 透明命令的应用.avi	时长	03'29"

在 AutoCAD 中，执行其他命令的过程中，可以执行的命令为透明命令，常使用的透明命令多为修改图形设置的命令、绘图辅助工具命令等。

使用透明命令时，应在输入命令之前输入单引号（'），命令行中，透明命令的提示前有一个双折号（》），完成透明命令后，将继续执行原命令。例如在图 1-32 中，使用直线命令绘制连接矩形端点 A 和 D 的直线，操作如下。

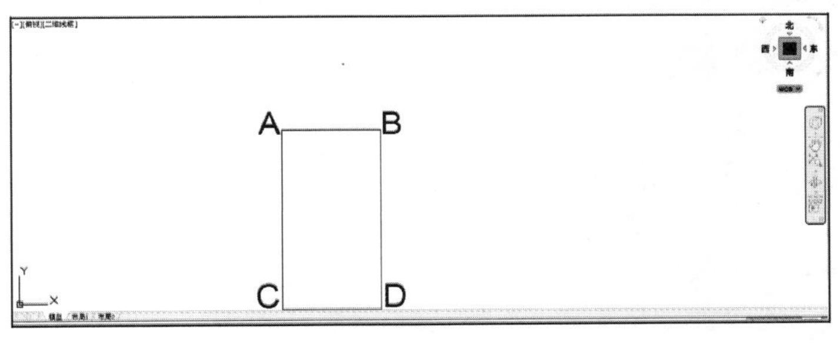

图 1-32

Step 01 在命令行中输入直线（L）命令。

Step 02 在命令行的"指定第一点："提示下单击 A 点。

Step 03 在命令行的"指定下一点或〔放弃（U）〕："提示下，输入'PAN，执行透明命令实时平移。

Step 04 按住并拖动鼠标执行实时平移命令，以将矩形全部显示出来，然后按 Enter 键，结束透明命令，此时原图形被平移，可以很方便地观察确定直线另一个端点 D，如图 1-33 所示。

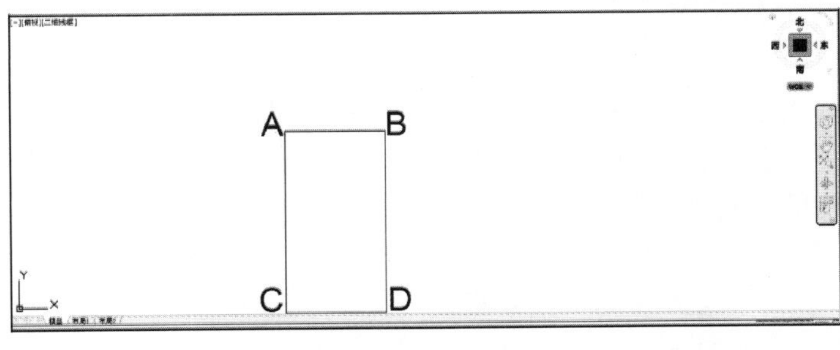

图 1-33

Step 05 在命令行的"指定下一点或〔放弃（U）〕："提示下，单击 D 点，然后按 Enter 键，完成直线的绘制。

读书破万卷

1.4.4 ACAD 系统变量的应用

案例	无	视频	ACAD 系统变量的应用.avi	时长	04'23"

在 AutoCAD 中，系统变量可以打开或关闭捕捉、栅格或正交等绘图模式，设置默认的填充图案，或存储当前图形和 AutoCAD 配置的有关信息，系统变量用于控制某些功能和设计环境、命令的工作方式。

系统变量常为 6～10 个字符长的缩写名称，许多系统变量有简单的开关设置。例如 GRIDMODE 系统变量用来显示或关闭栅格，有些系统变量则用来存储数值或文字，例如 DATE 系统变量用来存储当前日期，可以在对话框中修改系统变量，也可直接在命令行中修改系统变量。

1.5 ACAD 辅助功能的设置

在 AutoCAD 2015 绘制或修改图形对象时，为了使绘图精度高，绘制的图形界限精确，可以使用系统提供的绘图辅助功能进行设置，从而提高绘制图形的精确度与工作效率。

1.5.1 ACAD 正交模式的设置

案例	无	视频	ACAD 正交模式的设置.avi	时长	03'19"

在绘制图形时，当指定第一点后，连接光标和起点的直线总是平行于 x 轴和 y 轴的，这种模式称为“正交模式”，用户可通过以下三种方法之一来启动。

方法 01　在命令行中输入 Ortho，按 Enter 键。

方法 02　单击状态栏中的“正交模式”按钮。

方法 03　按 F8 键。

打开“正交模式”后，不管光标在屏幕上的位置，只能在垂直或者水平方向画线，画线的方向取决于光标在 x 轴和 y 轴方向上的移动距离变化。

注意：正交模式的使用

“正交”模式和极轴追踪不能同时打开。打开“正交”将关闭极轴追踪。

1.5.2 ACAD “草图设置”对话框的打开

案例	无	视频	ACAD “草图设置”对话框的打开.avi	时长	02'12"

在 AutoCAD 2015 中，“草图设置”对话框是指为绘图辅助工具整理的草图设置，这些工具包括捕捉和栅格、追踪、对象捕捉、动态输入、快捷特性和选择循环等。

对于“草图设置”对话框的打开方式，用户可通过以下四种方式之一来打开。

方法 01　在 AutoCAD 2015 “辅助工具区”右击鼠标，在弹出的快捷菜单中选择“设置”命令。

方法 02　执行“工具 | 绘图设置”菜单项。

方法 03　在命令行输入 Dsettings 命令并按<Enter>键。

方法 04　在 AutoCAD 2015 “绘图区”按住 Shift 键或 Ctrl 键的同时右击鼠标，在弹出的快捷菜单中选择“对象捕捉设置”命令。

通过以上任意一种方法，都可以打开“草图设置”对话框。

1.5.3 捕捉和栅格的设置

案例	无	视频	捕捉和栅格的设置.avi	时长	05'15"

在 AutoCAD 2015 中，“捕捉”用于设置鼠标光标按照用户定义的间距移动。“栅格”是点或线的矩阵，是一些标定位置的小点，可以提供直观的距离和位置参照。“草图设置”对话框的“捕捉和栅格”选项卡中，可以启用或关闭“捕捉”和“栅格”功能，并设置“捕捉”和“栅格”的间距与类型，如图 1-34 所示。

在“草图设置”对话框的“捕捉和栅格”选项卡中，其主要选项如下。

（1）启用捕捉：用于打开或者关闭捕捉方式，可单击 按钮，或者按 F9 键进行切换。

（2）启用栅格：用于打开或关闭栅格显示，可单击 按钮，或者按 F7 键进行切换。

（3）捕捉间距：用于设置 x 轴和 y 轴的捕捉间距。

（4）栅格间距：用于设置 x 轴和 y 轴的栅格间距，还可以设置每条主轴的栅格数。

（5）捕捉类型：用于设置捕捉样式。

（6）栅格行为：用于设置“视觉样式”下栅格线的显示样式（三维线框除外）。

注意：捕捉和栅格的使用

> 可以使用其他几个控件来启用和禁用栅格捕捉，包括 F9 键和状态栏中的“捕捉”按钮。通过在创建或修改对象时按住 F9 键可以临时禁用捕捉。

1.5.4 极轴追踪的设置

案例	无	视频	极轴追踪的设置.avi	时长	03'28"

在 AutoCAD 2015 中，使用极轴追踪，可以让光标按指定角度进行移动。

“草图设置”对话框的“极轴追踪”选项卡中，可以启用“极轴追踪”功能，并且用户可以根据需要，对“极轴追踪”进行设置，如图 1-35 所示。

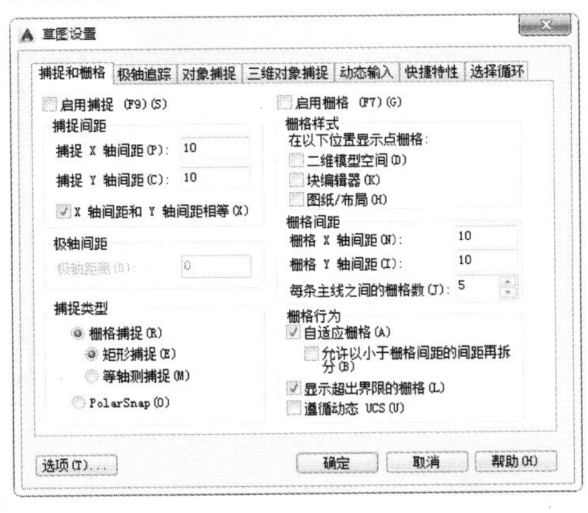

图 1-34

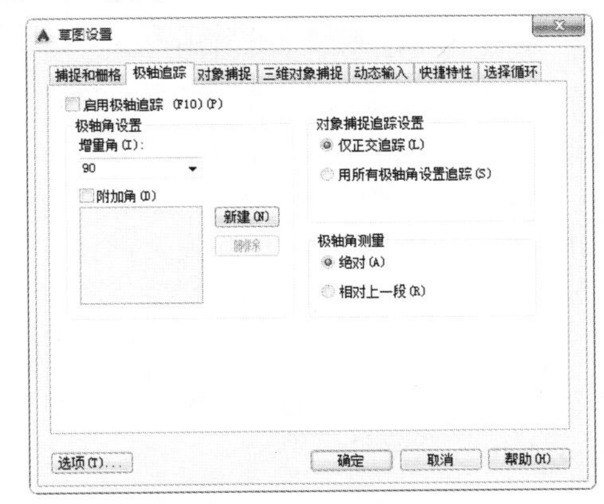

图 1-35

在“草图设置”对话框的“极轴追踪”选项卡中，其主要选项如下。

（1）启用极轴追踪：打开或关闭极轴追踪。也可以通过按 F10 键或使用 AUTOSNAP 系统变量，来打开或关闭极轴追踪。

（2）极轴角设置：用于设置极轴追踪的角度。默认角度为 90°，用户可以进行更改，当“增量角”下拉列表中不能满足用户需求时，用户可以单击“新建”按钮并输入角度值，将其添加到“附加角”的列表中。如图 1-36 所示分别为 90°、60° 和 30° 极轴角的显示。

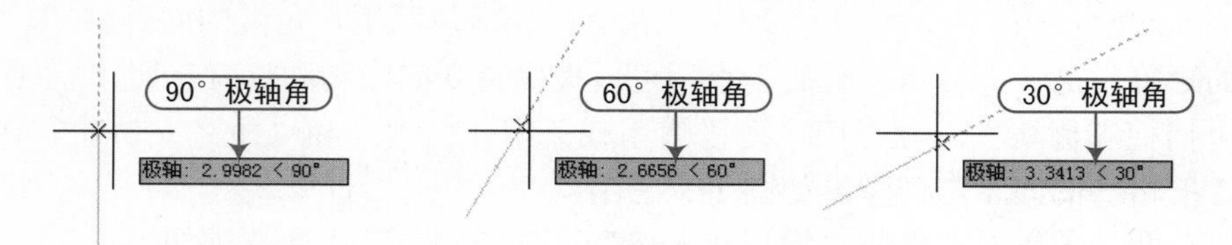

图 1-36

（3）对象捕捉追踪设置：包括“仅正交追踪”和“用所有极轴角设置追踪”两种选择，前者可在启用对象捕捉追踪的同时，显示获取的对象捕捉的正交对象捕捉追踪路径，后者在命令执行期间，将光标停于该点上，当移动光标时，会出现关闭矢量；若要停止追踪，再次将光标停于该点上即可。

（4）极轴角测量：用于设置极轴追踪对其角度的测量基准。有“绝对”和“相对上一段”两种选择。

注意：极轴追踪模式的使用

“极轴追踪”模式和正交模式不能同时打开。打开“正交”将关闭极轴追踪。

1.5.5 对象捕捉的设置

案例	无	视频	对象捕捉的设置.avi	时长	05'06"

在 AutoCAD 2015 中，“对象捕捉”是指在对象上某一位置指定精确点。

“草图设置”对话框的“对象捕捉”选项卡，可以启用“对象捕捉”功能，并且用户可以根据需要，对“对象捕捉”模式进行设置，如图 1-37 所示。

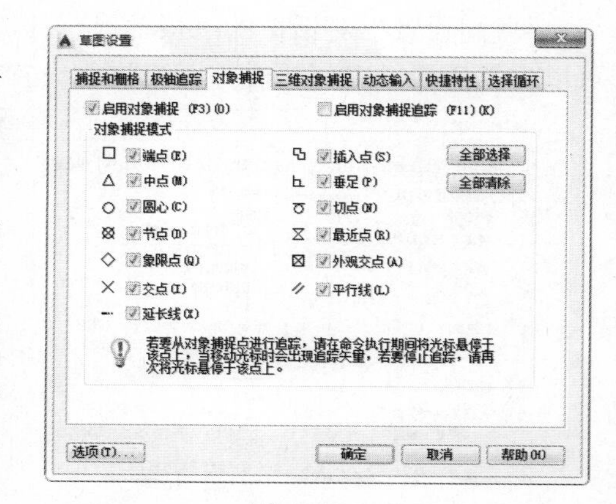

图 1-37

在“草图设置”对话框的“对象捕捉”选项卡中，其主要选项如下。

（1）启用对象捕捉：打开或关闭执行对象捕捉，也可以通过按 F3 键来打开或者关闭。使用执行对象捕捉，在命令执行期间在对象上指定点时，在“对象捕捉模式”下选定的对象捕捉处于活动状态（OSMODE 系统变量）。

（2）启用对象捕捉追踪：打开或关闭对象捕捉追踪。也可以通过按 F11 键来打开或者关闭。使用对象捕捉追踪命令指定点时，光标可以沿基于当前对象捕捉模式的对齐路径进行追踪（AUTOSNAP 系统变量）。

（3）全部选择：打开所有执行对象捕捉模式。

（4）全部清除：关闭所有执行对象捕捉模式。

提示：快速选择对象捕捉模式

> 在绘图中，用户可以通过右击状态栏中的“对象捕捉”按钮，在弹出的快捷菜单中快速选择所需的对象捕捉模式。

1.6　ACAD 图形对象的选择

在 AutoCAD 2015 中，对图形进行编辑操作前，首先需选择要编辑的对象，正确合理地选择对象，可以提高工作效率，系统用虚线亮显表示所选择的对象。

1.6.1　设置对象选择模式

案例	无	视频	设置对象选择模式.avi	时长	07'53"

在 AutoCAD 中，执行目标选择前可以设置选择集模式、拾取框大小和夹点功能，用户可以通过“选项”对话框来进行设置，执行方式如下。

Step 01　在 AutoCAD 绘图区右击鼠标，从弹出的快捷菜单中选择“选项”命令。

Step 02　执行“工具 | 选项”菜单命令。

Step 03　单击 AutoCAD 界面标题栏左端的图标，在弹出的下拉菜单中单击“选项”按钮。

Step 04　在命令行输入 OPTIONS 命令并按<Enter>键。

通过以上任意一种方法，可以打开“选项”对话框，将对话框切换到“选择集”选项卡，如图 1-38 所示，就可以通过各选项对“选择集”进行设置。

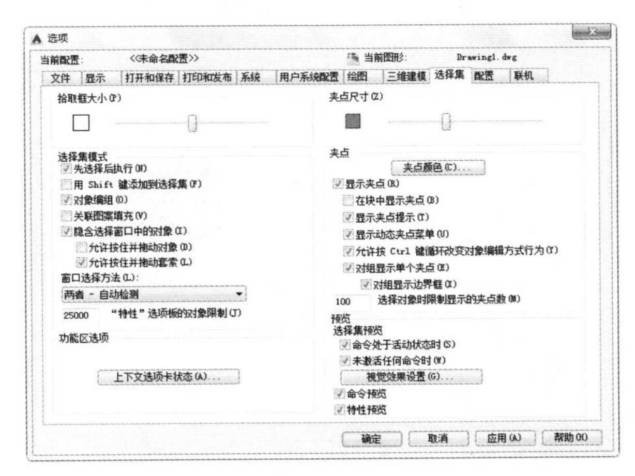

图 1-38

1. 拾取框大小和夹点大小

在“选择集”选项卡的“拾取框大小”和“夹点尺寸”选项区域中，拖动滑块，可以设置默认拾取方式选择对象时拾取框的大小和设置对象夹点标记的大小。

2. 选择集模式

在“选择集”选项卡的“选择集模式”选项区域中，可以设置构造选择集的模式，其功能包括“先选择后执行”、“用 Shift 键添加到选择集”、“对象编组”、“关联图案填充”、“隐含选择窗口中的对象”、“允许按住并拖动对象”和“窗口选择方法”。

读书破万卷

3. 夹点

在“选择集”选项卡的“夹点”选项区域中，可以设置是否使用夹点编辑功能，是否在块中使用夹点编辑功能以及夹点颜色等。单击“夹点颜色”按钮，弹出“夹点颜色”对话框，在对话框中设置夹点颜色，如图 1-39 所示。

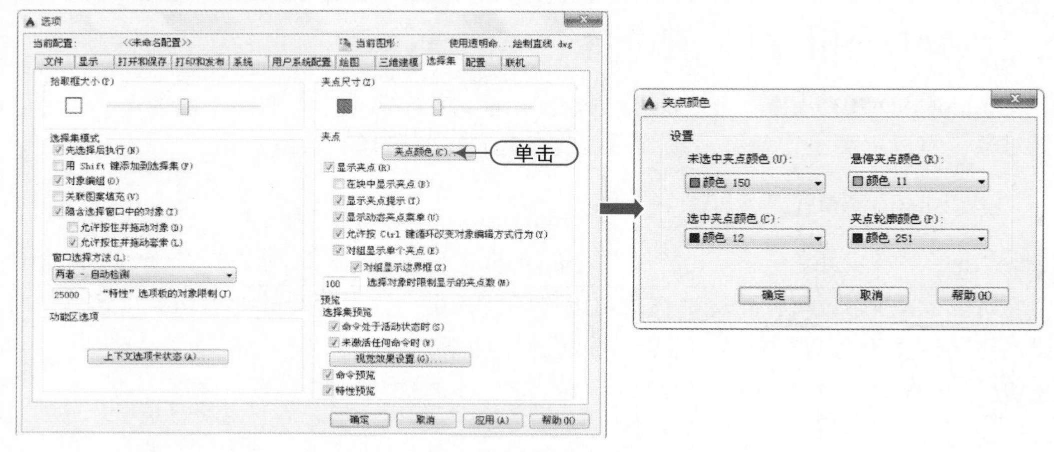

图 1-39

4. 预览

在“选择集”选项卡的“预览”选项区域中，可以设置“命令处于活动状态时”和“未激活任何命令时”是否显示选择预览，单击“视觉效果设置”按钮将打开“视觉效果设置”对话框，可以设置选择区域效果等，如图 1-40 所示。

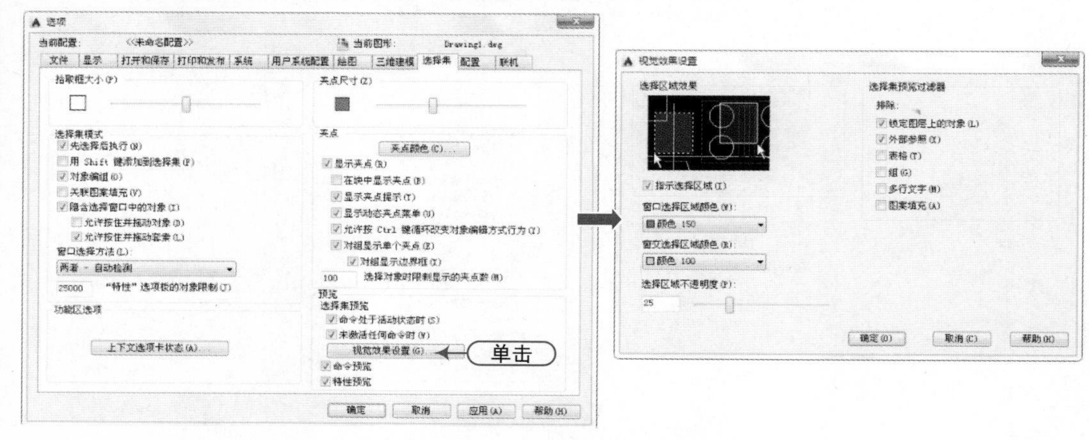

图 1-40

“特性预览”复选框用来控制在将鼠标悬停在控制特性的下拉列表和库上时，是否可以预览对当前选定对象的更改。

注意：“特性预览”的显示

特性预览仅在功能区和“特性”选项板中显示，在其他选项板中不可用。

5. 功能区选项

在“选择集”选项卡的“功能区选项”选项区域中，可以设置“上下文选项卡状态”。

1.6.2 选择对象的方法

案例	无	视频	选择对象的方法.avi	时长	18'46"

在 AutoCAD 中，选择对象的方法有很多，可以通过单击对象逐个选取对象，也可通过矩形窗口或交叉窗口选择对象，还可以选择最近创建对象，前面的选择集或图形中的所有对象，也可向选择集中添加对象或从中删除对象。

在命令行输入 SELECT，命令行提示如下。

```
选择对象: ?
需要点或 窗口(W)/上一个(L)/窗交(C)/框(BOX)/全部(ALL)/栏选(F)/圈围(WP)/圈交(CP)/编组(G)/添加(A)/删除(R)/多个(M)/前一个(P)/放弃(U)/自动(AU)/单个(SI)/子对象(SU)/对象(O)
选择对象:
```

在选择对象的命令行中，各个主要选项的具体说明如下。

（1）需要点：默认情况下，可以直接选取对象，此时的光标为一个小方框（拾取框）。可以利用该方框逐个拾取对象。

（2）窗口：选择矩形（由两点定义）中的所有对象。从左到右指定 A、B 角点创建窗口选择（从右到左指定角点，则创建窗交选择），如图 1-41 所示。

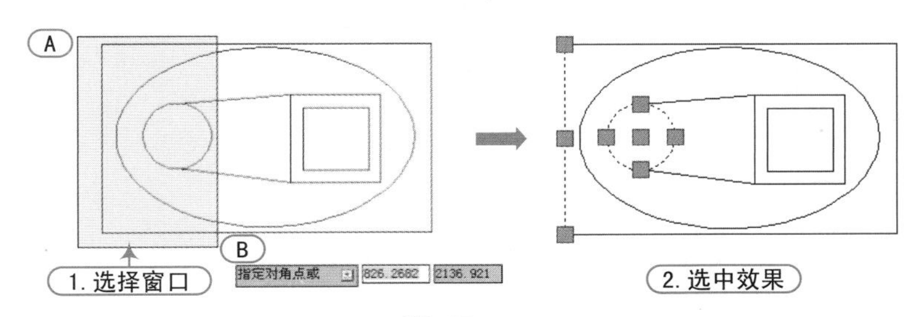

图 1-41

注意：矩形框选的对象

使用“矩形窗口”选择的对象为完全落在矩形窗口以内的图形对象。

（3）上一个：选择最近一次创建的可见对象。对象必须在当前空间（模型空间或图纸空间）中，并且一定不要将对象的图层设定为冻结或关闭状态。

（4）窗交：选择区域（由两点确定）内部或与之相交的所有对象。窗交显示的方框为虚线或高亮度方框，这与窗口选择框不同，如图 1-42 所示。

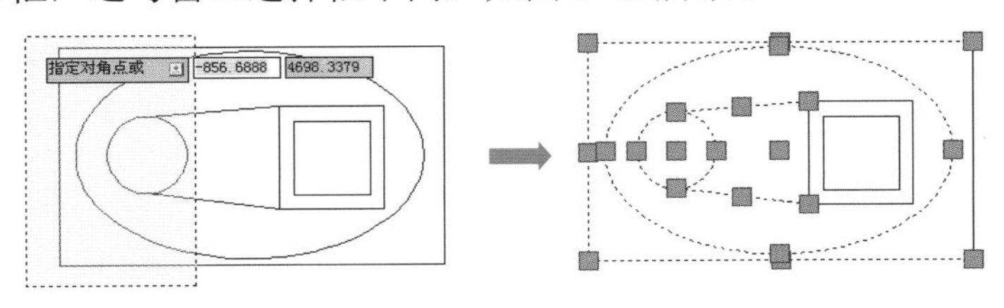

图 1-42

（5）框选：选择矩形（由两点确定）内部或与之相交的所有对象。如果矩形的点是从右至左指定的，则框选与窗交等效。否则，框选与窗选等效。

（6）全部：选择模型空间或当前布局中除冻结图层或锁定图层上的对象之外的所有对象。

（7）栏选：选择与选择栏相交的所有对象。栏选方法与圈交方法相似，只是栏选不闭合，并且栏选可以自交，如图 1-43 所示，栏选不受 PICKADD 系统变量的影响。

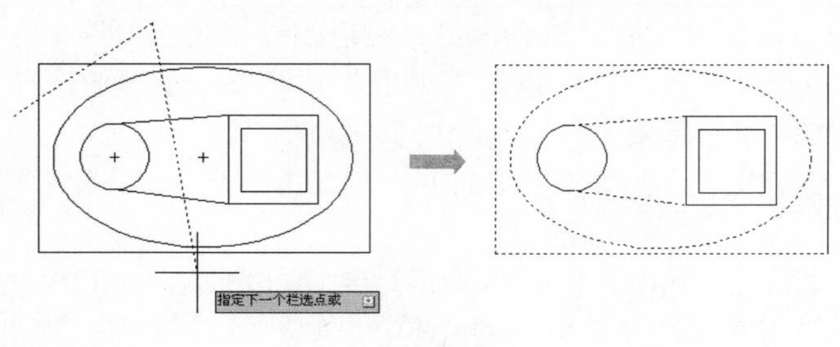

图 1-43

（8）圈围：选择多边形（通过待选对象周围的点定义）中的所有对象。该多边形可以为任意形状，但不能与自身相交或相切。将绘制多边形的最后一条线段，所以该多边形在任何时候都是闭合的，如图 1-44 所示。圈围不受 PICKADD 系统变量的影响。

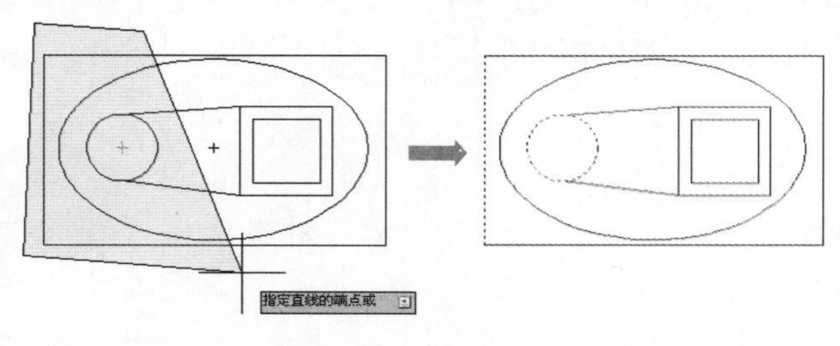

图 1-44

（9）圈交：选择多边形（通过在待选对象周围指定点来定义）内部或与之相交的所有对象。该多边形可以为任意形状，但不能与自身相交或相切。将绘制多边形的最后一条线段，所以该多边形在任何时候都是闭合的，如图 1-45 所示。圈交不受 PICKADD 系统变量的影响。

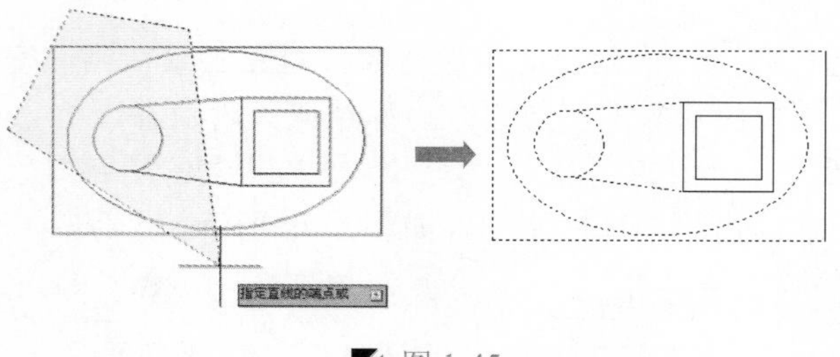

图 1-45

（10）编组：在一个或多个命名或未命名的编组中选择所有对象。

（11）添加：切换到添加模式，可以使用任何对象选择方法将选定对象添加到选择集。自动和添加为默认模式。

（12）删除：切换到删除模式，可以使用任何对象选择方法从当前选择集中删除对象。删除模式的替换模式是在选择单个对象时按下 Shift 键，或者是使用“自动”选项。

（13）多个：在对象选择过程中单独选择对象，而不亮显它们。这样会加速高度复杂对象的选择。

（14）上一个：选择最近创建的选择集。从图形中删除对象将清除“上一个”选项设置。

注意：在两个空间中切换

> 如果在两个空间中切换将忽略“上一个”选择集。

（15）放弃：放弃选择最近加到选择集中的对象。

（16）自动：切换到自动选择。指向一个对象即可选择该对象。指向对象内部或外部的空白区，将形成框选方法定义的选择框的第一个角点。自动和添加为默认模式。

提示：在两个空间中切换

> 在“选项”对话框中，若在“选择”选项卡的“选择集模式”选项区域中选中“隐含窗口”复选框，则“自动”模式永远有效。

（17）单选：切换到单选模式。选择指定的第一个或第一组对象而不继续提示进一步选择。

（18）子对象：使用户可以逐个选择原始形状，这些形状是复合实体的一部分或三维实体上的顶点、边和面。可以选择这些子对象的其中之一，也可以创建多个子对象的选择集。选择集可以包含多种类型的子对象。按住 Ctrl 键操作与选择 SELECT 命令的“子对象”选项相同，如图 1-46 所示。

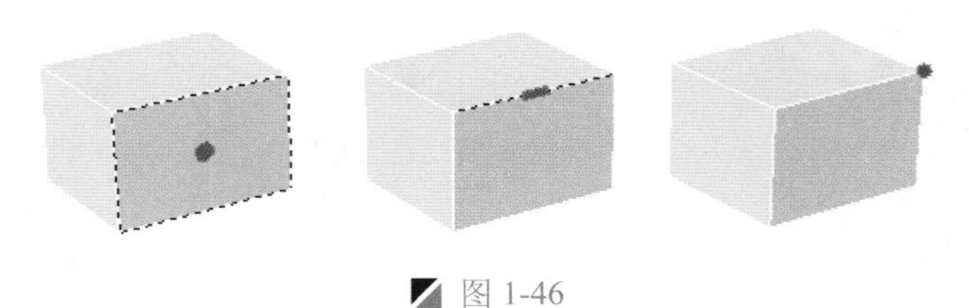

图 1-46

（19）对象：结束选择子对象的功能。使用户可以使用对象选择方法。

1.6.3 快速选择对象

案例	无	视频	快速选择对象.avi	时长	05'06"

在 AutoCAD 中，提供了快速选择功能，当需要选择一些共同特性的对象时，可以利用打开“快速选择”对话框创建选择集来启动“快速选择”命令。

打开“快速选择”对话框的三种方法如下。

方法 01　在 AutoCAD 绘图区右击鼠标，从弹出的快捷菜单中选择“快速选择”命令。

方法 02　执行“工具 | 快速选择”菜单命令。

方法 03　在命令行输入 QSELECT 命令并按<Enter>键。

执行“快速选择”命令后，将弹出“快速选择”对话框，如图 1-47 所示。

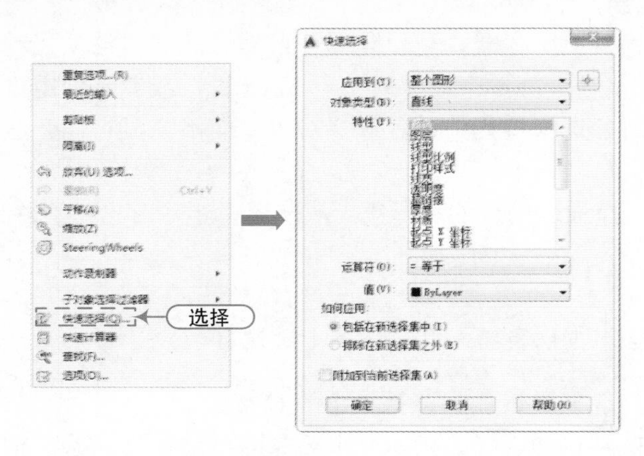

图 1-47

例如，如图 1-48 所示为原图，下面利用“快速选择”命令来删除图形中所有的中心线。

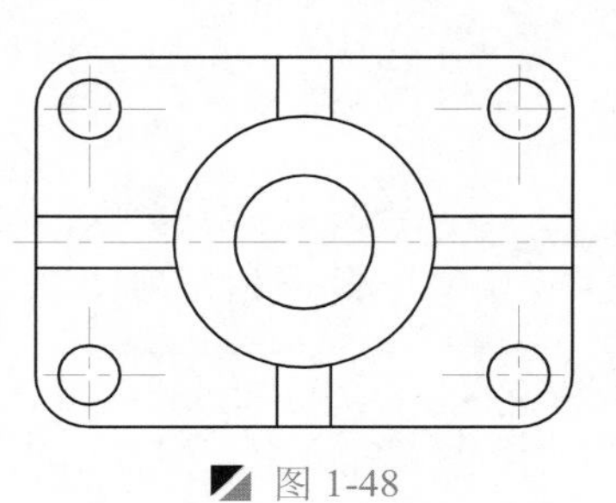

图 1-48

Step 01 执行“工具 | 快速选择”菜单命令则打开“快速选择”对话框，在对话框的“特性”列表中选择“图层”，然后在“值”下拉列表中选择“中心线”，然后单击“确定”按钮，这样图形中所有的“中心线”对象就会被选中，如图 1-49 所示。

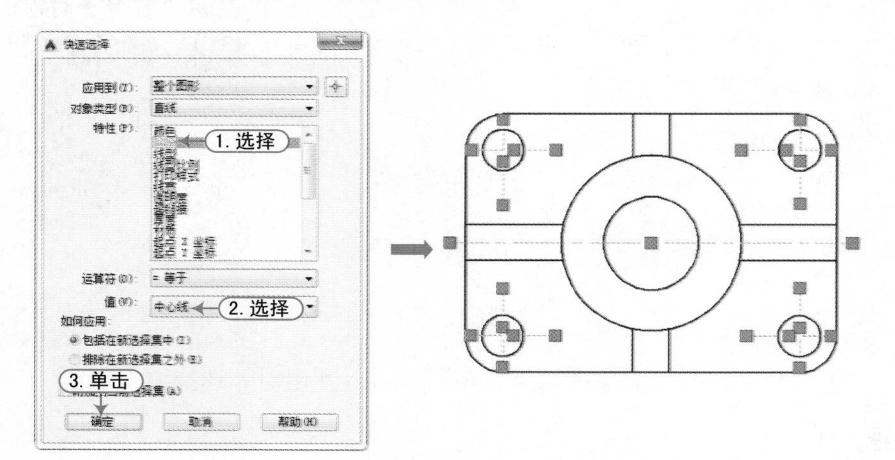

图 1-49

Step 02 执行“删除”命令（E）将选中的对象删除，效果如图 1-50 所示。

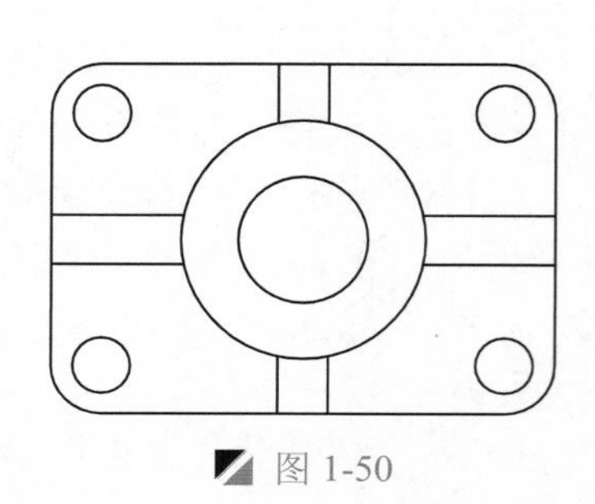

图 1-50

1.6.4 对象编组

案例	无	视频	对象编组.avi	时长	03'28"

在 AutoCAD 中，可以将图形对象进行编组以创建一种选择集，一旦组中任何一个对象被选中，那么组中的全部对象都会被选中，从而使编辑对象操作变得更为有效。

执行编组命令的方法有以下三种。

方法 01　单击“默认”标签下“组”面板中的“组”按钮。

方法 02　执行“工具 | 组”菜单命令。

方法 03　在命令行输入 GROUP 命令并按<Enter>键。

执行该命令后，命令行提示如下。

```
命令: GROUP                                             \\ 执行“组”命令
选择对象或 [名称(N)/说明(D)]:                             \\ 选择“名称”选项
输入编组名或 [?]: 1                                       \\ 输入名称
选择对象或 [名称(N)/说明(D)]: 指定对角点: 找到 7 个         \\ 选择对象
组“1”已创建。                                            \\ 创建组对象
```

如图 1-51 所示为执行编组命令前和执行编组命令后选择对象的区别。

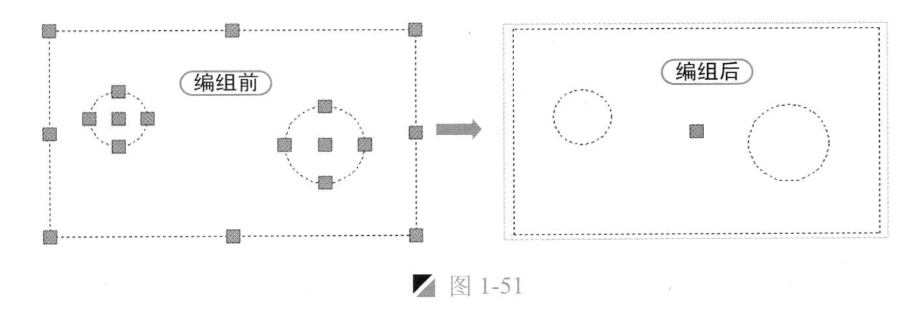

图 1-51

1.7 ACAD 视图的显示控制

在 AutoCAD 中，图形显示控制功能在工程设计和绘图领域的应用极其广泛，灵活、熟练地掌握对图形的控制，可以更加精确、快速地绘制所需要的图形。

1.7.1 视图的缩放和平移

案例	无	视频	视图的缩放和平移.avi	时长	10'08"

在 AutoCAD 中，通过多种方法可以对图形进行缩放和平移视图操作，从而提高工作效率。

1. 平移视图

用户可以通过多种方法来平移视图重新确定图形在绘图区域的位置，平移视图的方法如下。

方法 01　执行“视图 | 平移 | 实时”命令。

方法 02　在命令行输入 PAN 命令或 P 命令并按<Enter>键。

在执行平移命令时，只会改变图形在绘图区域的位置，不会改变图形对象的大小。

读书破万卷

技巧：平移视图的快捷方法

在绘图过程中，通过按住鼠标滑轮拖动鼠标，这样也能对图形对象进行短暂的平移。

2．缩放视图

在绘制图形时，可以将局部视图放大或缩放视图全局效果，从而提高绘图精度和效率。缩放视图的方法如下。

方法 01　执行“视图｜缩放｜实时”命令。

方法 02　在命令行输入 ZOOM 命令或 Z 命令并按<Enter>键。

在使用命令行输入命令方法时，命令信息中给出了多个选项，如图 1-52 所示。

指定窗口的角点，输入比例因子 (nX 或 nXP)，或者
ZOOM [全部(A) 中心(C) 动态(D) 范围(E) 上一个(P) 比例(S) 窗口(W) 对象(O)] <实时>:

图 1-52

（1）全部（A）：用于在当前视口显示整个图形，其大小取决于图限设置或者有效绘图区域，这是因为用户可能没有设置图限或有些图形超出了绘图区域。

（2）中心（C）：必须确定一个中心，然后绘出缩放系数或一个高度值，所选的中心点将成为视口的中心点。

（3）动态（D）：该选项集成了“平移”命令或“缩放”命令中的“全部”和“窗口”选项的功能。

（4）范围（E）：用于将图形的视口最大限度地显示出来。

（5）上一个（P）：用于恢复当前视口中上一次显示的图形，最多可以恢复 10 次。

（6）窗口（W）：用于缩放一个由两个角点所确定的矩形区域。

（7）比例（S）：该选项将当前窗口中心作为中心点，依据输入的相关数据值进行缩放。

在绘制图形过程中，常常使用“缩放视图”命令。例如，在命令行输入 ZOOM 命令并按<Enter>键，在给出的多个选项中选择“比例（S）”，并输入比例因子 3，随后按<Enter>键就能缩放视图的显示，如图 1-53 所示。

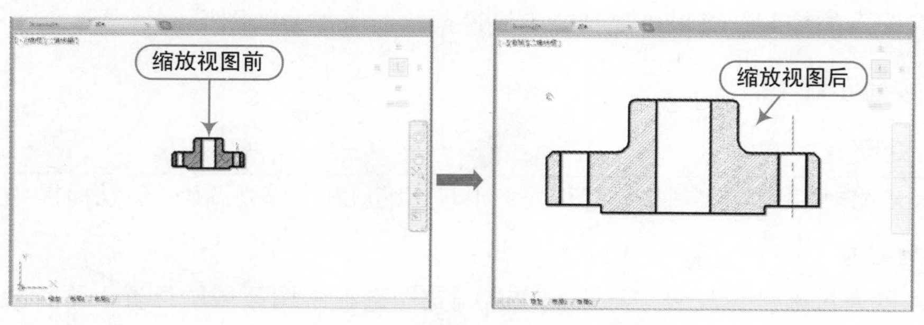

图 1-53

注意：缩放视图的变化

使用缩放不会更改图形中对象的绝对大小。它仅更改视图的显示比例。

1.7.2 平铺视口的应用

案例	无	视频	平铺视口的应用.avi	时长	08'11"

在 AutoCAD 中，为了满足用户需求，把绘图窗口分成多个矩形区域，创建不同的绘图区域，这种称为“平铺视口”。

1. 创建平铺视口

平铺视口是指将绘图窗口分成多个矩形区域，从而可得到多个相邻又不同的绘图区域，其中的每一个区域都可以用来查看图形对象的不同部分。

在 AutoCAD 2015 中创建“平铺视口”的方法有以下三种。

方法 01 执行“视图 | 视口 | 新建视口”命令。

方法 02 在命令行输入 VPOINTS 命令并按<Enter>键。

方法 03 在“视图”标签下的“模型视口”面板中单击“视口配置”按钮。

在打开的“视口”对话框中，选择“新建视口”选项卡，可以显示标准视口配置列表，而且还可以创建并设置新平铺视口，如图 1-54 所示。

“视口”对话框中“新建视口”选项卡的主要内容如下。

（1）应用于：有“显示”和“当前视口”两种设置，前者用于设置所选视口配置，用于模型空间的整个显示区域的默认选项；后者用于设置将所选的视口配置，用于当前的视口。

（2）设置：选择二维或三维设置，前者使用视口中的当前视口来初始化视口配置，后者使用正交的视图来配置视口。

（3）修改视图：选择一个视口配置代替已选择的视口配置。

（4）视觉样式：可以从中选择一种视口配置代替已选择的视口配置。

在打开的“视口”对话框中，选择“命名视口”选项卡，可以显示图形中已命名的视口配置，当选择一个视口配置后，配置的布局将显示在预览窗口中，如图 1-55 所示。

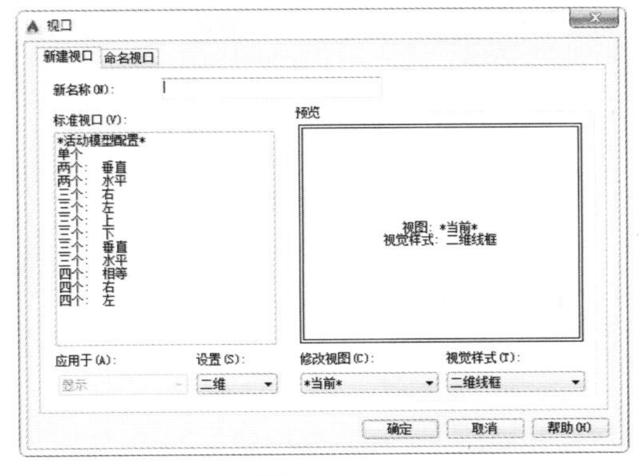

图 1-54

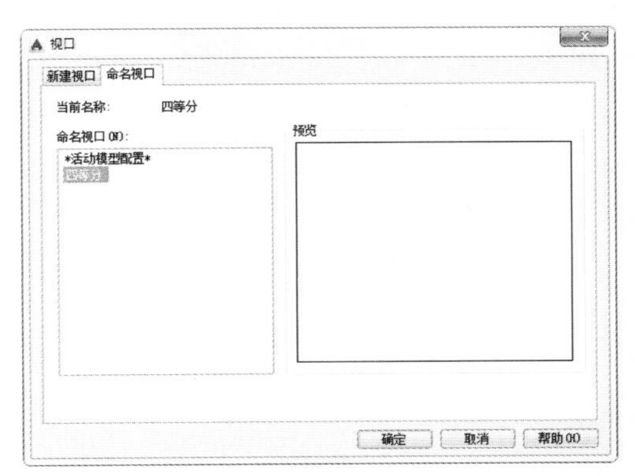

图 1-55

2. 平铺视口的特点

当打开一个新的图形时，默认情况下将用一个单独的视口填满模型空间的整个绘图区域。而当系统变量 TILEMODE 被设置为 1 后（即在模型空间模型下），就可以将屏幕的绘图区域分割成多个平铺视口，平铺视口的特点如下。

读书破万卷

（1）每个视口都可以平移和缩放，并设置捕捉、栅格和用户坐标系等，且每个视口都可以有独立的坐标系统。

（2）在执行命令期间，可以切换视口以便在不同的视口中绘图。

（3）可以命名视口中的配置，以便在模型空间中恢复视口或者应用于布局。

（4）只有在当前视口中鼠标才显示为“+”字形状，将鼠标指针移动出当前视口后将变成为箭头形状。

（5）当在平铺视口中工作时，可全局控制所有视口图层的可见性，当在某一个视口中关闭了某一图层，系统将关闭所有视口中的相应图层。

3. 视口的分割与合并

在 AutoCAD 2015 中，执行“视图｜视口”子菜单中的命令，可以进行分割或合并视口操作，执行“视图｜视口｜三个视口”菜单命令，在配置选项中选择“右”，即可将打开的图形文件分成三个窗口进行操作，如图 1-56 所示。若执行“视图｜视口｜合并”菜单命令，系统将要求选择一个视口作为主视口，再选择相邻的视口，即可合并两个选择的视口，如图 1-57 所示。

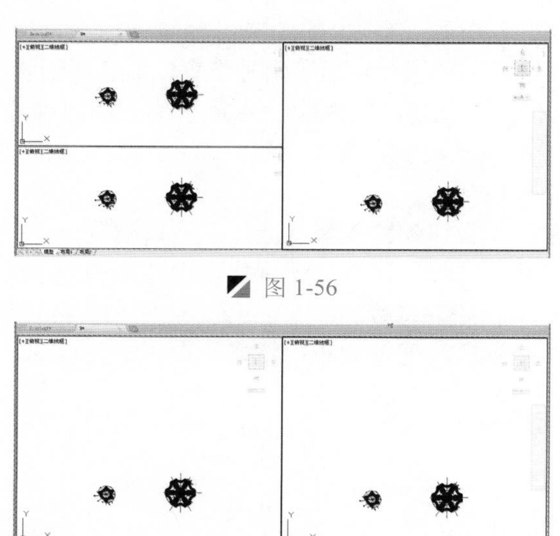

图 1-56

图 1-57

1.7.3 视图的转换操作

案例	无	视频	视图的转换操作.avi	时长	06'25"

在 AutoCAD2015 中，视图样式分为前视、后视、左视、右视、仰视、俯视、西南等轴测视和东南等轴测视等，视图样式转换的选择很多，用户根据不同的需求进行“视图的转换操作”，其主要方法有以下 3 种。

方法 01 单击“绘图区”左上角的“视图控件”按钮[俯视]，在下拉对话框中进行选择。

方法 02 执行“视图｜三维视图”命令，在弹出的下拉列表中进行选择。

方法 03 在“视图”标签中的“视图”面板中进行选择。

通过以上方法，用户根据需求选择后，可以完成视图的转换操作，如图 1-58 所示为“俯视”转换为“仰视”。

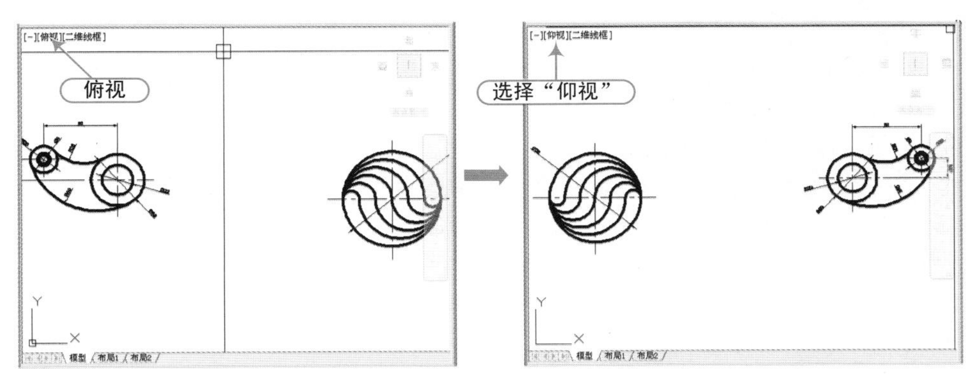

图 1-58

1.7.4 视觉的转换操作

案例	无	视频	视觉的转换操作.avi	时长	06'18"

在 AutoCAD2015 中，视觉样式分为概念、隐藏、真实、着色等，视觉样式转换的选择很多，用户根据不同的需求进行“视觉的转换操作”，其主要方法有以下 3 种。

方法 01 单击“绘图区”左上角的“视觉样式控件”按钮[二维线框]，在下拉对话框中进行选择。

方法 02 执行“视图 | 视觉样式”命令，在弹出的下拉列表中进行选择。

方法 03 在“视图”标签中的“视觉样式”面板中进行选择。

通过以上方法，用户根据需求选择后，可以完成视觉的转换操作，如图 1-59 所示为“二维线框”转换为“勾画”。

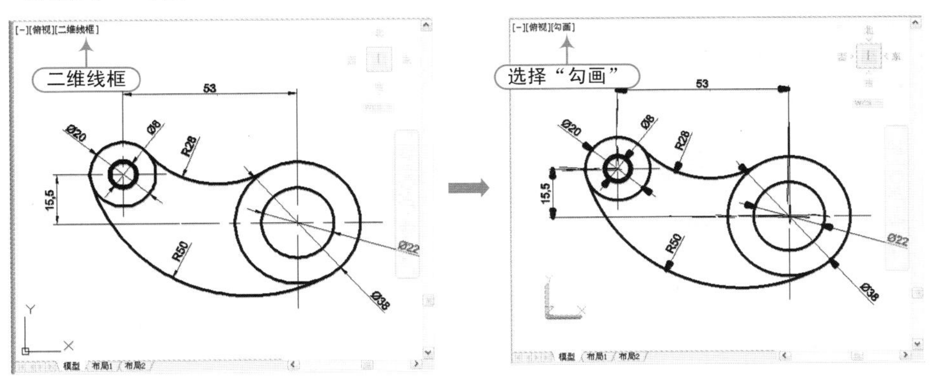

图 1-59

1.8 ACAD 图层与对象的控制

在 AutoCAD 2015 中，用户可以通过图层来编辑和调整图形对象，通过在不同的图层中来绘制不同的对象。

读书破万卷

1.8.1 图层的概述

案例	无	视频	图层的特点.avi	时长	04'33"

在 AutoCAD 中，一个复杂的图形由许多不同类型的图形对象组成，而这些对象又都具有图层、颜色、线宽和线型四个基本属性，为了方便区分和管理，通过创建多个图层来控制对象的显示和编辑，从而提高绘制复杂图形的效率和准确性。

利用“图层特性管理器”选项板，不仅可以创建图层，设置图层的颜色、线型和宽度，还可以对图层进行更多的设置与管理，如切换图层、过滤图层、修改和删除图层等。打开“图层特性管理器”选项板的方法有以下 3 种。

方法 01　在命令行中输入 Layer，按<Enter>键。

方法 02　执行“格式 | 图层”菜单命令。

方法 03　在“默认”标签中的“图层”面板中单击“图层特性”按钮。

通过以上方法，可以打开“图层特性管理器”选项板，如图 1-60 所示。

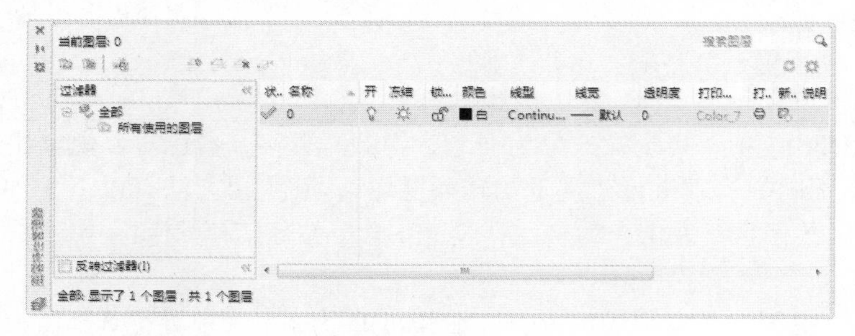

图 1-60

通过“图层特性管理器”选项板，可以添加、删除和重命名图层，更改它们的特性，设置布局视口中的特性替代以及添加图层说明。图层特性管理器包括“过滤器”面板和图层列表面板。图层过滤器可以控制在图层列表中显示的图层，也可以用于同时更改多个图层。

图层特性管理器将始终进行更新，并且将显示当前空间中（模型空间、图纸空间布局或在布局视口中的模型空间内）的图层特性和过滤器选择的当前状态。

注意：图层 0

> 每个图形均包含一个名为 0 的图层。图层 0（零）无法删除或重命名，以确保每个图形至少包括一个图层。

1.8.2 图层的控制

案例	无	视频	图层的控制.avi	时长	07'23"

控制图层，可以很好地组织不同类型的图形信息，使得这些信息便于管理，从而大大提高工作效率。

1. 新建图层

在 AutoCAD 中，单击“图层特性管理器”选项板中的“新建图层”按钮，可以新建图层。在新建图层中，如果用户更改图层名字，用鼠标单击该图层并按 F2 键，然后重新输入图层名即可，图层名最长可达 255 个字符，但不允许有 >、<、\、:、= 等字符，否则系统会弹出如图 1-61 所示的警告框。

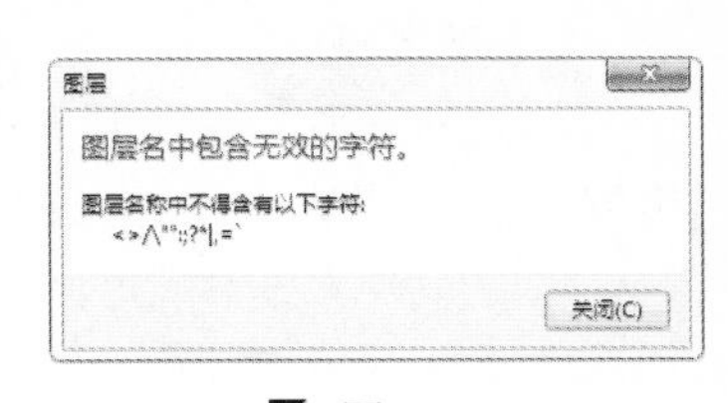

图 1-61

新建的图层继承了“图层 0”的颜色、线型等，如果需要对新建图层进行颜色、线型等重新设置，则选中当前图层的特性（颜色、线型等），单击鼠标左键进行重新设置。如果要使用默认设置创建图层，则不要选择列表中的任何一个图层，或在创建新图层前选择一个具有默认设置的图层。

注意：图层的描述

对于具有多个图层的复杂图形，可以在“说明”列中输入描述性文字。

2. 删除图层

在 AutoCAD 中，图层的状态栏是灰色的图层为空白图层，如果要删除没有用过的图层，在“图层特性管理器”选项板中选择好要删除的图层，然后单击“删除图层”按钮或者按<Alt+D>组合键，就可删除该图层。

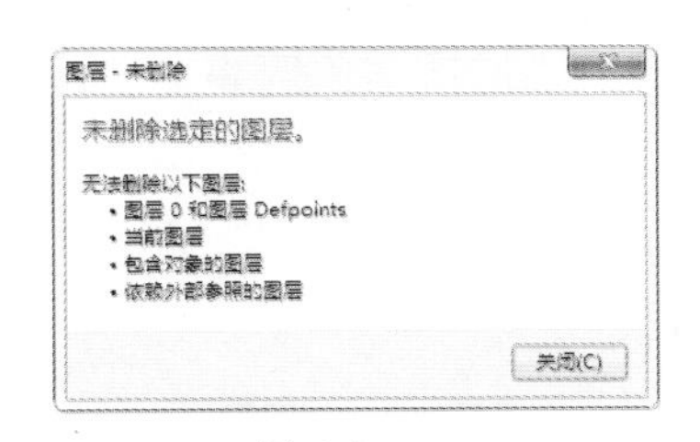

图 1-62

在 AutoCAD 中，如果该图层不为空白图层，那么就不能删除，系统会弹出“图层—未删除”提示框，如图 1-62 所示。

根据“图层—未删除”提示框可以看出，无法删除的图层有“图层 0 和图层 Defpoints”、“当前图层”、“包含对象的图层”和“依赖外部参照的图层”。

注意：删除图层时

如果绘制的是共享工程中的图形，或是基于一组图层标准的图形，删除图层时要小心。

3. 切换到当前图层

在 AutoCAD 中，“当前图层”是指正在使用的图层，用户绘制的图形对象将保存在当前图层，在默认情况下，“对象特性”工具栏中显示了当前图层的状态信息。设置当前图层的方法有以下 3 种。

方法 01 在“图层特性管理器”选项板中，选择需要设置为当前层的图层，然后单击“置为当前”按钮，被设置为当前图层的图层前面有标记。

方法 02 在“默认”标签下“图层”面板的“图层控制”下拉列表中，选择需要设置为当前的图层即可。

方法 03 单击“图层”面板中的“将对象的图层置为当前”按钮，然后使用鼠标在绘图区中选择某个图形对象，则该图形对象所在图层即可被设置为当前图层。

读书破万卷

4. 设置图层颜色

在 AutoCAD 中，可以用不同的颜色表示不同的组件、功能和区域。设置图层颜色实际就是设置图层中图形对象的颜色。不同图层可以设置不同的颜色，方便用户区别复杂的图形，默认情况下，系统创建的图层颜色是 7 号颜色，设置图层的颜色命令调用的方法有以下两种。

方法 01　在命令行中输入 COLOR，按<Enter>键。

方法 02　执行“格式｜颜色”菜单命令。

执行图层颜色的设置命令后，系统将会弹出“选择颜色”对话框，此对话框包括“索引颜色”、“真彩色”和“配色系统”三个选项卡，如图 1-63 所示。

5. 设置图层线型

在 AutoCAD 中，为了满足用户的各种不同要求，系统提供了 45 种线型，所有的对象都是用当前的线型来创建的，设置图层线型命令的执行方式如下。

方法 01　在命令行中输入 LINETYPE，按<Enter>键。

方法 02　执行“格式｜线型”菜单命令。

执行图层线型的设置命令后，系统将会弹出“线型管理器”对话框，如图 1-64 所示。

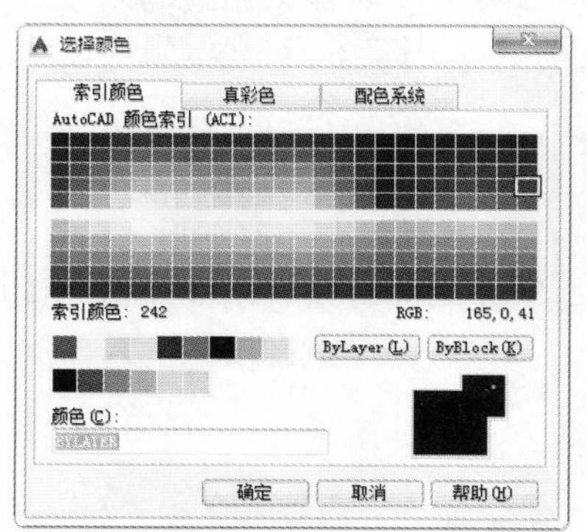

图 1-63

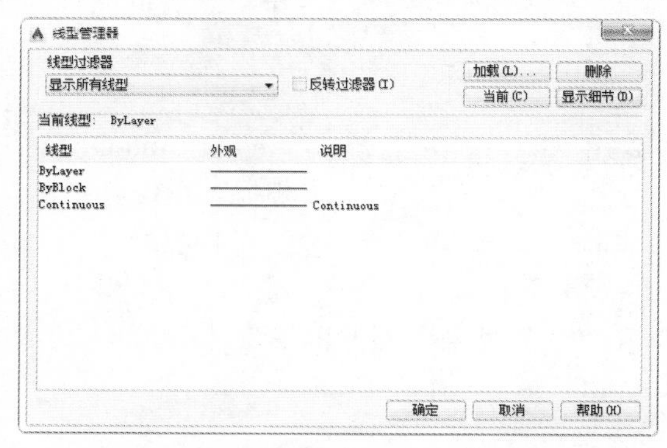

图 1-64

在“线型管理器”对话框中，其主要选项说明如下。

（1）线型过滤器：用于指定线型列表框中要显示的线型，勾选右侧的“反向过滤器”复选框，就会以相反的过滤条件显示线型。

（2）“加载”按钮：单击此按钮，将弹出“加载或重载线型”对话框，用户在“可用线型”列表中选择所需要的线型，也可以单击“文件”按钮，从其他文件中调出所要加载的线型。

（3）“删除”按钮：用此按钮来删除选定的线型。只能删除未使用的线型，不能删除 BYLAYER、BYBLOCK 和 CONTINUOUS 线型。

注意：删除线型时

> 如果处理的是共享工程中的图形，或是基于一系列图层标准的图形，则删除线型时要特别小心。已删除的线型定义仍存储在 acad.lin 或 acadlt.lin 文件(AutoCAD)或 acadiso.linacadltiso.lin 文件(AutoCAD LT)中，可以对其进行重载。

（4）“当前”按钮：此按钮可以将选择的图层或对象设置当前线型，如果是新创建的对象时，系统默认线型是当前线型（包括 Bylayer 和 ByBlock 线型值）。

（5）“显示\隐藏细节”按钮：此按钮用于显示“线型管理器”对话框中的“详细信息”选项区。

6. 设置图层线宽

在 AutoCAD 中，改变线条的宽度，使用不同宽度的线条表现对象的大小或类型，从而提高图形的表达能力和可读性，设置线宽的方法如下。

方法 01 在“图层特性管理器”对话框的“线宽”列表中单击该图层对应的线宽“—默认”，打开“线宽”对话框，选择所需要的线宽。

方法 02 执行“格式 | 线宽”菜单命令，打开“线宽设置”对话框，通过调整线宽比例，使图形中的线宽显示得更宽或更窄。

注意：线宽的显示

> 图层设置的线宽特性是否能显示在显示器上，还需要通过“线宽设置”对话框来设置。

7. 改变对象所在图层

在 AutoCAD 实际绘图中，如果绘制完某一图形元素后，发现该元素并没有绘制在预先设置的图层上，可选中该图形元素，并在“面板”选项板的“图层”选项区域的“应用的过滤器”下拉列表中选择预设图层名，即可改变对象所在图层。

例如，如图 1-65 所示，将直线所在图层改变为虚线所在图层。

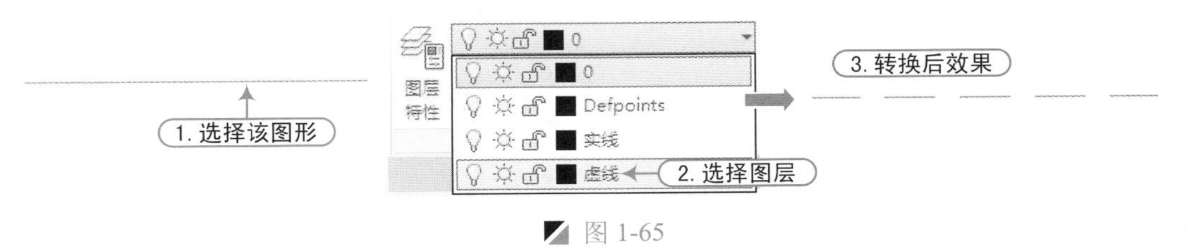

图 1-65

1.9 ACAD 文字和标注的设置

在 AutoCAD 2015 中，可以设置多种文字样式，以方便各种工程图的注释及标注的需要，要创建文字对象，有单行文字和多行文字两种方式。同时 AutoCAD 2015 包含了一套完整的尺寸标注命令和使用程序，可以轻松地完成图形中要求的尺寸标注。

1.9.1 文字样式的设置

案例	无	视频	文字样式的设置.avi	时长	06'47"

在 AutoCAD 2015 中，图形中的所有文字都具有与之相关联的文字样式。输入文字时，系统使用当前的文字样式来创建文字，该样式可设置字体、大小、倾斜角度、方向和文字特征。如果需要使用其他文字样式来创建文字，可以将其他文字样式置于当前。

创建文字样式的方法如下。

方法 01 在命令行输入 STYLE 命令并按<Enter>键。

方法 02 执行"格式 | 文字样式"菜单命令。

方法 03 单击"默认"标签里"注释"面板下拉列表中的"文字样式"按钮，如图 1-66 所示。

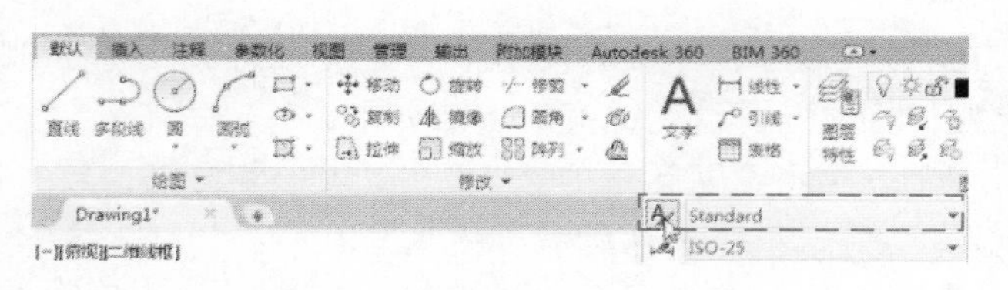

图 1-66

执行上述命令后，将弹出"文字样式"对话框，单击"新建"按钮，会弹出"新建文字样式"对话框，在"样式名"文本框中输入样式的名称，然后单击"确定"按钮，即可新建文字样式，如图 1-67 所示。

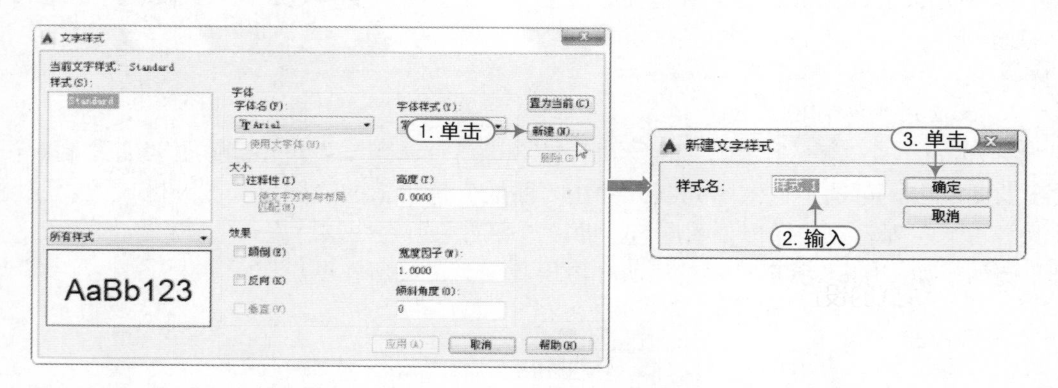

图 1-67

在"文字样式"对话框中，系统提供了一种默认文字样式是 Standard 文字样式，用户可以创建一个新的文字样式或修改文字样式，以满足绘图要求。

在"文字样式"对话框中，各主要选项具体说明如下。

（1）样式（S）：显示图形中的样式列表。样式名前的图标指示样式为注释性。

（2）字体：用来设置样式的字体。

注意：样式字体的设置

如果更改现有文字样式的方向或字体文件，当图形重新生成时，所有具有该样式的文字对象都将使用新值。

（3）大小：用来设置字体的大小。

（4）效果：修改字体的特性，例如高度、宽度因子、倾斜角以及是否颠倒显示、反向或垂直对齐。

（5）颠倒（E）：颠倒显示字符。

（6）反向（K）：反向显示字符。

（7）垂直（V）：显示垂直对齐的字符。只有在选定字体支持双向时“垂直”才可用。TrueType 字体的垂直定位不可用。

（8）宽度因子（W）：设置字符间距。系统默认“宽度因子”为 1，输入小于 1 的值将压缩文字。输入大于 1 的值则扩大文字。

（9）倾斜角度（O）：设置文字的倾斜角。输入一个 –85 和 85 之间的值将使文字倾斜。

文字的各种效果如图 1-68 所示。

标准 宋体	字体各种样式
标准 黑体	字体各种样式
标准 楷体	字体各种样式
宽度因子：1.2	字体各种样式
倾斜角度：30度	字体各种样式
颠倒	字体各种样式
反向	字体各种样式

图 1-68

1.9.2 标注样式的设置

案例	无	视频	标注样式的设置.avi	时长	23'11"

在 AutoCAD 中，用户在标注尺寸之前，第一步要建立标注样式，如果不建立标注样式而直接进行标注，系统会使用默认的 Standard 样式。如果用户认为使用的标注样式某些设置不合适，也可以通过“标注样式管理器”对话框进行设置来修改标注样式。

打开“标注样式管理器”对话框的方法如下。

方法 01　在命令行输入 DIMSTYLE 命令并按<Enter>键。

方法 02　执行“格式 | 标注样式”菜单命令。

方法 03　单击“注释”标签下“标注”面板中右下角的“标注样式”按钮。

执行上述命令后，将打开“标注样式管理器”对话框，如图 1-69 所示。

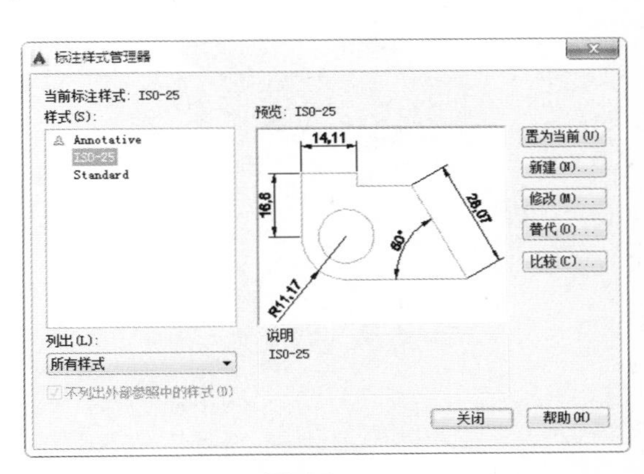

图 1-69

在“标注样式管理器”对话框中，单击“新建”按钮，将打开“创建新标注样式”对话框，在该对话框中可以创建新的标注样式，单击该对话框中的“继续”按钮，将打开“新建标注样式：XXX”对话框，从而设置和修改标注样式的相关参数，如图 1-70 所示。

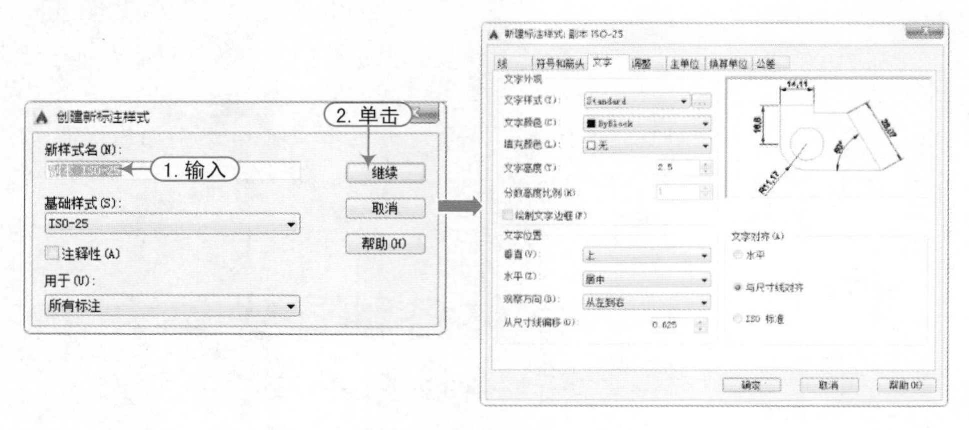

图 1-70

当标注样式创建完成后，在“标注样式管理器”对话框中，单击“修改”按钮，将打开“修改标注样式：XXX”对话框，从中可以修改标注样式。对话框选项与“新建标注样式：XXX”对话框中的选项相同。

1.10 绘制第一个 ACAD 图形

案例	平开门符号.dwg	视频	绘制第一个 ACAD 图形.avi	时长	05'17"

为了使用户对 AutoCAD 建筑工程图的绘制有一个初步的了解，下面以“平开门符号”的绘制来进行讲解，其操作步骤如下。

Step 01 在桌面上双击 AutoCAD 2015 图标，启动 AutoCAD 2015 软件，系统自动创建一个空白文档。

Step 02 在“快速访问”工具栏单击“另存为”按钮，将弹出“图形另存为”对话框，按照如图 1-71 所示将该文件保存为“案例\01\平开门符号.dwg”文件。

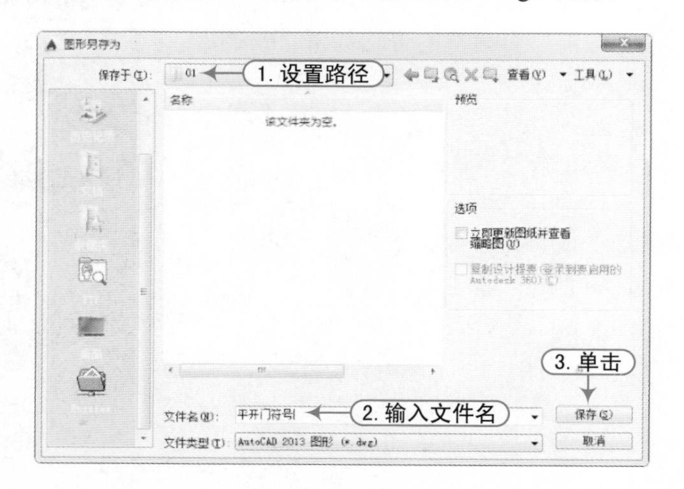

图 1-71

技巧：保存文件为低版本

在“图形另存为”对话框中，其“文件类型”下拉组合框中，用户可以将其保存为低版本的 .dwg 文件。

Step 03 在“常用”选项卡的“绘图”面板中单击“圆”按钮，按照如下命令行提示绘制一个半径为 1000mm 的圆，其效果如图 1-72 所示。

```
命令: _circle                                               \\ 执行“圆”命令
指定圆的圆心或 [三点(3P)/两点(2P)/切点、切点、半径(T)]: @0,0    \\ 以原点(0.0)作为圆心点
指定圆的半径或 [直径(D)]: 1000                                \\ 输入圆的半径为 1000
```

Step 04 在“常用”选项卡的“绘图”面板中单击“直线”按钮，根据如下命令行提示，绘制好两条线段，其效果如图 1-73 所示。

```
命令: _line                          \\ 执行“直线”命令
指定第一个点:                         \\ 捕捉圆上侧象限点
指定下一点或 [放弃(U)]:               \\ 捕捉圆心点，绘制线段 1
指定下一点或 [放弃(U)]:               \\ 捕捉右侧象限点，绘制线段 2
指定下一点或 [闭合(C)/放弃(U)]:       \\ 按回车键结束直线的绘制
```

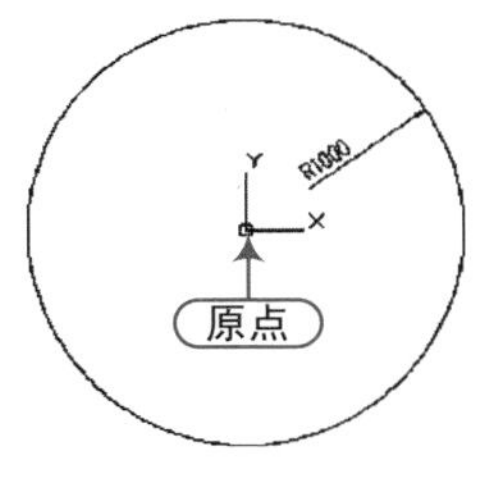

图 1-72

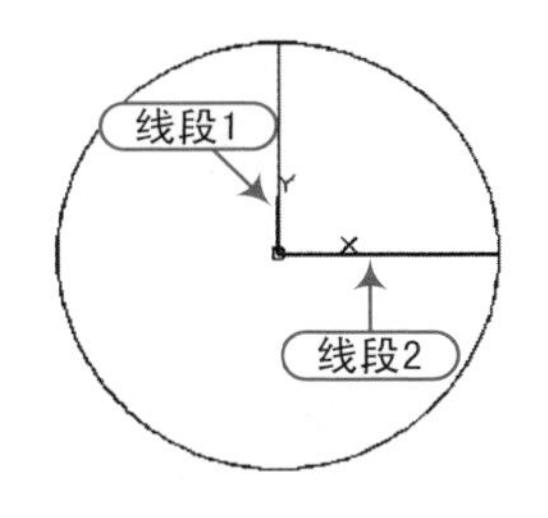

图 1-73

注意：“对象捕捉”的启用

用户在绘制图形过程中，用户可按 F3 键来启用或取消其“对象捕捉”模式。但就是启用了“对象捕捉”模式，也必须勾选相应的捕捉点才行。

Step 05 在“常用”选项卡的“修改”面板中单击“偏移”按钮，根据如下命令行提示，将上一步所绘制垂直线段向右侧偏移 60mm，其效果如图 1-74 所示。

```
命令: _offset                                              \\ 执行“偏移”命令
当前设置: 删除源=否  图层=源  OFFSETGAPTYPE=0               \\ 当前设置状态
指定偏移距离或 [通过(T)/删除(E)/图层(L)] <通过>: 60          \\ 输入偏移距离为 60mm
选择要偏移的对象，或 [退出(E)/放弃(U)] <退出>:               \\ 选择垂线段为偏移对象
指定要偏移的那一侧上的点，或 [退出(E)/多个(M)/放弃(U)] <退出>:  \\ 在垂线段右侧单击
选择要偏移的对象，或 [退出(E)/放弃(U)] <退出>:               \\ 按回车键结束偏移操作
```

Step 06 在“常用”选项卡的“修改”面板中单击“修剪”按钮，根据如下命令行提示，将多余的线段及圆弧进行修剪，其效果如图 1-75 所示。

读书破万卷

```
命令: _trim                                                    \\ 执行“修剪”命令
当前设置:投影=UCS，边=无                                        \\ 显示当前设置
选择剪切边...
选择对象或 <全部选择>:                                          \\ 按回车键表示修剪全部
选择要修剪的对象，或按住 Shift 键选择要延伸的对象，或
[栏选(F)/窗交(C)/投影(P)/边(E)/删除(R)/放弃(U)]:                \\ 单击圆弧修剪
选择要修剪的对象，或按住 Shift 键选择要延伸的对象，或
[栏选(F)/窗交(C)/投影(P)/边(E)/删除(R)/放弃(U)]:                \\ 单击水平线段右侧进行修剪
选择要修剪的对象，或按住 Shift 键选择要延伸的对象，或
[栏选(F)/窗交(C)/投影(P)/边(E)/删除(R)/放弃(U)]:                \\ 按回车键结束修剪操作
```

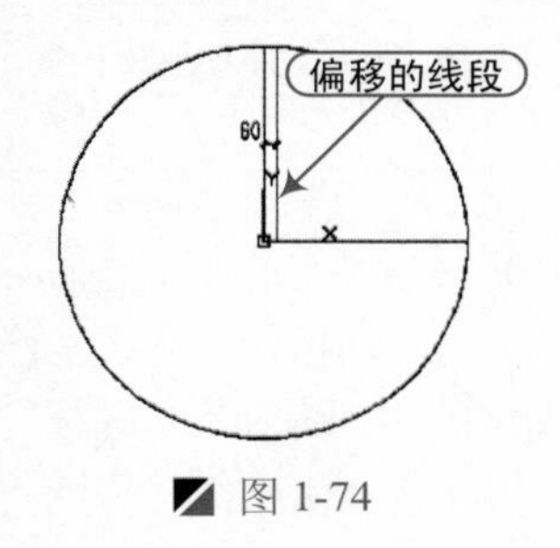

图 1-74

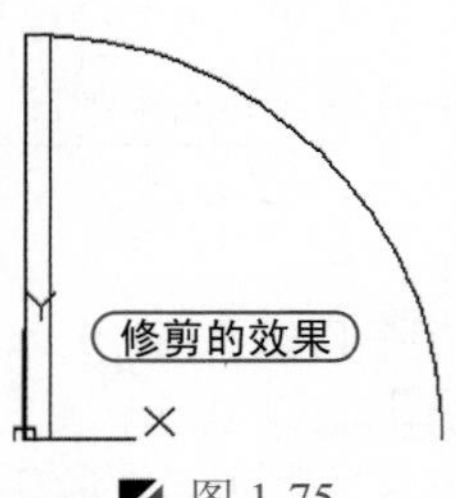

图 1-75

Step 07 在“快速访问”工具栏单击“保存”按钮，将所绘制的平开门符号进行保存。

Step 08 在键盘上按<Alt+F4>或<Ctrl+Q>组合键，退出所绘制的文件对象。

2

电气设计基础与 CAD 制图规范

本章导读

AutoCAD 电气设计是计算机辅助设计与电气设计结合的交叉学科。本章主要介绍电气工程图的相关基础知识，包括电气工程图的特点、电气工程 CAD 制图的规范、常用电气图形符号及分类。

本章内容

- 了解电气图的定义、分类
- 了解电气图的常用图形符号
- 了解电气设备常用图形符号
- 掌握电气技术中的文字符号
- 掌握电气技术中的项目代号
- 掌握电气图的 CAD 制图规范

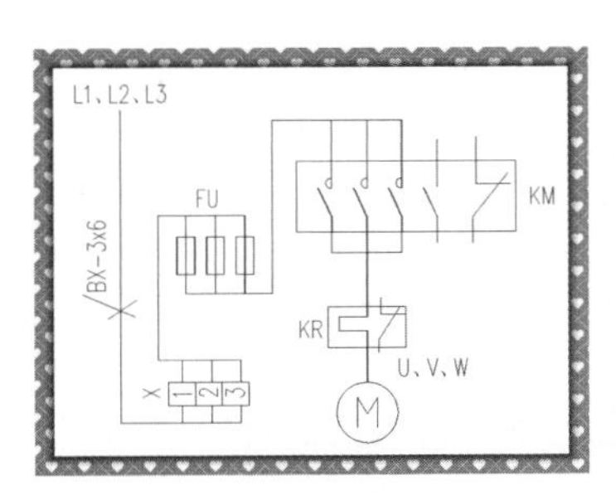

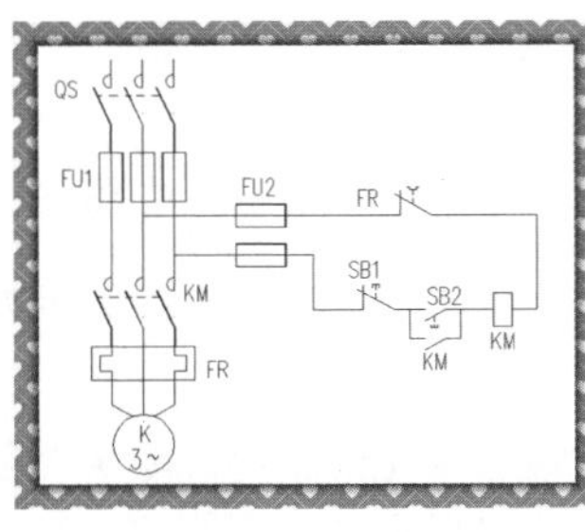

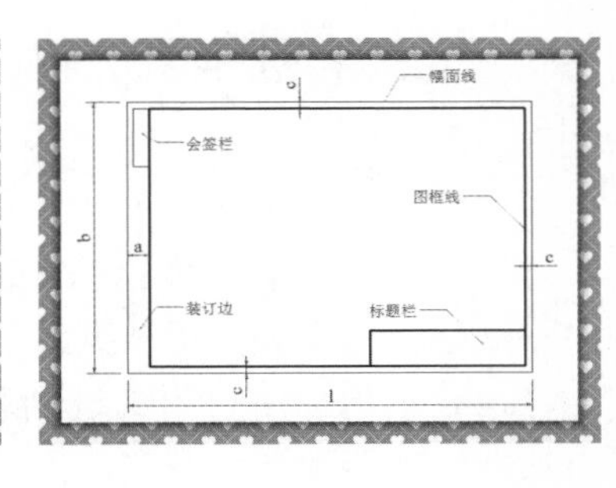

2.1 电气图的定义

电气图是用电气图形符号、带注释的围框或简化外形表示电气系统或设备中组成部分之间相互关系及其连接关系的一种图。广义地说，表明两个或两个以上变量之间关系的曲线，用以说明系统、成套装置或设备中各组成部分的相互关系或连接关系，或者用以提供工作参数的表格、文字等，也属于电气图之列。

2.2 电气图的分类

根据各电气图所表示的电气设备、工程内容和表达形式的不同，电气图通常分为12类。

（1）系统图或框图：用符号或带注释的框，概略表示系统或分系统的基本组成、相互关系及其主要特征的一种简图。

例如，一个电动机的供电关系，则可采用如图2-1所示的电气系统图。该电气系统由电源L1、L2、L3、熔断器FU、交流接触器KM、热继电器K、电动机M构成，并通过连接线表示如何连接这些元件。

（2）电路图：用图形符号并按工作顺序排列，详细表示电路、设备或成套装置的全部组成和连接关系，而不考虑其实际位置的一种简图。目的是便于详细理解作用原理、分析和计算电路特性。

例如，如图2-2所示为三相交流感应电动机点动控制线路的原理电路图，该电路由总电源开关QS、熔断器FU1～FU3、交流接触器KM的主接触点，以及电动机M等构成的供电电路；由熔断器FU4～FU5、按按钮开关SB、交流接触器KM的线圈等构成的控制电路。当按动开关SB，电动机便可动作，松开开关SB，电动机即停止转动。

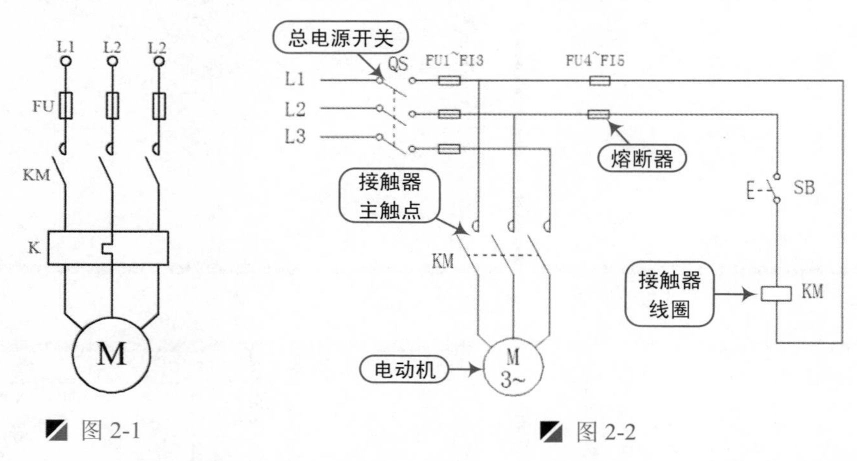

图 2-1　　图 2-2

（3）功能图：表示理论的或理想的电路而不涉及实现方法的一种图，其用途是提供绘制电路图或其他有关图的依据。

（4）逻辑图：主要用二进制逻辑（与、或、异或等）单元图形符号绘制的一种简图，其中只表示功能而不涉及实现方法的逻辑图叫纯逻辑图。

（5）功能表图：表示控制系统的作用和状态的一种图。

（6）等效电路图：表示理论的或理想的元件（如R、L、C）及其连接关系的一种功能图。

（7）程序图：详细表示程序单元和程序片及其互连关系的一种简图。

（8）设备元件表：把成套装置、设备和装置中各组成部分和相应数据列成的表格，其用途表示各组成部分的名称、型号、规格和数量等。

（9）端子功能图：表示功能单元全部外接端子，并用功能图、表图或文字表示其内部功能的一种简图。

（10）接线图或接线表：表示成套装置、设备或装置的连接关系，用以进行接线和检查的一种简图或表格。

（11）数据单：对特定项目给出详细信息的资料。

（12）简图或位置图：表示成套装置、设备或装置中各个项目位置的一种简图或位置图。指用图形符号绘制的图，用来表示一个区域或一个建筑物内成套电气装置中的元件位置和连接布线。

2.3 电气图的特点

（1）电气图的作用，是阐述电的工作原理，描述产品的构成和功能，提供装接和使用信息的重要工具和手段。

（2）简图是电气图的主要表达方式，是用图形符号、带注释的围框或简化外形表示系统或设备中各组成部分之间相互关系及其连接关系的一种图。

（3）元件和连接线是电气图的主要表达内容。

① 一个电路通常由电源、开关设备、用电设备和连接线四个部分组成，如果将电源设备、开关设备和用电设备看成元件，则电路由元件与连接线组成，或者说各种元件按照一定的次序用连接线起来就构成一个电路。

② 元件和连接线的表示方法。

- 元件用于电路图中时有集中表示法、分开表示法、半集中表示法。
- 元件用于布局图中时有位置布局法和功能布局法。
- 连接线用于电路图中时有单线表示法和多线表示法。
- 连接线用于接线图及其他图中时有连续线表示法和中断线表示法。

（4）图形符号、文字符号（或项目代号）是电气图的主要组成部分。一个电气系统或一种电气装置同各种元器件组成，在主要以简图形式表达的电气图中，无论是表示构成，表示功能，还是表示电气接线等，通常用简单的图形符号表示。

（5）对能量流、信息流、逻辑流、功能流的不同描述构成了电气图的多样性。一个电气系统中，各种电气设备和装置之间，从不同角度、不同侧面存在着不同的关系。

① 能量流——电能的流向和传递。

② 信息流——信号的流向和传递。

③ 逻辑流——相互间的逻辑关系。

④ 功能流——相互间的功能关系。

2.4 电气图常用图形符号

图形符号的含义，即用于图样或其他文件以表示一个设备或概念的图形、标记或字符；或图形符号是通过书写、绘制、印刷或其他方法产生的可视图形，是一种以简明易懂的方式来传递一种信息，表示一个实物或概念，并可提供有关条件、相关性及动作信息的工业语言。

2.4.1 图形符号的组成

图形符号由一般符号、符号要素、限定符号等组成。

① 一般符号：表示一类产品或此类产品特性的一种通常很简单的符号。

② 符号要素：它具有确定意义的简单图形，必须同其他图形组合以构成一个设备或概念的完整符号。

③ 限定符号：用以提供附加信息的一种加在其他符号上的符号。它一般不能单独使用，但一般符号有时也可用作限定符号。

④ 方框符号：表示元件、设备等的组合及其功能，既不给出元件、设备的细节，也不考虑所有连接的一种简单图形符号。

2.4.2 图形符号的分类

新的《电气简图用图形符号》（GB/T 4728.1—2005）采用中华人民共和国国家标准，在国际上具有通用性，有利于对外技术交流。《电气简图用图形符号》共分13部分，包括如下。

① 一般要求：包括本标准内容提要、名词术语、符号的绘制、编号使用及其他规定。

② 符号要素、限定符号和其他常用符号：包括轮廓和外壳、电流和电压的各类、可变性、力或运动的方向、流动方向、材料类型、效应或相关性、辐射、信号波形、机械控制、操作件和操作方法、非电量控制、接地、接机壳和等电位、理想电路元件等。

③ 导体和连接件：包括电线、屏蔽或绞合导线、同轴电缆、端子与导线连接、插头和插座、电缆终端头等。

④ 基本无源元件：如电阻器、电容器、铁氧体磁心、压电晶体、驻极体等。

⑤ 半导体管和电子管：如二极管、三极管、晶闸管、电子管等。

⑥ 电能的发生与转换：包括绕组、发电机、变压器等

⑦ 开关、控制和保护器件：包括触点、开关、开关装置、控制装置、启动器、继电器、接触器和保护器件等。

⑧ 测量仪表、灯和信号器件：包括指示仪表、记录仪表、热电偶、遥测装置、传感器、灯、电铃、蜂鸣器、喇叭等。

⑨ 电信交换和外围设备：包括交换系统、选择器、电话机、电报和数据处理设备、传真机等。

⑩ 电信传输：包括通信电路、天线、波导管器件、信号发生器、激光器、调制器、光纤传输线路等。

⑪ 建筑安装平面布置图：包括发电站、变电所、网络、音响和电视的分配系统、建筑用设备、露天设备。

⑫ 二进制逻辑元件：包括计算器、存储器等。

⑬ 模拟元件：包括放大器、函数器、电子开关等。

2.4.3 常用图形符号选摘

表2-1为国际常用电气图形符号的选摘。

表 2-1

001 接地	002 保护接地	003 接机壳	004 等电位	005 插头和插座	006 电阻器	007 可调电阻器	008 压敏电阻器	009 电位器	010 抽头电阻
011 分路器	012 电热元件	013 电容器	014 极性电容器，电解电容器	015 可调电容器	016 预调电容器	017 电感器，线圈，绕组	018 带磁芯的电感器	019 磁芯有间隙的电感器	020 两电极压电晶体
021 三电极压电晶体	022 两对电极的压电晶体	023 半导体二极管	024 发光二极管(LED)	025 单向击穿二极管 齐纳二极管	026 双向二极管	027 无指定形式的晶闸管	028 晶闸管(P型)(阴极受控)	029 可关断晶闸管(N型) (阳极受控)	030 可关断晶闸管(P型) (阴极受控)
031 PNP半导体管	032 集电极接管壳的 NPN半导体管	033 光敏电阻	034 光电二极管	035 光电池	036 光偶合器件	037 直流串励电动机	038 直流并励电动机	039 单相串励电动机	040 三相感应电动机
041 单相感应电动机 (有分相绕组引出端)	042 三相绕线式 转子感应电动机	043 双绕组变压器(1)	044 三绕组变压器(1)	045 绕组间有屏蔽的 单相变压器(1)	046 可调节的 单相自耦变压器(1)	047 星形-三角形连接的 三相变压器(1)	048 星形-三角形连接的 三相变压器(2)	049 三相自耦变压器 星形连接(1)	050 三相自耦变压器 星形连接(2)
051 双绕组变压器(2)	052 双绕组变压器(3)	053 三绕组变压器(2)	054 自耦变压器	055 绕组间有屏蔽的 单相变压器(2)	056 可调节的 单相自耦变压器(2)	057 电抗器	058 电流互感器(1)	059 电流互感器(2)	060 电压互感器(1)
061 电压互感器(2)	062 直流/直流变换器	063 整流器	064 桥式全波整流器	065 逆变器	066 整流器/逆变器	067 电池	068 电能发生器一般符号	069 闭环控制器	070 动合触点
071 动断触点	072 先断后合的转换触点	073 中间断开的双向转换触点	074 有自动返回的动合触点	075 无自动返回的动合触点	076 有自动返回的动断触点	077 操作器件吸合时延 时闭合的动合触点	078 操作器件释放时延 时断开的动合触点	079 操作器件吸合时延 时断开的动断触点	080 操作器件释放时延 时闭合的动断触点
081 延时闭合且延时 断开的动合触点	082 触点组(瞬时动合 +延时触点)	083 手动操作开关	084 自动复位的按钮开关	085 自动复位的拉拔开关	086 无自动复位的旋转开关	087 具有正向操作的按钮开关	088 正向操作且有保持功 能的紧急停车开关	089 位置开关，动合触点	090 位置开关，动断触点
091 位置开关—双向机械操作	092 能正向断开操作的位置开关	093 热敏开关—动合触点	094 热敏开关—动断触点	095 热敏自动开关 (非热继电器触点)	096 热继电器触点(动断)	097 钥匙操作的具有 动合触点的开关	098 单向作用的气动或 液压操作的开关	099 液位控制的具有 动合触点的开关	100 荧光灯起动器
101 接触器主动合触点	102 接触器主动断触点	103 断路器	104 隔离开关	105 有中间断开位置的 双向隔离开关	106 负荷开关	107 电动机起动器一般符号	108 步进起动器	109 调节-起动器	110 星-三角起动器
111 自耦变压器式起动器	112 带可控硅整流器的 调节-起动器	113 操作件一般符号 继电器线圈一般符号	114 缓慢释放继电器的线圈	115 缓慢吸合继电器的线圈	116 缓吸缓放继电器的线圈	117 快速继电器的线圈	118 交流继电器的线圈	119 热继电器的驱动器件	120 接触敏感开关动合触点
121 接近开关—动合触点	122 磁铁接近动作的 接近开关，动合触点	123 铁接近动作的 接近开关，动断触点	124 熔断器	125 熔断器式开关	126 熔断器式隔离开关	127 熔断器式负荷开关	128 火花间隙	129 电压表	130 电流表
131 相位计	132 频率计	133 转速表	134 安时计	135 电度表（瓦时计）	136 热电偶	137 灯，一般符号 信号灯，一般符号	138 闪光型信号灯	139 电喇叭	140 电铃
141 报警器	142 蜂鸣器	143 电动汽笛	144 扬声器	145 脉冲位置或脉冲相位调制	146 脉冲频率调制	147 脉冲幅度调制	148 脉冲间隔调制	149 脉冲宽度调制	150 信号发生器，波形发生器
151 脉冲发生器	152 变频器	153 放大器	154 电磁离合器						

读书破万卷

2.5 电气设备常用图形符号

① 电气设备用图形符号是完全区别于电气图用图形符号的另一类符号。主要适用于各种类型的电气设备或电气设备部件上，使得操作人员了解其用途和操作方法，也可用于安装或移动电气设备的场合，诸如禁止、警告、规定或限制等注意的事项。

② 电气设备用图形符号的用途为识别、限定、说明、命令、警告、指示。

③ 设备用图形符号须按一定比例绘制。含义明确，图形简单、清晰、易于理解、易于辩认和识别。

2.6 电气技术中的文字符号

电气技术中的文字符号分基本文字符号和辅助文字符号，基本文字符号分单字母符号和双字母符号，表 2-2 为常用电气元件文字符号表。

表 2-2

序号	名称	符号	序号	名称	符号
1	发电机	G	29	白色指示灯	HW
2	电动机	M	30	蓝色指示灯	HB
3	控制变压器	TC	31	照明灯	EL
4	自耦变压器	TA	32	蓄电池	GB
5	整流变压器	TR	33	加热器	EH
6	稳压器	TS	34	光指示器	HL
7	电压互感器	TV	35	声音报警器	HA
8	电流互感器	TA	36	二极管	VD
9	熔断器	FU	37	三极管	V
10	断路器	QF	38	晶闸管	VT
11	隔离开关	QS	39	电位器	RP
12	负荷开关	QL	40	电压小母线	WV
13	刀开关	QK	41	控制小母线	WCL
14	刀熔开关	QR	42	事故音响小母线	WFS
15	交流接触器	KM	43	预告音响小母线	WPS
16	电阻器	R	44	闪光小母线	WF
17	压敏电阻器	RV	45	直流母线	WB
18	启动电阻器	RS	46	电压继电器	KV
19	制动电阻器	RB	47	电流继电器	KA
20	电容器	C	48	时间继电器	KT
21	电感器、电抗器	L	49	中间继电器	KM
22	变频器	U	50	信号继电器	KS
23	压力变换器	BP	51	闪光继电器	KFR
24	温度变换器	BT	52	差动继电器	KD
25	避雷器	F	53	接地继电器	KE
26	黄色指示灯	HY	54	控制继电器	KC
27	绿色指示灯	HG	55	热继电器（热元件）	KH
28	红色指示灯	HR	56	控制、选择转换开关	SA

（续表）

序号	名称	符号	序号	名称	符号
57	行程开关	ST	68	端子板（排）	XT
58	微动开关	SS	69	插座	XS
59	限位开关	SL	70	插头	XP
60	按钮	SB	71	电流表	PA
61	合闸按钮	SBC	72	电压表	PV
62	分闸按钮	SBS	73	有功电度表	PJ
63	试验按钮	SBT	74	无功电度表	PJR
64	合闸线圈	YC	75	有功功率表	PW
65	跳闸线圈	YT	76	无功功率表	PR
66	接线柱	X	77	功率因数表	PPF
67	连接片	XB	78	频率表	PF

2.6.1 单字母符号

用拉丁字母将各种电气设备、装置和元器件划分为23大类，每大类用一个专用单字母符号表示。如R为电阻器，Q为电力电路的开关器件类等。

2.6.2 双字母符号

表示种类的单字母与另一字母组成，其组合型式以单字母符号在前，另一个字母在后的次序列出。双字母符号中的另一个字母通常选用该类设备、装置和元器件的英文名词的首位字母，或常用缩略语，或约定俗成的习惯用字母。

2.6.3 辅助文字符号

表示电气设备、装置和元器件以及线路的功能、状态特性的，通常也是由英文单词的前一两个字母构成。它一般放在基本文字符号后边，构成组合文字符号。

2.6.4 补充文字符号的原则

补充文字符号的原则如下。

① 在不违背前面所述原则的基础上，可采用国际标准中规定的电气技术文字符号。

② 在优先采取规定的单字母符号、双字母符号和辅助文字符号的前提下，可补充有关的双字母符号和辅助文字符号。

③ 文字符号应按有关电气名词术语国家标准或专业标准中规定的英文术语缩写而成。同一设备若有几种名称时，应选用其中一个名称。当设备名称、功能、状态或特征为一个英文单词时，一般采用该单词的第一位字母构成文字符号，需要时也可用前两位字母，或前两个音节的首位字母，或采用常用缩略语或约定俗成的习惯用法构成；当设备名称、功能、状态特性为二个或三个英文单词时，一般采用该二个或三个音讯的第一位字母，或采用常用缩略语或约定俗成的习惯用法构成文字符号。

④ 因I、O易同于1和0混淆，因此，不允许单独作为文字符号使用。

2.7 电气技术中的项目代号

项目代号，用以识别图、表图、表格中和设备上的项目种类，并提供项目的层次关系、实际位置等信息的一种特定的代码。

2.7.1 项目代号的组成

项目代号由拉丁字母、阿拉伯数字、特定的前缀符号，按照一定规则组合而成的代码。一个完整的项目代号含有以下四个代号段。

① 高层代号段，其前缀符号为“=”。

② 种类代号段，前缀符号为“–”。

③ 位置代号段，其前缀符号为“+”。

④ 端子代号段，其前缀符号为“：”。

2.7.2 种类代号

用以识别项目种类的代号，有如下三种表示方法。

① 由字母代码和数字组成。

- K 2 ：种类代号段的前缀符号+项目种类的字母代码+同一项目种类的序号

- K 2 M：前缀符号+种类的字母代码+同一项目种类的序号+项目的功能字母代码

② 用顺序数字（1、2、3、……）表示图中的各个项目，同时将这些顺序数字和它所代表的项目排列于图中或另外的说明中，如–1、–2、–3、…。

③ 对不同种类的项目采用不同组别的数字编号。如对电流继电器用 11、12、13、…。

如用分开表示法表示的继电器，可在数字后加“.”。

2.7.3 高层代号

高层代号是指系统或设备中任何较高层次（对给予代号的项目而言）项目的代号。如 S2 系统中的开关 Q3，表示为=S2–Q3，其中=S2 为高层代号。

2.7.4 位置代号

位置代号指项目在组件、设备、系统或建筑物中的实际位置代号。位置代号由自行规定的拉丁字母或数字组成。在使用位置代号时，就给出表示该项目位置的示意图。如+204 +A +4 可写为+204A4，意思为 A 列柜装在 204 室第 4 机柜。

2.7.5 端子代号

端子代号通常不与前三段组合在一起，只与种类代号组合。可采用数字或大写字母，-S4:A，表示控制开关 S4 的 A 号端子；-XT:7，表示端子板 XT 的 7 号端子。

2.7.6 项目代号的应用

= 高层代号段 - 种类代号段 （空隔）+ 位置代号段

其中高层代号段对于种类代号段是功能隶属关系，位置代号段对于种类代号段来说是位置信息。

如“=A1–K1+C8S1M4”，表示 A1 装置中的继电器 K1，位置在 C8 区间 S1 列控制柜 M4 柜中。

再如“=A1P2–Q4K2+C1S3M6”，表示 A1 装置 P2 系统中的 Q4 开关中的继电器 K2，位置在 C1 区间 S3 列操作柜 M6 柜中。

2.8 电气图CAD制图规范

电气图是一种特殊的专业技术图，除了国家标准《电气工程 CAD 制图规划》的常用规定外，图样还必须有设计和施工等部门共同遵守的格式和规定。

2.8.1 图纸格式

图纸是工程师的语言。在 AutoCAD 中绘图时，若要对绘制进行打印，就需要选择图纸空间为工作空间，在图纸空间中可以进行图纸的合理布局，对其中任何一个视图本身进行基本的编辑操作。

1. 图纸幅面（图幅）

图纸幅面指的是图纸宽度与长度组成的图面。通俗一点就是最终用来画图或打印的那张图纸。绘制图样时，应优先采用如表 2-3 所示中规定的基本幅面及尺寸。必要时，也允许采用加长幅面，其尺寸是由相应基本幅面的短边乘整数倍增加后得出的，图纸基本幅面及加长幅面尺寸如图 2-3 所示。图中粗实线所示为基本图幅。

表 2-3

幅面代号	A0	A1	A2	A3	A4
B×L	841×1189	594×841	420×594	297×420	210×297
a	25				
c	10			5	
e	20		10		

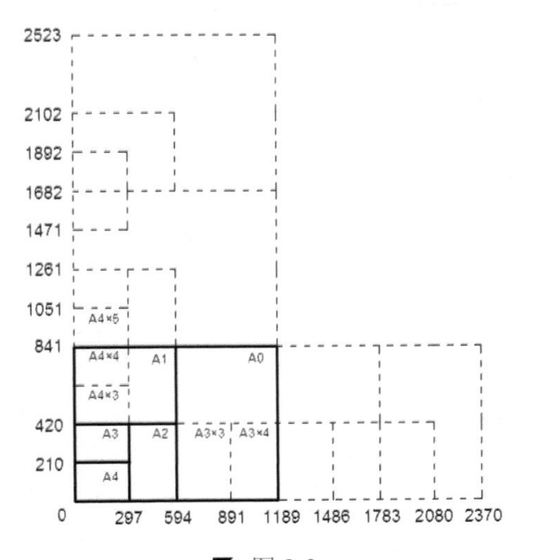

图 2-3

2. 图框

图框尺寸：图纸的图框由内、外框组成，外框用细实线绘制，大小为图纸幅面的尺寸；内框用粗实线绘制，是图样上绘图的边线。其格式分为留装订边和不留装订边两种，留装订边图纸格式如图 2-4 所示，不留装订边图纸格式如图 2-5 所示。图框的尺寸按表 2-4 确定，装订时一般采用 A3 幅面横装或 A4 幅面竖装。

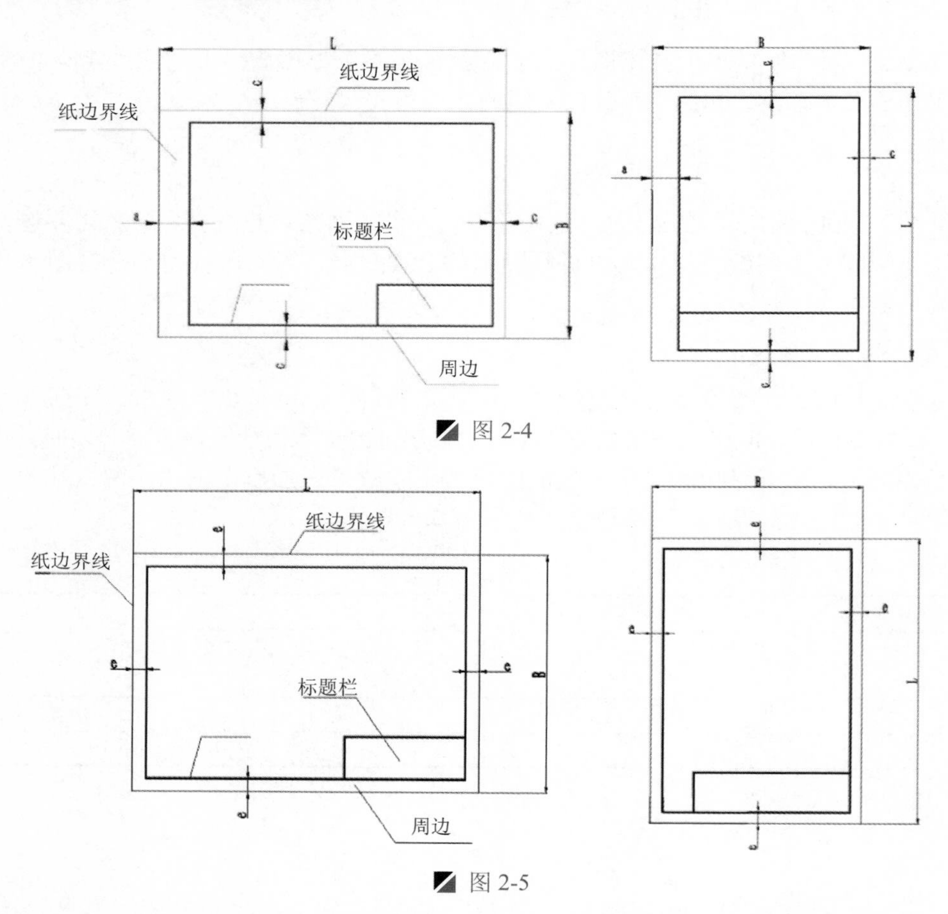

图 2-4

图 2-5

图框线宽：图幅的内框线，根据不同幅面、不同输出设备，宜采用不同的线宽（见表 2-4），而各种图幅的外框均为 0.25mm 的实线。

表 2-4

幅面	绘图机类型	
	喷墨绘图机	笔式绘图机
A0、A1 及其加长图	1.0mm	0.7mm
A2、A3、A4 及其加长图	0.7mm	0.5mm

3. 标题栏的格式

（1）标题栏位置。

无论对 X 型水平放置的图纸，还是 Y 型垂直放置的图纸，标题栏都应放在图面的右下角。标题栏的看图方向一般应与图的看图方向一致。

国内工程通用标题栏的基本信息及尺寸如图 2-6、图 2-7 所示。

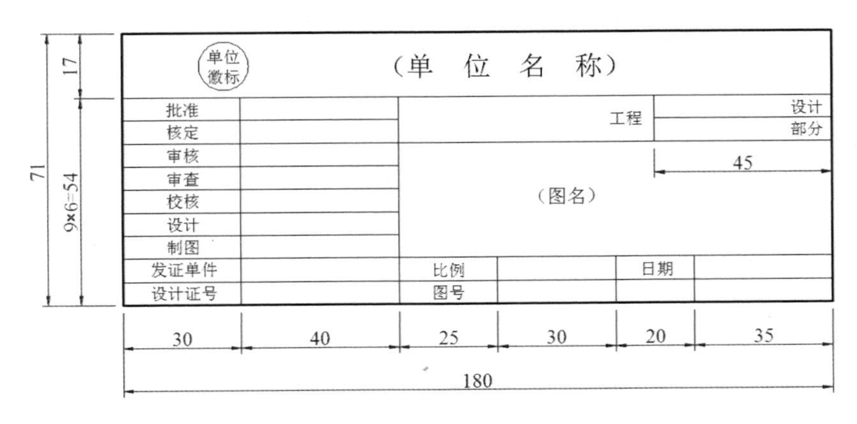

图 2-6

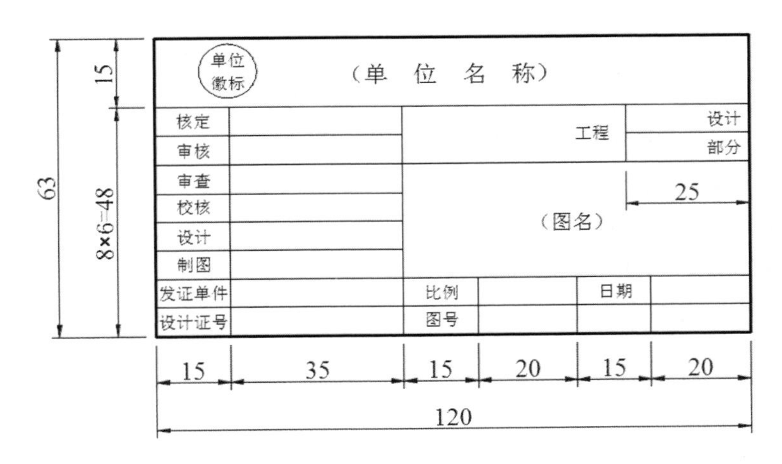

图 2-7

（2）标题栏图线。

标题栏外框线为 0.5mm 的实线，内分格线为 0.2mm 的实线。

（3）图幅分区。

为了更容易地读图和检索，需要一种确定图上位置的方法，因此，把幅面做成分区，便于检索。图幅分区有两种方式。

第一种图幅分区的方法如图 2-8 所示，在图的周边内划定分区，分区数必须是偶数，每一分区的长度为 25～75mm 之间，横竖两个方向可以不统一，分区线用细实线。竖边所分为“行”，用大写的拉丁字母作为代号，横边所分为“列”，用阿拉伯数字做代号，都从图的左上角开始顺序号，两边注写。分区的代号用分区所在的“行”与“列”的两个代号组合表示。

如果电气图中表示的控制电路内的支路较多，并且各支路元器件布置与功能又不同，可采用另一种分区方法，如图 2-9 所示。这种方法只对图的一个方向分区，根据电路的布置方式选定。

例如，电路垂直布置时，只作为横向分区。分区数不限，各个分区的长度也可以不等，一般是一个支路一个分区。分区顺序编号方式不变，但只需要单边注定，其对边则另行划区，标注主要设备或支电路的名称、用途等，称为用途区。两对边的分区长度也可以不一样。

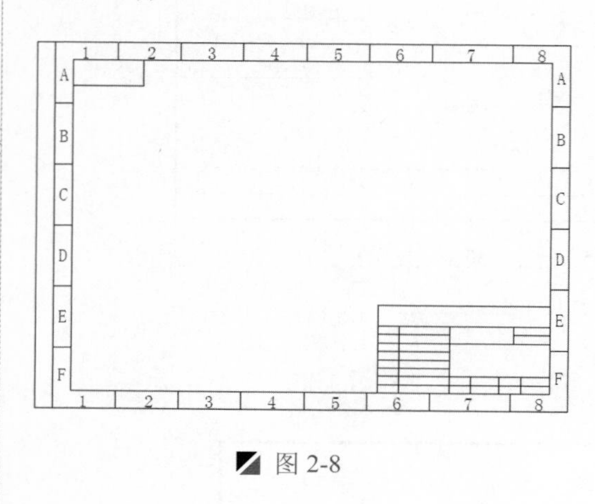

图 2-8

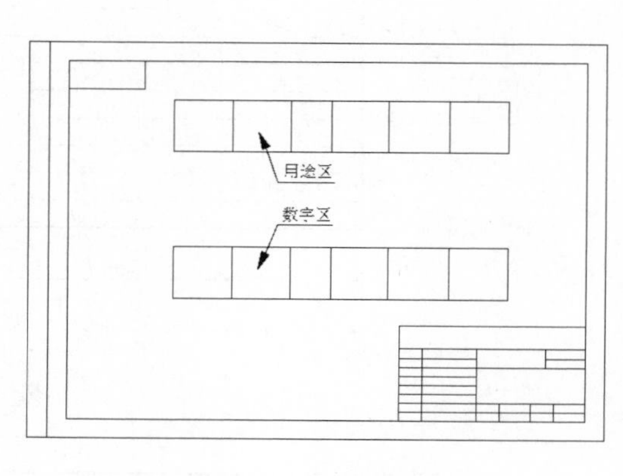

图 2-9

2.8.2 图线

电气图中的各种线条统称为图线，根据用途的不同，图线宽度宜从以下线宽中选用：0.18mm、0.25mm、0.35mm、0.5mm、0.7mm、1.0mm、1.4mm、2.0mm。

在电气工程图样上，图线一般只有两种宽度，分别称为粗线和细线，其宽度之比为 2∶1。在通常情况下，粗线的宽度采用 0.5mm 或 0.7mm，细线的宽度采用 0.25mm 或 0.35mm。

在同一图样中，同类图线的宽度应基本保持一致；虚线、点画线及双画线的画长和间隔长度也应各自大致相等。

根据不同的结构含义，采用不同的线形，常用图线一般有 6 种，见表 2-5。

表 2-5

图线代号	图线名称	图线形式	应用范围
A	粗实线	━━━━━━━━	一次线路、轮廓线、过渡线
B	细实线	————————	二次线路、一般线路、边界线、剖面线
F	虚线	━ ━ ━ ━ ━ ━	屏蔽线、机械连线
G	细点画线	——-——-——-——	辅助线、轨迹线、控制线
J	粗点画线	━━-━━-━━-━━	表示线、特殊的线
K	双点画线	━━--━━--━━--	轮廓线、中断线

提示：CAD 默认线宽的设置

CAD 系统默认线宽为 0.25mm，若要对默认线宽进行设置，执行“线宽”命令（lweight）或选择“格式 | 线宽”菜单命令，则弹出“线宽设置”对话框，在“默认”下拉列表中可以选择相应线宽来对默认线宽进行更改，如图 2-10 所示。

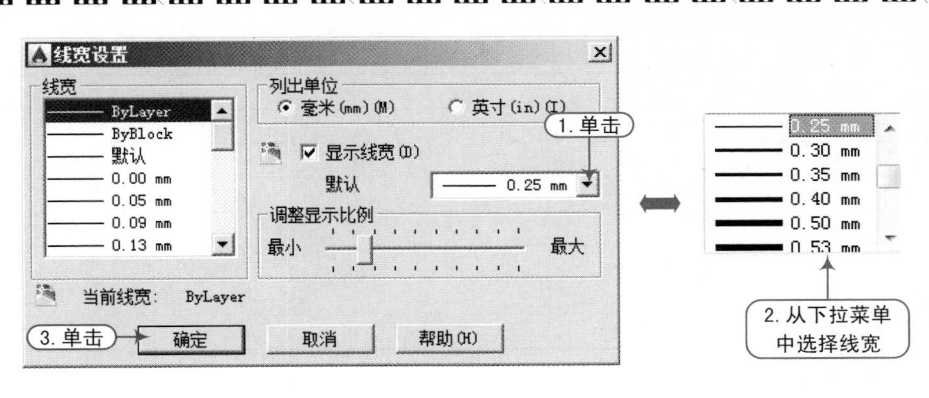

图 2-10

2.8.3 箭头与指引线

电气图中使用的箭头有两种画法，一种是开口箭头，如图 2-11（a）所示，用来表示能量或信号的传播方向；另一种是实心箭头，如图 2-11（b）所示，用于指向连接线等对象的指引线。

（a）开口箭头　　（b）实心箭头

图 2-11

指引线用于指示电气图中注释对象。指引线一般为细实线，指向被注释处，并在其末端加注不同的标记。

- 如果末端在轮廓线内，则添加一个黑点，如图 2-12（a）所示。
- 如果末端在轮廓线上，则添加一个实心箭头，如图 2-12（b）所示。
- 如果末端在连接线上，则添加一个短斜线，如图 2-12（c）所示。

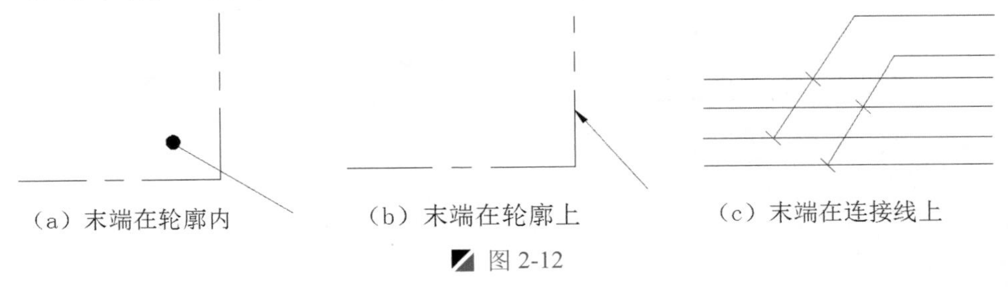

（a）末端在轮廓内　　（b）末端在轮廓上　　（c）末端在连接线上

图 2-12

2.8.4 字体

电气图中的文字如汉字、字母和数字等必须符合国家标准。国标中对电气工程图中字体的规定可归纳为如下。

① 书写字体必须做到：字体工整、笔画清楚、间隔均匀、排列整齐。

② 字体的号数，即字体高度 h，其公称尺寸系列为：1.8mm、2.5mm、3.5mm、5mm、7mm、10mm、14mm、20mm，字符的宽度比约为 0.7。图样中采用的各种文本尺寸见表 2-6。

表 2-6

文体类型	中文		数字及字母	
	字高	字宽	字高	字宽
标题栏图名	7～10	5～7	5～7	3.5～5
图形图名	7	5	5	3.5
说明抬台	7	5	5	3.5
说明条文	5	3.5	3.5	2.5
图形文字标注	5	3.5	3.5	2.5
图号与日期	5	3.5	3.5	2.5

③ 汉字应写成宋体字，并采用国家正式公布推行的简化字。汉字的高度 h 不应小于 3.5mm，其字宽一般为 $h/\sqrt{2}$（约 0.7h）。

④ 汉字书写的要点在于横平竖直，注意起落，结构均匀，填满方格。

⑤ 字母和数字分为 A 型和 B 型。A 型字体的笔画宽度 d 为字高（h）的 1/14，B 型字体笔画宽度为字高的 1/10。在同一图样上只允许选用一种形式的字体。字母和数字可写成斜体或直体，但全图要统一。斜体字字关向右倾斜，与水平基准线成 75°。

2.8.5 比例

电气工程图中所画图形符号的大小与物体实际大小的比值称为比例。大部分的电气线路图都是不按比例绘制的，但位置平面图等则需按比例绘制呀部分按比例绘制。这样在平面图上测出两点距离，就可按比例值计算出两者间的实际距离，这对于导线的放线及设备机座、控制设备等的安装都十分方便，常用比例见表 2-7。

表 2-7

类别	常用比例			
放大比例	2∶1 2×10^{n}∶1	2∶1 2.5×10^{n}∶1	2∶1 4×10^{n}∶1	2∶1 5×10^{n}∶1
原尺寸	1∶1			
缩小比例	1∶1.5 1∶1.5×10^{n}	1∶2 1∶2×10^{n}	1∶2.5 1∶2.5×10^{n}	1∶3 1∶3×10^{n}
	1∶4 1∶4×10^{n}	1∶5 1∶5×10^{n}	1∶6 1∶6×10^{n}	1∶10 1∶10×10^{n}

电气图采用的比例一般为 1∶10、1∶20、1∶50、1∶100、1∶200、1∶500。无论采用缩小还是放大的比例绘图，图样中所标注的尺寸均为电气元件的实际尺寸。

对于同一张图样上的各个图形，原则上应采用相同的比例绘图，并在标题栏内的“比例”一格中进行填写。比例符号为“∶”表示，如 1∶10。当某个图形需采用不同的比例绘制时，可在视图名称的下方以分数形式标了该图形所采用的比例。

3

常用电气元件图例的绘制

本章导读

在绘制电气工程图中，经常会看到电路图线上有不同的符号，这些符号被称为电气元件符号。

本章中，讲解利用 AutoCAD 软件绘制各电气元件符号的方法和技巧，并以此举一反三地绘制其他元件，以便今后在绘制其他电气工程图时直接调用，从而大大提高绘图效率。

本章内容

- 电阻、电容、电感和可调电阻的绘制
- 二极管、发光二极管和三极管的绘制
- 单极开关、多极开关和转换开关的绘制
- 常开按钮开关、单极暗装开关的绘制
- 灯、电铃、蜂鸣器和电喇叭的绘制
- 频率表、电流表的绘制
- 电动机、三相变压器的绘制
- 三相感应调压器、热继电器的绘制
- 三相热继电器、熔断器的绘制

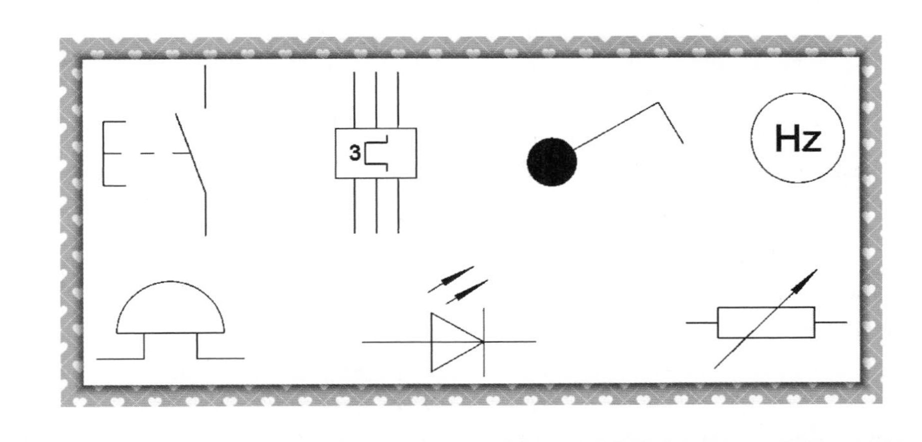

3.1 无源器件的绘制

无源器件是指对流经额电流信号不进行任何的运算处理，只是将信号强度放大或单纯地让电流信号通过而已，这类器件是被支器件，是电路组成的基础，在电气设计中尤为重要。

3.1.1 电阻的绘制

案例	电阻.dwg	视频	电阻的绘制.avi	时长	02'23"

电阻的主要物理特征是变电能为热能，也可以说它是一个耗能元件，电流经过它就产生内能。电阻表示为导体对电流阻碍作用的大小（不同物体的电阻一般不同），用符号 R 表示；电阻的单位有欧姆（Ω）、千欧、兆欧，1MΩ=1000KΩ，1kΩ=1000Ω。

电阻符号是由一个矩形对象和两段直线组成，其绘制的操作步骤如下。

Step 01 启动 AutoCAD 2015 软件，按<Ctrl+S>组合键保存该文件为“案例\03\电阻.dwg”文件。

Step 02 按<F8>键打开“正交”模式；执行“矩形”命令（REC），按如下命令行提示，在视图中绘制 30mm×10mm 的矩形对象，如图 3-1 所示。

```
命令: RECTANG                                                 \\ 执行“矩形”命令
指定第一个角点或 [倒角(C)/标高(E)/圆角(F)/厚度(T)/宽度(W)]:      \\ 随意指定第一角点
指定另一个角点或 [面积(A)/尺寸(D)/旋转(R)]: @30,10               \\ 输入下一点坐标点值
```

Step 03 按<F3>键打开“对象捕捉”；执行“直线”命令（L），按如下命令行提示，捕捉矩形左右两侧的垂直边的中点，分别向外绘制两条长度为 10mm 的水平线段，如图 3-2 所示。

```
命令: LINE                          \\ 执行“直线”命令
指定第一个点:                        \\ 单击矩形垂直边的中点并向外移动
指定下一点或 [放弃(U)]: 10           \\ 输入直线段长度值
指定下一点或 [放弃(U)]:              \\ 按回车键结束
```

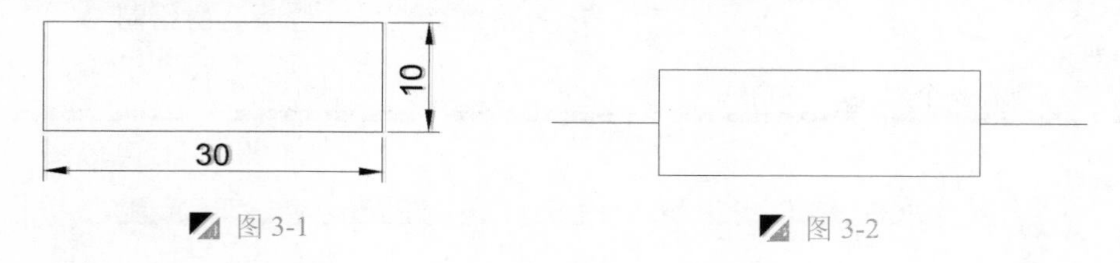

图 3-1　　　　图 3-2

提示：捕捉功能

用户在捕捉对象时，应首先设置捕捉功能，在状态栏中单击“对象捕捉”右侧倒三角按钮，可在弹出的快捷菜单中选择捕捉的“特征点”；还可选择“对象捕捉设置”选项，即可弹出“草图设置”对话框，并自动切换到“对象捕捉”选项卡，勾选“启动对象捕捉”复选框，在对象捕捉模式下勾选相应的“特征点”，单击“确定”按钮结束设置，如图 3-3 所示。

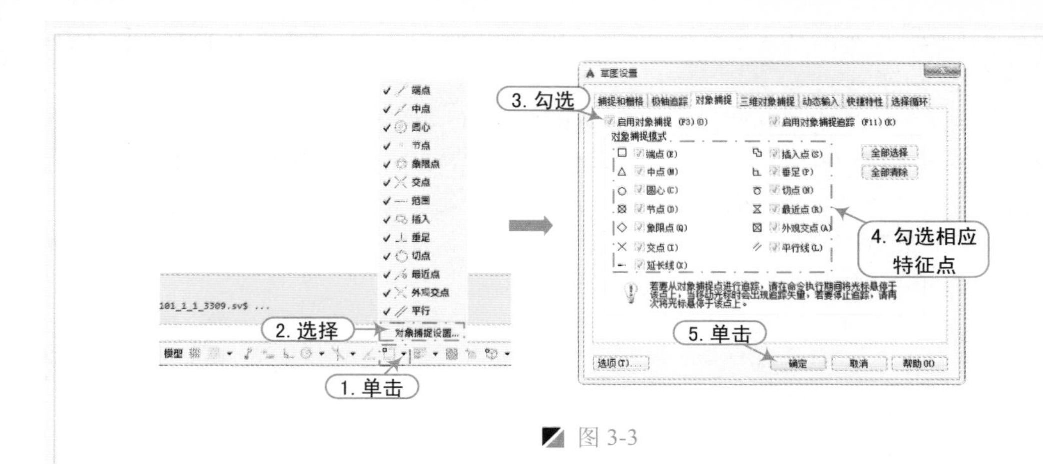

图 3-3

Step 04 执行“基点”命令（Base），指定电阻左侧线段左端点为基点，如图 3-4 所示。

```
命令: base                                 \\ 执行“基点”命令
输入基点 <38518,15334,0>:                  \\ 捕捉并单击左水平线段端点
```

图 3-4

技巧：确定基点

“base”命令为指定基点命令，指定了基点，以后插入该图形时，将以此点进行插入到相应位置。后面所绘制的电气元件符号同样按照此方法来定义基点。

Step 05 至此，电阻符号已绘制完成，按<Ctrl+S>组合键将该文件保存。

提示：图块的多用性

“图块”是多个对象的集合，是一个单一图元，用户可能多次灵活应用此单一图元，这样不仅可以很大程度地提高绘制速度，还可以使绘制的图形更标准化和规范化。本章所有绘制的图形都是常用的电气元件，在以后的章节中都将重复使用。

3.1.2 电容的绘制

案例	电容.dwg	视频	电容的绘制.avi	时长	02'30"

电子制作中需要用到各种各样的电容器，它们在电路中分别起着不同的作用。与电阻器相似，通常简称其为电容，用字母 C 表示。顾名思义，电容器就是“储存电荷的容器”。尽管电容器品种繁多，但它们的基本结构和原理是相同的。两片相距很近的金属中间被某物质（固体、气体或液体）所隔开，就构成了电容器。两片金属称为极板，中间的物质叫做介质。

电容器也分为容量固定的与容量可变的。但常见的是固定容量的电容，最常见的是电

解电容和瓷片电容。电容的基本单位为法拉（F），常用微法（μF）、纳法（nF）、皮法（pF）（皮法又称微微法）等。

电容符号由两段水平直线和两段垂直直线组成，其绘制操作步骤如下。

Step 01 启动 AutoCAD 2015 软件，按<Ctrl+S>组合键保存该文件为“案例\03\电容.dwg”文件。

Step 02 按<F8>键打开“正交”模式；再按<F12>键打开“动态输入”模式。

Step 03 执行“矩形”命令（REC），在视图中指定任意一点作为矩形的第一角点，绘制 3mm×8mm 的矩形对象，如图 3-5 所示。

Step 04 执行“分解”命令（X），将绘制的矩形对象进行分解操作，使矩形对象成 4 条单独的线段，如图 3-6 所示为选择其中一条线段效果。

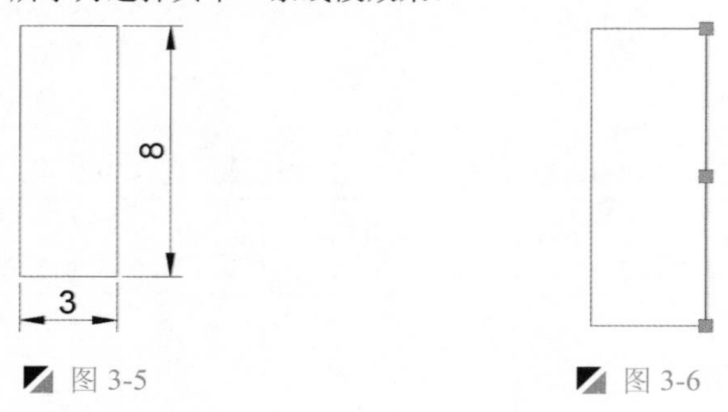

图 3-5　　图 3-6

技巧：动态输入法

启动“动态输入”模式时，不需要输入@符号就可以完成相对极坐标的输入。指定了矩形的起点后，动态指针输入时有两个数据框，直接输入长度数值会出现在第一个框中；按“Tab”键切换到第二个框再输入角度值，如图 3-7 所示即可绘制矩形对象。命令行相对应显示“@3，8”。

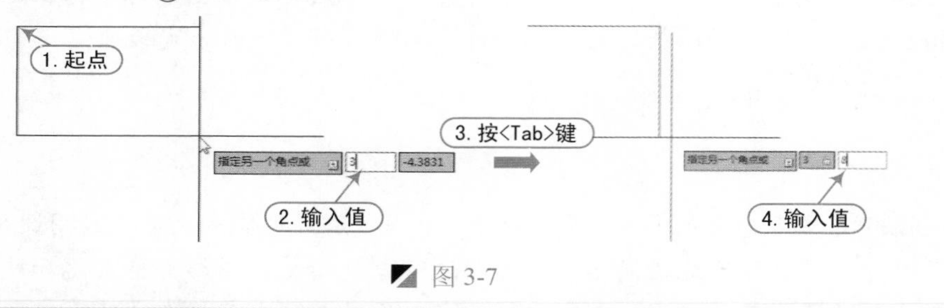

图 3-7

Step 05 按<F3>键打开“对象捕捉”功能；执行“直线”命令（L），捕捉左侧的垂直线段的中点，向左绘制一条长度为 6mm 的水平线段，如图 3-8 所示。

Step 06 <空格键>重复上一步命令，捕捉右侧的垂直线段的中点，向右绘制一条长度为 6mm 的水平线段，如图 3-9 所示。

技巧：对象捕捉的使用

对象捕捉的快捷键<F3>，其含义如下。

① 对象捕捉不能单独使用，必须配合别的命令一起使用，仅当命令行提示输入点时，对象捕捉才生效。

② 对象捕捉只影响绘图区中可见的对象，包括锁定图层，布局视口边界等，不能捕捉不可见的对象、关闭或冻结图层上的对象及虚线的空白部分。

③ 用户可以设置自己常用的捕捉方式，在每次需要进行捕捉时，所设定的目标捕捉方式就会被激活，而不是仅对一次选择有效。

④ 当同时使用多种捕捉方式时，系统将捕捉距鼠标最近，同时又满足目标捕捉方式之一的点。当光标要获取的点非常近时，按<Shift>键暂时不获取对象点。

图 3-8　　图 3-9

Step 07 执行“删除”命令（E），将矩形对象的上下水平线进行删除操作，如图 3-10 所示。

Step 08 执行“基点”命令（Base），指定电容符号左侧线段端点为基点，如图 3-11 所示。

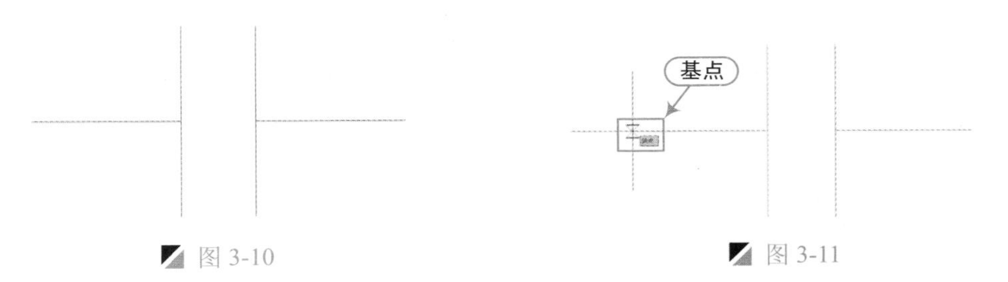

图 3-10　　图 3-11

Step 09 至此，电容符号已绘制完成，按<Ctrl+S>组合键将该文件保存。

3.1.3 电感的绘制

案例	电感.dwg	视频	电感的绘制.avi	时长	01'30"

电感器是依据电磁感应原理，由导线绕制而成。在电路中具有通直流、阻交流的作用。在电路图中用符号 L 表示，主要参数是电感量，单位是亨利，用 H 表示，常用的有毫亨（mH）、微亨（uH）、毫微亨（nH），换算关系为 1H=103mH=106uH=109nH。

电感器符号由四个相同大小的圆弧组成，其操作步骤如下。

Step 01 启动 AutoCAD 2015 软件，按<Ctrl+S>组合键保存该文件为“案例\03\电感.dwg”文件。

Step 02 执行“圆弧”命令（A），按如下命令行提示，绘制半径为 2mm 的圆弧对象，如图 3-12 所示。

```
命令: ARC                                              \\ 执行“圆弧”命令
指定圆弧的起点或 [圆心(C)]: C                            \\ 选择“圆心（C）”选项
指定圆弧的圆心:                                          \\ 指定圆弧的圆心
指定圆弧的起点: @2,0                                     \\ 输入圆弧半径坐标值
指定圆弧的端点(按住 Ctrl 键以切换方向)或 [角度(A)/弦长(L)]:A   \\ 选择“角度（A）”选项
指定夹角(按住 Ctrl 键以切换方向): 180                      \\ 输入圆弧夹角值
```

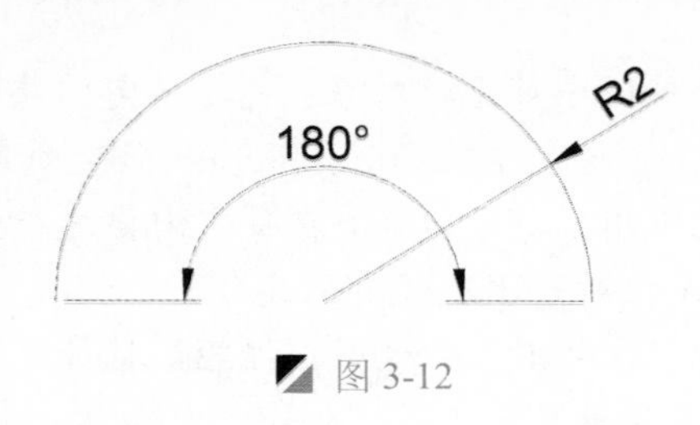

图 3-12

提示：圆弧绘制时的方向

绘制圆弧时，需要注意指定起点和端点，指定起点的方向决定了圆弧的方向，默认情况下圆弧是以逆时针方向绘制的。

Step 03 执行“阵列”命令（AR），将圆弧进行 4 列，列间距为 4mm 的矩形阵列操作，如图 3-13 所示，其命令提示如下。

```
命令: ARRAY                                    \\ 执行“阵列”命令
选择对象: 找到 1 个                              \\ 选择圆弧作为阵列对象
选择对象: 输入阵列类型 [矩形(R)/路径(PA)/极轴(PO)] <极轴>: R \\ 选择“矩形（R）”选项
类型 = 矩形  关联 = 是
选择夹点以编辑阵列或 [关联(AS)/基点(B)/计数(COU)/间距(S)/列数(COL)/行数(R)/层数(L)/退出(X)] <退出>: COL          \\ 选择“列数（COL）”选项
输入列数数或 [表达式(E)] <4>: 4  \\ 输入列数值“4”
指定 列数 之间的距离或 [总计(T)/表达式(E)] <6>: 4      \\ 输入列数间距离值“4”
选择夹点以编辑阵列或 [关联(AS)/基点(B)/计数(COU)/间距(S)/列数(COL)/行数(R)/层数(L)/退出(X)] <退出>: R            \\ 选择“行数（R）”选项
输入行数数或 [表达式(E)] <3>: 1  \\ 输入行数值“1”
指定 行数 之间的距离或 [总计(T)/表达式(E)] <3>:        \\ 按<空格键>
指定 行数 之间的标高增量或 [表达式(E)] <0>:           \\ 按<空格键>
选择夹点以编辑阵列或 [关联(AS)/基点(B)/计数(COU)/间距(S)/列数(COL)/行数(R)/层数(L)/退出(X)] <退出>:               \\ 按<回车键>结束
```

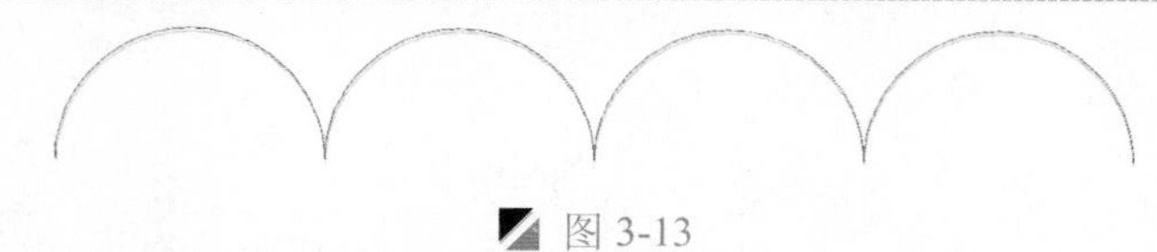

图 3-13

Step 04 执行“基点”命令（Base），指定电感符号左侧端点为基点；再按<Ctrl+S>组合键将该电感符号进行保存。

软件知识：阵列设置

阵列可以快速复制出与已有对象相同的对象，且按一定规律分布的多个图形。对于矩形阵列，可以控制行和列的数目以及它们之间的距离进行阵列操作。

执行矩形阵列命令后，在功能区将出现如图 3-14 所示的“阵列创建”选项与对应的阵列创建面板，包括阵列的行数、列数、列间距（列面板中的介于）、行间距（行面板中的介于）等内容，在此面板中设置相应的参数来进行阵列操作，这与命令行执行的结果是一样的。

图 3-14

3.1.4 可调电阻的绘制

案例	可调电阻.dwg	视频	可调电阻的绘制.avi	时长	01'39"

可调电阻又称为可变电阻，是电阻的一类，其电阻值的大小可以进行调动，以满足电路的需要。可调电阻按照电阻值的大小、调节的范围、调节形式、制作工艺、制作材料、体积大小等可分为许多不同的型号和类型。可调电阻分为电子元器件可调电阻、贴片可调电阻、线绕可调电阻等。

绘制可调电阻时可以在电阻的基础上进行绘制，其操作步骤如下。

Step 01 启动 AutoCAD 2015 软件，按<Ctrl+O>组合键，打开“案例\03\电阻.dwg”文件，如图 3-15 所示。

图 3-15

Step 02 按<Ctrl+Shift+S>组合键，将该文件另存为“案例\03\可调电阻.dwg”文件。

Step 03 按<F8>键打开“开交”模式；执行“多段线”命令（PL），按如下命令行提示，绘制一条如图 3-16 所示的多段线对象。

```
命令: PLINE                                                        \\ 执行“多段线”命令
指定起点:                                                          \\ 指定多段线的起点
指定下一个点或 [圆弧(A)/半宽(H)/长度(L)/放弃(U)/宽度(W)]: 35          \\ 输入下一点值“35”
指定下一点或 [圆弧(A)/闭合(C)/半宽(H)/长度(L)/放弃(U)/宽度(W)]: W     \\ 选择“宽度（W）”选项
指定起点宽度 <0.0000>: 2                                           \\ 输入起点宽度值“2”
指定端点宽度 <2.0000>: 0                                           \\ 输入端点宽度值“0”
指定下一点或 [圆弧(A)/闭合(C)/半宽(H)/长度(L)/放弃(U)/宽度(W)]: 10    \\ 输入下一点值“10”
指定下一点或 [圆弧(A)/闭合(C)/半宽(H)/长度(L)/放弃(U)/宽度(W)]:       \\ 按<空格键>结束
```

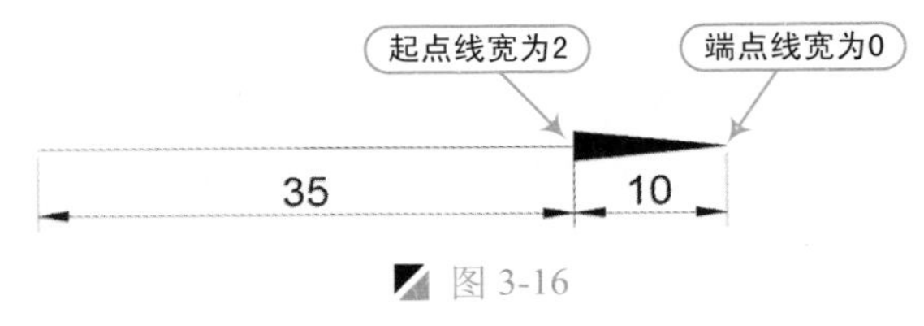

图 3-16

提示：多段线的组成

多段线即由多条线段构造的一个图形，这些线段可以是直线、圆弧等对象，多段线所构成的图形是一个整体，用户可对其进行整体编辑。

Step 04 按<F8>键关闭“正交”模式；执行“旋转”命令（RO），选择上一步绘制的多段线，指定左端点为旋转基点，输入角度为 45°，以将箭头图形旋转 45°，如图 3-17 所示。

Step 05 执行“移动”命令（M），将旋转后的对象移动到如图 3-18 所示的位置。

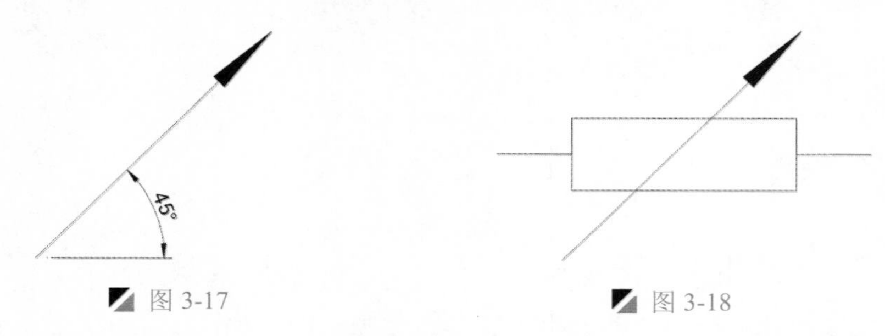

图 3-17　　图 3-18

Step 06 执行“基点”命令（Base），指定可调电阻符号左侧端点为基点；再按<Ctrl+S>组合键将该文件进行保存。

3.2 导线与连接器件

导线与连接器件是将各分散元件组合成一个完整电路图的必备材料。导线的一般符号可用于表示一根导线、导线组、电线、电缆、电路、传输电路、线路、母线、总线等，根据具体情况加粗、延长或缩小。

在绘制电气工程图时，一般的导线可表示单根导线，对于多根导线，可以分别画出，也可以只画一根图线，但需要加标志。若导线少于 4 根，可用短画线数量代表根数；若多于 4 根，可在短画线旁边加数字表示，见表 3-1 为常用的导线与连接器件图形符号。

表 3-1　常用的导线与连接器件图形符号表

名称	图形符号
导线、电缆和母线一般符号	
三根导线的单线表示	
多根导线	n
二股绞合导线	
导线的连接	
导线的多线连接	
柔软导线	
同轴电缆	

（续表）

名称	图形符号
屏蔽导线	
电缆终端头	

提示：绘制导线时的图线

为了突出或区分某些电路及电路的功能，导线、连接线等都采用不同粗细的直线表示。一般来说，电源主电路、一次电路、主信号通路等采用粗线，与之相关的其余部分采用细线。由隔离开关、断路器等组成变压器的电源电路用粗线表示，而由电流互感器、电压互感器和电度表组成的电流测量电路则用细线表示。

3.3 半导体器件的绘制

半导体器件最常见的有二极管和三极管，而半导体是导电能力介于导体和绝缘体之间的物质，它的电阻率在 10^{-3}～$10^{9}\Omega\cdot cm$ 的范围内，半导体器件有二极管、三极管及场效应管等，是电气绘图中常见的符号，是组成电路的主要部分，被广泛应用在各种电路图的绘制中。

3.3.1 二极管的绘制

案例	二极管.dwg	视频	二极管的绘制.avi	时长	03'01"

二极管是半导体器件的一种，广泛应用于各种电子设备中，它是由 P 型半导体和 N 型半导体有机结合而形成的电子器件。二极管具有单向导电性，也就是在正向电压的作用下，导通电阻很小；而在反向电压作用下导通电阻极大或无穷大。

二极管符号由一个正三角形和两条直线段组成，其操作步骤如下。

Step 01 启动 AutoCAD 2015 软件，按<Ctrl+S>组合键保存该文件为“案例\03\二极管.dwg”文件。

Step 02 执行“多边形”命令（POL），按如下命令行提示，绘制一个内接于圆的正三边形对象，如图 3-19 所示。

```
命令: POLYGON                                   \\ 执行“多边形”命令
输入侧面数 <3>: 3                               \\ 输入侧面值“3”
指定正多边形的中心点或 [边(E)]:                 \\ 指定中点
输入选项 [内接于圆(I)/外切于圆(C)] <I>: I       \\ 选择“内接于圆（I）”选项
指定圆的半径: 3                                 \\ 输入半径值“3”
```

软件知识：多边形的形成

执行某项命令后，在命令提示行中，出现尖括号“<?>”内的内容为默认值或选项。

各边相等，各角的角度也相等的多边形叫做正多边形（多边形：边数大于等于 3）。正多边形的外接圆的圆心叫做正多边形的中心；中心与正多边形顶点连线的长度叫做半径；中心与边的距离叫做边心距，如图 3-19 所示。

执行多边形命令后，提示行中各选项的功能与含义如下。

- 边（E）：通过指定多边形的边数的方式来绘制正多边形，该方式将通过边的数量和长度确定正多边形。
- 内接于圆（I）：指定以正多边形内接圆半径绘制正多边形，如图 3-20 所示。
- 外切于圆（I）：指定以多边形外切圆半径绘制正多边形，如图 3-21 所示，最后绘制的效果如图 3-22 所示。

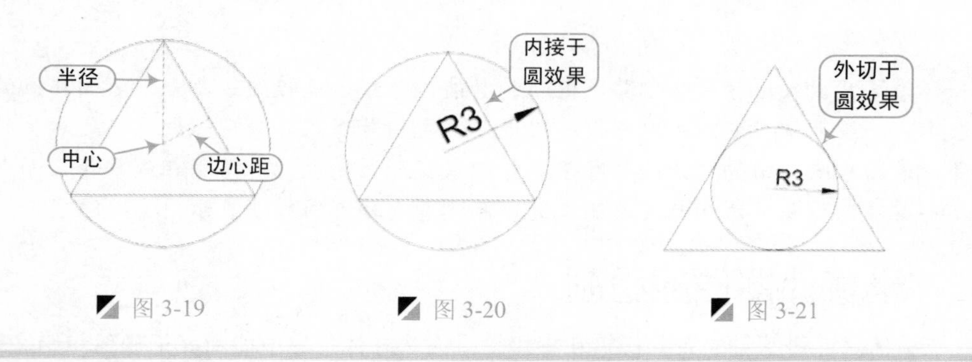

图 3-19　　图 3-20　　图 3-21

Step 03　执行“旋转”命令（RO），以三角形右侧的端点作为旋转基点，旋转角度为 30°，将三角形对象进行旋转操作，如图 3-23 所示。

图 3-22　　图 3-23

Step 04　执行“直线”命令（L），过三角形右侧的端点绘制一条长 15mm 的水平线段，使直线的中点与三角形的中点重合，如图 3-24 所示。

Step 05　执行“直线”命令（L），在正三角形的右端点处向上、下分别绘制长为 3mm 的垂直线段，如图 3-25 所示。

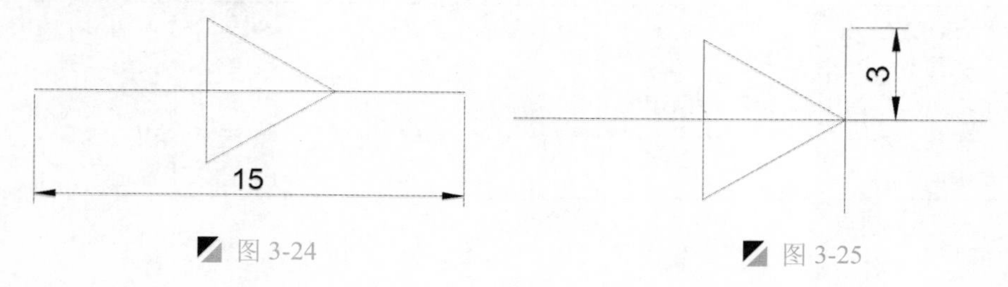

图 3-24　　图 3-25

技巧：直线的中点与三角形的中心点重合

在这里使点重合，用户可先过正三角形的角点与角点对侧线段的中点绘制三条辅助线，以找到正三角形的中心点，然后以中心交点作为移动的基点，移动到直线的中点，然后删除辅助线即可，如图 3-26 所示。

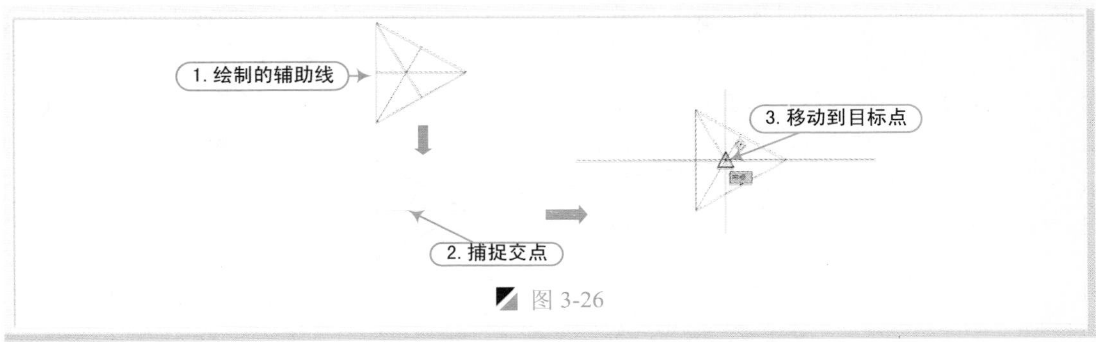

图 3-26

Step 06 执行“基点”命令（Base），指定二极管符号左侧端点为基点；再按<Ctrl+S>组合键将该文件进行保存。

3.3.2 发光二极管的绘制

案例 发光二极管.dwg 视频 发光二极管的绘制.avi 时长 02'17"

发光二极管简称为 LED。由镓（Ga）与砷（AS）、磷（P）的化合物制成的二极管，当电子与空穴复合时能辐射出可见光，因而可以用来制成发光二极管。在电路及仪器中作为指示灯，或者组成文字或数字显示。磷砷化镓二极管发红光，磷化镓二极管发绿光，碳化硅二极管发黄光。

发光二极管符号可以在二极管的基础上来进行绘制，其操作步骤如下。

Step 01 启动 AutoCAD 2015 软件，按<Ctrl+O>组合键，打开“案例\03\二极管.dwg”文件，如图 3-27 所示。

Step 02 按<Ctrl+Shift+S>组合键，将该文件另存为“案例\03\发光二极管.dwg”文件。

Step 03 执行“多段线”命令（PL），在三角形上方由左下向右上侧先绘制一条斜线，当命令行提示“指定下一点或 [圆弧(A)/闭合(C)/半宽(H)/长度(L)/放弃(U)/宽度(W)]:”时，选择“宽度(W)”项，设置起点宽度为 0.5，端点宽度为 0，光标继续向右上侧延长线上拖动，如图 3-28 所示在斜线延长线上绘制箭头图形。

Step 04 按同样的方法绘制另一个箭头图形，如图 3-29 所示。

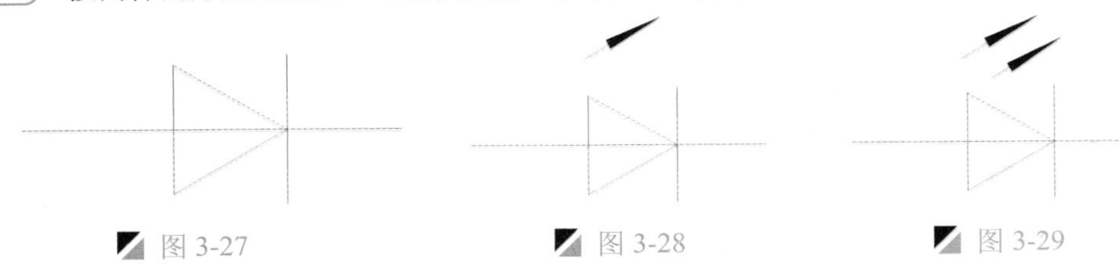

图 3-27　图 3-28　图 3-29

Step 05 执行“基点”命令（Base），指定发光二极管符号左侧端点为基点；再按<Ctrl+S>组合键将该文件进行保存。

3.3.3 三极管的绘制

案例 三极管.dwg 视频 三极管的绘制.avi 时长 03'16"

半导体双极型三极管又称“晶体三极管”，通常简称“晶体管”或“三极管”，它是一种电流控制电流的半导体器件，可用来对微弱信号进行放大和作无触点开关。在半导体锗或硅的单晶上制备两个能相互影响的PN结，组成一个PNP（或NPN）结构。它的N区（或P区）称为基区，两边的区域称为发射区和集电区，这三部分各有一条电极引线，分别称为基极B、发射E和集电极C，它能起放大、振荡或开关等作用的半导体电子器件。

三极管分为PNP和NPN两种，在这里绘制PNP型三级管符号，其操作步骤如下。

Step 01 启动AutoCAD 2015软件，按<Ctrl+S>组合键保存该文件为“案例\03\三极管.dwg”文件。

Step 02 按<F8>键打开“正交”模式；执行“直线”命令（L），绘制一条长5mm的水平直线段，如图3-30所示。

Step 03 执行“直线”命令（L），捕捉水平直线右侧的端点作为直线的起点，分别向上及向下绘制长度为2mm的垂直线段，如图3-31所示。

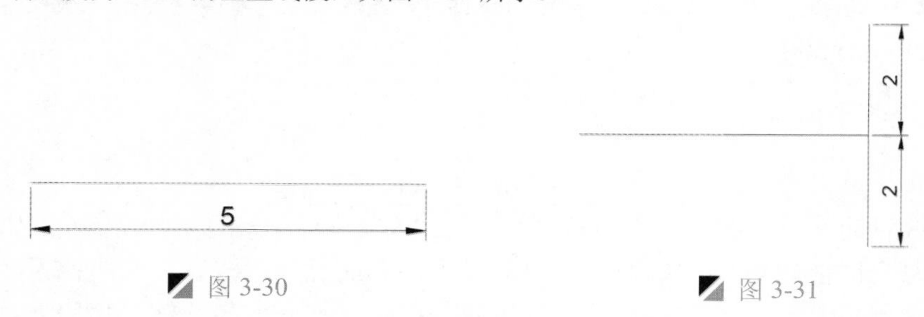

图3-30　　图3-31

Step 04 在状态栏中单击“极轴追踪”按钮右侧倒三角，在弹出的关联菜单下选择“正在追踪设置”打开“草图设置”对话框，系统自动切换至“极轴追踪”选项卡，勾选“启用极轴追踪”复选框，再单击“新建”按钮，在附加角下侧框输入30，从而设置附加角度，单击“确定”按钮退出，如图3-32所示。

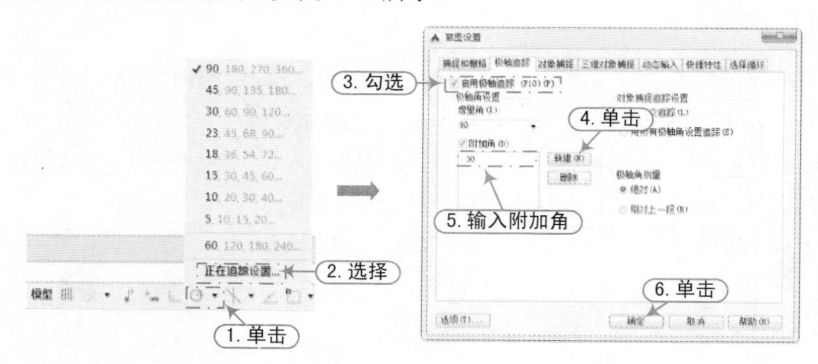

图3-32

提示：极轴追踪设置

AutoCAD中的极轴功能是沿某角度追踪的功能。可用<F10>键打开或关闭极轴追踪功能。默认的极轴追踪是正交方向的，即0、90°、180°、270°方向。可以在草图设置中选择增量角度，如30°，每增加30°角度的方向都能追踪。用户还可以自定设置追踪角度。使用极轴追踪功能绘图能带来极大方便，也能更加准确地绘制图形。

Step 05 执行“直线”命令（L），捕捉右上侧垂直线段的中点作为直线的起点，将光标向右上侧移动采用且极轴追踪的方式，待出现追踪角度值30°，并且出现极轴追踪虚线时，输入斜线段的长度5mm，如图3-33所示。

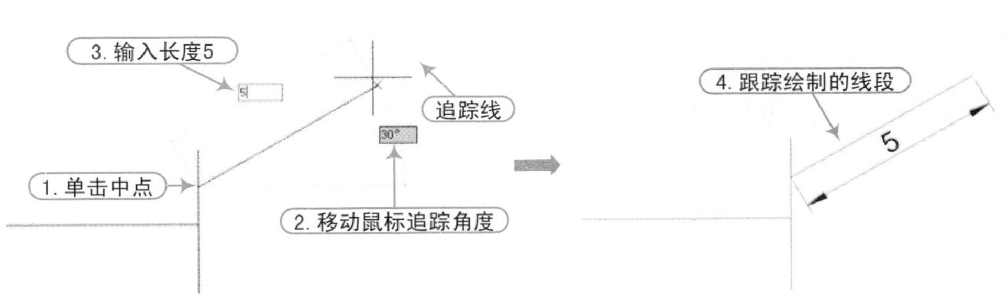

图 3-33

Step 06 执行“镜像”命令（MI），将上一步绘制的斜线段进行垂直镜像复制操作，如图 3-34 所示。

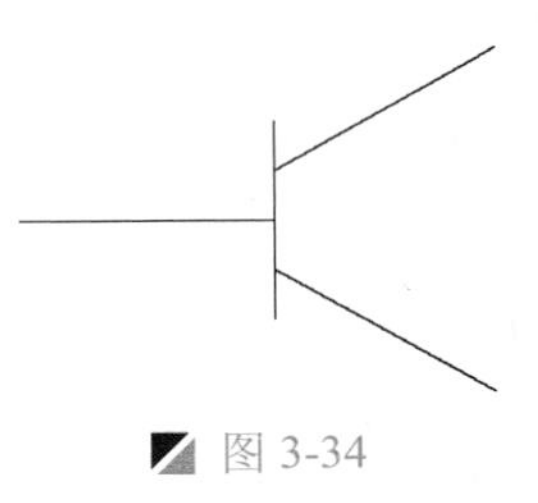

图 3-34

Step 07 执行“多段线”命令（PL），捕捉上侧垂直线与斜线的交点作为多段线的起点，然后选择“宽度（W）”选项，设置起点宽度为 0，端点宽度为 0.5，捕捉斜线段的中点作为多段线的终点，从而绘制箭头对象，如图 3-35 所示。

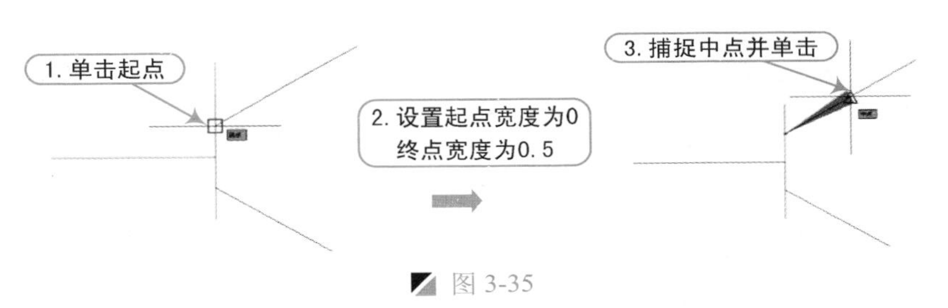

图 3-35

Step 08 执行“基点”命令（Base），指定三极管左侧线段端点为基点，如图 3-36 所示。

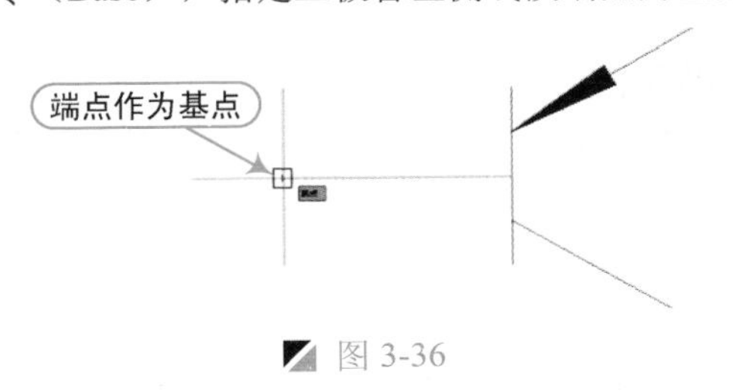

图 3-36

Step 09 至此，三极管已绘制完成，按<Ctrl+S>组合键将该文件保存。

3.4 开关的绘制

开关是一种基本的低压电器，是用来接通和断开电路的元件，是电气设计中常用的电气控制器件，一般分为单极开关和多极开关

3.4.1 单极开关的绘制

案例	单极开关.dwg	视频	单极开关的绘制.avi	时长	01'51"

单极开关就是一个翘板的开关，是只分一根导线的开关。单极开关的极数是指开关断开（闭合）电源的线数，如对 220V 的单相线路可以使用单极开关断开相线（火线），而零

线（N 线）不经过开关，单极单控开关是一个开关控制一条线路，通常是两个接线柱，一进一出。

单极开关由直线组成，其操作步骤如下。

Step 01 启动 AutoCAD 2015 软件，按<Ctrl+S>组合键保存该文件为“案例\03\单极开关.dwg”文件。

Step 02 按<F8>键打开“正交”模式；执行“直线”命令（L），连续绘制 3 条依次为 4mm、8mm、4mm，首尾相连的水平直线段，如图 3-37 所示。

Step 03 执行“旋转”命令（RO），指定中间的水平线段左侧端点为旋转基点，将中间线段旋转 20°，从而完成单极开关的绘制，如图 3-38 所示。

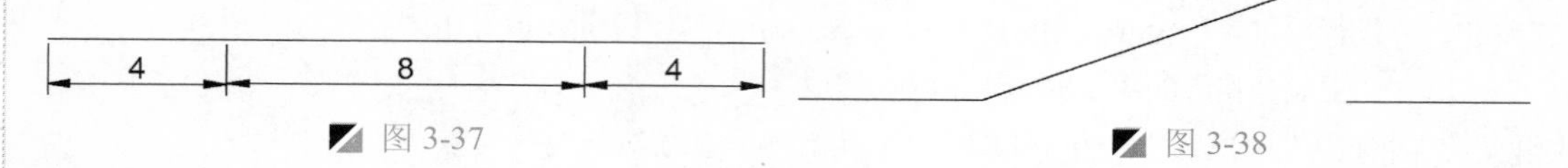

图 3-37　　图 3-38

Step 04 执行“基点”命令（Base），指定单极开关符号左侧端点为基点；再按<Ctrl+S>组合键将该文件进行保存。

3.4.2 多极开关的绘制

案例 多极开关.dwg　视频 多极开关的绘制.avi　时长 03'03"

多极开关就是多翘板连为一体的开关，分为多根导线的开关。多极开关主要是在无负荷情况下关合和开断电路；可与断路器配合改变设备的运行方式；可进行一定范围内空载线路的操作；可进行空载变压器的投入和退出操作；也可形成可见的断开点。

多极开关符号可以在单极开关的基础上进行绘制，其操作步骤如下。

Step 01 启动 AutoCAD 2015 软件，按<Ctrl+O>组合键，打开“案例\03\单极开关.dwg”文件，如图 3-39 所示。

Step 02 按<Ctrl+Shift+S>组合键，将该文件另存为“案例\03\多极开关.dwg”文件。

Step 03 按<F8>键打开“正交”模式；执行“复制”命令（CO），将图中的所有对象向下复制出两份，复制距离为 10mm，如图 3-40 所示。

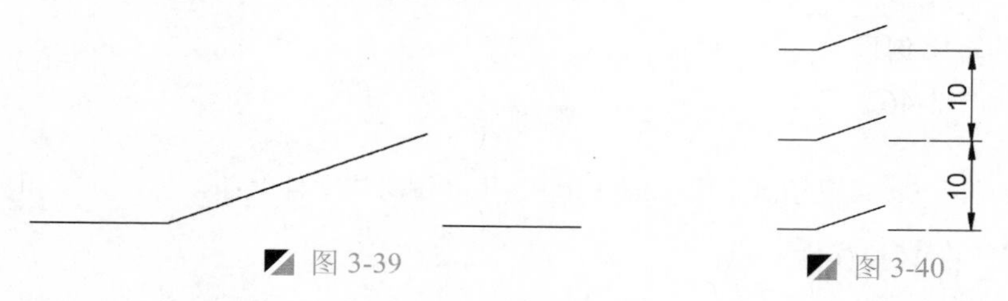

图 3-39　　图 3-40

Step 04 选择“格式|线型”菜单命令，弹出“线型管理器”对话框，单击“加载”按钮，随后弹出“加载或重载线型”对话框，在“可用线型”下拉列表中选择“ACAD-IS003W100”线型，然后单击“确定”按钮进行加载，如图 3-41 所示。

Step 05 在“特性”工具栏中的“线型”列表中，选择“ACAD-IS003W100”线型作为当前线型，如图 3-42 所示。

Step 06 执行“直线”命令（L），捕捉斜线段的中点进行直线连接操作，如图 3-43 所示。

Step 07 执行“基点”命令（Base），指定多极开关左上侧线段端点为基点，如图 3-44 所示。

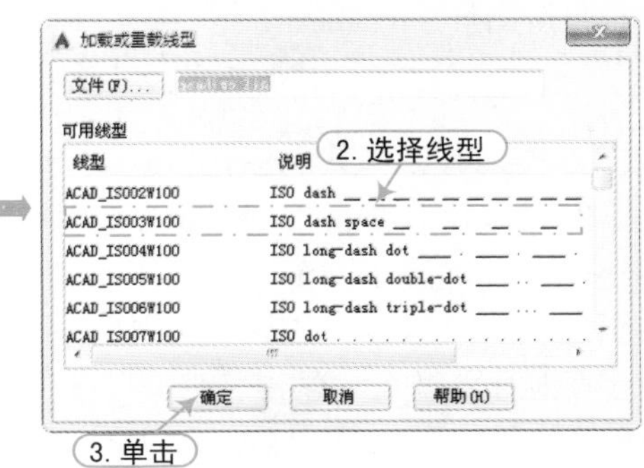

图 3-41

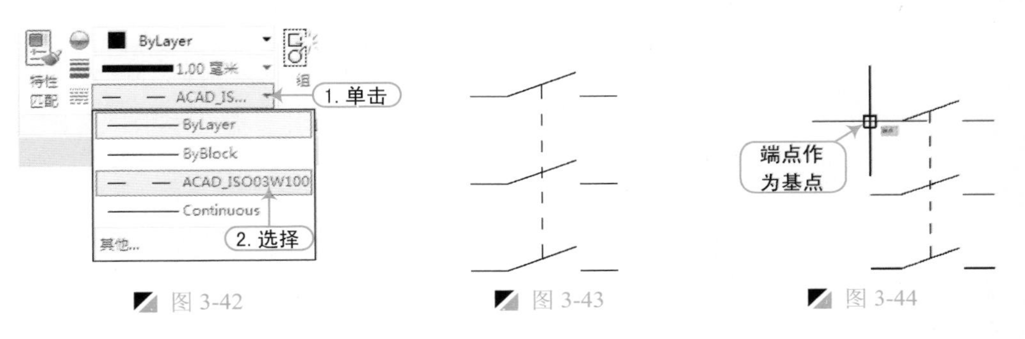

图 3-42　　图 3-43　　图 3-44

Step 08　至此，该多极开关已绘制完成，按<Ctrl+S>组合键将该文件保存。

技巧：线型样式的比例

如果用户所设置的线段样式显示不出来，可在“线型管理器”对话框中选择需要设置的线型，并单击“显示细节”按钮，将显示该线性的细节，并在“全局比例因子”文本框中输入相应的比例因子，如图 3-45 所示。也可执行“LTS”命令，根据命令行提示，输入新线型比例因子，从而直接对线型比例进行修改。

更改全局比例因子后，图形对象会发生一些变化，不同大小的全局比例因子线型对比效果如图 3-46 所示。

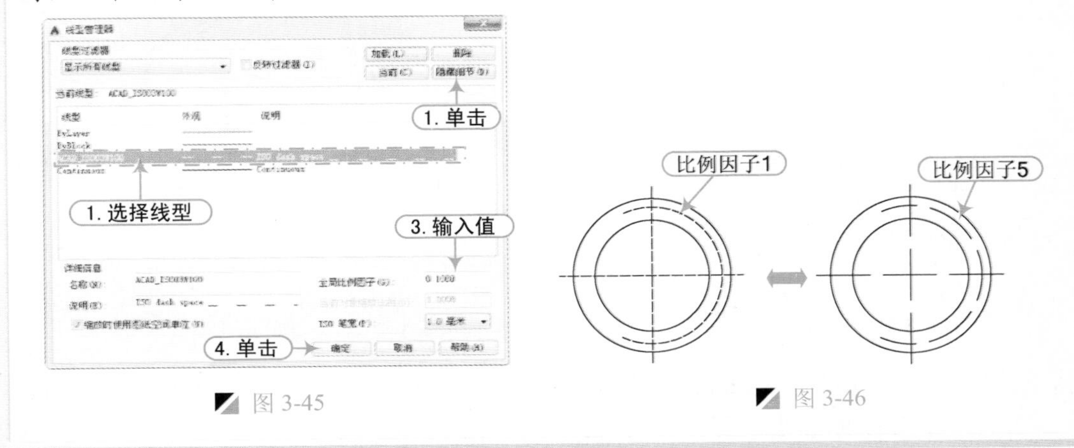

图 3-45　　图 3-46

3.4.3 常开按钮开关的绘制

案例	常开按钮开关.dwg	视频	常用按钮开关的绘制.avi	时长	02'27"

按键开关，有常开式和常闭式两种，两种开关结构不一样，所以价格有些差异。按通式开关常开式按钮开关，常用在电器、数码、小家电等产品上；而按断式常闭式按钮开关，最常用在刹车，如汽车刹车、自行车车把刹车等。这两种开关的性质非常稳定。

这里绘制常开按钮开关，常开按钮开关符号可以在“单极开关”的基础上进行绘制，其操作步骤如下。

Step 01 启动 AutoCAD 2015 软件，按<Ctrl+S>组合键保存该文件为“案例\03\常开按钮开关.dwg”文件。

Step 02 执行“插入块”命令（I），将“案例\03\单极开关.dwg”文件插入视图中，如图 3-47 所示。

Step 03 执行“直线”命令（L），捕捉斜线段的中点作为直线的起点，向左绘制一条长 8mm 的水平线段，如图 3-48 所示。

Step 04 选择上一步绘制的水平线段，然后单击“默认”标签下的“特性”面板中单击“线型”的下拉菜单，选择“ACAD-ISO03W100”作为这条水平线段的线型，如图 3-49 所示。

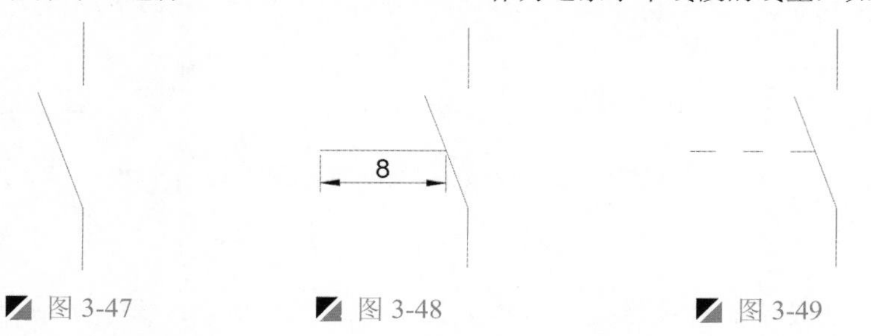

图 3-47　图 3-48　图 3-49

Step 05 执行“矩形”命令（REC），在视图中任意处绘制一个 2mm×6mm 的矩形对象，如图 3-50 所示。

Step 06 执行“移动”命令（M），捕捉矩形左侧垂直线的中点作为移动的基点，移动到另一个图形的左侧水平线的端点处，如图 3-51 所示。

Step 07 执行“修剪”命令（TR），将矩形对象的右侧垂直线段修剪掉，从而完成常开按钮开关符号绘制完成，如图 3-52 所示。

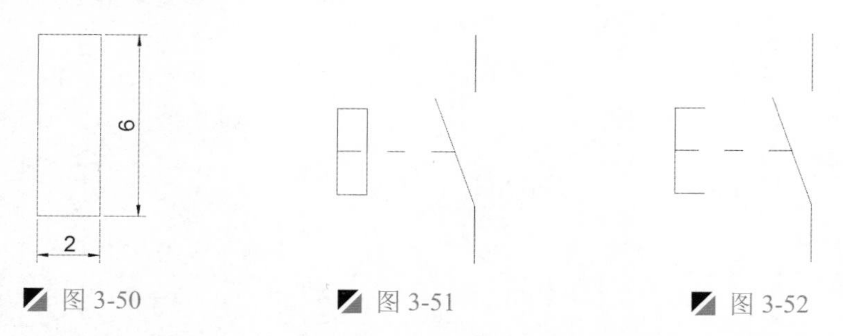

图 3-50　图 3-51　图 3-52

Step 08 执行“基点”命令（Base），指定常开按钮开关符号直线上侧端点为基点；再按<Ctrl+S>组合键将该文件进行保存。

技巧：修剪快捷

在修剪对像时，执行修剪命令后连续按二次“空格键”即可直接修剪多余的对象。

3.4.4 转换开关的绘制

案例	转换开关.dwg	视频	转换开关的绘制.avi	时长	02'51"

转换开关又称组合开关，与刀开关的操作不同，它是左右旋转的平面操作。转换开关具有多触点、多位置、体积小、性能可靠、操作方便、安装灵活等优点，多用于机床电气控制线路中电源的引入开关，起着隔离电源作用，还可作为直接控制小容量异步电动机不频繁起动和停止的控制开关。转换开关同样也有单极、双极和三极。

转换开关符号用直线组合形成，其操作步骤如下。

Step 01 启动 AutoCAD 2015 软件，按<Ctrl+S>组合键保存该文件为“案例\03\转换开关.dwg”文件。

Step 02 按<F8>键打开“正交”模式；执行“直线”命令（L），绘制一条长 8mm 的垂直线段，如图 3-53 所示。

Step 03 执行“偏移”命令（O），将绘制的垂直线段向左或向右偏移 10mm，如图 3-54 所示。

Step 04 执行“直线”命令（L），捕捉垂直线段的下侧端点进行直线连接，如图 3-55 所示。

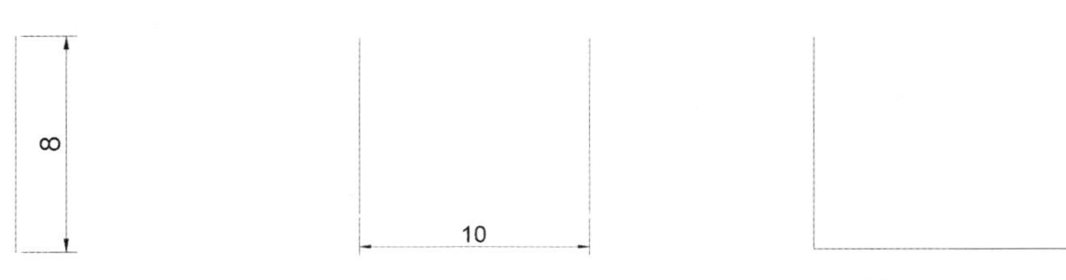

图 3-53　图 3-54　图 3-55

Step 05 执行“直线”命令（L），捕捉水平线段的中点向下绘制一条长 10mm 的垂直线段，如图 3-56 所示。

Step 06 执行“移动”命令（M），将上一步绘制的垂直线段向上移动 1mm，如图 3-57 所示。

Step 07 执行“旋转”命令（RO），将移动后的线段进行旋转 25°，如图 3-58 所示。

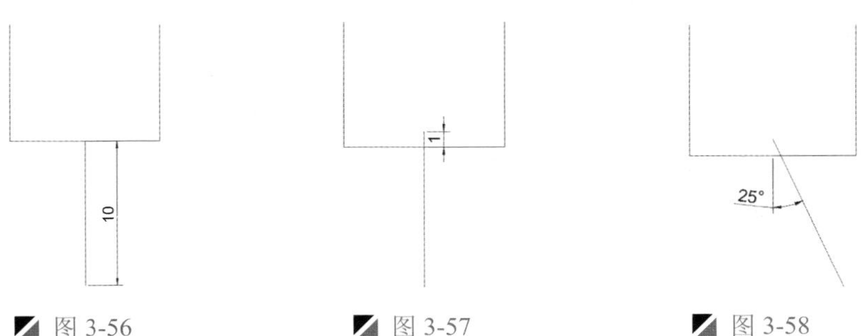

图 3-56　图 3-57　图 3-58

Step 08 执行“偏移”命令（O），将旋转后的对象向右侧偏移 1mm，如图 3-59 所示。

Step 09 执行“修剪”命令（TR）和“删除”命令（E），将多余的线段进行修剪并删除操作，如图 3-60 所示。

Step 10 执行“直线”命令（L），捕捉斜线段的下侧端点向下绘制一条长 10mm 的垂直线段，从而完成转换开关符号的绘制，如图 3-61 所示。

图 3-59　　图 3-60　　图 3-61

Step 11 执行“基点”命令（Base），指定转换开关符号直线下侧端点为基点；再按<Ctrl+S>组合键将该文件进行保存。

软件知识：修剪时转换

修剪命令用以指定的切割边去裁剪所选定的对象，切割边和被裁剪的对象可以是直线、圆弧、圆、多段线、构造线和样条曲线等。

在进行修剪操作时按住<Shift>键，可转换执行“延伸”命令（EXTEND）。当选择要修剪的对象时，若某条线段未与修剪边界相交，则按住<Shift>键后单击该线段，可将其延伸到最近的边界，然后松开<Shift>键后，重新返回到修剪操作，在需要修剪的位置单击即可。

3.4.5 单极暗装开关的绘制

案例	单极暗装开关.dwg	视频	单极暗装开关的绘制.avi	时长	01'59"

单极暗装开关是指安装盒装在墙体内，开关面板与墙体在同一平面内的开关。单级就是开关只用一个开关点，面板上有一个操作按钮面板，其操作步骤如下。

Step 01 启动 AutoCAD 2015 软件，按<Ctrl+S>组合键保存该文件为“案例\03\单极暗装开关.dwg”文件。

Step 02 执行“圆”命令（C），在视图中绘制半径为 1mm 的圆对象，如图 3-62 所示。

Step 03 按<F10>键打开“极轴追踪”模式，并设置追踪角度值 30°。

Step 04 执行“直线”命令（L），捕捉圆的圆心作为直线的起点，将光标向右上侧移动采用且极轴追踪的方式，待出现追踪角度值 30°，并且出现极轴追踪虚线时，输入斜线段的长度 5mm，从而绘制斜线段对象，如图 3-63 所示。

Step 05 执行“偏移”命令（O），将绘制的斜线段向下侧偏移 2mm，如图 3-64 所示。

Step 06 执行“直线”命令（L），捕捉两条斜线段的上侧端点进行直线连接，如图 3-65 所示。

Step 07 执行“修剪”命令（TR）和“删除”命令（E），将多余的线段进行修剪并删除操作，如图 3-66 所示。

Step 08 执行“图案填充”命令（H），将圆对象进行图案填充操作，设置图案为“SOLID”，从而完成单极暗装开关的绘制，如图 3-67 所示。

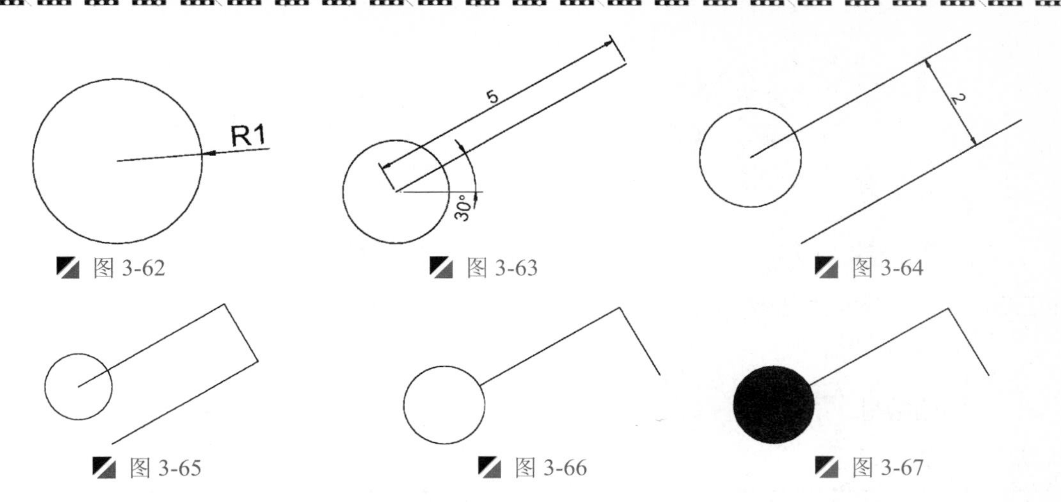

图 3-62　图 3-63　图 3-64

图 3-65　图 3-66　图 3-67

Step 09　执行“基点”命令（Base），指定单极暗装开关符号圆心为基点；再按<Ctrl+S>组合键将该文件进行保存。

3.5　信号器件的绘制

在电气工程图中常用的有 4 种信号器件，包括信号灯、电铃、蜂鸣器、电喇叭等。

3.5.1　灯的绘制

案例	灯.dwg	视频	灯的绘制.avi	时长	01'52"

灯适用于铁路、电力、冶金、石油化工及各类厂区、车间、场站和大型设施、场馆等场所作泛光照明，透明件选用先进的照明光学原理优化设计，光线均匀、柔和、无眩光、无重影，有效避免施工作业人员产生不适和疲劳感。座式、吸顶式和吊顶式等多种安装方式，适应不同工作现场的照明需要，内部合理的结构设计，灯具在使用和维护上更安全、稳定、可靠性强。

灯符号由圆和直线组成，其操作步骤如下。

Step 01　启动 AutoCAD 2015 软件，按<Ctrl+S>组合键保存该文件为“案例\03\灯.dwg”文件。

Step 02　执行“圆”命令（C），绘制半径为 10mm 的圆对象，如图 3-68 所示。

Step 03　执行“直线”命令（L），捕捉圆的象限点绘制一条水平和垂直线段，如图 3-69 所示。

图 3-68　图 3-69

Step 04　执行“旋转”命令（RO），以圆心作为旋转的基点，将上一步绘制的两条线段进行 45° 的旋转操作，如图 3-70 所示。

Step 05　按<F8>键打开“正交”模式；执行“直线”命令（L），捕捉圆的左右象限点，分别向外绘制两条长 10mm 的水平线段，如图 3-71 所示。

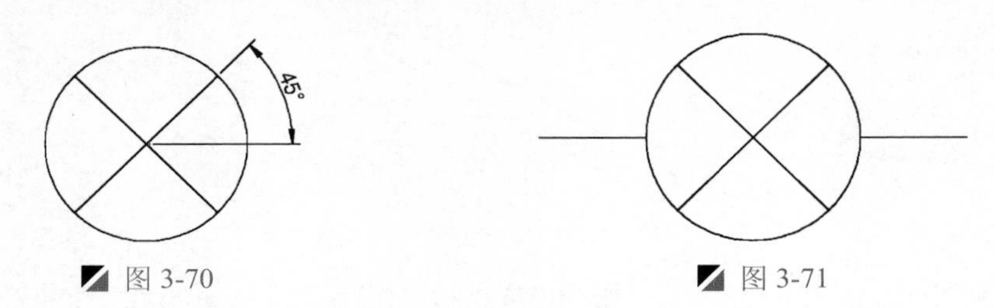

图 3-70　　图 3-71

Step 06　执行“基点”命令（Base），将灯符号左侧直线左端点为基点；再按<Ctrl+S>组合键将该文件进行保存。

3.5.2　电铃的绘制

案例	电铃.dwg	视频	电铃的绘制.avi	时长	02'33"

电铃是利用电流的磁效应，通电时，电磁铁有电流通过，产生了磁性，把小锤下方的弹性片吸过来，使小锤打击电铃发出声音；同时电路断开，电磁铁失去了磁性，小锤又被弹回，电路闭合，不断重复，电铃便发出连续击打声，从而起到报警作用。

电铃符号是由圆弧和直线组成，其操作步骤如下。

Step 01　启动 AutoCAD 2015 软件，按<Ctrl+S>组合键保存该文件为“案例\03\电铃.dwg”文件。

Step 02　按<F8>键打开“正交”模式；执行“直线”命令（L），绘制一条长 16mm 的水平线段，如图 3-72 所示。

Step 03　执行“圆弧”命令（A），以直线的中点作为圆弧的圆心，以直线的两端点作为圆弧的起点和端点，绘制圆弧对象，如图 3-73 所示。

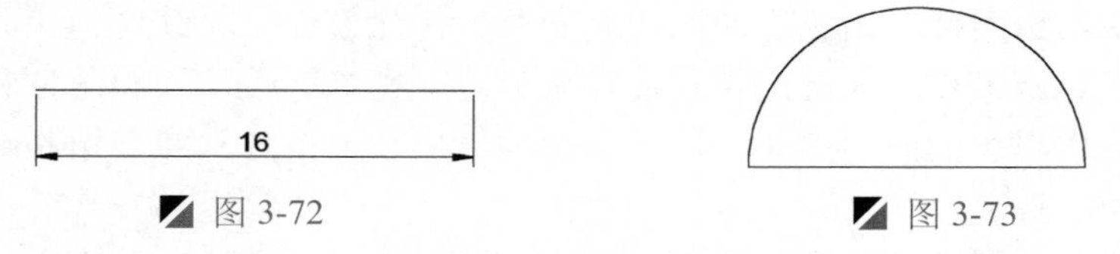

图 3-72　　图 3-73

Step 04　执行“直线”命令（L），捕捉水平直线的中点作为直线的起点，向下绘制一条长 4mm 的垂直线段，如图 3-74 所示。

Step 05　执行“偏移”命令（O），将垂直线段向两侧各偏移 4mm，如图 3-75 所示。

Step 06　执行“删除”命令（E），删除掉中间的垂直线段；再执行“直线”命令（L），捕捉两条垂直线段的下侧端点作为直线的起点，分别向外绘制长 7mm 的水平线段，如图 3-76 所示。

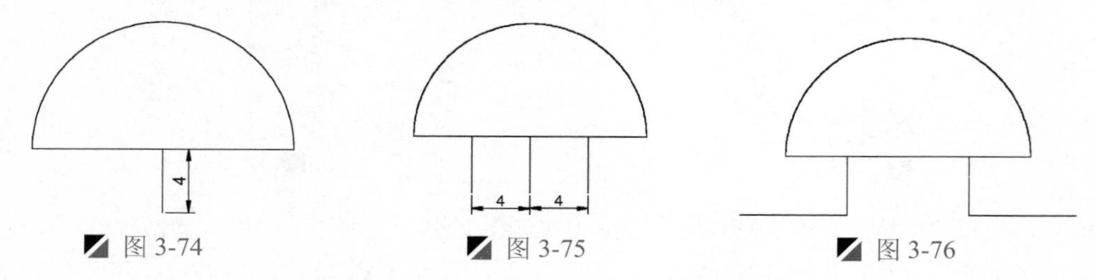

图 3-74　　图 3-75　　图 3-76

Step 07　执行“基点”命令（Base），电铃符号左侧直线左端点为基点；再按<Ctrl+S>组合键将该文件进行保存。

3.5.3 蜂鸣器的绘制

案例	蜂鸣器.dwg	视频	蜂鸣器的绘制.avi	时长	02'31"

蜂鸣器是一种一体化结构的电子讯响器，采用直流电压供电，广泛应用于计算机、打印机、复印机、报警器、电子玩具、汽车电子设备、电话机、定时器等电子产品中作发声器件；蜂鸣器主要分为压电式蜂鸣器和电磁式蜂鸣器两种类型；蜂鸣器在电路中用字母“H”或“HA”表示。

蜂鸣器符号由线段和圆弧组成，其操作步骤如下。

Step 01 启动 AutoCAD 2015 软件，按<Ctrl+S>组合键保存该文件为“案例\03\蜂鸣器.dwg”文件。

Step 02 按<F8>键打开“正交”模式；执行“直线”命令（L），绘制一条长 16mm 的水平线段，如图 3-77 所示。

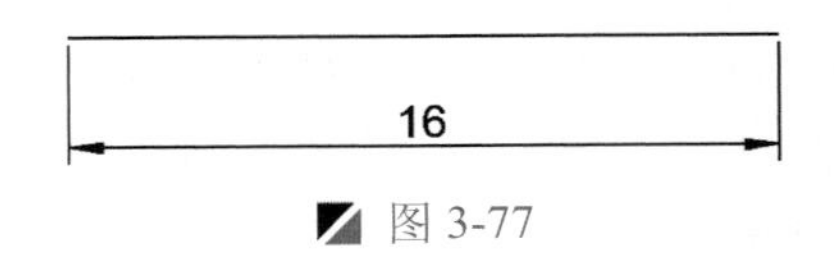

图 3-77

Step 03 执行“圆弧”命令（A），以直线的中点作为圆弧的圆心，以直线的两端点作为圆弧的起点和端点，绘制圆弧对象，如图 3-78 所示。

Step 04 执行“直线”命令（L），捕捉水平直线的中点作为直线的起点，向下绘制一条长 15mm 的垂直线段，如图 3-79 所示。

Step 05 执行“偏移”命令（O），将垂直线段向两侧各偏移 4mm，如图 3-80 所示。

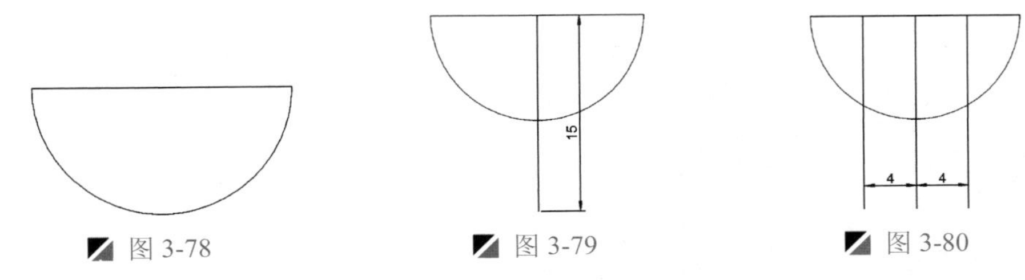

图 3-78　图 3-79　图 3-80

Step 06 执行“修剪”命令（TR），将多余的线段进行修剪并删除操作，如图 3-81 所示。

Step 07 执行“直线”命令（L），捕捉两条垂直线段的下侧端点作为直线的起点，分别向外绘制长 12mm 的水平线段，如图 3-82 所示。

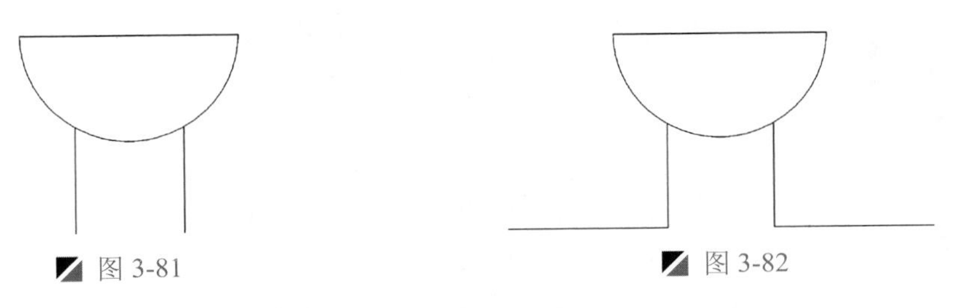

图 3-81　图 3-82

Step 08 执行“基点”命令（Base），蜂鸣器符号左侧直线左端点为基点；再按<Ctrl+S>组合键将该文件进行保存。

提示：激活对象捕捉

用户在设置捕捉选项后，在状态栏激活“对象捕捉”按钮□，或按 F3 键，或按“Ctrl+F”组合键都可在绘图过程中启用捕捉选项。

3.5.4 电喇叭的绘制

案例	电喇叭.dwg	视频	电喇叭的绘制.avi	时长	03'09"

电喇叭按发音动力的不同分气喇叭和电喇叭两类；按外形分有螺旋形、筒形、盆形三类；按声频分有高音和低音两种。

电喇叭符号可以在电阻的基础上进行绘制，其操作步骤如下。

Step 01 启动 AutoCAD 2015 软件，按<Ctrl+S>组合键保存该文件为“案例\03\电喇叭.dwg”文件。

Step 02 执行“插入块”命令（I），将“案例\03\电阻.dwg”文件插入视图中，如图 3-83 所示。

Step 03 执行“分解”命令（X），将插入的电阻符号进行分解操作，如图 3-84 所示。

Step 04 执行“定数等分”命令（DIV），选择矩形右侧的垂直线段，输入等分的数目为 3，如图 3-85 所示绘制出等分点。

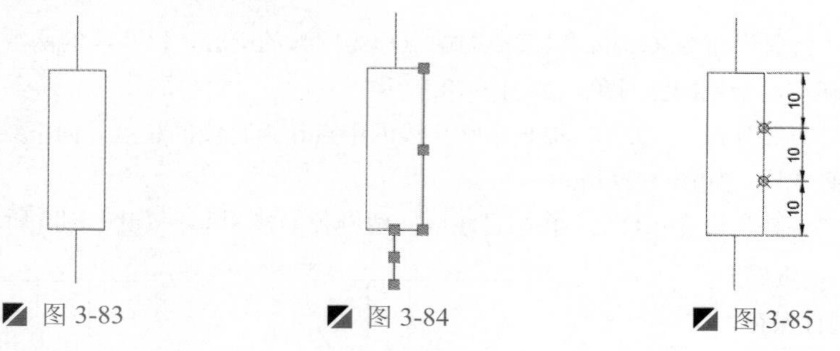

图 3-83　图 3-84　图 3-85

软件知识：点样式设置

定数等分点可把选定的直线或圆等对象等分成指定的份数。

默认情况下等分后创建的点对象是看不见的，可执行“格式 | 点样式”菜单命令，将会弹出“点样式”对话框，如图 3-86 所示在该对话框中选择其中一个点样式，并设置了相应的点大小后，则图形等分的位置将显示等分的点。

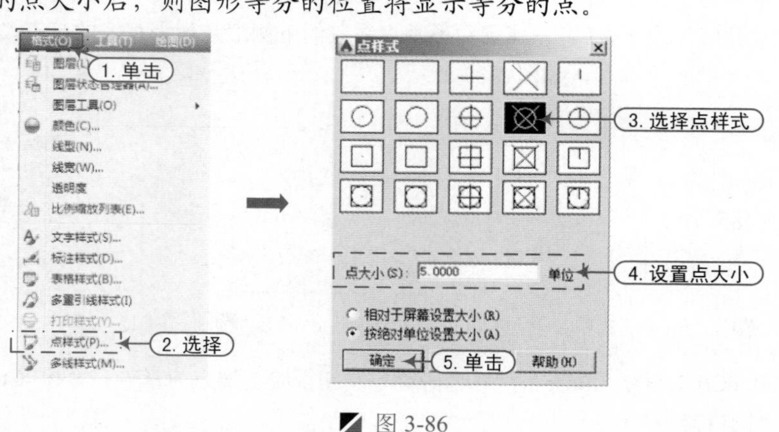

图 3-86

- 相对于屏幕设置大小（R）：按屏幕尺寸的百分比设置点的显示大小，当进行缩放时，点的显示大小并不改变。
- 按绝对单位设置大小（A）：按照“点大小”文本框中值的实际单位来设置点的显示大小，当进行缩放时，AutoCAD显示点的大小会随之改变。

Step 05 按<F10>键打开“极轴追踪”模式，并设置追踪角度值10°和-10°。

Step 06 执行“直线”命令（L），捕捉上侧点作为直线的起点，将光标向右上侧移动采用且极轴追踪的方式，待出现追踪角度值 10°，并且出现极轴追踪虚线时，输入斜线段的长度30mm，从而绘制斜线段对象，如图3-87所示。

Step 07 按同样的方法绘制另一条长35mm、角度为-10的斜线段，如图3-88所示。

Step 08 执行“直线”命令（L），捕捉斜线段的端点进行直线连接；再执行“删除”命令（E），删除掉点对象，如图3-89所示。

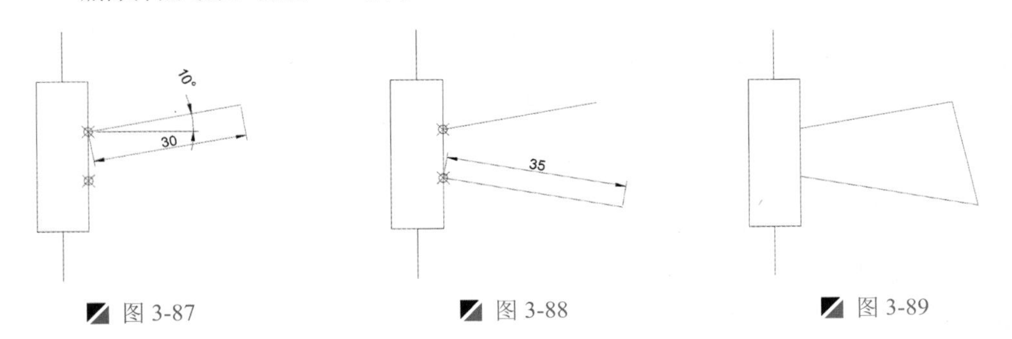

图3-87　　图3-88　　图3-89

Step 09 执行“基点”命令（Base），电喇叭符号上侧直线端点为基点；再按<Ctrl+S>组合键将该文件进行保存。

3.6 测量仪表的绘制

测量仪表适用于测量、记录和计量各种电学量的表计和仪器。在电气工程图中，常用的器件有频率表、电流表和电压表、功率表、相位表、同步指示器、电能表盒多种用途的万用电表等。

3.6.1 频率表的绘制

案例	频率表.dwg	视频	频率表的绘制.avi	时长	01'28"

频率表适用于电力电网、自动化控制等领域，用于监测频率。产品分为简易型及智能型二类，其中简易型为只具有常规测量显示功能，智能型为具有可编程功能、DC4～20mA模拟量输出、RS485 串行口和开关量输出等功能，可以实现与监控系统的联网或数据的远程传输等功能。仪表采用LED数码管显示形式，具有精度高，电磁兼容性好，外形美观等特点。

频率表符号由圆和文字组成，其操作步骤如下。

Step 01 启动AutoCAD 2015软件，按<Ctrl+S>组合键保存该文件为“案例\03\频率表.dwg”文件。

Step 02 执行“圆”命令（C），绘制半径为5mm的圆对象，如图3-90所示。

Step 03 执行“单行文字”命令（DT），根据如下命令提示，在圆内部输入字母“Hz”，如图 3-91 所示。

```
命令: TEXT                                                    \\ 执行“单行文字”命令
指定文字的中间点 或 [对正(J)/样式(S)]: J                         \\ 选择“对正（J）”选项
输入选项 [左(L)/居中(C)/右(R)/对齐(A)/中间(M)/布满(F)/左上(TL)/中上(TC)/右上(TR)/左中
(ML)/正中(MC)/右中(MR)/左下(BL)/中下(BC)/右下(BR)]: MC           \\ 选择“正中（MC）”选项
指定文字的中间点:                                               \\ 捕捉圆心点
指定高度 <1.2802>: 3                                            \\ 输入文字高度值
指定文字的旋转角度 <0>: 0                                        \\ 默认该角度并输入文字
```

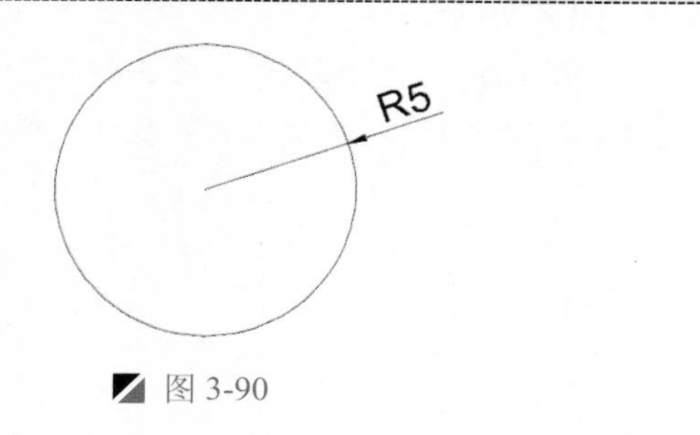

图 3-90　　图 3-91

Step 04 执行“基点”命令（Base），频率表符号圆心为基点；再按<Ctrl+S>组合键将该文件进行保存。

3.6.2 电流表的绘制

案例	电流表.dwg	视频	电流表的绘制.avi	时长	01'18"

电流表是用来测量电流大小的仪表，电流表又称“安培表”一般可直接测量微安和毫安数量级的电流，为测量更大的电流，电流表应有并联电阻器（又称分流器），分流器的电阻值要使满量程电流通过时，电流表满偏转，即电流表指示达到最大，对于几安的电流，可在电流表内设置专用分流器，对于几安以上的电流，则采用外附分流器，大电流分流器的电阻值很小，为避免引线电阻和接触电阻附加于分流器而引起误差，分流器要制成四端形式，即有两个电流端、两个电压端。

电流表符号可以在频率表符号中修改，其操作步骤如下。

Step 01 启动 AutoCAD 2015 软件，按<Ctrl+S>组合键保存该文件为“案例\03\电流表.dwg”文件。

Step 02 执行“插入块”命令（I），将“案例\03\频率表.dwg”文件插入视图中，如图 3-92 所示。

提示：插入块时的设置

> 当在图形文件中定义图块后，即可在内部文件中进行任意的插入块操作，还可以改变所插入图块的比例和选中角度。

Step 03 执行“分解”命令（X），将插入的频率表符号行分解操作。

Step 04 双击文字“Hz”，修改为“A”即可，如图 3-93 所示。

Step 05 执行“基点”命令（Base），电流表符号圆心为基点；再按<Ctrl+S>组合键将该文件进行保存。

图 3-92

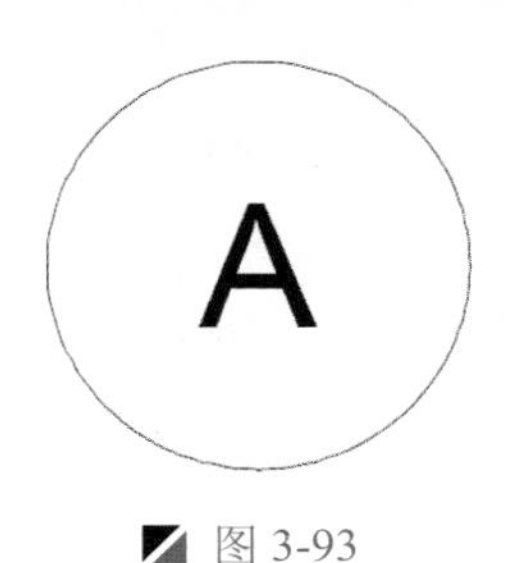

图 3-93

3.7 常用电器符号的绘制

电器是接通和断开电路或调节、控制和保护电路及电气设备用的电工器具。由控制电器组成的自动控制系统，称为继电器一接触电器控制系统，简称电器控制系统，电器的用途广泛，功能多样、各类繁多、结构各异。

3.7.1 三相异步电动机的绘制

案例	三相异步电动机.dwg	视频	三相异步电动机的绘制.avi	时长	02'30"

电动机是一种旋转式机器，它将电能转变为机械能，它主要包括一个用以产生磁场的电磁铁绕组或分布的定子绕组和一个旋转电枢或转子，其导线中有电流通过并受磁场的作用而使转动，这些机器中有些类型可作电动机用，也可作发电机用。电动机按使用电源不同分为直流电动机和交流电动机两类，电力系统中的电动机大部分是交流电机，可以是同步电机或者是异步电机（电机定子磁场转速与转子旋转转速不保持同步速）。

电动机主要由定子与转子组成。通电导线在磁场中受力运动的方向跟电流方向和磁感线（磁场方向）方向有关。电动机的工作原理是磁场对电流受力的作用，使电动机转动。交流电动机的工作原理都是电磁转换，不管是单相电机还是三相电机都跑不出这个范围。通过控制电流和磁场方向的转换令转子持续旋转。

电动机符号由圆和直线组成，其操作步骤如下。

Step 01 启动 AutoCAD 2015 软件，按<Ctrl+S>组合键保存该文件为“案例\03\三相异步电动机.dwg”文件。

Step 02 执行“圆”命令（C），在视图中绘制半径为 5mm 的圆对象，如图 3-94 所示。

Step 03 按<F8>键打开“正交”模式；执行“直线”命令（L），捕捉圆心点向上绘制一条长 10mm 的垂直线段，如图 3-95 所示。

Step 04 执行“偏移”命令（O），将垂直线段向左右两侧各偏移 6mm 的距离，如图 3-96 所示。

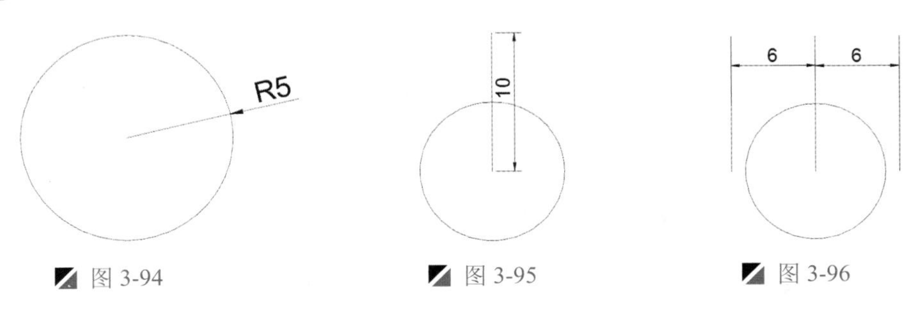

图 3-94　图 3-95　图 3-96

Step 05 执行“直线”命令（L），捕捉圆心点作为直线的起点，再捕捉偏移后垂直线段的中点作为直线的终点，绘制两条斜线段，如图 3-97 所示。

Step 06 执行“修剪”命令（TR），将多余的对象进行修剪操作，如图 3-98 所示。

Step 07 执行“多行文字”命令（MT），在圆内拖出矩形文本框，设置文字高度为“3”，其他保持默认，输入字母“M”后按回车键跳到下一行，再输入“3～”，然后选中“～”符号设置其文字高度为“2”，如图 3-99 所示。

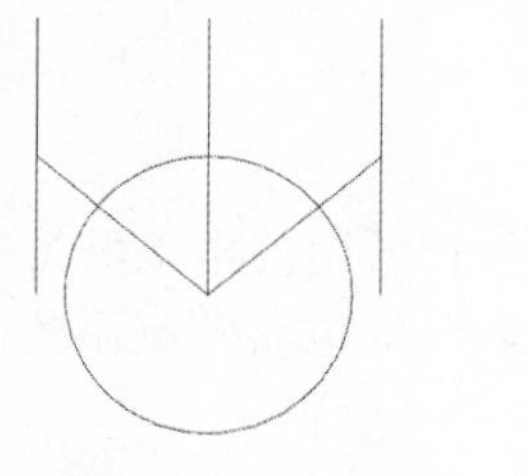

图 3-97

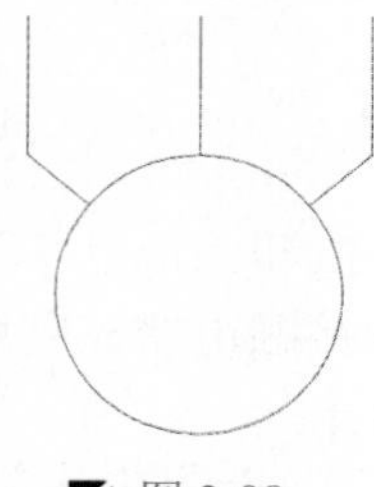

图 3-98

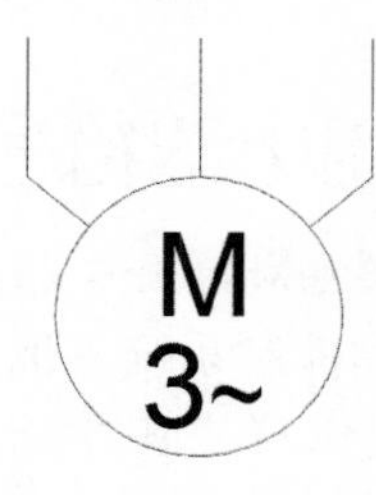

图 3-99

Step 08 执行“基点”命令（Base），指定电动机符号圆心为基点；再按<Ctrl+S>组合键将该文件进行保存。

3.7.2 三相变压器的绘制

案例	三相变压器.dwg	视频	三相变压器的绘制.avi	时长	03'00"

三相变压器是 3 个相同的容量单相变压器的组合。它有三个铁芯柱,每个铁芯柱都绕着同一相的 2 个线圈，一个是高压线圈，另一个是低压线圈。产生幅值相等、频率相等、相位互差 120 电势的发电机称为三相发电机；以三相发电机作为电源，称为三相电源；以三相电源供电的电路，称为三相发电路。U、V、W 称为三相，相与相之间的电压是线电压，电压为 380V。相与中心线之间称为相电压，电压是 220V。

三相变压器符号由圆、直线文字组成，其操作步骤如下。

Step 01 启动 AutoCAD 2015 软件，按<Ctrl+S>组合键保存该文件为“案例\03\三相变压器.dwg”文件。

Step 02 执行“圆”命令（C），绘制半径为 5mm 的圆对象，如图 3-100 所示。

Step 03 按<F8>键打开“正交”模式；执行“复制”命令（CO），将圆向下复制 8mm 的距离，如图 3-101 所示。

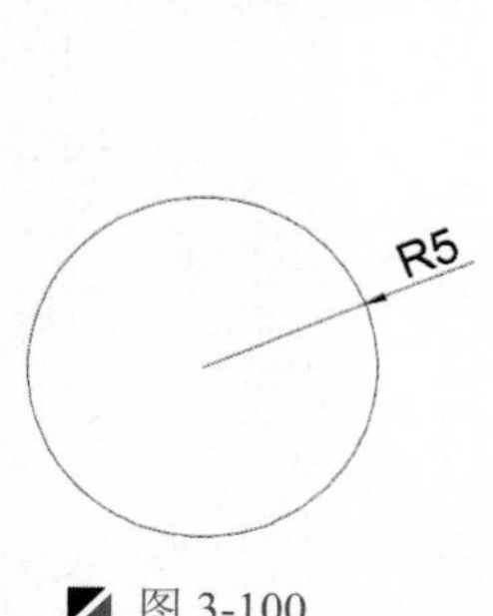

图 3-100

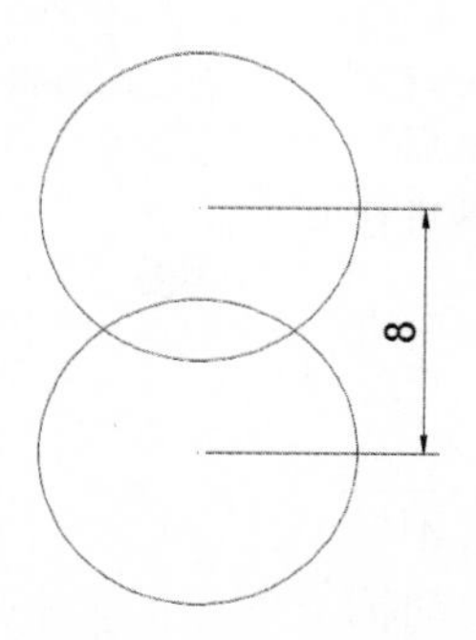

图 3-101

Step 04 执行“直线”命令（L），捕捉上侧圆的上象限点作为直线的起点，向上绘制一条长 8mm 的垂直线段，如图 3-102 所示。

Step 05 执行“直线”命令（L），捕捉下侧圆的下象限点作为直线的起点，向下绘制一条长 8mm 的垂直线段，如图 3-103 所示。

Step 06 执行“直线”命令（L），过上侧垂直线段的中点绘制一条长 4mm 的水平线段，使垂直线段与绘制的水平线段的中点重合，如图 3-104 所示。

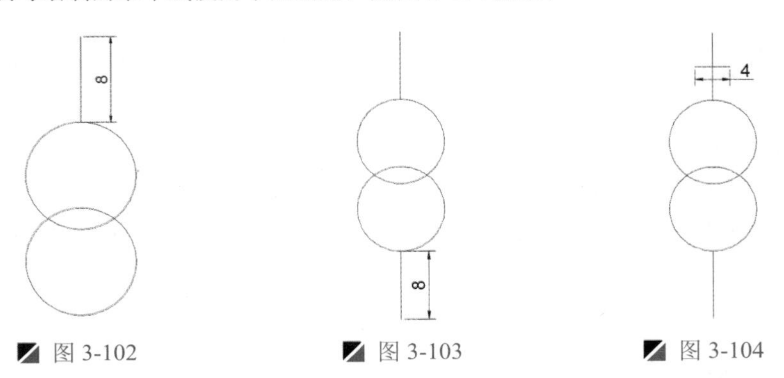

图 3-102　　图 3-103　　图 3-104

Step 07 执行“旋转”命令（RO），将上一步绘制的线段进行 30° 的旋转操作，如图 3-105 所示。

Step 08 执行“复制”命令（CO），将旋转后的对象向上下各复制 1mm 的距离，如图 3-106 所示。

Step 09 执行“复制”命令（CO），将上侧的三条斜线段复制到下侧垂直线段的中点位置处，如图 3-107 所示。

Step 10 执行“单行文字”命令（DT），指定圆心为文字对正的中间位置，文字高度为“3”，在两个圆内部各输入字母“Y”，如图 3-108 所示。

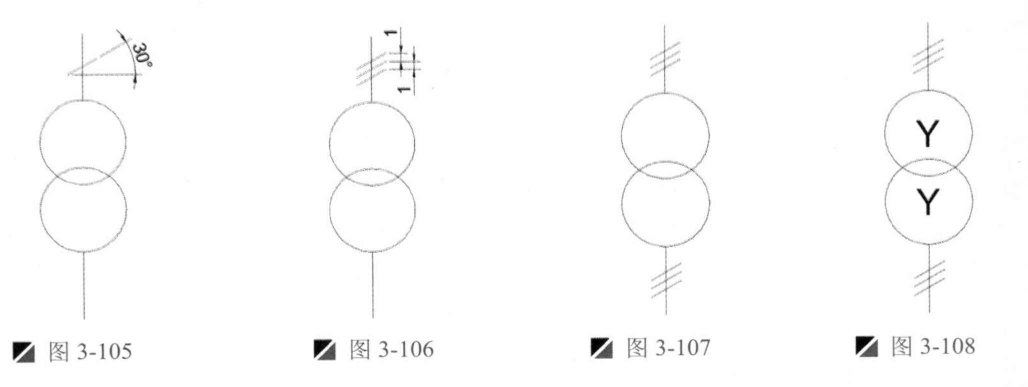

图 3-105　　图 3-106　　图 3-107　　图 3-108

Step 11 执行“基点”命令（Base），相变压器符号上侧直线的端点为基点；再按<Ctrl+S>组合键将该文件进行保存。

3.7.3 三相感应调压器的绘制

案例	三相感应调压器.dwg	视频	三相感应调压器的绘制.avi	时长	03'07"

调压器是一种不转的异步电动机和转的变压器合二为一的电器。其结构类似于立式堵转的绕线式异步电动机，而在能量转换关系上类似于变压器。调压器上装有蜗轮传动机构，借以使转子侧产生 0°～180° 角位移；或使转子侧制动。

调压器分为单相和三相感应调压器，当转子侧的相对角位置改变后，对于单相调压器来说，改变了定子侧绕组与转子侧绕组间的交链磁通，使次级绕组感应电势改变；对于三相调压器来说，改变定子侧绕组与转子侧绕组上的感应电势相位，并借自耦式线路联接面使输出电压同样获得平滑无级的变化。

绘制三相感应调压器符号可以在三相变压器上进行修改，其操作步骤如下。

Step 01 启动 AutoCAD 2015 软件，按<Ctrl+S>组合键保存该文件为"案例\03\三相感应调压器.dwg"文件。

Step 02 执行"插入块"命令（I），将"案例\03\三相变压器.dwg"文件插入视图中，如图 3-109 所示。

Step 03 执行"分解"命令（X），将插入的图块进行分解操作。

Step 04 执行"删除"命令（E），将多余的对象进行删除操作，如图 3-110 所示。

Step 05 执行"复制"命令（CO），将圆上侧的四条线段复制到圆的下象限点处，如图 3-111 所示。

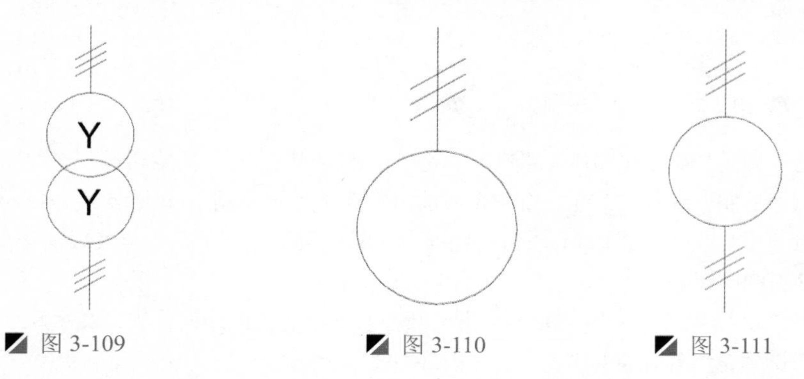

图 3-109　　图 3-110　　图 3-111

Step 06 执行"圆"命令（C），根据命令行提示，选择"两点（2P）"选项，捕捉外圆的上象限点作为圆的起点，绘制直径为 6mm 圆对象，使两圆的圆心在同一条直线上，如图 3-112 所示。

Step 07 按<F10>键打开"极轴追踪"模式，并设置追踪角度值 35°。

Step 08 执行"多段线"命令（PL），在图形的任意处作为直线的起点，将光标向右上侧移动采用且极轴追踪的方式，待出现追踪角度值 35°，并且出现极轴追踪虚线时，输入斜线段的长度 15mm，这时，再设置起点宽度为 1，端点宽度为 0，长度为 4mm 的箭头图形，如图 3-113 所示。

图 3-112　　图 3-113

Step 09 执行“基点”命令（Base），三相感应调压器符号上侧直线的端点为基点；再按<Ctrl+S>组合键将该文件进行保存。

3.7.4 热继电器的绘制

案例	热继电器.dwg	视频	热继电器的绘制.avi	时长	02'27"

热继电器主要用来对异步电动机进行过载保护，其工作原理是过载电流通过热元件后，使双金属片加入弯曲去推动动作机构来带动触电动作，从而将电动机控制电路断开，实现电动机断电，起到过载保护的作用。

热继电器符号是由矩形、直线等命令绘制而成，其操作步骤如下。

Step 01 启动 AutoCAD 2015 软件，按<Ctrl+S>组合键保存该文件为“案例\03 热继电器.dwg”文件。

Step 02 执行“矩形”命令（REC），矩形 5mm×10mm 的矩形对象，如图 3-114 所示。

Step 03 执行“直线”命令（L），捕捉矩形的角点进行斜线连接，如图 3-115 所示。

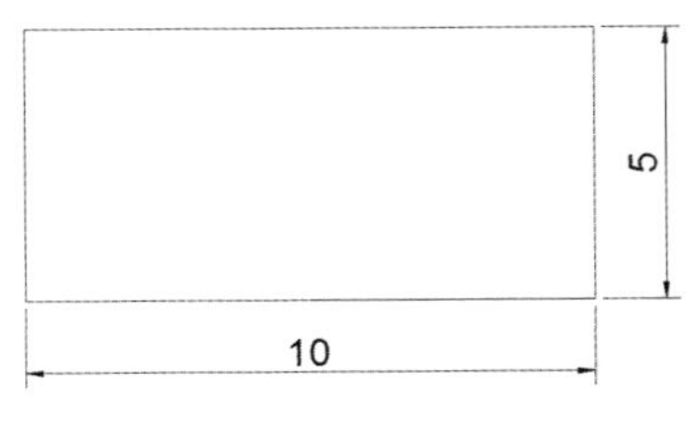

图 3-114

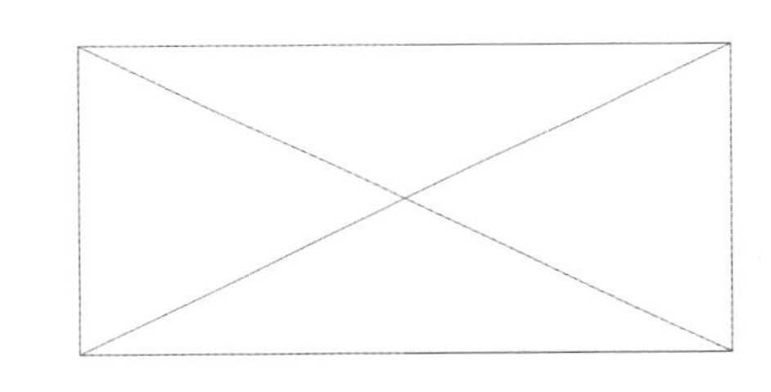

图 3-115

Step 04 执行“直线”命令（L），过矩形内斜线的交点绘制一条长 15mm 的垂直线段，使绘制的线段中点与交点重合，如图 3-116 所示。

Step 05 执行“删除”命令（E），删除掉两条斜线段，如图 3-117 所示。

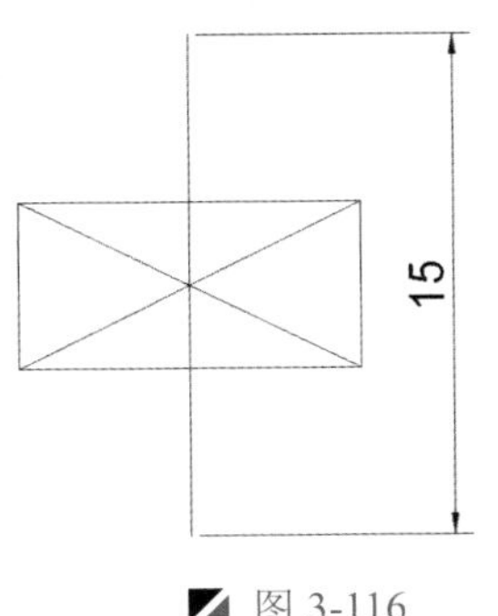

图 3-116

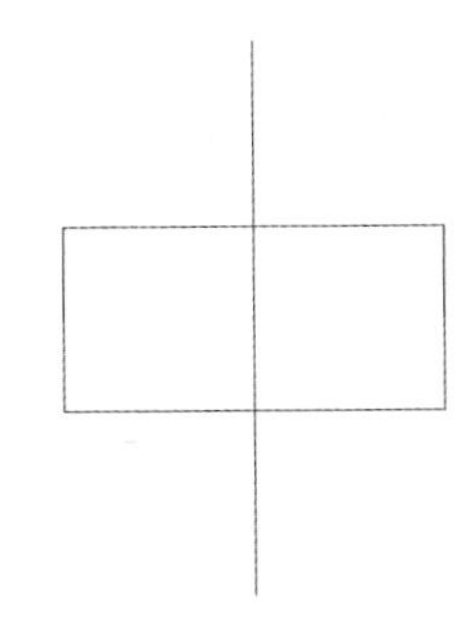

图 3-117

Step 06 执行“矩形”命令（REC），在视图中绘制 2.5mm×2.5mm 的矩形对象，如图 3-118 所示。

Step 07 执行“移动”命令（M），捕捉上一步绘制的矩形右侧垂直边的中点作为移动的基点，移动到垂直线段的中点位置处，如图 3-119 所示。

Step 08 执行“修剪”命令（TR），将多余的对象进行修剪操作，如图 3-120 所示。

Step 09 执行“基点”命令（Base），热继电器符号上侧直线的端点为基点；再按<Ctrl+S>组合键将该文件进行保存。

读书破万卷

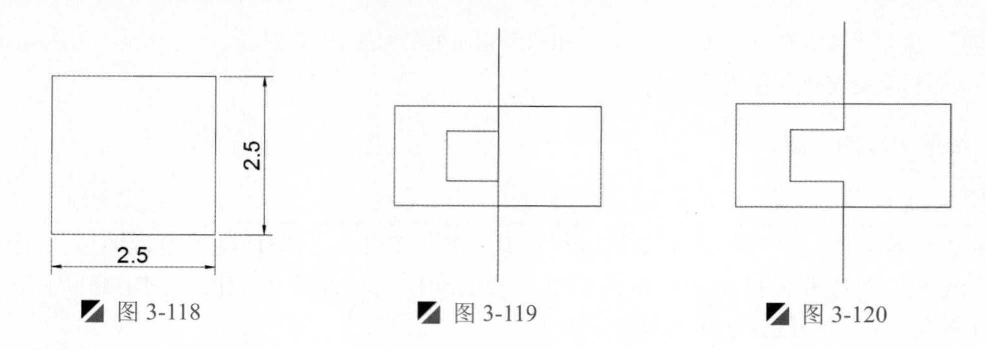

图 3-118　图 3-119　图 3-120

3.7.5　三相热继电器的绘制

案例	三相热继电器.dwg	视频	三相热继电器的绘制.avi	时长	03'28"

三相式热继电器常用于三相交流电动机，其操作步骤如下。

Step 01　启动 AutoCAD 2015 软件，按<Ctrl+S>组合键保存该文件为“案例\03 三相热继电器.dwg”文件。

Step 02　执行“矩形”命令（REC），在视图中矩形 3mm×3mm 的矩形对象，如图 3-121 所示。

Step 03　执行“分解”命令（X），将矩形对象进行分解操作；再执行“删除”命令（E），删除掉矩形对象的右侧垂直线段，如图 3-122 所示。

Step 04　按<F8>键打开“正交”模式；执行“直线”命令（L），捕捉水平线段右侧的端点作为直线的起点，绘制两条长 1mm 的垂直线段，如图 3-123 所示。

图 3-121　图 3-122　图 3-123

Step 05　执行“直线”命令（L），过图中水平线段的中点绘制一条长 7mm 的垂直线段，使水平线段的中点与绘制的线段中点重合，如图 3-124 所示。

Step 06　执行“直线”命令（L），过上一步绘制的线段的中点绘制一条长 11mm 的水平线段，使这两条线段的中点重合，如图 3-125 所示。

Step 07　执行“偏移”命令（O），将中侧的水平线段向两侧各偏移 3.5mm，如图 3-126 所示。

Step 08　执行“偏移”命令（O），将中侧的垂直线段向两侧各偏移 5.5mm，如图 3-127 所示。

Step 09　执行“删除”命令（E），将多余的线段进行删除操作，如图 3-128 所示。

Step 10　执行“直线”命令（L），捕捉矩形上侧水平线的中点作为直线的起点，向上绘制一条长 8mm 的垂直线段，如图 3-129 所示。

Step 11　执行“偏移”命令（O），将上一步绘制的线段向左右两侧各偏移 3mm，如图 3-130 所示。

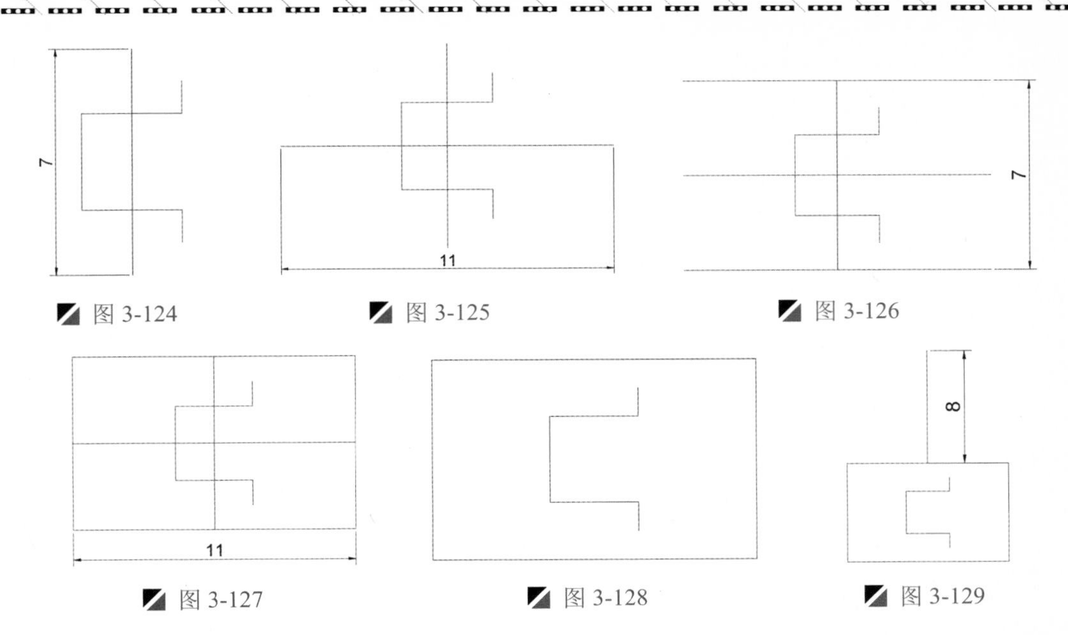

图 3-124 图 3-125 图 3-126

图 3-127 图 3-128 图 3-129

Step 12 执行“镜像”命令（MI），将矩形上侧的三条垂直线段进行垂直镜像操作，如图 3-131 所示。

Step 13 执行“单行文字”命令（DT），在相应的位置处输入数字“3”，从而完成三相热继电器符号的绘制，如图 3-132 所示。

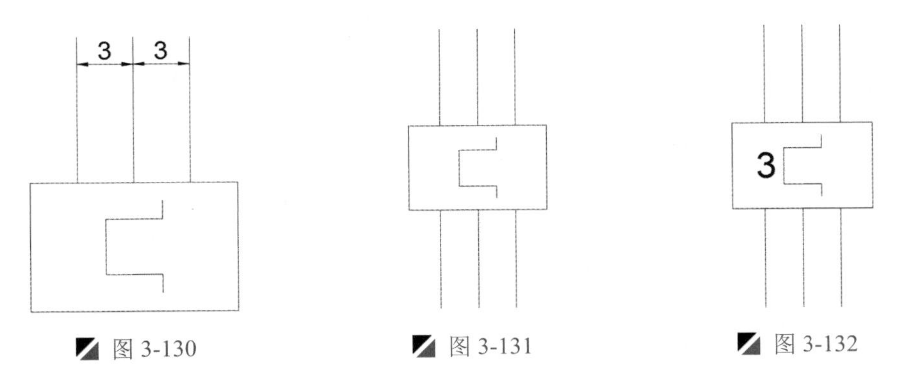

图 3-130 图 3-131 图 3-132

Step 14 执行“基点”命令（Base），三相热继电器符号上左侧直线的端点为基点；再按<Ctrl+S>组合键将该文件进行保存。

3.7.6 熔断器的绘制

案例	熔断器.dwg	视频	熔断器的绘制.avi	时长	01'50"

熔断器又称为保险丝，IEC127 标准将他定义为“熔断体（fuse-link）”。熔断器是根据电流超过规定值一段时间后，以其自身产生的热量使熔体熔化，从而使电路断开，运用这种原理制成的一种电流保护器。熔断器广泛应用于高低压配电系统和控制系统以及用电设备中，作为短路和过电流的保护器，是应用最普遍的保护器件之一，其操作步骤如下。

Step 01 启动 AutoCAD 2015 软件，按<Ctrl+S>组合键保存该文件为“案例\03 熔断器.dwg”文件。

Step 02 执行“矩形”命令（REC），在视图中绘制 3mm×7mm 的矩形对象，如图 3-133 所示。

Step 03 执行“直线”命令（L），过矩形的中心点绘制一条长 14mm 的垂直线段，使绘制的直线中点与矩形的中心点相重合，如图 3-134 所示。

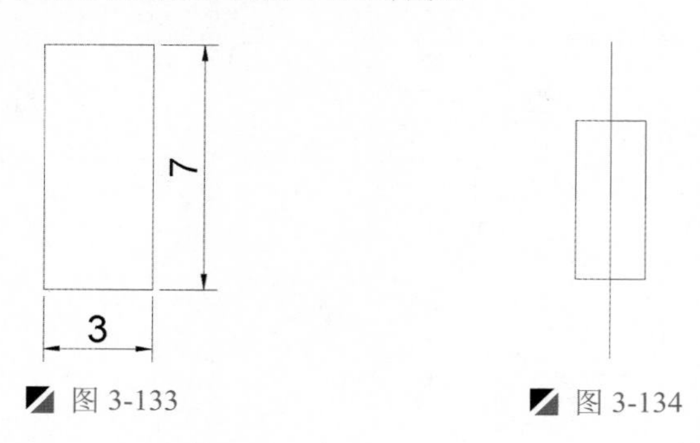

图 3-133　　图 3-134

技巧：捕捉矩形中心点

捕捉矩形的中心点时，捕捉矩形的 4 角点绘制二条斜线作为辅助线，然后捕捉矩形内辅助线的交点将其移动到垂直线段的中点，最后删除辅助线即可。

Step 04 执行“基点”命令（Base），熔断器符号直线上侧的端点为基点；再按<Ctrl+S>组合键将该文件进行保存。

4

电力电气工程图的绘制

本章导读

电能从生产到应用，一般要经过五个环节，即发电、输电、变电、配电和用电。而发电厂发出的电，为了减少输电过程中的电耗损失，一般先经过变电所将电压升高，电压一般有220kV、110kV、35kV和6kV，再经过输电线路送到电力系统中。

本章中，利用AutoCAD软件绘制输电、变电等电力电气工程图，使读者掌握其绘制方法和技巧。

本章内容

- 输电工程图的绘制
- 变电站主接线图的绘制
- 电气主接线图的绘制
- 直击雷防护图的绘制

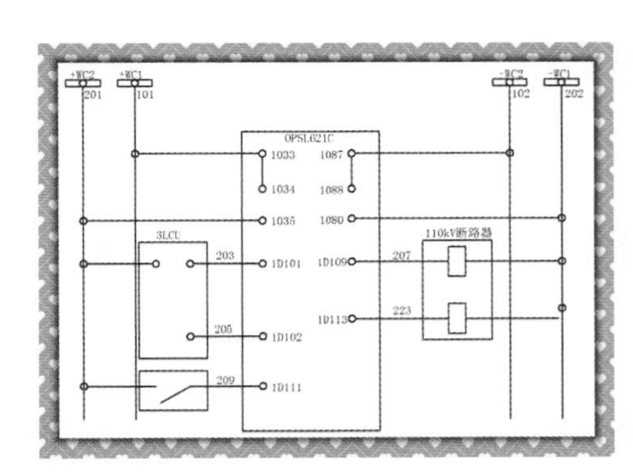

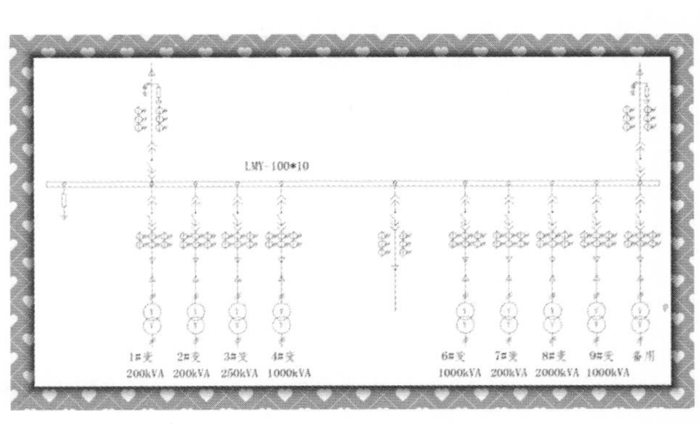

4.1 输电工程图的绘制

案例	输电工程图.dwg	视频	输电工程图的绘制.avi	时长	12'11"

输电线路是将电能从发电厂远程输送到变电站的电力设施，是电网的重要组成部分，对我国目前绝大多数交流电网来说，高压电网指的是 110kV 以上等级的电网，习惯上，输电线路也经常称之为送电线路。

输电线路分架空输电线路和直埋高压电缆。输电线路工程施工包括开工前准备（组织准备、资源准备、设计交底等）、基础施工、杆塔组立、架线施工等。一般来说，为了保证输电线路的直线性，我国 110kV 输电线路的线路设计大多数是采用一条线设计，其实有时完全可以顺应地形、地势，将上、下行线分别设计为各自独立的平面线形。如图 4-1 所示为 110kV 输电线路保护图。

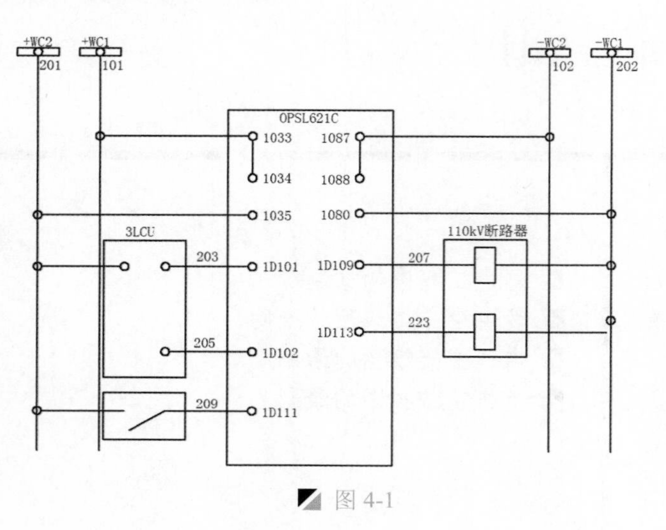

图 4-1

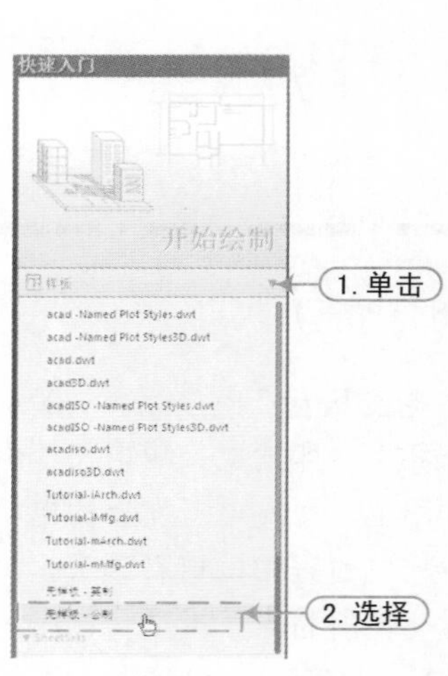

图 4-2

4.1.1 设置绘图环境

在绘制 110kV 输电线路保护图时，首先要设置绘制环境，下面将介绍绘制环境的设置步骤如下。

Step 01 启动 AutoCAD 2015 软件，在“快速入门”下的“样板”右侧单击“倒三角”按钮，再选择“无样板-公制”方法建立新文件，如图 4-2 所示。

Step 02 按<Ctrl+S>组合键保存该文件为“案例\04\输电工程图.dwg”文件。

4.1.2 绘制图形符号

该输电线路图由接线端子、电源插件、压板、保护装置和 110kV 断路器部分组成，下面将介绍这些图形符号的绘制方法。

1. 绘制接线端子

下面介绍接线端子的绘制方法，使用 AutoCAD 中的矩形、直线、圆、复制等命令进行绘制。

Step 01 执行“矩形”命令（REC），在视图中绘制一个100mm×20mm矩形对象，如图4-3所示。

Step 02 执行“直线”命令（L），捕捉矩形角点绘制两条相交的斜线段，如图4-4所示。

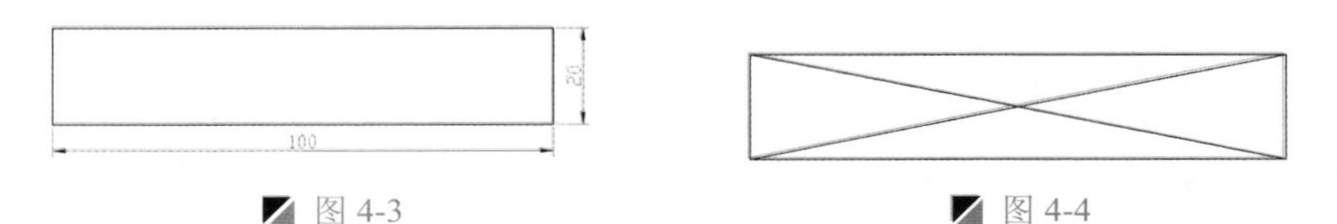

图4-3　　图4-4

提示：斜线绘制法

在连接矩形对角点时，用户可以按“F8”键切换到“非正交”模式。

Step 03 执行“圆”命令（C），捕捉斜线的交点作为圆心，绘制半径为10mm的圆；再执行“删除”命令（E），删除掉两条斜线段对象，如图4-5所示。

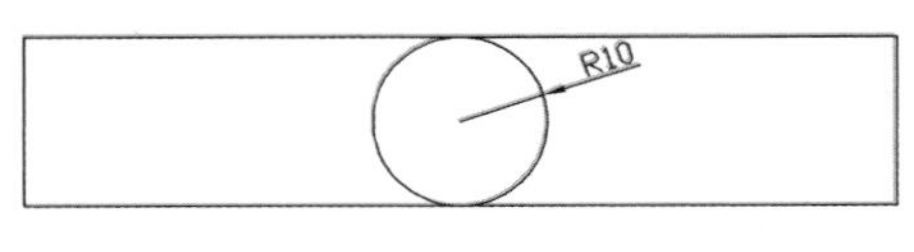

图4-5

Step 04 按<F8>键打开“正交”模式；执行“直线”命令（L），捕捉圆的下象限点作为直线的起点，向下绘制一条长1000mm的垂直线段，如图4-6所示。

Step 05 执行“复制”命令（CO），将图形中所有的对象水平向右分别复制150mm、1240mm、1390mm的距离，从而完成接线端子的绘制，如图4-7所示。

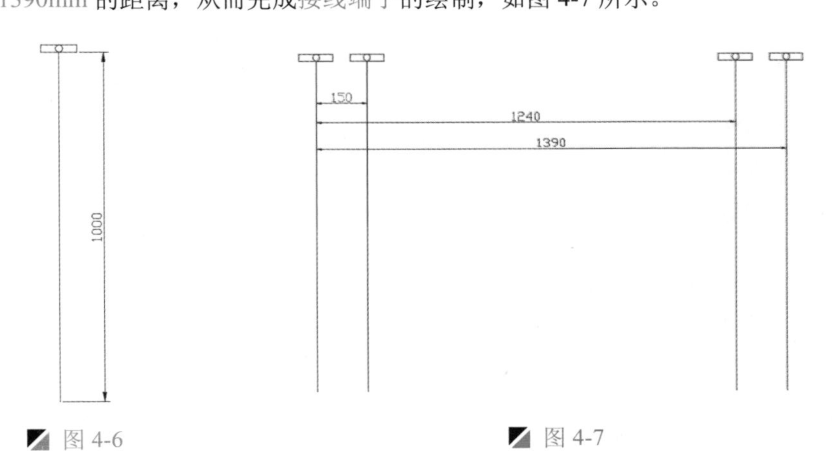

图4-6　　图4-7

2. 绘制电源插座

下面介绍电源插座的绘制方法，使用AutoCAD中的矩形、直线、圆、修剪、镜像、修剪和删除等命令进行绘制。

Step 01 执行“矩形”命令（REC），在图形任意位置绘制200mm×350mm的矩形，如图4-8所示。

Step 02 执行“分解”命令（X），将绘制的矩形对象进行分解操作；再执行“偏移”命令（O），将上侧水平线向下偏移65mm，将左侧垂直线向右侧偏移50mm，如图4-9所示。

Step 03 执行“圆”命令（C），捕捉偏移后的两条线的交点作为圆心，绘制半径为 10mm 的圆；再执行“删除”命令（E），删除掉偏移后的两条线段，如图 4-10 所示。

Step 04 执行“直线”命令（L），捕捉圆心作为直线的起点，向左绘制一条长 210mm 的水平线段，如图 4-11 所示。

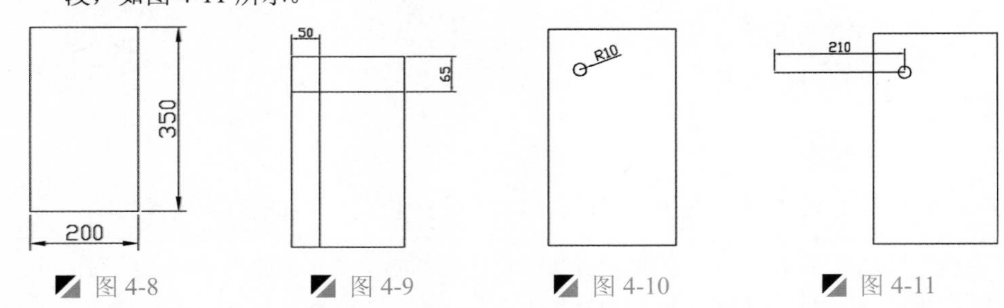

图 4-8　图 4-9　图 4-10　图 4-11

Step 05 执行“圆”命令（C），捕捉上一步绘制的水平线段左侧端点作为圆心，绘制半径为 10mm 的圆对象，如图 4-12 所示。

Step 06 执行“镜像”命令（MI），将绘制的水平线段和两圆对象以矩形上下边的中点作为镜像的第一点和第二点，向右进行镜像操作，如图 4-13 所示。

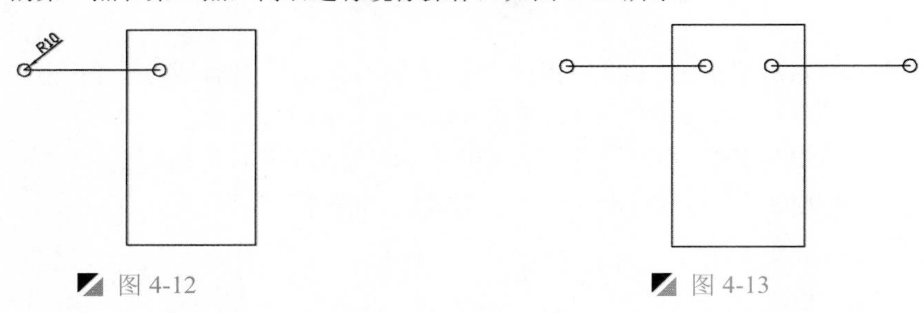

图 4-12　图 4-13

Step 07 执行“镜像”命令（MI），将上一步镜像后的两圆的直线以矩形左右边的中点作为镜像的第一点和第二点，向下进行镜像操作，如图 4-14 所示。

Step 08 执行“修剪”命令（TR），将多余的对象进行修剪操作，从而完成电源插座的绘制，如图 4-15 所示。

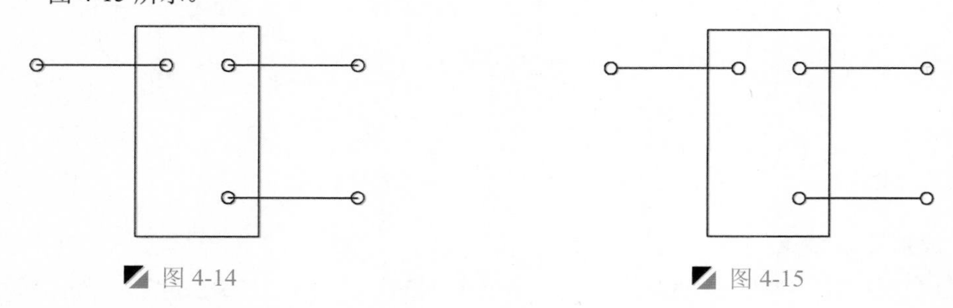

图 4-14　图 4-15

3. 绘制 110kV 断路器

下面介绍 110kV 断路器的绘制方法，使用 AutoCAD 中的矩形、直线、圆、镜像等命令进行绘制。

Step 01 执行“矩形”命令（REC），在图形任意处分别绘制 50mm×90mm 和 200mm×300 的两个矩形对象，如图 4-16 所示。

提示：中点在同一条直线上

用户在这里绘制两个矩形对象时，两个矩形水平中点是在同一条直线上的。

Step 02 执行“直线”命令（L），捕捉内矩形的左右边的中点作为直线的起点，向外绘制两条长280mm的水平线段，如图4-17所示。

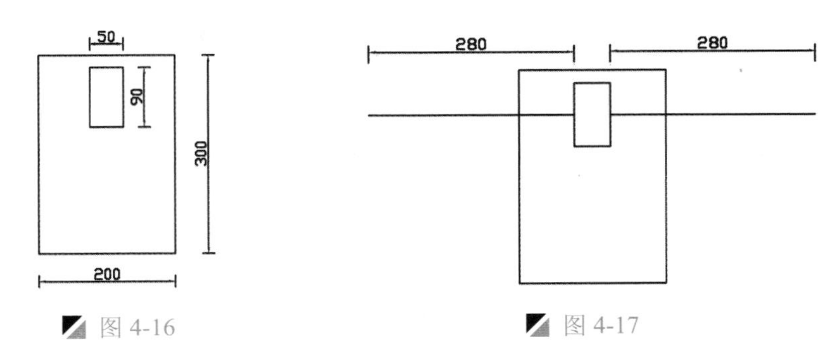

图 4-16　　图 4-17

Step 03 执行“圆”命令（C），捕捉左侧水平线的左端点和右侧水平线的右端点作为圆心，绘制半径为10mm的两个圆对象；再执行“修剪”命令（TR），修剪掉多余的线段，如图4-18所示。

Step 04 执行“镜像”命令（MI），将内矩形、两圆和两条水平线段以外矩形左右边的中点作为镜像的第一点和第二点，向下进行镜像操作，从而完成110kV断路器的绘制，如图4-19所示。

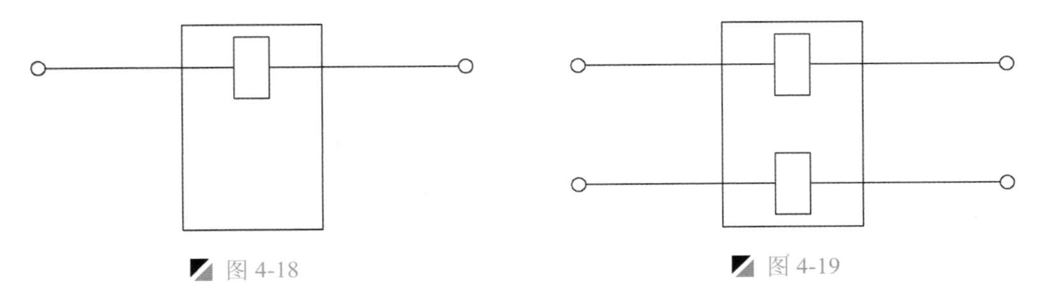

图 4-18　　图 4-19

读书破万卷

4. 绘制压板

下面介绍压板的绘制方法，使用AutoCAD中的矩形、直线、圆、旋转修剪和删除等命令进行绘制。

Step 01 执行“直线”命令（L），在图形任意处依次绘制长210mm、100mm、210mm相连贯的直线段，如图4-20所示。

Step 02 执行“旋转”命令（RO），将中间的水平线段以它的右侧端点作为旋转的基点，进行30°的旋转操作，如图4-21所示。

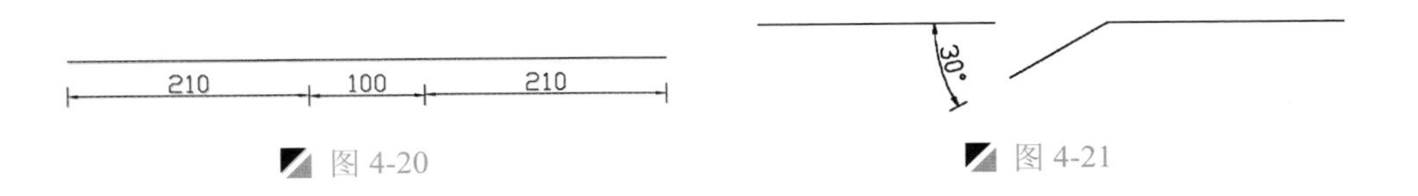

图 4-20　　图 4-21

Step 03 执行“矩形”命令（REC），绘制 200mm×120mm 的矩形对象，使矩形左侧的边与最左侧水平线段的左端点距离为 160mm，如图 4-22 所示。

Step 04 执行“圆”命令（C），捕捉两侧水平线段的外侧端点作为圆心，绘制半径为 10mm 的两个圆对象；再执行“修剪”命令（TR），修剪掉多余的线段，从而完成压板的绘制，如图 4-23 所示。

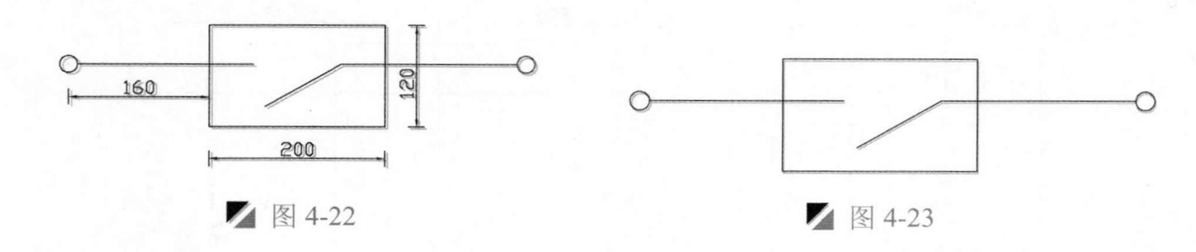

图 4-22　　图 4-23

4.1.3 组合图形

将前面绘制好的图形符号利用复制、移动、旋转等命令将其移动到相应位置处，根据符号的放置绘制连接线。

Step 01 执行“移动”命令（M），将前面绘制的接线端子、电源插件、110kV 断路器和压板 4 种图形移动到如图 4-24 所示的位置处。

Step 02 执行“矩形”命令（REC），在如图 4-25 所示的相应位置处绘制 400mm×900mm 的矩形对象。

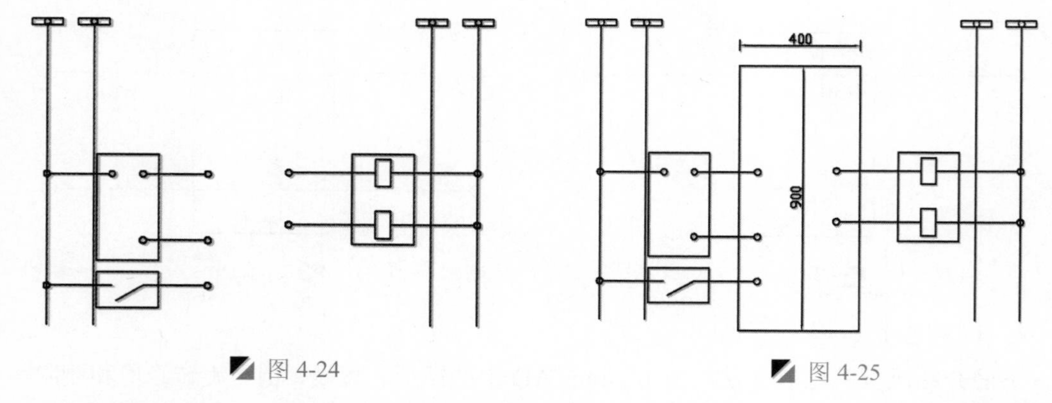

图 4-24　　图 4-25

Step 03 执行“圆”命令（C），捕捉上一步绘制的矩形左上角端点作为圆心，绘制半径为 10mm 的圆，如图 4-26 所示。

Step 04 执行“移动”命令（M），选择上一步绘制的圆对象，以圆心为移动的基点，将其水平向右移动 60mm，再垂直向下移动 65mm，如图 4-27 所示。

Step 05 执行“直线”命令（L），捕捉移动后圆左象限点作为直线的起点，向左绘制一条水平线段，与前面的接线端子线相垂直。

Step 06 执行“直线”命令（L），捕捉圆下象限点作为直线的起点，向下绘制一条长 95mm 的垂直线段，如图 4-28 所示。

Step 07 执行“圆”命令（C），捕捉上一步两条线段的端点作为圆心，绘制半径为 10mm 的圆对象，再执行“修剪”命令（TR），修剪掉多余的线段，如图 4-29 所示。

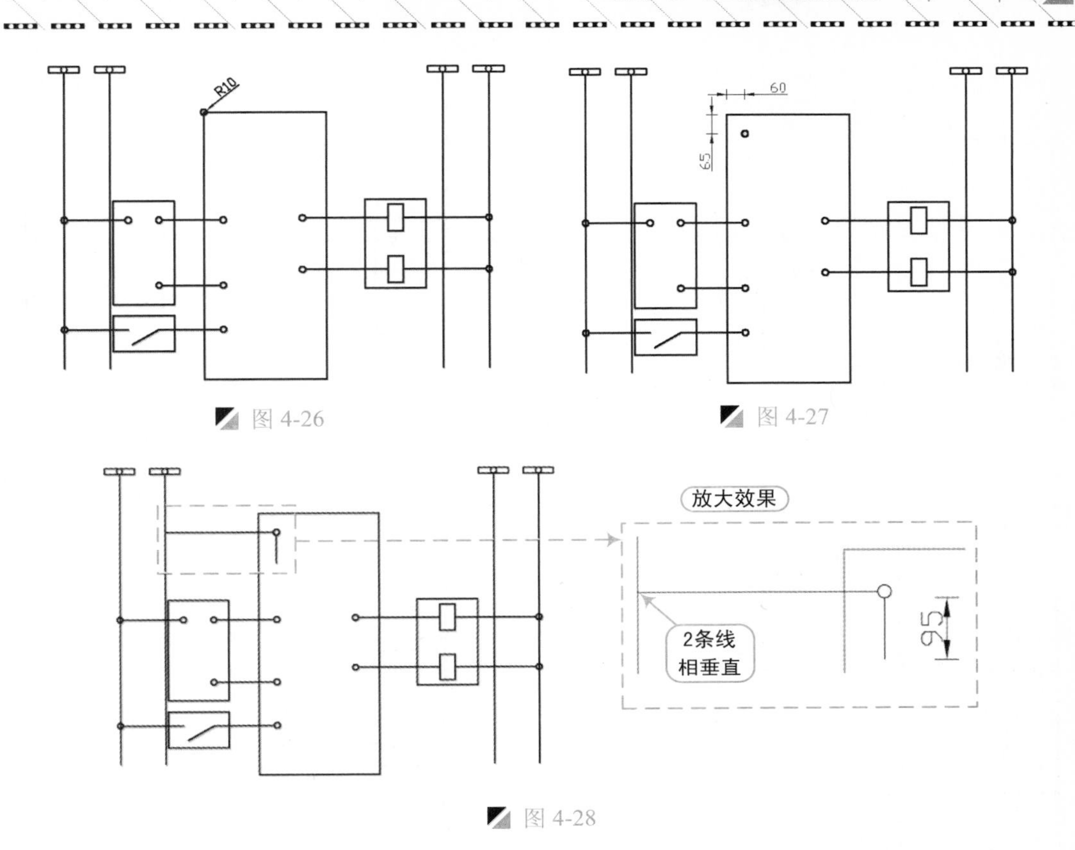

图 4-26

图 4-27

图 4-28

Step 08 执行“复制”命令（CO），将绘制的垂直线段和相连接的两圆对象向右复制 260mm 的距离，如图 4-30 所示。

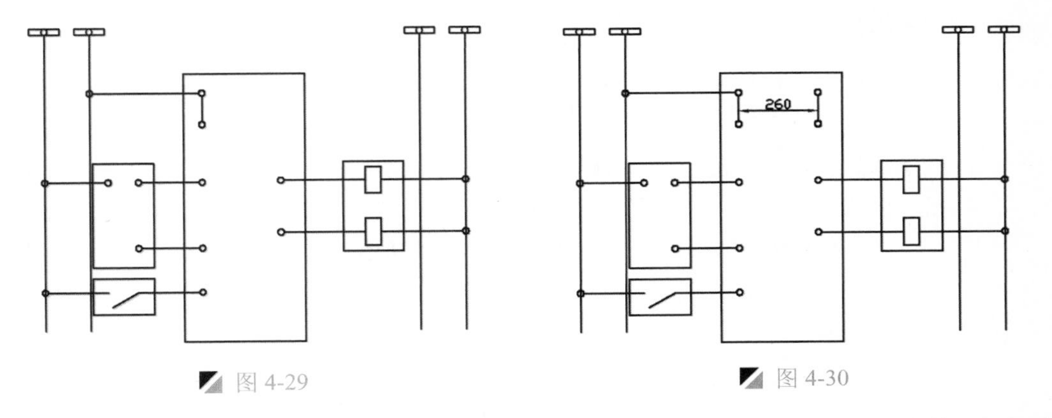

图 4-29

图 4-30

Step 09 执行“直线”命令（L），捕捉复制后圆右象限点作为直线的起点，向右绘制一条水平线段，与右侧的接线端子线相垂直，如图 4-31 所示。

Step 10 执行“圆”命令（C），捕捉上一步所形成的交点作为圆心，绘制半径为 10mm 的圆对象，如图 4-32 所示。

Step 11 执行“复制”命令（CO），将相应的 4 个圆向上复制 100mm 的距离，如图 4-33 所示。

Step 12 执行“直线”命令（L），捕捉圆的象限点进行直线连接操作，如图 4-34 所示。

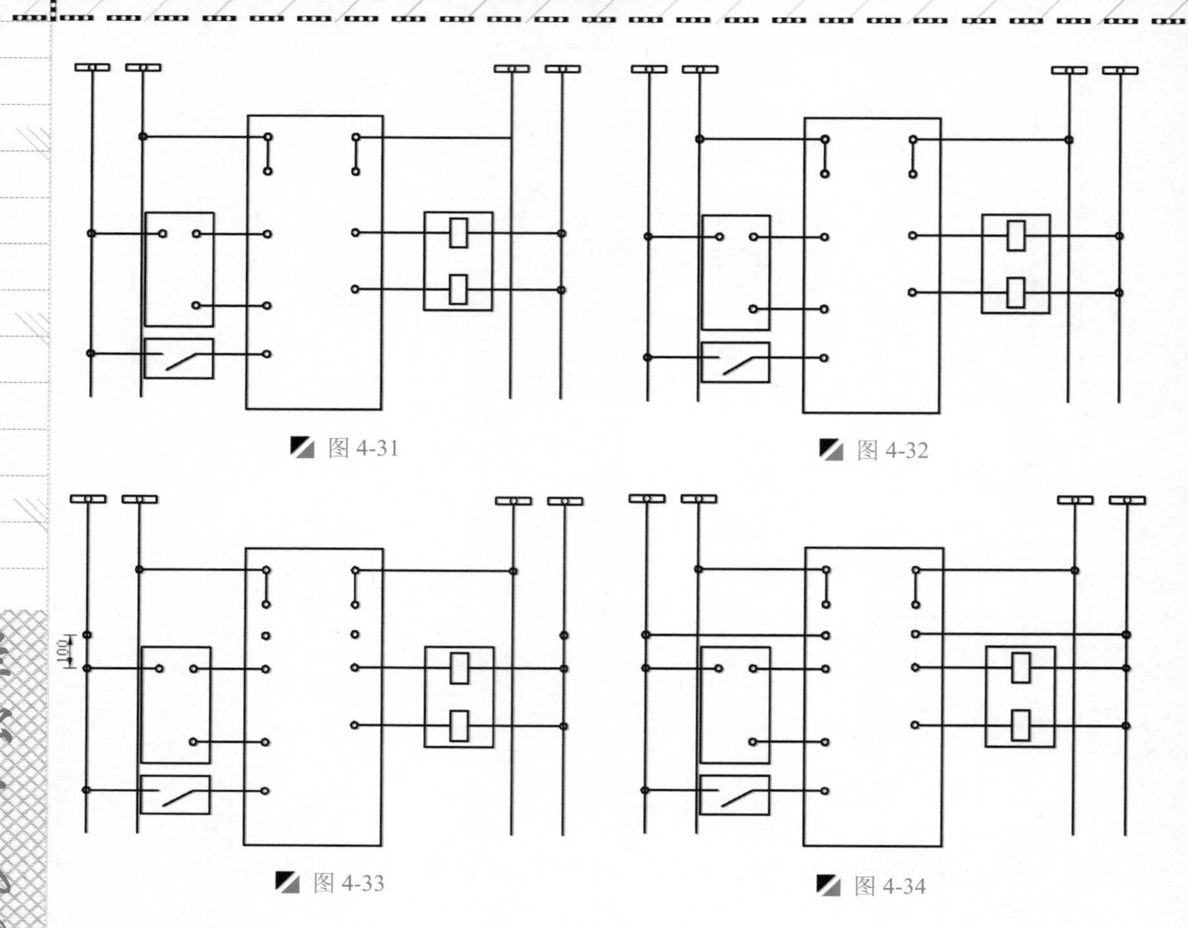

图 4-31

图 4-32

图 4-33

图 4-34

4.1.4 添加注释文字

前面已经完成了输电工程图的绘制，下面分别在相应位置处添加文字注释，并设置文字样式，利用“多行文字”命令进行文字注释操作。

Step 01 选择“格式 | 文字样式”菜单命令，在弹出的“文字样式”对话框中，单击“新建”按钮，新建一个“样式 1”样式，设置字体为“宋体”，高度为 25mm，然后分别单击“应用”、“置为当前”和“关闭”按钮，如图 4-35 所示。

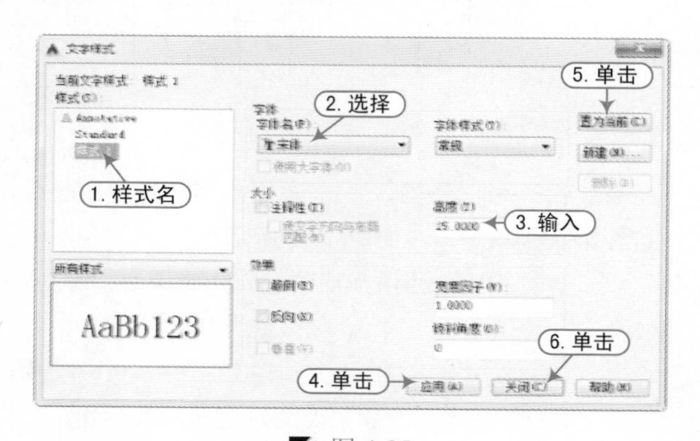

图 4-35

Step 02 执行“单行文字”命令（DT），在图中相应位置输入相关的文字说明，以完成输电工程图的文字注释，最终效果如图 4-1 所示。

Step 03 至此，该输电工程图的绘制已完成，按<Ctrl+S>键进行保存。

4.2 变电站主接线图的绘制

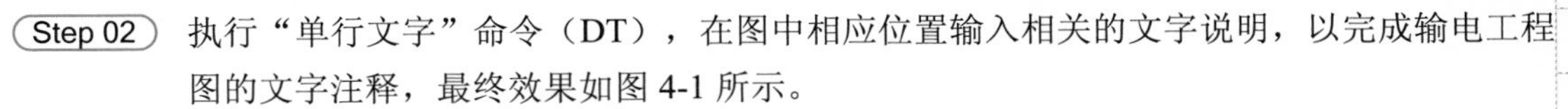

变电站是把一些设备组装起来，用以切断或接通、改变或者调整电压，在电力系统中，变电站是输电和配电的集结点。变电站主要组成为：馈电线（进线、出线）和母线、隔离开关、接地开关、断路器、电力变压器（主变）、站用变、电压互感器 TV（PT）、电流互感器 TA(CT)、避雷针。如图 4-36 所示为变电站主接线图，全图基本上是由图形符号、连线及文字注释组成的。

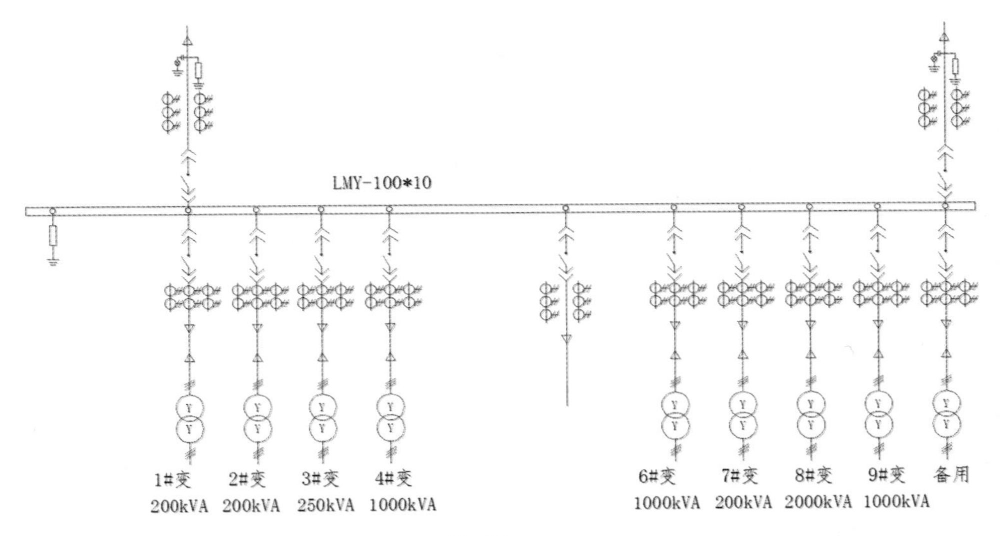

图 4-36

4.2.1 设置绘图环境

在绘制变电站主接线图时，首先要设置绘制环境，下面将介绍绘制环境的设置。

Step 01 启动 AutoCAD 2015 软件，在“快速入门”下的“样板”右侧单击“倒三角”按钮，再选择“无样板-公制”方法建立新文件。

Step 02 按<Ctrl+S>组合键保存该文件为“案例\04\变电站主接线图.dwg”文件。

4.2.2 绘制线路图

该输电线路图是由母线、主变支路、变电所支路、接地线路、供电线路等部分组成，下面将介绍各线路图的绘制方法。

1. 绘制主变支路

下面介绍主变支路的绘制方法，使用 AutoCAD 中的多边形、直线、圆、复制、旋转、点等命令进行绘制。

Step 01 按<F8>键打开“正交”模式；执行“直线”命令（L），在图形任意处依次绘制长 7mm、3mm、7mm、5mm、6mm 相连贯的垂直线段，如图 4-37 所示。

Step 02 执行“圆”命令（C），捕捉最上侧的直线端点作为圆心，绘制半径为 1mm 的圆，如图 4-38 所示。

Step 03 执行“修剪”命令（TR），修剪掉圆内的直线段对象，如图 4-39 所示。

Step 04 执行“点”命令（PO），在直线与直线连接处的端点处绘制 4 个点，使其更清楚地更看到每个直线段的长度，如图 4-40 所示。

提示：点的设置

在使用“点”命令绘制点前，要对点的样式和大小进行设置，以便绘制的点在“绘图区”中能够清晰地显示出来。具体设置方法请参照第 3 章的软件知识“点样式设置”。

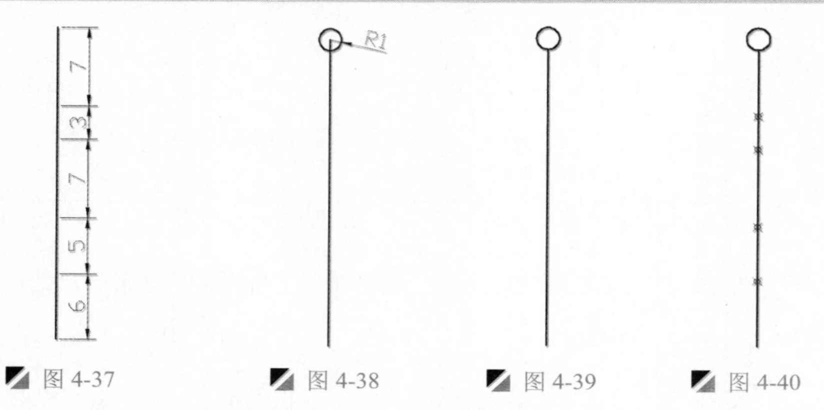

图 4-37　图 4-38　图 4-39　图 4-40

Step 05 按<F10>键打开“极轴追踪”模式，并其设置追踪角度值为 45°。

提示：追踪角度设置

启用了“极轴追踪”模式，并设置了追踪角度值为 45°以后，在绘图时根据鼠标的移动自动会追踪到 45°，及与 45°成倍增量的角度，如可追踪到角度为：±45°、±90°、±135°、±180°、±225 等。

Step 06 执行“直线”命令（L），捕捉最上侧点对象作为直线的起点，将光标向右下侧移动采用且极轴追踪的方式，待出现追踪角度值-45°，并且出现极轴追踪虚线时，输入斜线段的长度 3.5mm，从而绘制斜线段对象，如图 4-41 所示。

Step 07 按同样的方法绘制另一条斜线段，其追踪角度值 225°，如图 4-42 所示。

Step 08 执行“复制”命令（CO），将绘制的两条斜线段垂直向下复制 3mm 的距离，如图 4-43 所示。

Step 09 执行“旋转”命令（RO），将从下向上第二条直线段进行 30° 旋转操作，如图 4-44 所示。

Step 10 执行“直线”命令（L），使用极轴追踪方法，捕捉最下侧直线的下端点作为直线的起点，其追踪角度值 45° 和 135°，绘制两条长度 3.5mm 的斜线段，如图 4-45 所示。

Step 11 执行“复制”命令（CO），将绘制的两条斜线段垂直向上复制 3mm 的距离，如图 4-46 所示。

Step 12 执行“修剪”命令（TR）和“删除”命令（E），修剪掉多余的对象并删除点对象，如图 4-47 所示。

Step 13 执行“直线”命令（L），在中间的垂直线段下端点处绘制一条长 1mm 的水平线段；再执行“圆”命令（C），用 2 点方法绘制直径为 0.5mm 的圆对象，使圆的上象取点与水平线段的中点和垂直线下端点重合，如图 4-48 所示。

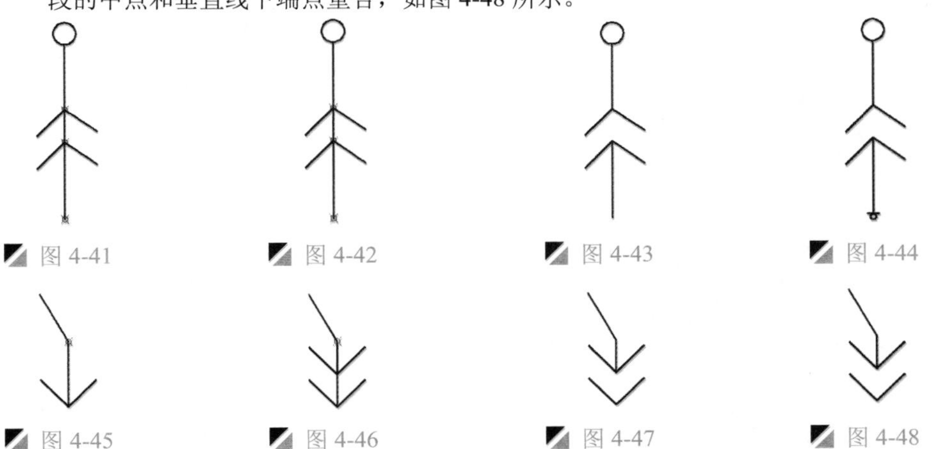
图 4-41　图 4-42　图 4-43　图 4-44

图 4-45　图 4-46　图 4-47　图 4-48

Step 14 执行“圆”命令（C），在图形任意处绘制半径为 2mm 的圆对象，如图 4-49 所示。

Step 15 执行“直线”命令（L），过圆心绘制一条长 6mm 的垂直线段，使直线的中点与圆心重合，如图 4-50 所示。

Step 16 执行“直线”命令（L），捕捉圆的右象限点作为起点，向右绘制一条长 2.5mm 的水平线段，如图 4-51 所示。

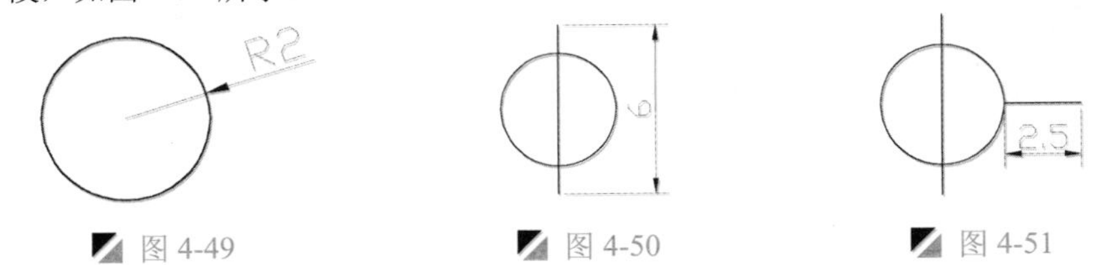

图 4-49　图 4-50　图 4-51

Step 17 执行“直线”命令（L），过右侧水平线段右端点绘制一条长 3mm 的垂直线段，使端点与绘制的直线中点重合，如图 4-52 所示。

Step 18 执行“移动”命令（M），将上一步绘制的垂直线段向左水平移动 0.6mm 的距离，如图 4-53 所示。

Step 19 执行“旋转”命令（RO），将移动后的对象以中点作为旋转的基点，进行 –30°的旋转操作，如图 4-54 所示。

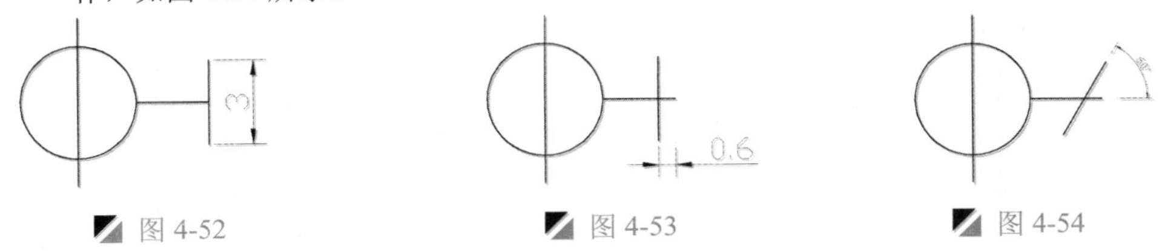

图 4-52　图 4-53　图 4-54

Step 20 执行“复制”命令（CO），将旋转后的对象向左水平复制 1.2mm 的距离，如图 4-55 所示。

Step 21 执行“阵列”命令（AR），根据命令行提示，选择“矩形（R）”选项，设置列数为 3，列间距为 7，行数为 2，行间距为 5 的矩形阵列操作，如图 4-56 所示。

读书破万卷

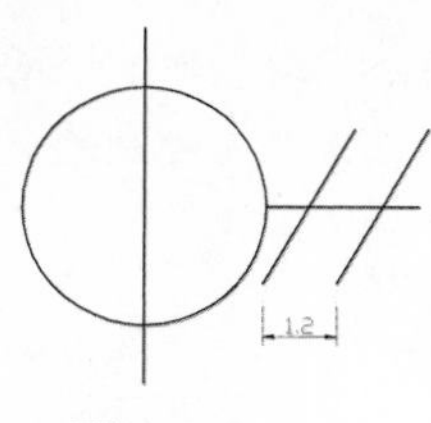

图 4-55

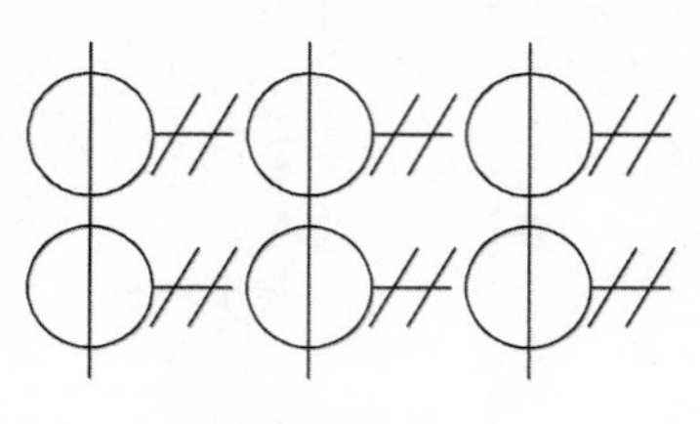

图 4-56

Step 22 执行“移动”命令（M），将阵列后的对象移动到如图 4-57 所示的位置处。

Step 23 执行“多边形”命令（POL），在图形任意处绘制内接于圆的正三角形对象，其半径为 2mm，如图 4-58 所示。

Step 24 执行“直线”命令（L），捕捉正三角形上侧端点作为直线的起点，向上绘制一条长 4mm 的垂直线段，向下绘制一条长 8mm 的垂直线段，如图 4-59 所示。

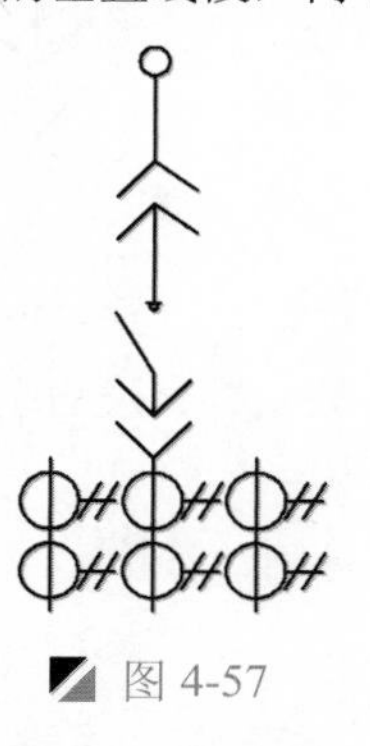

图 4-57

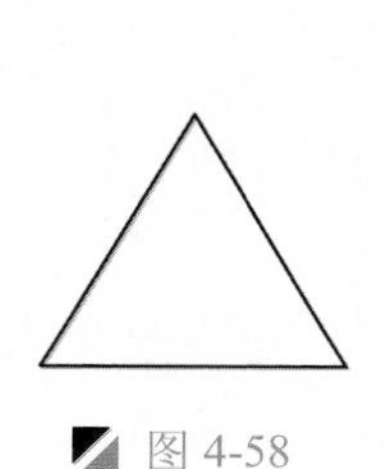

图 4-58

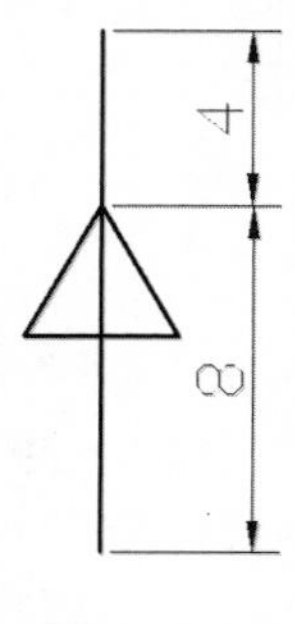

图 4-59

Step 25 执行“镜像”命令（MI），将绘制的正三角形和两条直线段向上垂直镜像复制操作，如图 4-60 所示。

Step 26 执行“插入块”命令（I），将“案例\03\三相变压器.dwg”文件插入视图中，如图 4-61 所示。

Step 27 执行“移动”命令（M），将图形中的对象移动到如图 4-62 所示的位置处，从而完成主变支路的绘制。

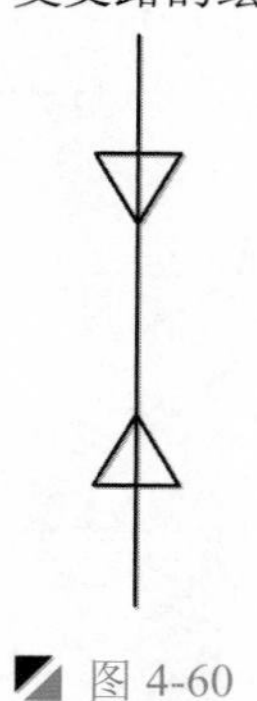

图 4-60

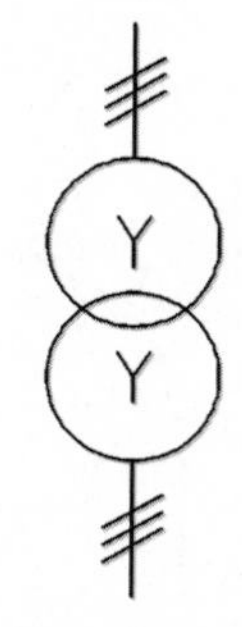

图 4-61

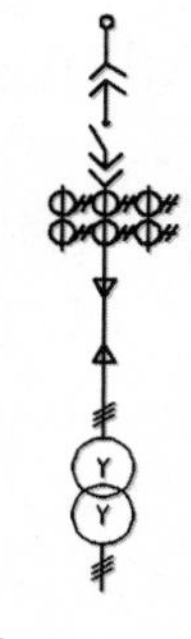

图 4-62

技巧：插入块对象

前面第 3 章绘制了一些常用的电气元件图例，在后面绘制工程图时，这些外部文件将会以块的方式来插入当前绘制的图形中。

在命令行中输入快捷键“I”，或选择“插入｜块｜插入”菜单命令，打开“插入”对话框，在其对话框中单击“浏览”按钮可查找内部或外部图块；还可以按照一定的比例和旋转角度来插入块对象，如图 4-63 所示单击“确定”按钮后，命令行中提示确定插入点的位置，并且在光标上附着待插入的图块对象，将鼠标移动至餐厅相应的位置，单击以确定插入点即可。

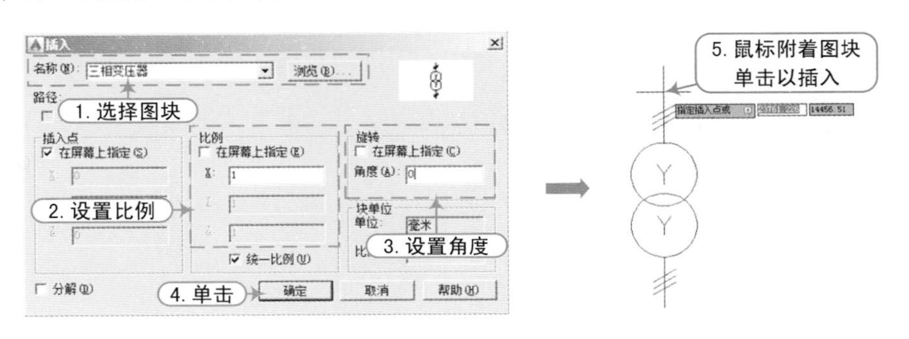

图 4-63

当选定“分解”选项时，只可以指定统一比例因子进行插入。

2. 绘制变电所支路

借用前面绘制好的相应图形符号，使用 AutoCAD 中的复制、阵列、分解、移动、修剪和删除等命令进行绘制。

Step 01 执行“复制”命令（CO），将前面图 4-49、图 4-56、图 4-61 所示的图形分别复制一份，如图 4-64、图 4-65、图 4-66 所示。

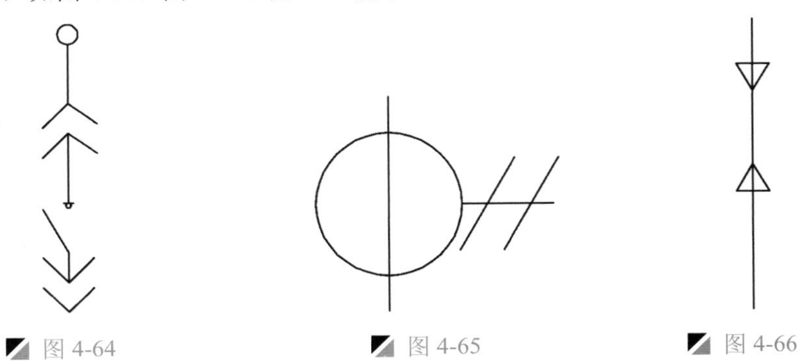

图 4-64　　图 4-65　　图 4-66

Step 02 执行“阵列”命令（AR），将图 4-66 所示的对象进行矩形阵列操作，设置列数为 2，列间距为 12，行数为 3，行间距为 5，如图 4-67 所示。

Step 03 执行“分解”命令（X），将阵列后的对象进行分解操作；再执行“偏移”命令（O），将分解后的对象右侧垂直线段向左偏移 4.5mm 的距离，如图 4-68 所示。

Step 04 执行“删除”命令（E），将图 4-67 所示的图形删除掉下侧的正三角形对象，如图 4-69 所示。

Step 05 执行“移动”命令（M），将三个图形对象移动组合成如图 4-70 所示的效果，从而完成变电所支路的绘制。

读书破万卷

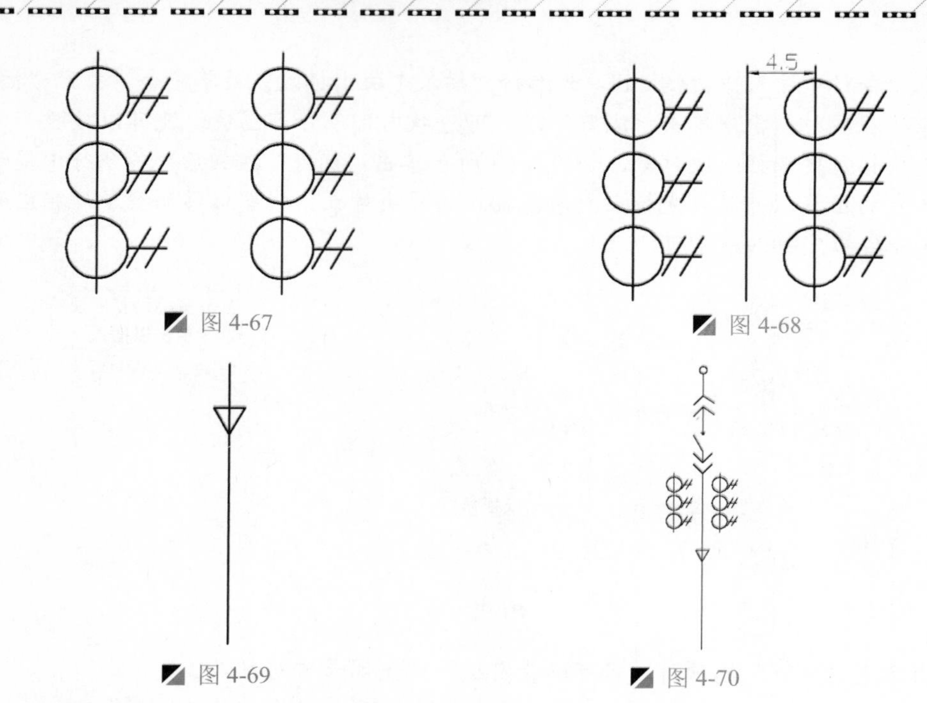

图 4-67　图 4-68

图 4-69　图 4-70

3. 绘制接地线路

借用第 3 章的“电阻”符号，然后在此基础上绘制接地线路符号。

Step 01 执行“插入块”命令（I），单击“浏览”按钮，在弹出的“选择图形文件”对话框中，找到“案例\03\电阻.dwg”文件，勾选“分解”复选框，并设置比例为 0.25，旋转角度为 90°，将插入视图中，如图 4-71 所示。

技巧：修改插入块

> 用户在插入块后要将其块进行修改，如修改不了的图块将其进行炸开操作，然后改完后再合并重定义成块，其操作如下：
>
> 在命令行中输入修改块命令“ARFEDIT”，将修改好的块再用命令“REFCLOSE”，确定保存，则原先的快就会照修改后的块保存。

Step 02 执行“拉伸”命令（S），将上侧垂直线段向上垂直拉长 2mm，将下侧垂直线段向下垂直拉伸 3mm，如图 4-72 所示。

提示：拉伸的概念

> 拉伸是对线性对象的命令，它可以改变一些非闭合直线、圆弧、非闭合多段线、椭圆弧及非闭合的样条曲线等的长度。

Step 03 执行“直线”命令（L），捕捉下侧垂直线段下端点作为直线的起点，向右绘制一条长 1mm 的水平线段，如图 4-73 所示。

Step 04 执行“偏移”命令（O），将上一步绘制的水平线段向下各偏移 1mm，如图 4-74 所示。

Step 05 通过“夹点编辑”命令，选择偏移的源线段单击其右夹点并向右拉长 1mm，将中间水平线段向右侧拉长 0.5mm，如图 4-75 所示形成不同的长度。

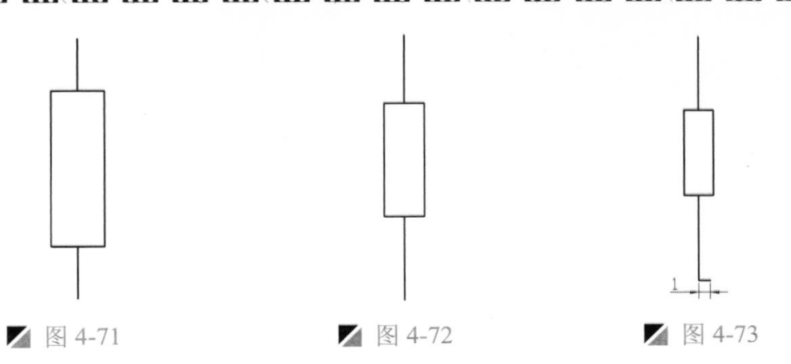

图 4-71　图 4-72　图 4-73

Step 06　执行“镜像”命令（MI），将下侧的三条水平线段向左进行镜像复制操作，从而完成接地线路的绘制，如图 4-76 所示。

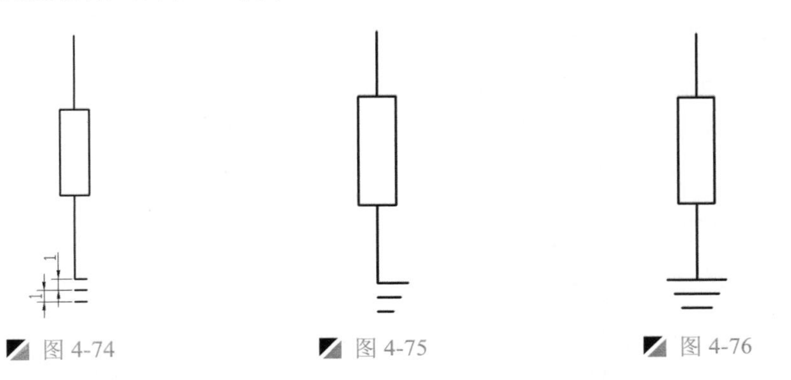

图 4-74　图 4-75　图 4-76

4. 绘制供电线路

借用第 3 章的相应符号和前面绘制的相应符号，使用 AutoCAD 中的复制、插入块、直线、等命令进行绘制。

Step 01　执行“复制”命令（CO），将图 4-59 所示的图形复制一份，如图 4-77 所示。

Step 02　执行“插入块”命令（I），在“插入”对话框中，勾选“分解”复选框，并设置比例为 0.25，将“案例\03\电容.dwg”文件插入视图中，如图 4-78 所示。

Step 03　执行“插入块”命令（I），在“插入”对话框中，勾选“分解”复选框，并设置旋转角度为 90°，比例为 0.1，将“案例\03\灯.dwg”文件插入如图 4-79 所示的位置处。

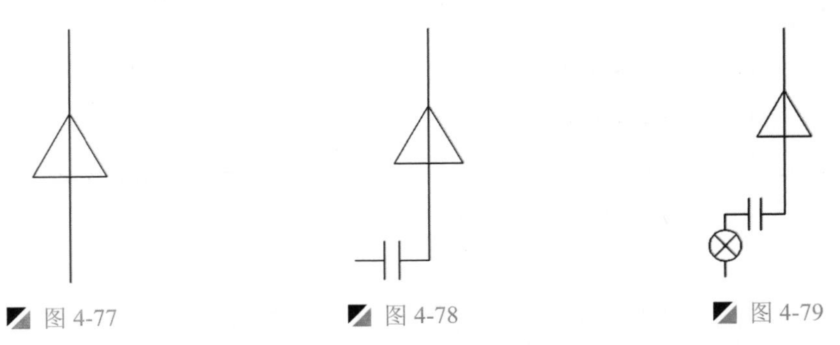

图 4-77　图 4-78　图 4-79

Step 04　执行“复制”命令（CO），将前面绘制的接地线复制到如图 4-80 所示的位置处。

Step 05　执行“直线”命令（L），在如图 4-81 所示的位置处绘制一条长 4mm 的水平线段。

Step 06 执行“插入块”命令（I），在“插入”对话框中，勾选“分解”复选框，并设置旋转角度为 90°，比例为 0.2，将“案例\03\电阻.dwg”文件插入如图 4-82 所示的位置处。

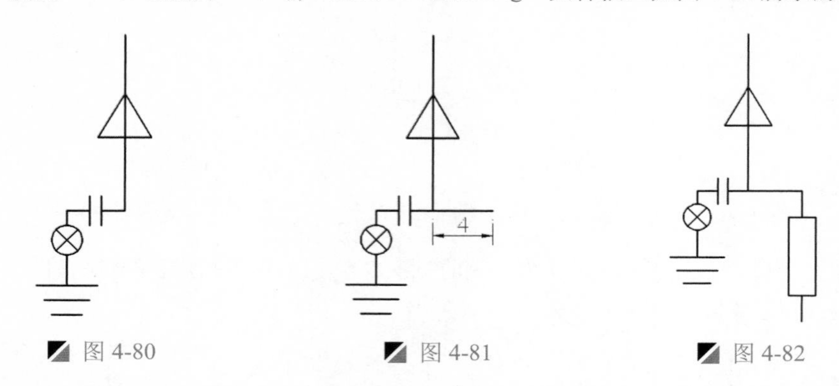

图 4-80　　图 4-81　　图 4-82

Step 07 执行“复制”命令（CO），将左侧绘制的接地线复制到如图 4-83 所示的位置处。

Step 08 执行“复制”命令（CO），将图 4-48、4-68 所示的图形复制一份；再执行“移动”命令（M）和“删除”命令（E），将图形组合成如图 4-84 所示的效果，从而完成供电线路的绘制。

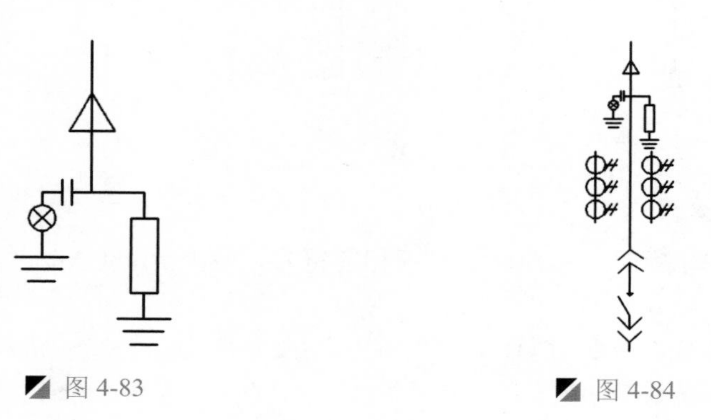

图 4-83　　图 4-84

4.2.3 组合图形

将前面绘制好的主变支路、变电所支路、接地线路、供电线路图形，利用圆、复制、移动、旋转等命令将其进行组合操作。

Step 01 执行“矩形”命令（REC），在视图中绘制一个 350mm×3mm 矩形对象，从而完成母线的绘制，如图 4-85 所示。

图 4-85

Step 02 执行“圆”命令（C），捕捉上面绘制的母线矩形左侧垂直边的中点作为圆心，绘制半径为 1mm 的圆对象；再执行“移动”命令（M），将绘制的圆对象向右水平移动 10mm，如图 4-86 所示。

Step 03 执行“复制”命令（CO），将移动后的圆对象向右各复制如图 4-87 所示的距离。

图 4-86

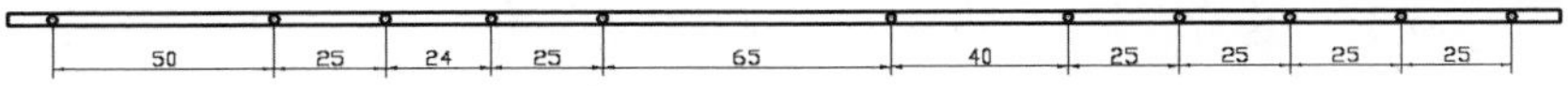

图 4-87

Step 04 执行“复制”命令（CO）和“移动”命令（M），将前面所绘制的各个支路复制过来并依次平移到图 4-88 所示的位置处，即完成图形的组合。

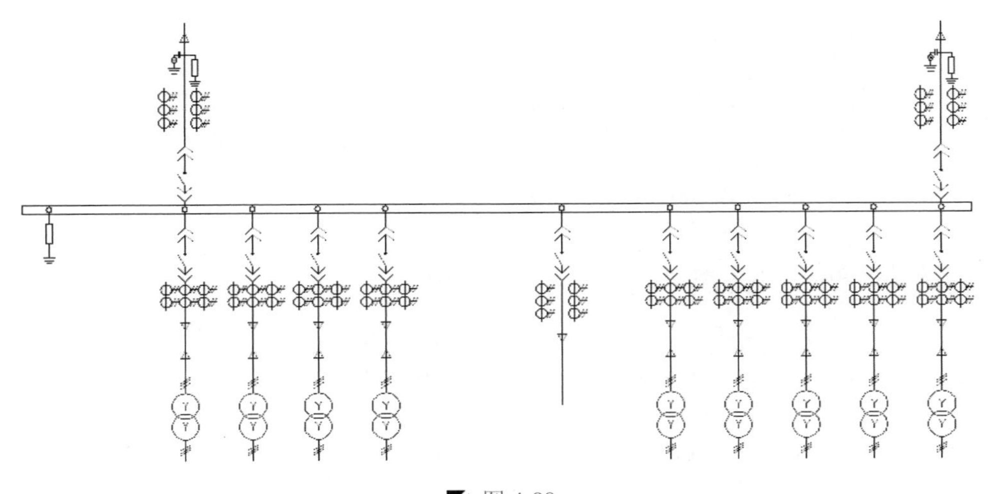

图 4-88

4.2.4 添加注释文字

前面已经完成了变电站主接线图的绘制，下面分别在相应位置处添加文字注释，利用“多行文字”命令进行操作。

Step 01 选择“格式 | 文字样式”菜单命令，在弹出的“文字样式”对话框下选择文字的样式为默认的“Standard”样式，设置字体为宋体，高度为 5，然后分别单击“应用”、“置为当前”和“关闭”按钮。

Step 02 执行“单行文字”命令（DT），在图中相应的位置输入相关的文字说明，以完成变电站主接线图的绘制，最终效果如前图 4-36 所示。

Step 03 至此，该变电站主接线图的绘制已完成，按<Ctrl+S>键进行保存。

4.3 电气主接线图的绘制

案例	电气主接线图.dwg	视频	电气主接线图的绘制.avi	时长	18'43"

电气主接线指发电厂和变电所中生产、传输、分配电能的电路，也称为一次接线。电气主接线图，就是用规定的图形与文字符号将发电机、变压器、母线、开关电器和输电线路等有关电气设备按电能流程顺序连接而成的电路图。

如图 4-89 所示为电气主接线图，全图基本上是由图形符号、连线及文字注释组成的。

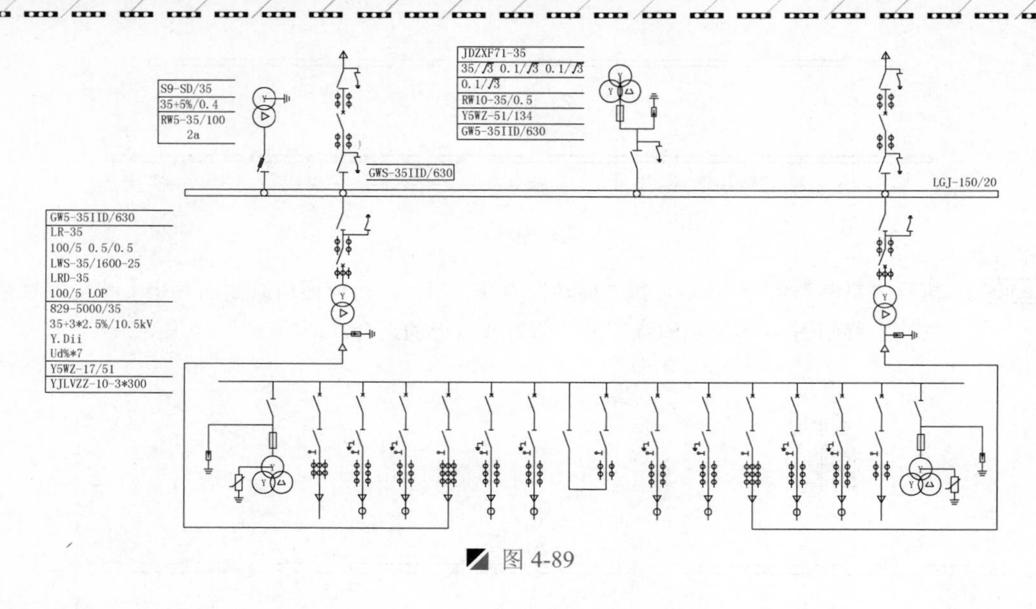

图 4-89

4.3.1 设置绘图环境

在绘制电气主接线图时，首先要设置绘制环境，下面介绍绘制环境的设置步骤。

Step 01 启动 AutoCAD 2015 软件，在“快速入门”下的“样板”右侧单击“倒三角”按钮，再选择“无样板-公制”方法建立新文件。

Step 02 按<Ctrl+S>组合键保存该文件为“案例\04\电气主接线图.dwg”文件。

4.3.2 绘制图形符号

该图主要由变压器、开关、断路器、避雷器、电压互感器、熔断器等多种电气元件组成，下面介绍这些图形符号的绘制方法。

1. 绘制变压器符号

首先调用第 3 章的“三相变压器”符号，对此进行分解，然后在此基础上绘制变压器符号。

Step 01 执行“插入块”命令（I），将“案例\03\三相变压器.dwg”文件插入视图中，如图 4-90 所示。

Step 02 执行“分解”命令（X），将插入块对象进行分解操作；再执行“删除”命令（E），将多余的对象进行删除操作，如图 4-91 所示。

Step 03 执行“多边形”命令（POL），以下侧圆的圆心作为多边形的圆心，绘制内接于圆的正三角形，其半径为 2mm，如图 4-92 所示。

Step 04 执行“旋转”命令（RO），将绘制的正三角形以圆心进行 30° 旋转操作，从而完成主变压器的绘制，如图 4-93 所示。

2. 绘制单极隔离开关符号

首先调用第 3 章的“单极开关”符号，对此进行分解，然后在此基础上绘制隔离开关符号。

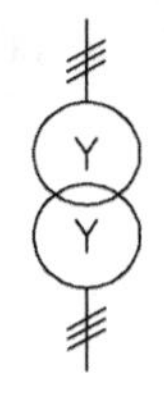

图 4-90

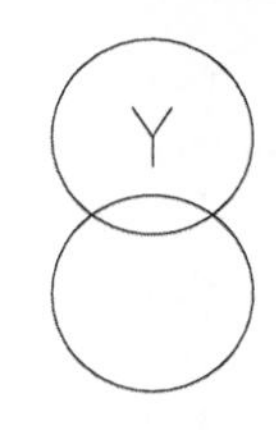

图 4-91

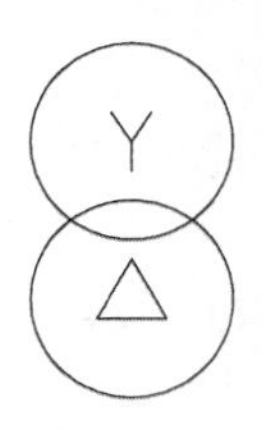

图 4-92

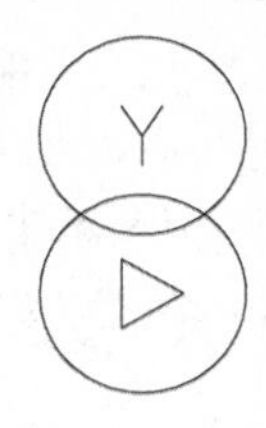

图 4-93

Step 01 执行"插入块"命令（I），在"插入"对话框中，勾选"分解"复选框，并设置旋转角度为 90°，比例为 1，将"案例\03\单极开关.dwg"文件插入视图中，如图 4-94 所示。

Step 02 执行"直线"命令（L），过上侧垂直线段下端点绘制一条长 2mm 的水平线段，使绘制的线段中点与端点重合，从而完成隔离开关符号的绘制，如图 4-95 所示。

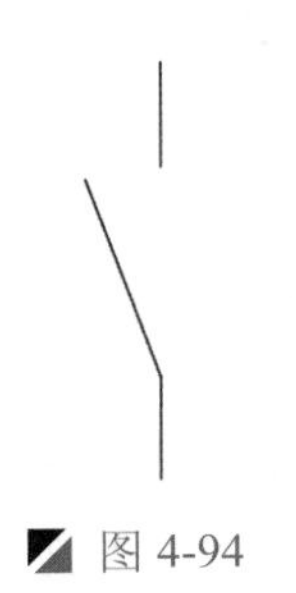

图 4-94

图 4-95

3. 绘制断路器符号

借用前面所绘制"隔离开关符号"，旋转并镜像水平线段，以此完成断路器符号的绘制。

Step 01 执行"复制"命令（CO），将"隔离开关符号"复制到另一处，如图 4-96 所示。

Step 02 执行"旋转"命令（RO），将复制后得出的一条水平线段进行 45° 的旋转操作，如图 4-97 所示。

Step 03 执行"镜像"命令（MI），将旋转后的对象进行水平镜像复制操作，从而完成断路器符号的绘制，如图 4-98 所示。

图 4-96

图 4-97

图 4-98

4. 绘制避雷器符号

下面介绍避雷器符号的绘制方法，使用 AutoCAD 中的矩形、直线、拉长、偏移、填充图案等命令进行绘制。

Step 01 执行"直线"命令（L），在图形任意处绘制一条长 12mm 的垂直线段。

Step 02 执行"直线"命令（L），捕捉上一步绘制的线段下端点作为直线的起点，向右绘制一条长 1mm 的水平线段，如图 4-99 所示。

Step 03 执行“偏移”命令（O），将绘制的水平线段向下各偏移 1mm 的距离，如图 4-100 所示。

Step 04 通过夹点编辑功能，将上侧水平线段向右拉长 1mm 的距离，将第二条水平线段向右拉长 0.5mm 的距离，如图 4-101 所示。

Step 05 执行“镜像”命令（MI），将这三条水平线段向左水平镜像复制操作，如图 4-102 所示。

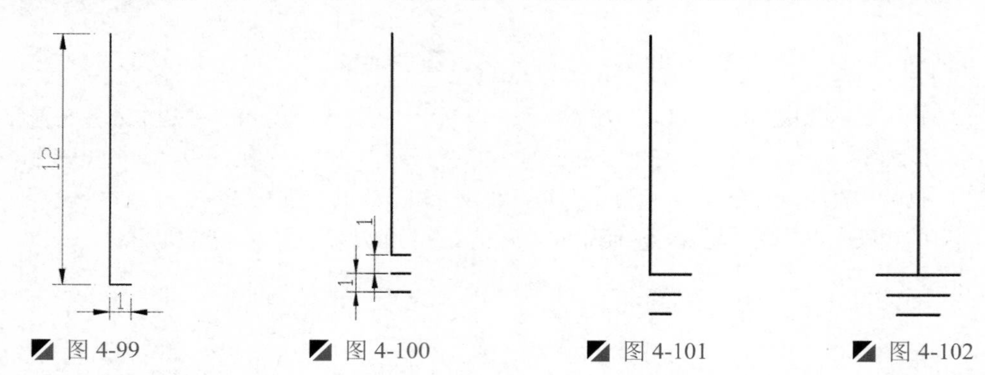

图 4-99　图 4-100　图 4-101　图 4-102

Step 06 执行“矩形”命令（REC），绘制 2mm×4mm 和 0.8mm×1.4mm 的矩形对象，并将两矩形移动到合适的位置处，如图 4-103 所示。

Step 07 执行“直线”命令（L），捕捉相应的点进行斜线段的连接，并删除掉多余的线段对象，如图 4-104 所示。

Step 08 执行“图案填充”命令（H），对图形中的三角形内部进行填充操作，设置填充图案为“SOLID”，如图 4-105 所示。

Step 09 执行“修剪”命令（TR），将多余的对象进行修剪操作，从而完成避雷器符号的绘制，如图 4-106 所示。

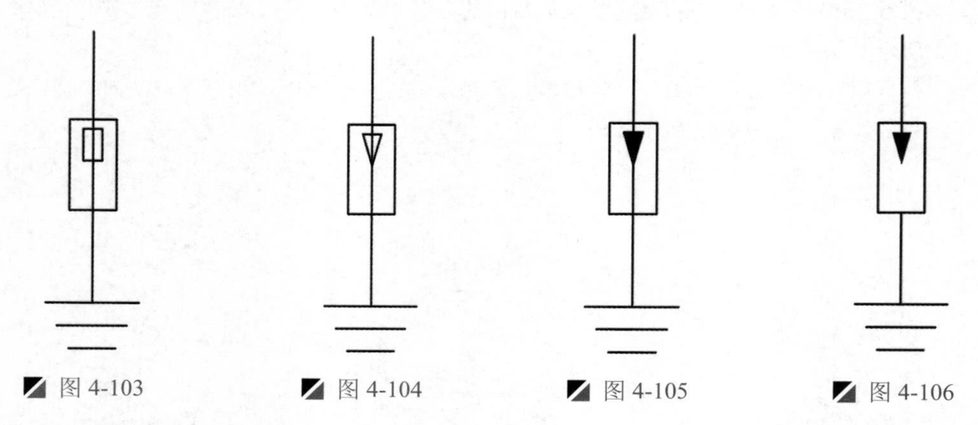

图 4-103　图 4-104　图 4-105　图 4-106

5. 绘制电压互感器符号

调用第 3 章的“三相变压器”符号，对此进行分解，然后在此基础上绘制电压互感器符号。

Step 01 执行“插入块”命令（I），将“案例\03\三相变压器.dwg”文件插入视图中，如图 4-107 所示。

Step 02 执行“分解”命令（X），将插入块对象进行分解操作；再执行“删除”命令（E），将多余的对象进行删除操作，如图 4-108 所示。

Step 03 执行“旋转”命令（RO），将上一步所形成的对象进行-30° 旋转操作，如图 4-109 所示。

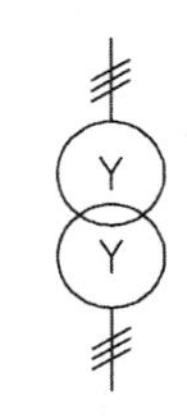

图 4-107

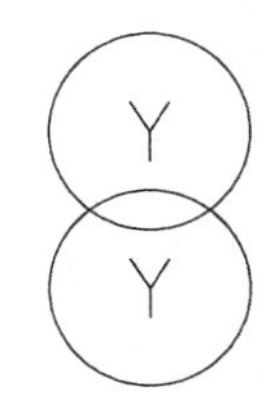

图 4-108

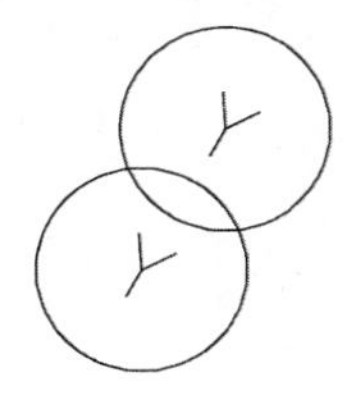

图 4-109

Step 04 执行“旋转”命令（RO），将两圆内的文字对象进行 30° 旋转操作，如图 4-110 所示。

Step 05 执行“复制”命令（CO），将下侧的圆对象向右水平复制 8mm 的距离，如图 4-111 所示。

Step 06 执行“多边形”命令（POL），在复制后得出的圆内绘制半径 2mm 的内接于圆的正三边形对象，如图 4-112 所示。

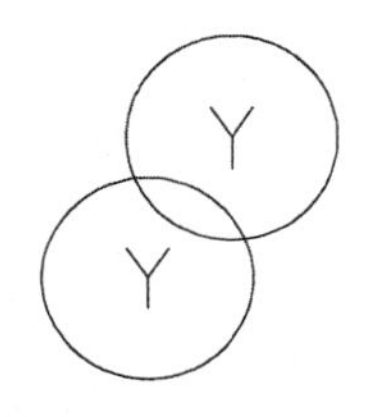

图 4-110

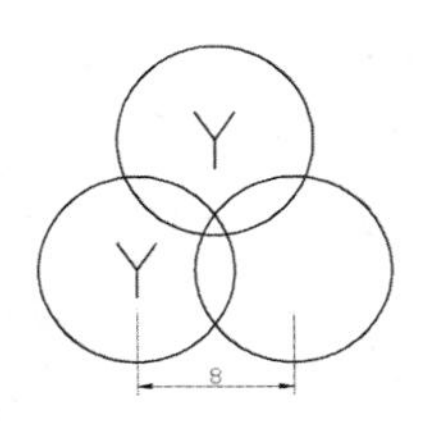

图 4-111

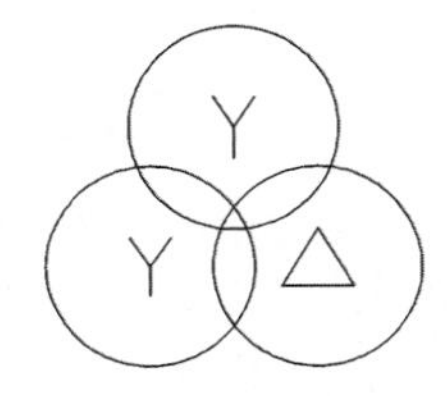

图 4-112

Step 07 执行“分解”命令（X），将上一步绘制的三角形进行分解操作；再执行“偏移”命令（O），将三角形下侧的水平边向上偏移 2mm 的距离，如图 4-113 所示。

Step 08 执行“修剪”命令（TR），将多余的对象进行修剪并删除操作，如图 4-114 所示。

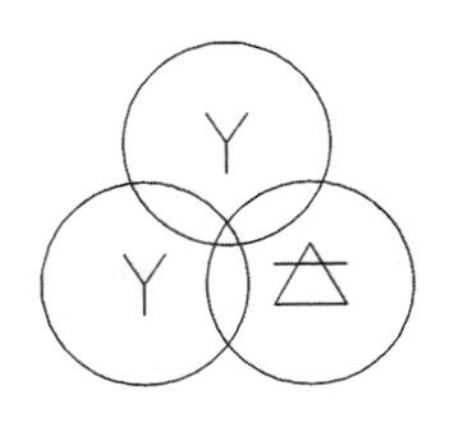

图 4-113

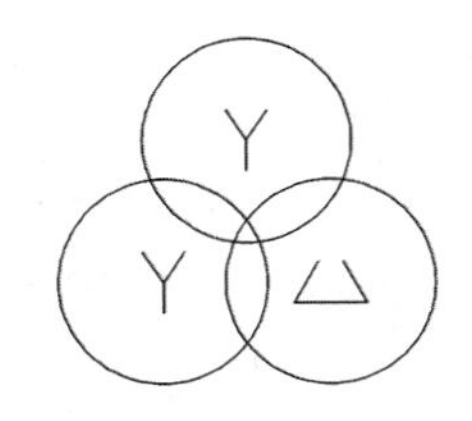

图 4-114

6. 绘制接地开关、跌落式熔断器支路

复制前面绘制好的“隔离开关”符号，然后在此基础上绘制接地开关和跌落式熔断器符号。

Step 01 执行“复制”命令（CO），将前面绘制好的“隔离开关”符号复制一份，如图 4-115 所示。

Step 02 再将前面绘制的接地符号复制到如图 4-116 所示的位置处；再执行“缩放比例”命令（SC），将接地符号进行缩放比例 0.5 操作，从而形成接地开关符号。

Step 03 执行“复制”命令（CO），将“隔离开关”符号复制一份；再执行“矩形”命令（REC），绘制 1.2mm×4mm 的矩形对象，使矩形下侧水平边的中点在斜线段上，如图 4-117 所示。

Step 04 执行“旋转”命令（RO），将矩形对象进行 20° 旋转操作，从而完成跌落式熔断器符号的绘制，如图 4-118 所示。

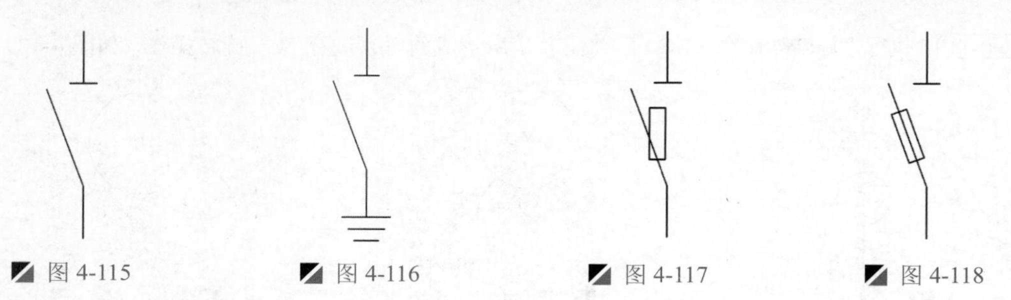

图 4-115　　图 4-116　　图 4-117　　图 4-118

7. 绘制其他电气符号

调用第 3 章的“熔断器”符号插入视图中，然后再使用 AutoCAD 中的圆、直线、多边形等命令进行其他电气符号的绘制。

Step 01 执行“插入块”命令（I），将“案例\03\熔断器.dwg”文件插入视图中，如图 4-119 所示。

Step 02 执行“圆”命令（C），绘制半径为 1mm 的圆；再执行“直线”命令（L），过圆心绘制一条长 5mm 的垂直线段，使线段的中点与圆心重合，如图 4-120 所示。

Step 03 将上一步绘制的圆和直线复制一份；再执行“缩放比例”命令（SC），将对象进行放大 1.5 倍操作，从而完成了 2 个电流互感器符号的绘制，如图 4-121 所示。

Step 04 执行“多边形”命令（POL），绘制一个内接于圆的正三角形，其半径为 2mm；再执行“直线”命令（L），捕捉三角形的上端点和下边中点作为直线的起点，绘制一条长 6mm 的两条垂直线段，从而完成电缆接头符号的绘制，如图 4-122 所示。

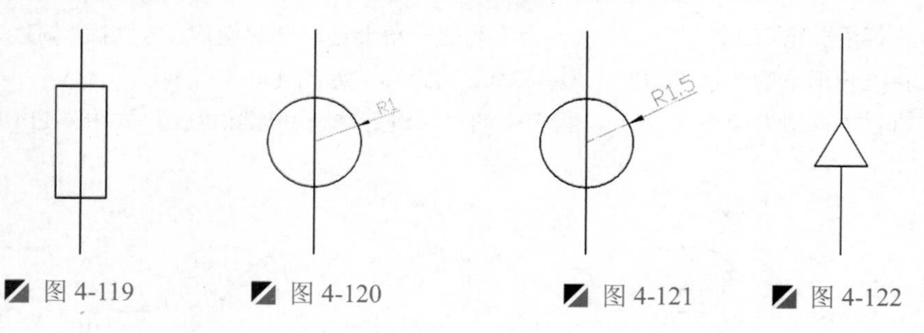

图 4-119　　图 4-120　　图 4-121　　图 4-122

4.3.3 组合图形

前面的电气符号已绘制好，下面介绍母线、主变支路等图形的绘制，并将电气符号利用复制、移动、旋转等命令将其进行组合操作。

1. 绘制母线、主变支路

使用矩形命令绘制母线，再将前面绘制好的图形符号使用 AutoCAD 中的复制、移动等命令进行组合，从而形成主变支路，然后再进行组合。

Step 01 执行“矩形”命令（REC），在图形任意处绘制 360mm×3mm 的矩形对象，如图 4-123 所示。

图 4-123

Step 02 执行“圆”命令（C），捕捉上面绘制的母线矩形左侧垂直边的中点作为圆心，绘制直径为 3mm 的圆对象；再执行“移动”命令（M），将绘制的圆对象向右水平移动 35mm，如图 4-124 所示。

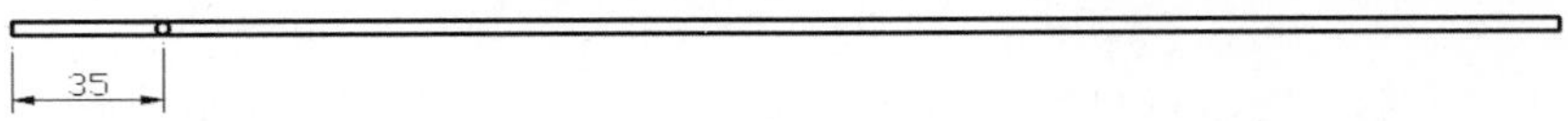

图 4-124

Step 03 执行“复制”命令（CO），将移动后的圆对象向右各复制如图 4-125 所示的距离。

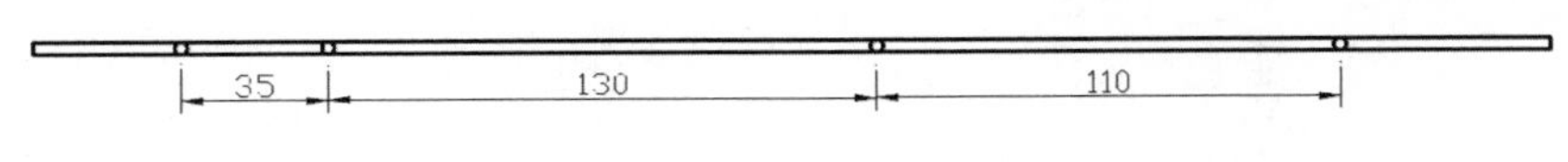

图 4-125

Step 04 执行“复制”命令（CO）、“旋转”命令（RO）和“移动”命令（M），将图形中绘制好的符号对象进行相应的复制及移动操作，从而完成如图 4-126 所示主变支路的绘制。

Step 05 执行“复制”命令（CO），将主变支路复制一份出来，从而完成另一条主变支路，如图 4-127 所示。

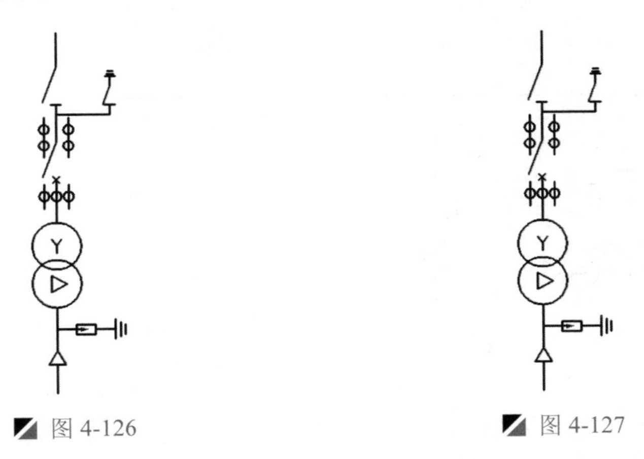

图 4-126　　图 4-127

Step 06 执行“移动”命令（M），将图形中的两条主变支路移动到如图 4-128 所示的位置处。

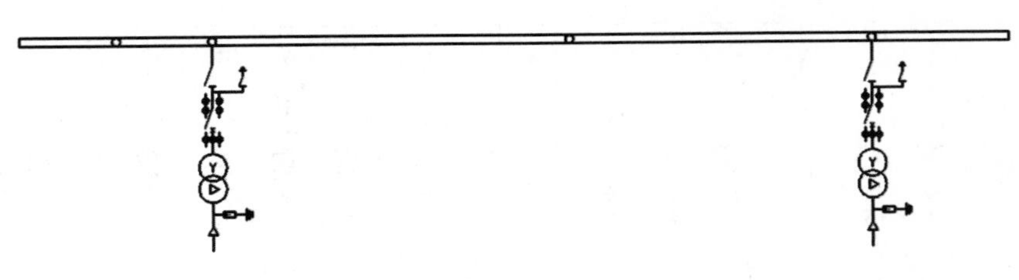

图 4-128

2. 绘制电气设备接线方案

使用 AutoCAD 中的直线、复制、移动等命令进行相应的组合。

Step 01 按<F8>键打开“正交”模式；执行“直线”命令（L），绘制一条长 330mm 的水平线段，如图 4-129 所示。

图 4-129

Step 02 执行“复制”命令（CO）和“移动”命令（M），将图形中绘制好的符号对象复制及移动到如图 4-130 所示的位置处，从而完成接出线接线符号。

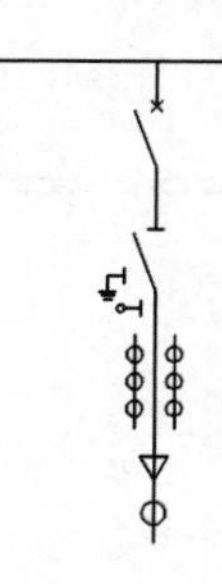

图 4-130

Step 03 按<F8>键打开“正交”模式；执行“复制”命令（CO）和“移动”命令（M），将相应的图形符号复制和移动到如图 4-131 所示的位置处。

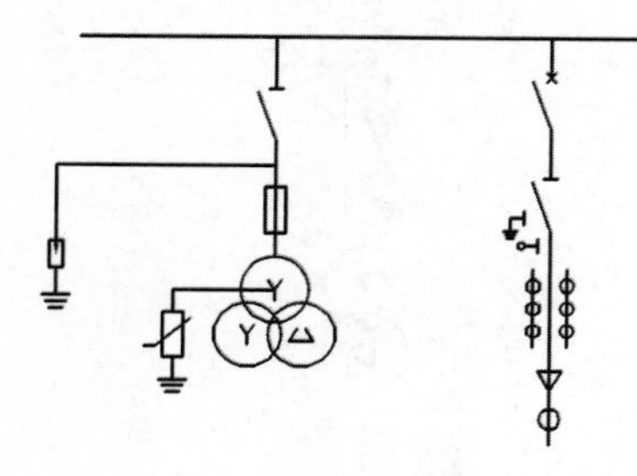

图 4-131

Step 04 执行“复制”命令（CO），把出线复制到相应进线位置处；再进行修改操作，从而得出母线上所接的出线方案，如图 4-132 所示

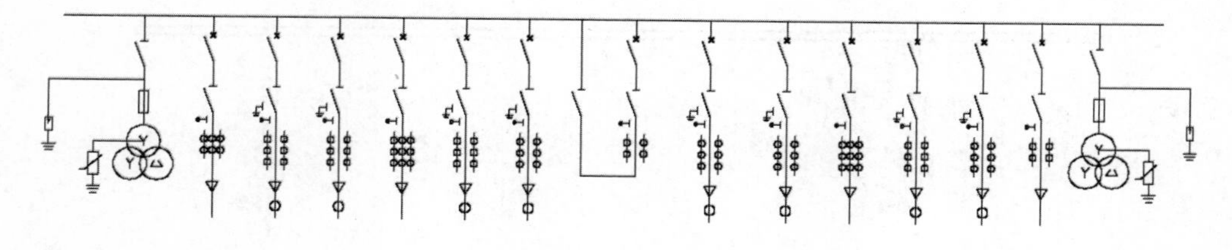

图 4-132

3. 绘制其他图形

使用 AutoCAD 中的复制、移动等命令将前面绘制好的图形进行组合。

Step 01 执行“复制”命令（CO）和“移动”命令（M），将图形中前面绘制好的图形符号对象进行复制及移动到如图 4-133 所示的位置处。

Step 02 执行“移动”命令（M）和“复制”命令（CO），将上一步所得出的符号移动到相应位置，再使用直线进行连接，从而完成 35kV 进线及母线、电压互感器等线路，如图 4-134 所示。

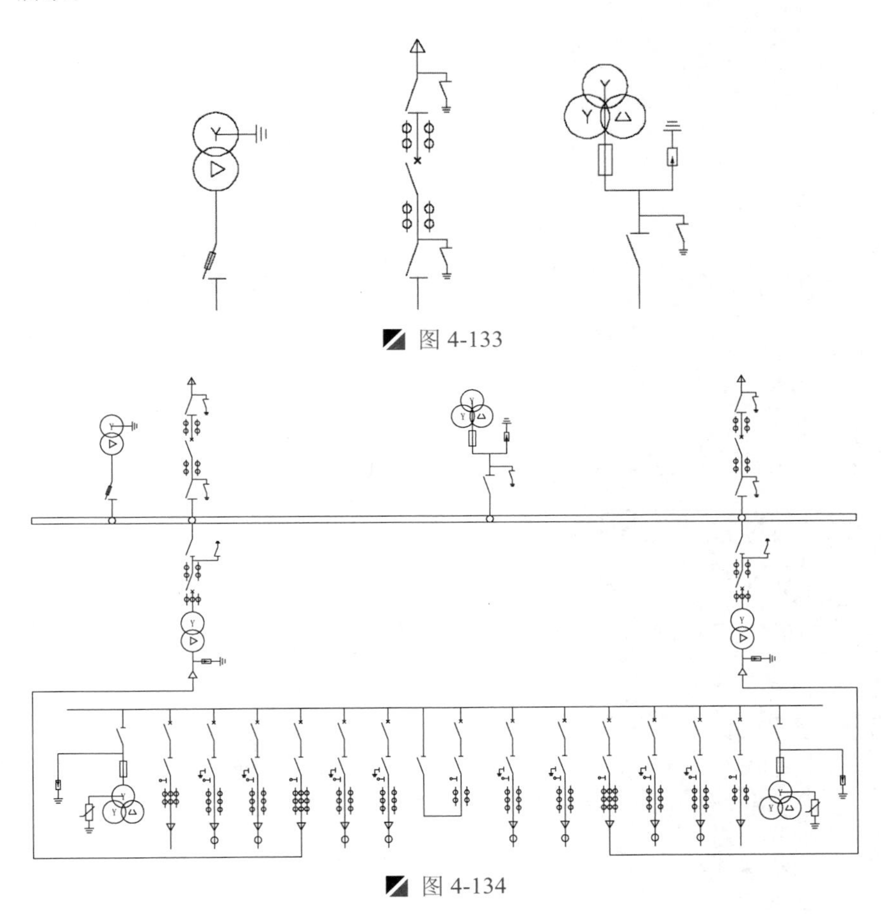

图 4-133

图 4-134

4.3.4 添加注释文字

前面已经完成了电气主接线图的绘制，下面分别在相应位置处添加文字注释，利用“多行文字”命令进行操作。

Step 01 选择“格式｜文字样式”菜单命令，在弹出的“文字样式”对话框下选择文字的样式为默认的“Standard”样式，设置字体为宋体，高度为 4，然后分别单击“应用”、“置为当前”和“关闭”按钮。

Step 02 执行“多行文字”命令（MT），在图中相应位置输入相关的文字说明；并使用“直线”命令（L），来绘制文字框线，如图 4-135 所示。

JDZXF71-35
35/√3 0.1/√3 0.1/√3
0.1/√3
RW10-35/0.5
Y5WZ-51/134
GW5-35IID/630

图 4-135

Step 03 再通过“多行文字”命令（MT）和“复制”命令（CO），在图中相应位置输入其他相关的文字说明，以完成变电站主接线图的文字注释，如图 4-136 所示。

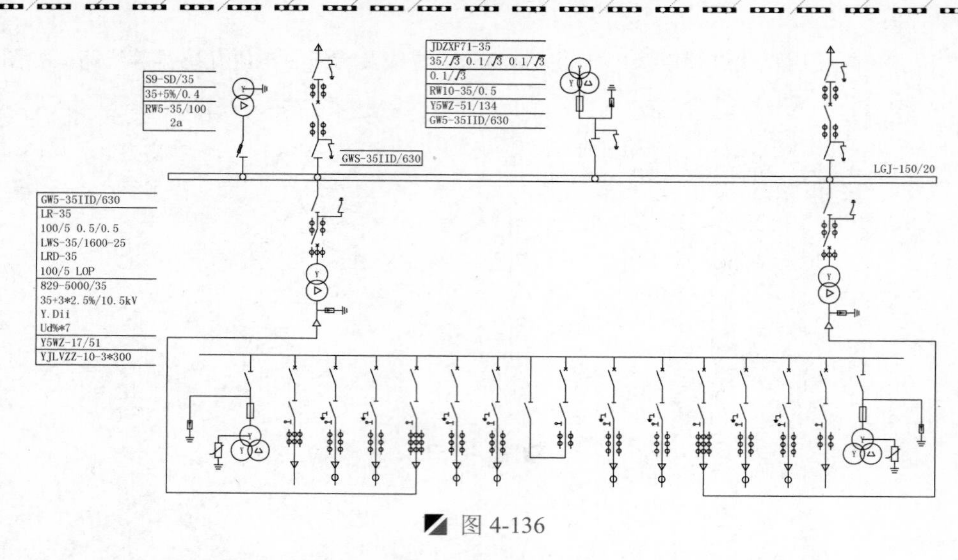

图 4-136

Step 04　至此，该电气主接线图的绘制已完成，按<Ctrl+S>组合键进行保存。

4.4 直击雷防护图的绘制

案例	直击雷防护图.dwg	视频	直击雷防护图的绘制.avi	时长	17'42"

如图 4-137 所示为直击雷防护图，全图基本上是由图形符号、连线及文字注释组成。

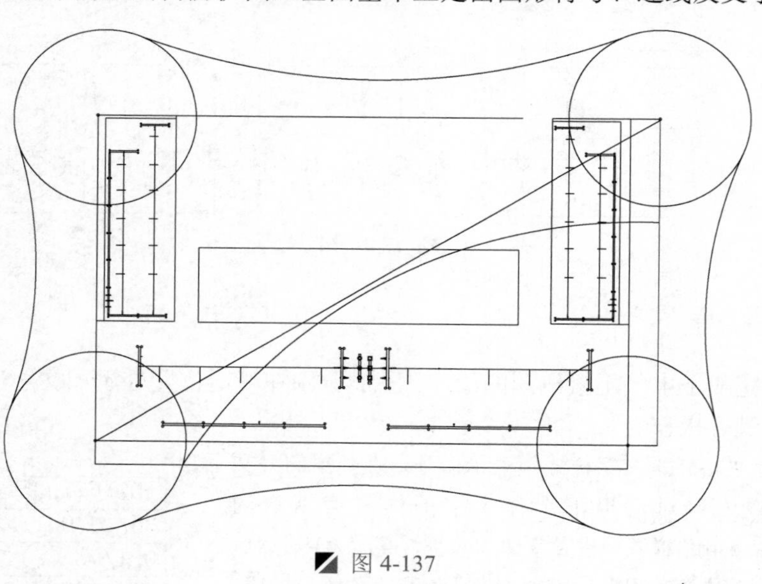

图 4-137

4.4.1 设置绘图环境

在绘制直击雷防护图时，首先要设置绘制环境，下面介绍绘制环境的设置步骤。

Step 01　启动 AutoCAD 2015 软件，在“快速入门”下的“样板”右侧单击“倒三角”按钮，再选择“无样板-公制”方法建立新文件。

Step 02　按<Ctrl+S>组合键保存该文件为“案例\04\直击雷防护图.dwg”文件。

4.4.2 绘制图形符号

下面将介绍图形符号的绘制，由 AutoCAD 中的矩形、圆、圆弧、直线、移动、复制、旋转、镜像、修剪和删除等命令进行绘制。

Step 01 执行“直线”命令（L），在视图中绘制一条长 33mm 的水平线段，一条长 40mm 的垂直线段，使绘制的垂直线段过水平线段的中点，如图 4-138 所示。

Step 02 执行“偏移”命令（O），将水平线段向上依次偏移 2.8mm、7mm、19mm、21mm 的距离，如图 4-139 所示。

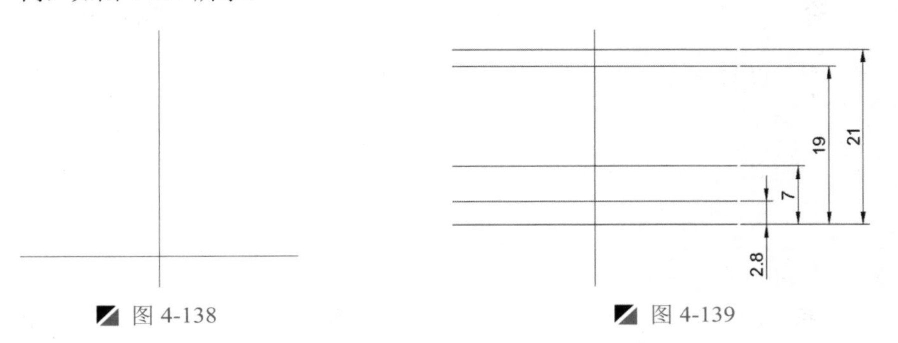

图 4-138　　图 4-139

Step 03 执行“偏移”命令（O），将垂直线段向右各偏移 0.7mm、1.4mm、3mm、7mm、8.4mm、14mm 的距离，如图 4-140 所示。

Step 04 执行“修剪”命令（TR），将多余的对象进行修剪操作，如图 4-141 所示。

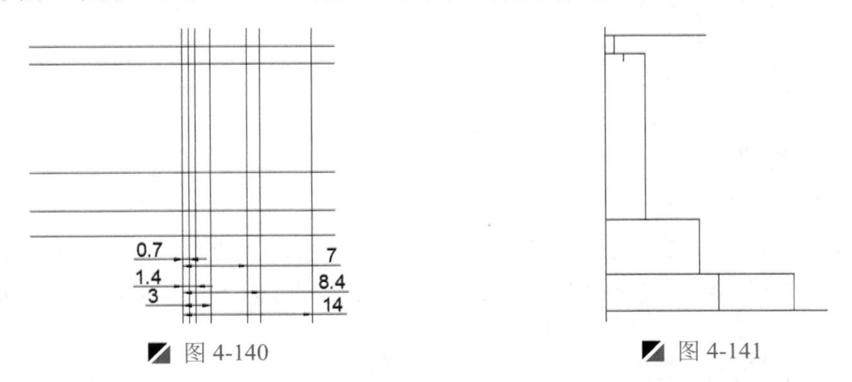

图 4-140　　图 4-141

Step 05 执行“圆”命令（C），捕捉相应的点作为圆心，绘制直径为 2.8mm 和 1.4mm 的两个圆对象，如图 4-142 所示。

Step 06 执行“圆弧”命令（A），在相应位置处绘制圆弧对象，如图 4-143 所示。

Step 07 执行“修剪”命令（TR）和“删除”命令（E），将多余的对象进行修剪并删除操作，如图 4-144 所示。

Step 08 执行“镜像”命令（MI），将垂直线段右侧所有对象进行水平镜像操作，如图 4-145 所示。

Step 09 执行“直线”命令（L），捕捉相应的直线进行直线连接；执行“修剪”命令（TR），将多余的对象进行修剪并删除操作，如图 4-146 所示。

Step 10 执行“阵列”命令（AR），根据命令行提示，选择“矩形（R）”选项，设置列数为 1，行数为 8，行间距为 21，进行矩形阵列操作，如图 4-147 所示。

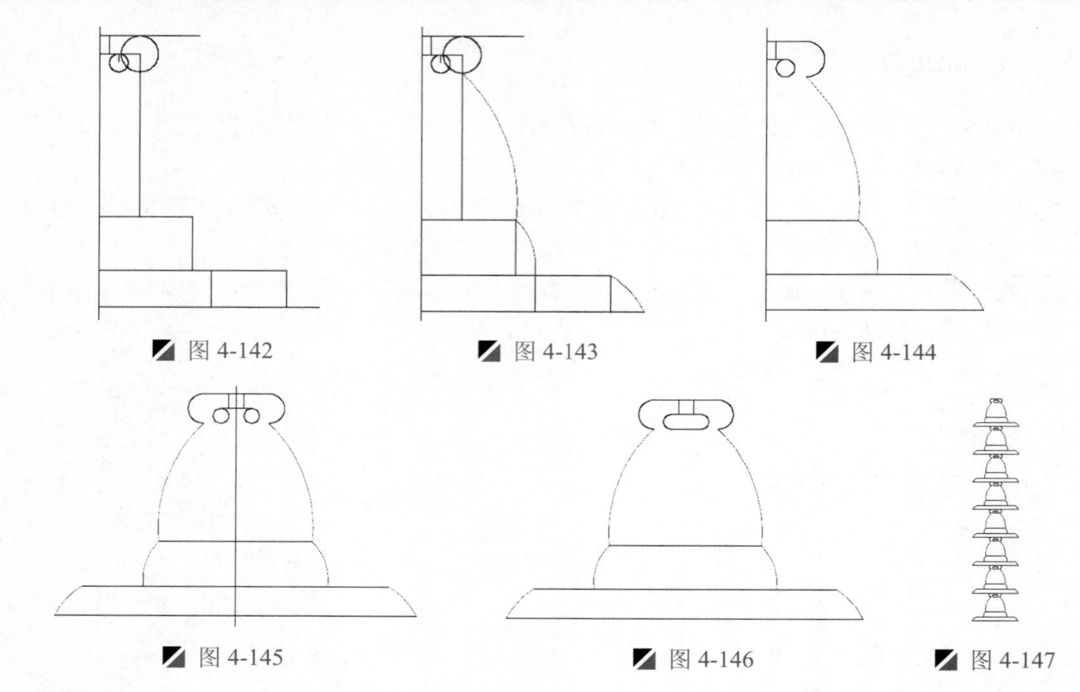

图 4-142　图 4-143　图 4-144

图 4-145　图 4-146　图 4-147

Step 11　执行“矩形”命令（REC）和“移动”命令（M），在视图空白位置处绘制 7mm×14mm、49mm×14mm、113mm×14mm 的 3 个矩形对象，如图 4-148 所示。

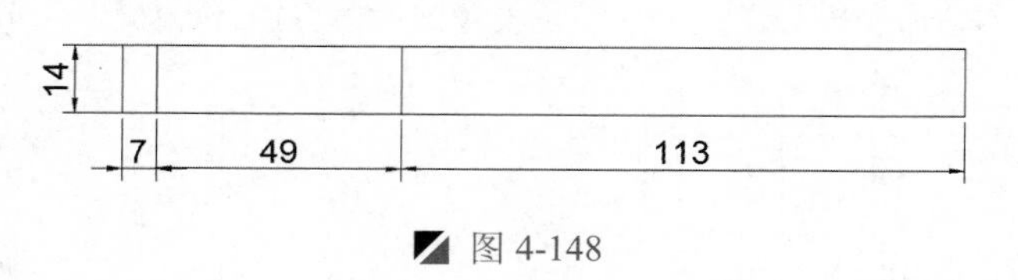

图 4-148

技巧：移动形成的效果

在这里用户可以在任意地方绘制这 4 个矩形对象，再使用“移动”命令，捕捉矩形的右侧中心点移动到另一个矩形的左侧中心线，从而形成 4 个矩形的中点在同一条线上。

Step 12　执行“直线”命令（L），过矩形的中点绘制一条水平线段，过最右侧矩形的中点绘制一条垂直线段，如图 4-149 所示。

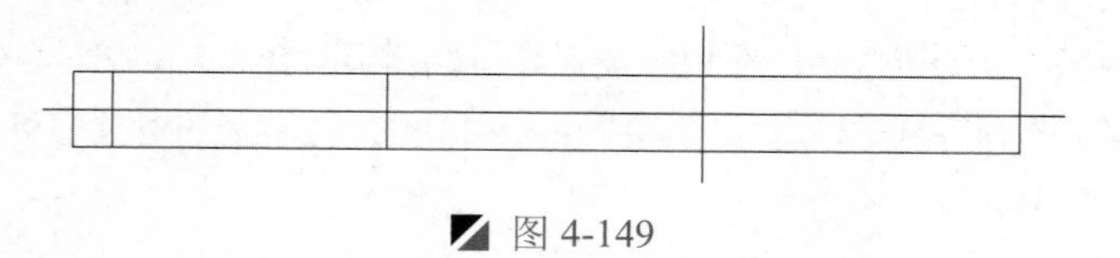

图 4-149

Step 13　执行“镜像”命令（MI），将左侧的两个矩形对象以垂直线段作为镜像的第一点和第二点，进行水平镜像复制操作，如图 4-150 所示。

Step 14　执行“偏移”命令（O），将垂直线段向左依次偏移 14mm 和 77mm 的距离，再将其向右偏移 7mm、7mm 和 77mm，如图 4-151 所示。

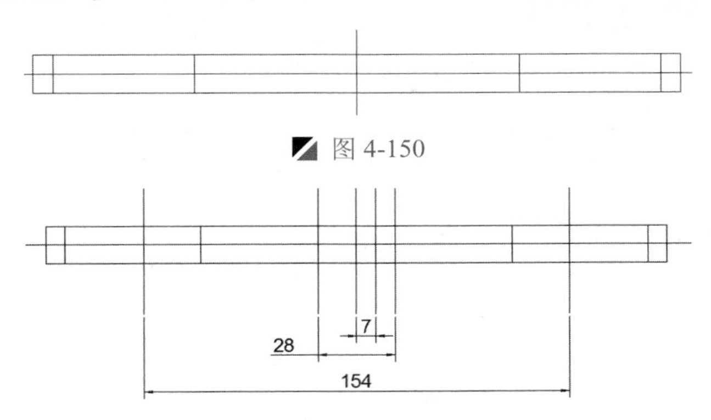

图 4-150

图 4-151

Step 15 执行“偏移”命令（O），将水平线段向上下两侧各偏移 9mm、10.5mm、14mm、28mm 的距离，如图 4-152 所示。

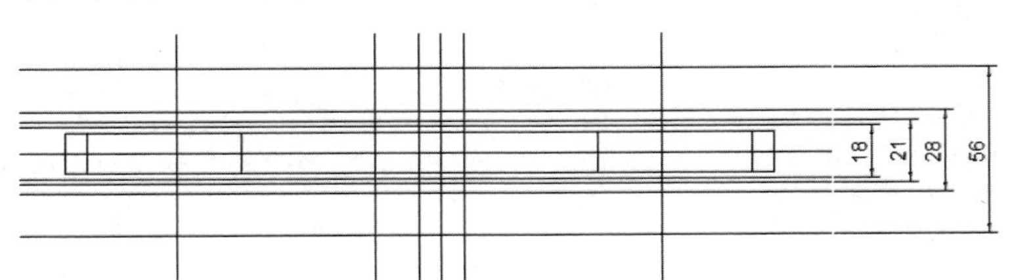

图 4-152

Step 16 执行“直线”命令（L），捕捉相应的交点进行直线连接操作，如图 4-153 所示。

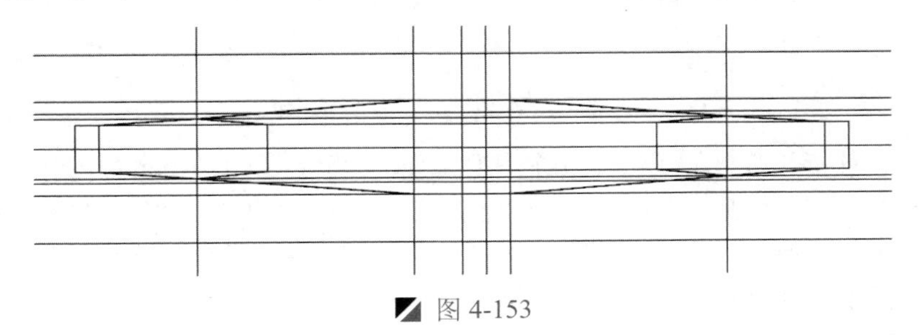

图 4-153

Step 17 执行“修剪”命令（TR），将多余的线段进行修剪并删除操作，如图 4-154 所示。

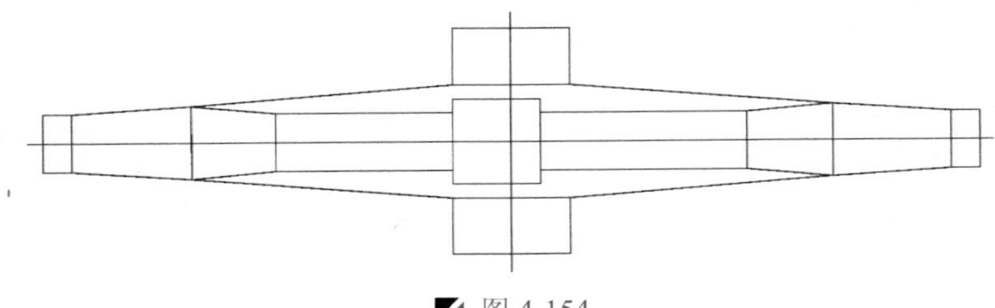

图 4-154

Step 18 执行“偏移”命令（O），将中间的垂直线段向左右两侧各偏移 24mm，如图 4-155 所示。

Step 19 执行“圆”命令（C），捕捉水平线段与偏移后对象的交点作为圆心，以外斜线和垂直线段的交点作为半径绘制两个圆对象，使圆上的点与交点重合，如图.4-156 所示。

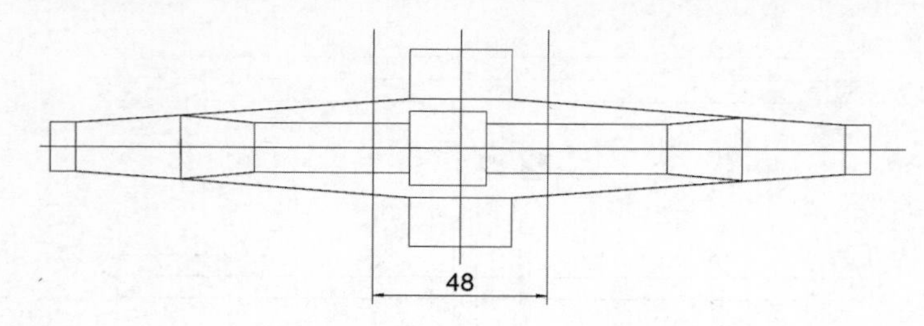

图 4-155

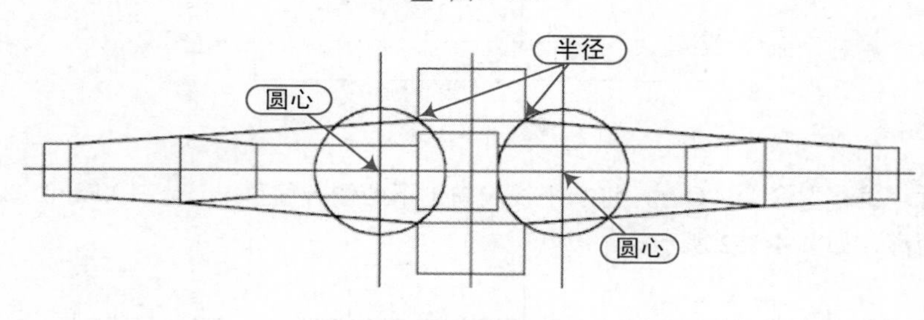

图 4-156

Step 20　执行“修剪”命令（TR）和“删除”命令（E），将多余的线段和圆弧进行修剪并删除操作，如图 4-157 所示。

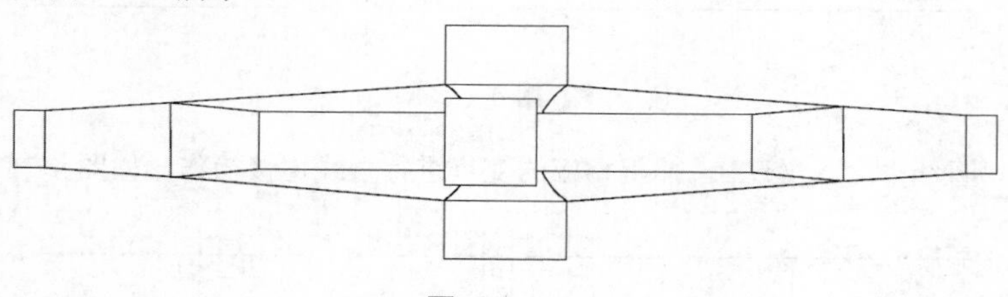

图 4-157

Step 21　执行“矩形”命令（REC），在视图任意处绘制 90mm×1264mm 的矩形对象。

Step 22　执行“直线”命令（L），过矩形的中点绘制一条水平和垂直线段，如图 4-158 所示。

Step 23　执行“圆”命令（C），捕捉两条线段的交点作为圆心，绘制半径为 45mm 和 90mm 的同心圆，如图 4-159 所示。

Step 24　执行“复制”命令（CO），将上一步绘制的同心圆以圆心作为基点，垂直向上和向下复制 451mm 的距离，如图 4-160 所示。

Step 25　执行“修剪”命令（TR），将多余的线段进行修剪并删除操作，如图 4-161 所示。

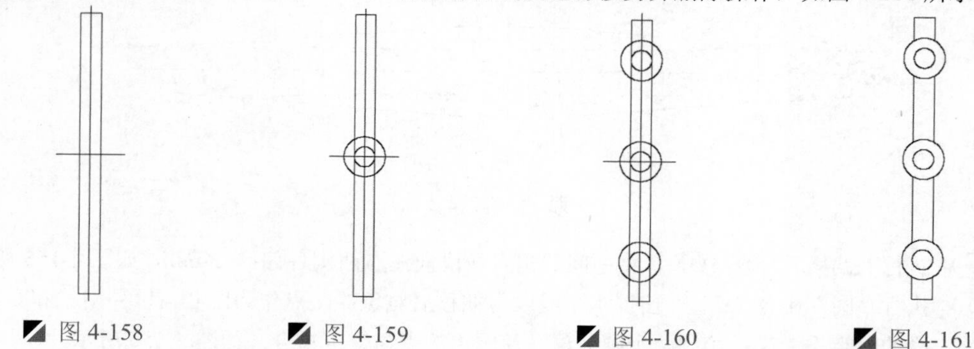

图 4-158　图 4-159　图 4-160　图 4-161

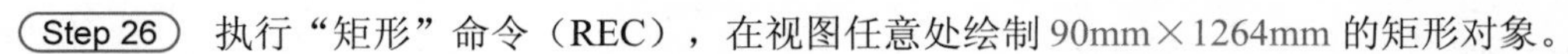

Step 26 执行“矩形”命令（REC），在视图任意处绘制 90mm×1264mm 的矩形对象。

Step 27 再执行“矩形”命令（REC）和“移动”命令（M），在上步矩形的相应位置绘制 180mm×180mm、135mm×90mm 的两个矩形对象，如图 4-162 所示。

Step 28 执行“直线”命令（L），捕捉 180mm×180mm 的矩形对象四角点进行斜线段连接操作，如图 4-163 所示。

Step 29 执行“圆”命令（C），捕捉上一步绘制的斜线段的交点作为圆心，绘制半径为 67mm 的圆对象，并删除掉斜线段对象，如图 4-164 所示。

Step 30 执行“复制”命令（CO），将 180mm×180mm 的矩形和圆对象以圆心作为基点，垂直向下复制 451mm 和 902mm 的距离，如图 4-165 所示。

Step 31 执行“修剪”命令（TR），将多余的线段进行修剪并删除操作，如图 4-166 所示。

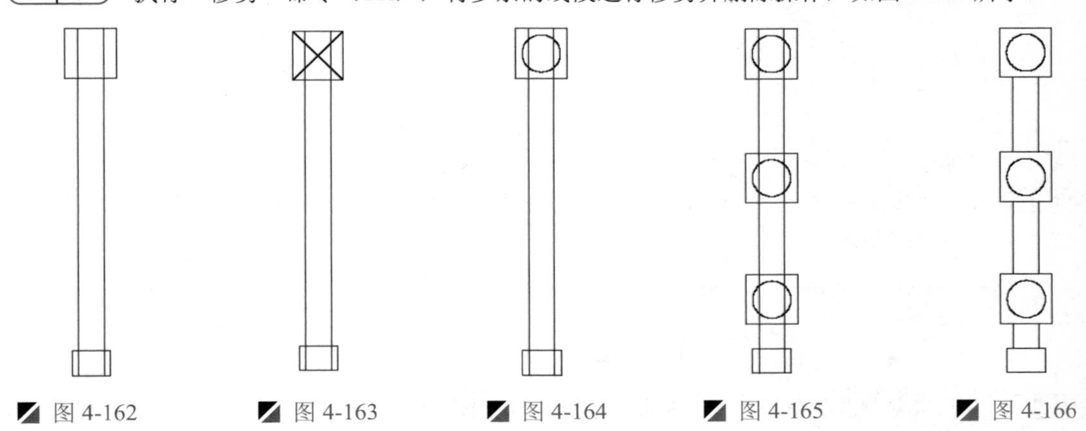

图 4-162　图 4-163　图 4-164　图 4-165　图 4-166

Step 32 执行“矩形”命令（REC），在视图任意处绘制 90mm×1806mm 的矩形对象，如图 4-167 所示。

Step 33 执行“圆”命令（C），根据命令行提示，选择“两点（2P）”选项，以矩形右上角作为圆的第一端点，向右水平绘制直径为 90mm 的圆对象，如图 4-168 所示。

Step 34 按同样的方法，以矩形左上角作为圆的第一端点，向左水平绘制直径为 90mm 的圆对象，如图 4-169 所示。

Step 35 执行“镜像”命令（MI），将两圆对象以矩形的左右两侧边的中点作为镜像的第一点和第二点，进行垂直镜像复制操作，如图 4-170 所示。

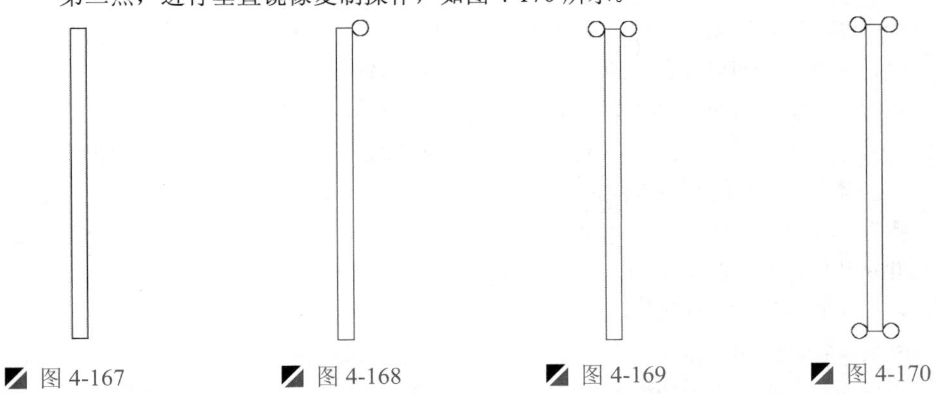

图 4-167　图 4-168　图 4-169　图 4-170

4.4.3 组合图形

下面介绍将前面绘制好的图形符号利用复制、移动、旋转等命令将其放置相应位置，并根据位置绘制连接线，从而组合图形操作。

Step 01 执行“直线”命令（L），在视图任意处绘制一条长 10092mm 的水平线段，如图 4-171 所示。

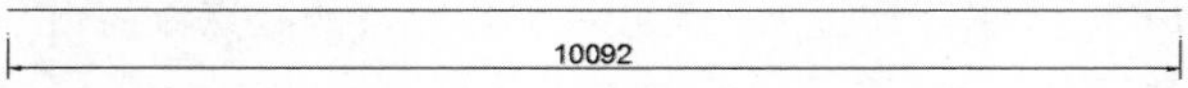

10092

图 4-171

Step 02 执行“直线”命令（L），捕捉水平线段左端点向下垂直绘制一条长 722mm 的线段；再执行“偏移”命令（O），将绘制的垂直线段向右各偏移如图 4-172 所示的距离。

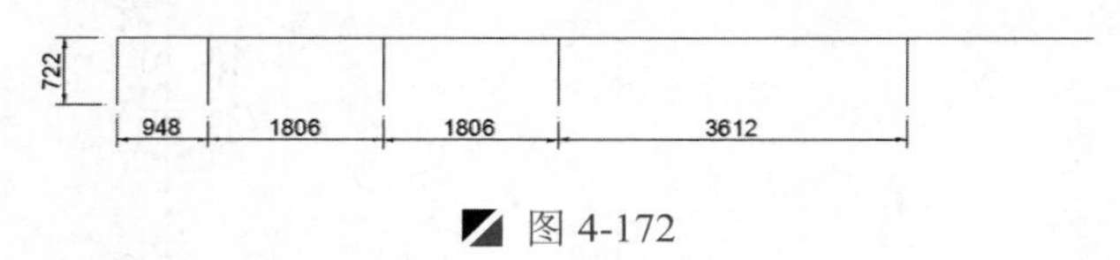

图 4-172

Step 03 执行“镜像”命令（MI），选择前两步所绘制的所有对象，进行水平镜像复制操作，如图 4-173 所示。

图 4-173

Step 04 执行“复制”命令（CO），将前面绘制好的图形符号复制到相应位置，如图 4-174 所示。

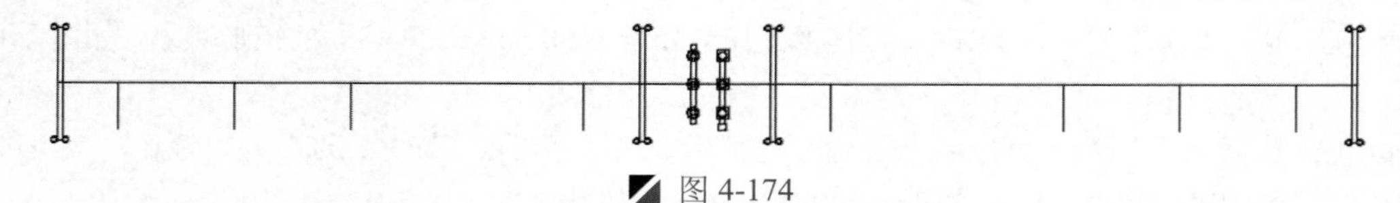

图 4-174

技巧：工具按钮名称的显示

由于本图对尺寸的要求不高，所以各个图形符号的位置可以根据具体情况调整。

Step 05 执行“复制”命令（CO），将前面绘制好的图形符号复制一份；再执行“缩放比例”命令（SC），将复制出来的对象进行 1.6 倍放大操作，再通过移动、旋转、复制和镜像等命令，将缩放后的对象移动到如图 4-175 所示的位置。

Step 06 执行“修剪”命令（TR），将多余的线段进行修剪并删除操作，如图 4-176 所示。

Step 07 执行“复制”命令（CO）和“旋转”命令（RO），将前面绘制好的图形符号组合成如图 4-177 所示的另一个图形效果

Step 08 执行“复制”命令（CO）和“缩放比例”命令（SC），将上步的其中一个图元复制出来并对其进行 0.7 倍缩小操作，再通过复制、旋转和直线等命令，将缩放后的对象进行组合，然后在其中绘制一些线段，如图 4-178 所示。

Step 09 然后执行“复制”命令（CO）、“旋转”命令（RO）和“移动”命令（M），将前面绘制好的相应图形组合到如图 4-179 所示的位置。

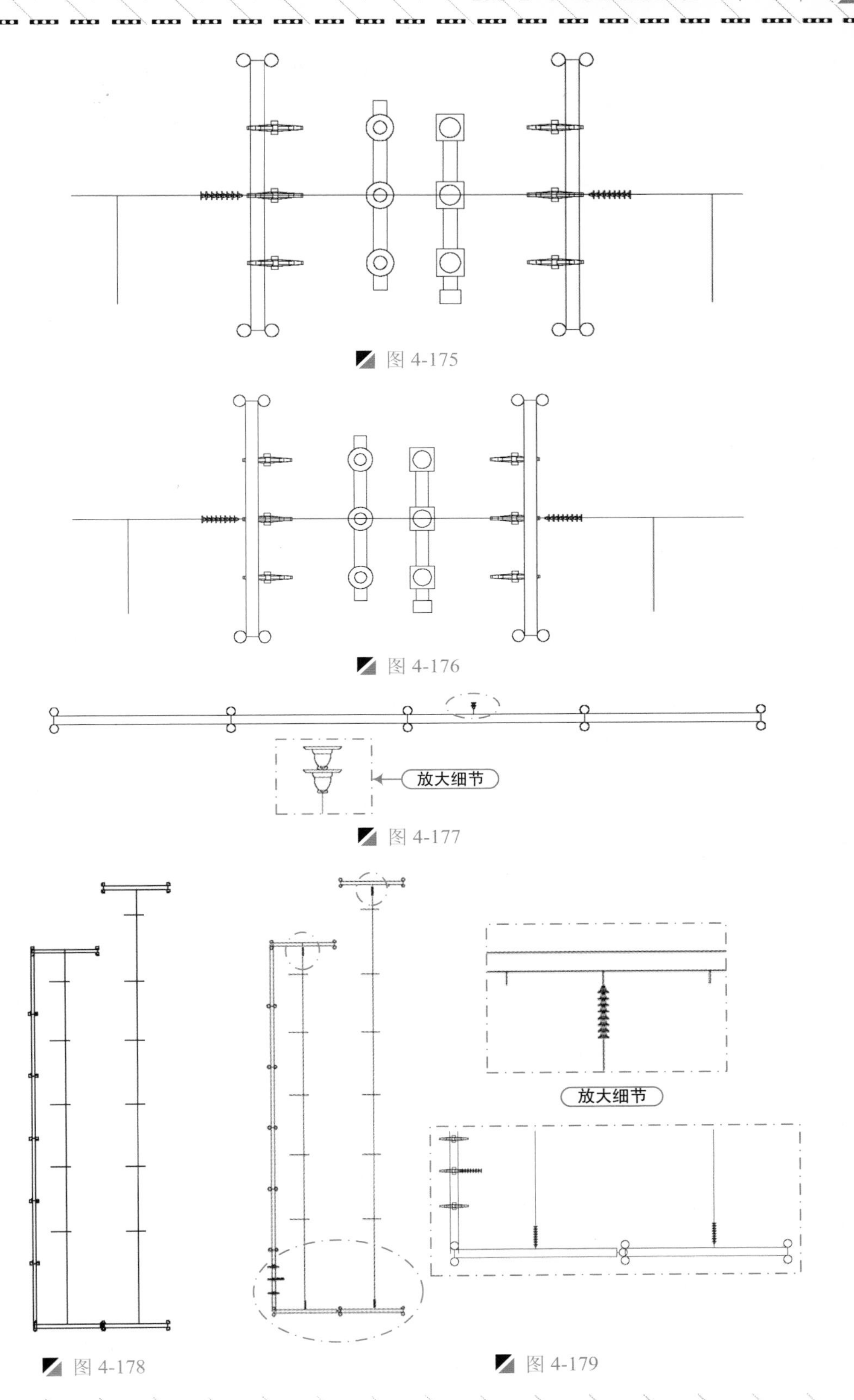

图 4-175

图 4-176

图 4-177

图 4-178

图 4-179

读书破万卷

Step 10 执行“矩形”命令（REC），在上一步图形的外侧绘制一个适当大小的矩形框；然后通过镜像和移动命令，与前面绘制好的图形相组合，形成如图 4-180 所示效果。

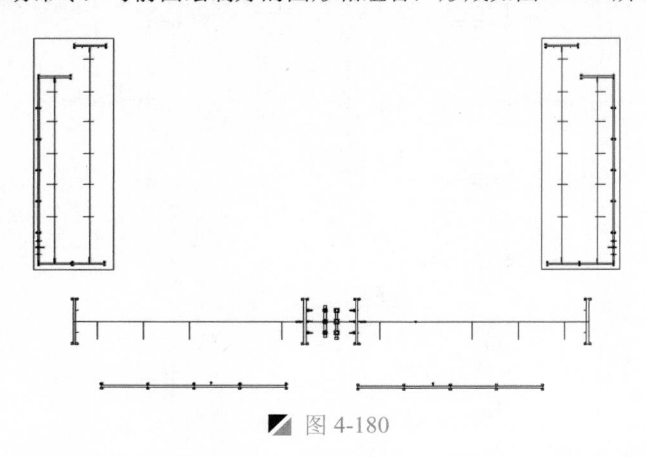

图 4-180

Step 11 执行“矩形”命令（REC），继续在如图 4-181 所示的位置处绘制 4 个矩形对象，矩形的大小根据情况具体而定。然后通过“打断”命令（BR），在相应位置将大矩形进行打断。

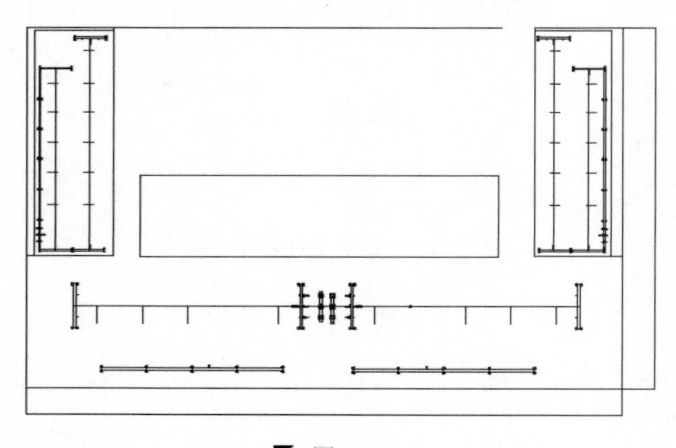

图 4-181

Step 12 执行“圆”命令（C），捕捉相应的点绘制半径为 4060mm 的 4 个圆对象，如图 4-182 所示。

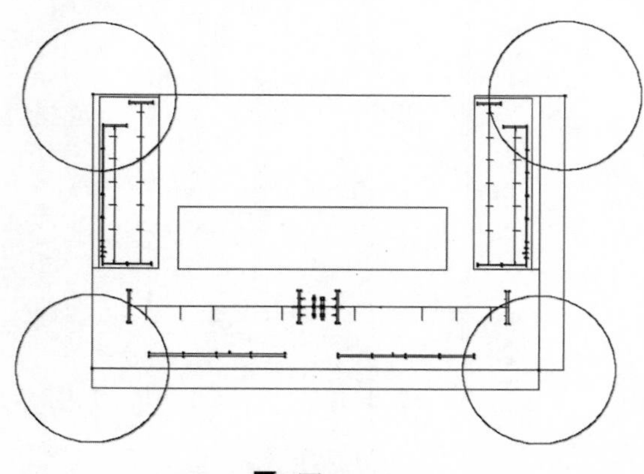

图 4-182

4.4.4 添加导线

将前面绘制好的电气符号和线路结构图，利用圆弧和直线等命令将其进行导线连接。

Step 01 执行“圆弧”命令（A），在相应位置处绘制如图 4-183 所示的 4 条圆弧对象。

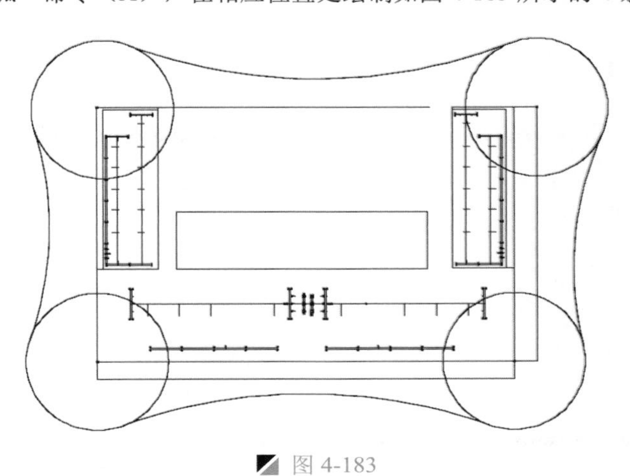

图 4-183

Step 02 执行“直线”命令（L）和“圆弧”命令（A），绘制一段圆弧对象，并进行直线连接操作从而完成直击雷防护图的绘制，如图 4-184 所示。

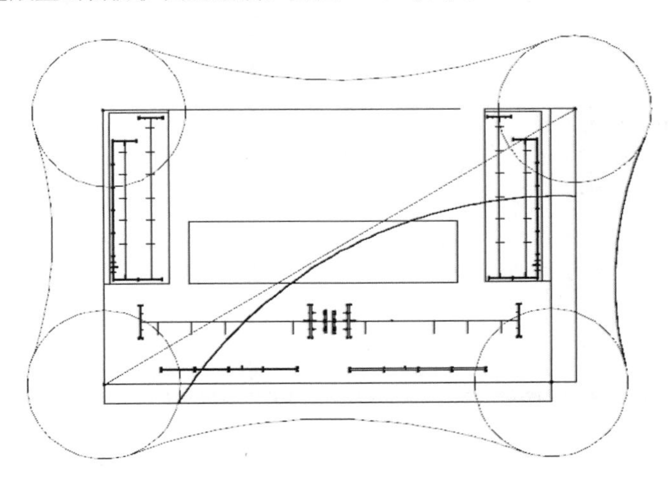

图 4-184

注意：绘制导线时的编辑

在绘制连接导线的过程中，可以使用夹点编辑命令调整圆弧的方向和半径，直到导线的方向和角度达到最佳的效果为止。

5

电路电气工程图的绘制

本章导读

电路图是人们为了进行研究和工程设计的需要，用约定的符号绘制的一种表示电路结构的图形。

电路图也是最常见和最广泛应用的一类电气线路。在工业领域中，电子线路占据了重要的位置，在日常生活中，几乎每个环节都和电子线路有着或多或少的联系，如电视机、电话、玩具等，本章利用几个实例来介绍电子线路图的绘制。

本章内容

- 录音机电路图的绘制
- 日光灯调光器电路图的绘制
- 警笛报警器电路图的绘制
- 电动剃须刀电路图的绘制
- 微波炉电路图的绘制
- 无线遥控玩具车接收电路图的绘制

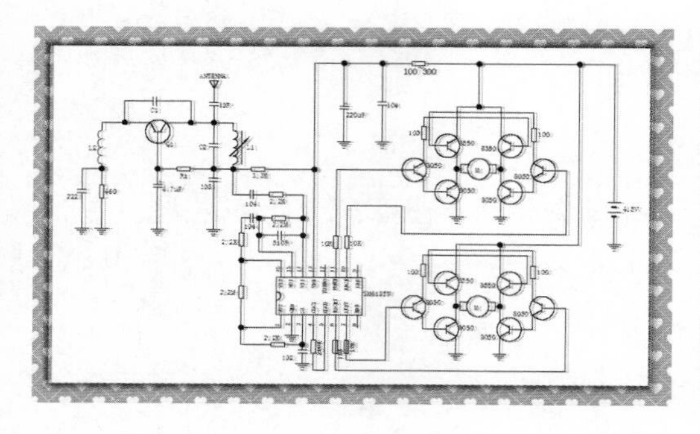

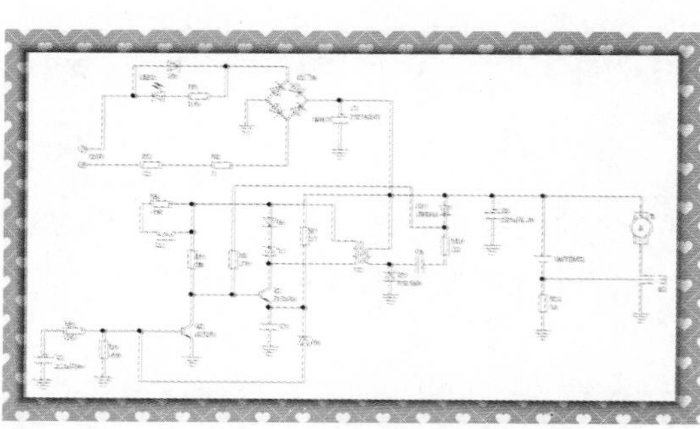

5.1 录音机电路图的绘制

案例 录音机电路图.dwg 视频 录音机电路图的绘制.avi 时长 14'03"

录音机是一种常见的家用电器，如图 5-1 所示为某录音机的电路原理图。

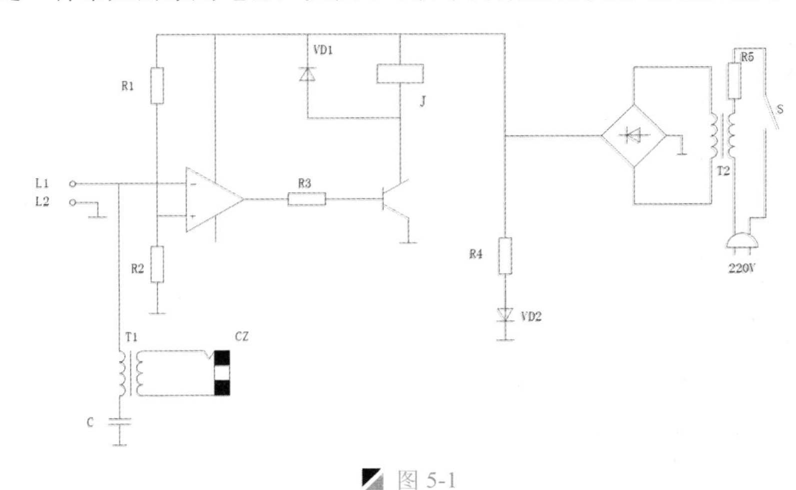

图 5-1

5.1.1 设置绘图环境

在绘制某录音机的电路原理图时，首先要设置绘制环境，下面将介绍绘制环境的设置步骤。

Step 01 启动 AutoCAD 2015 软件，在“快速入门”下的“样板”右侧单击“倒三角”按钮，再选择“无样板-公制”方法建立新文件。

Step 02 按<Ctrl+S>组合键保存该文件为“案例\05\录音机电路图.dwg”文件。

5.1.2 绘制电气元件

该电路图中是由电阻、电容、电感、电压比较器以及电源插座等多种电气元件组成，由 AutoCAD 中的插入块、多边形、圆弧、直线、移动、复制、旋转、镜像、修剪和删除等命令进行绘制，其操作步骤如下。

1. 绘制电压比较器

下面介绍电压比较器的绘制，用 AutoCAD 中的多边形、直线、旋转、分解、单行文字等命令进行绘制。

Step 01 执行“多边形”命令（POL），按如下命令行提示，绘制内接于圆的正三角形对象，其半径为 20mm，如图 5-2 所示。

```
命令: POLYGON                                      \\ 执行“多边形”命令
输入侧面数 <3>: 3                                   \\ 输入多边形的边数值“3”
指定正多边形的中心点或 [边(E)]:                       \\ 指定一点
输入选项 [内接于圆(I)/外切于圆(C)] <I>: I             \\ 选择“内接于圆（I）”选项
指定圆的半径: 20                                    \\ 输入半径值“20”
```

Step 02 执行“旋转”命令（RO），将绘制的三角形进行 30° 的旋转操作，如图 5-3 所示。

提示：旋转时的方向

用户执行旋转命令时，在 AutoCAD 系统中，逆时针方向为正，顺时针方向为负。

Step 03 执行“分解”命令（X），将三角形进行分解操作；再执行“偏移”命令（O），将旋转后的三角形左侧垂直边向右偏移 15mm 的距离，如图 5-4 所示。

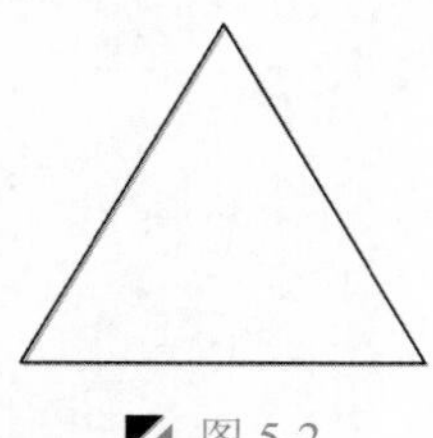

图 5-2

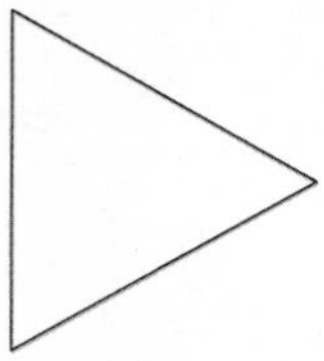

图 5-3

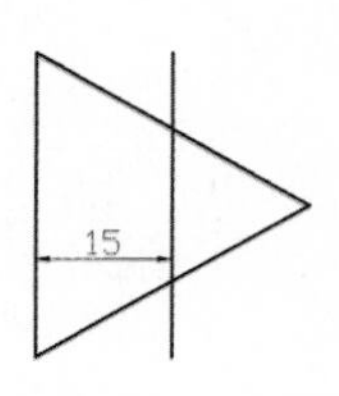

图 5-4

Step 04 按<F8>键打开“正交”模式；执行“直线”命令（L），捕捉偏移后的对象与三角形的交点作为直线的起点，向左分别绘制长 30mm 的两条水平线段，如图 5-5 所示。

Step 05 执行“修剪”命令（TR），将三角形内的多余的线段进行修剪操作；再执行“直线”命令（L），捕捉三角形右角点作为直线的起点，向右绘制一条长 10mm 的水平线段，如图 5-6 所示。

Step 06 选择“格式 | 文字样式”菜单命令，在弹出的“文字样式”对话框下选择文字的样式为默认的“Standard”样式，设置字体为宋体，高度为 5，然后分别单击“应用”、“置为当前”和“关闭”按钮。

Step 07 执行“单行文字”命令（DT），在图中相应位置输入文字“–”和“+”，如图 5-7 所示。

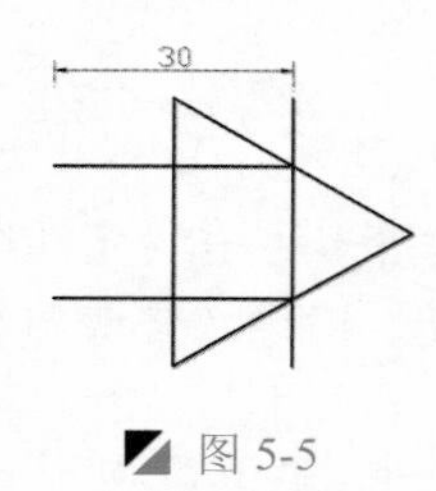

图 5-5

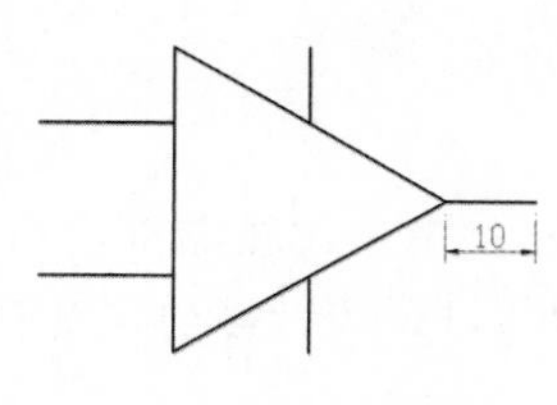

图 5-6

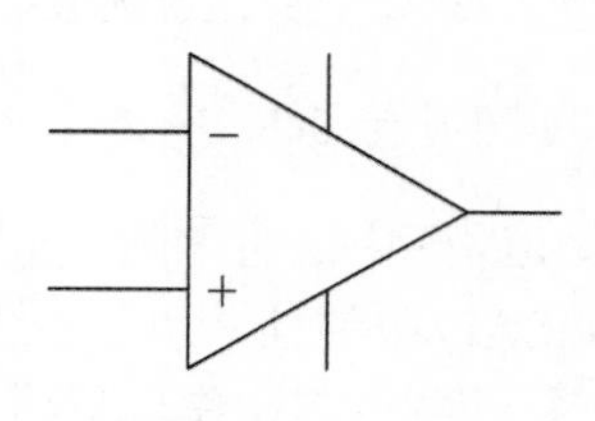

图 5-7

提示：文字输入法

用户在输入单行文字时按<Enter>键时不会结束文字的输入，而是表示换行输入。如要结束单行文字的输入，按<Ese>键或将光标移到别处单击即可。

2. 绘制信号输出装置

下面介绍信号输出装置的绘制，用 AutoCAD 中的多边形、镜像、直线、偏移、修剪和删除等命令进行绘制。

Step 01 执行“多边形”命令（POL），在视图任意处绘制内接于圆的正三角形对象，使其半径为 3mm，如图 5-8 所示。

Step 02 执行“镜像”命令（MI），按如下命令行提示，将正三角形进行镜像并删除源对象操作，如图 5-9 所示。

```
命令: MIRROR                                  \\ 执行“镜像”命令
选择对象: 指定对角点: 找到 1 个                  \\ 选择三角形
指定镜像线的第一点:                              \\ 指定三角形下左角点
指定镜像线的第二点:                              \\ 指定三角形下右角点
要删除源对象吗? [是(Y)/否(N)] <N>: Y           \\ 选择“是（Y）”选项，删除源对象
```

Step 03 执行“修剪”命令（TR），将上侧水平线进行修剪操作，如图 5-10 所示。

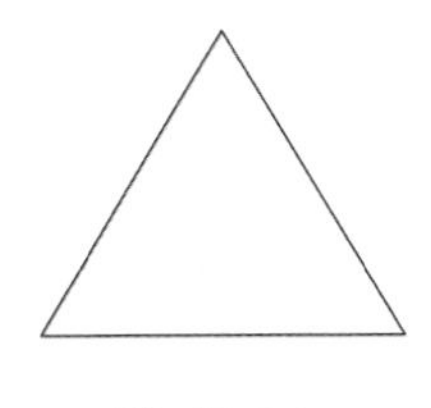
图 5-8

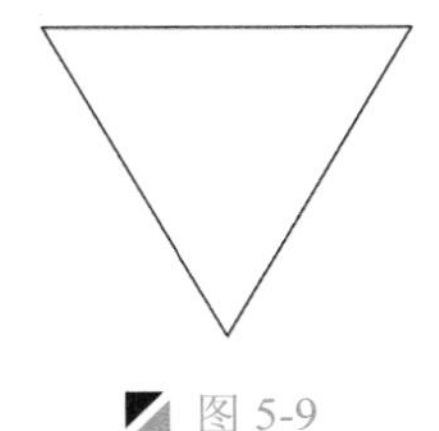
图 5-9

图 5-10

Step 04 执行“直线”命令（L），捕捉上侧两端点作为直线的起点，向左绘制一条长 10mm 的水平线段，向右绘制一条长 8mm 的水平线段，如图 5-11 所示。

Step 05 执行“偏移”命令（O），将右侧的水平线段向下各偏移 8mm 的距离，如图 5-12 所示。

Step 06 执行“直线”命令（L），捕捉相应的端点进行直线连接，如图 5-13 所示。

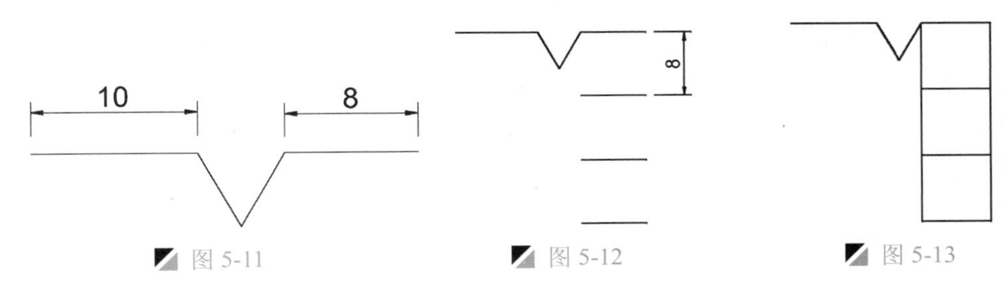

图 5-11　图 5-12　图 5-13

Step 07 执行“图案填充”命令（H），在功能区将自动显示“图案填充创建”选项以及相应的填充设置面板，在“图案”面板中设置图案为“SOLID”，在相应位置处进行图案填充操作，如图 5-14 所示。

Step 08 执行“直线”命令（L），捕捉下左侧的端点作为直线的起点，向左绘制一条长 10mm 的水平线段，如图 5-15 所示。

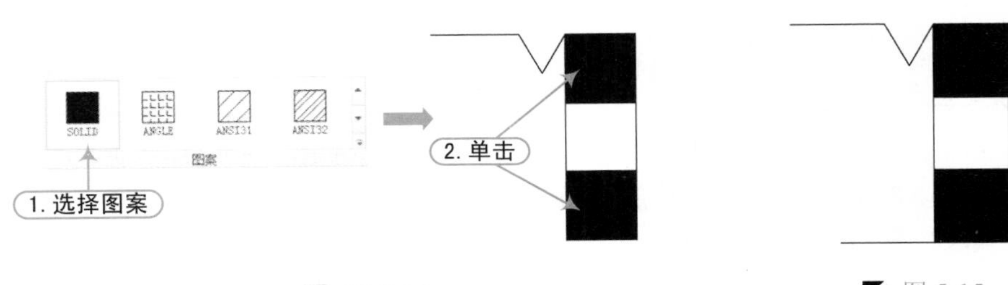

图 5-14　图 5-15

3. 绘制插座

下面介绍插座符号的绘制，借用第 3 章“电铃”图形符号，然后在此基础上绘制插座符号，用 AutoCAD 中的插入块、拉伸、修剪和删除等命令进行绘制。

Step 01 执行“插入块”命令（I），在“插入”对话框中，勾选“统一比例”和“分解”复选框，将“案例\03\电铃.dwg”文件插入视图中，如图 5-16 所示。

Step 02 执行“删除”命令（E），将多余的线段进行删除操作，如图 5-17 所示。

Step 03 执行“拉伸”命令（S），将图中的两条垂直线段向上各拉伸 16mm，如图 5-18 所示。

Step 04 执行“修剪”命令（TR），将多余的线段进行修剪操作，如图 5-19 所示。

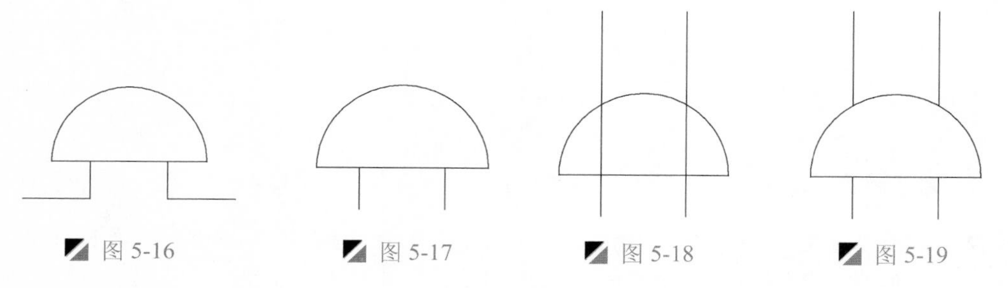

图 5-16　图 5-17　图 5-18　图 5-19

4. 绘制电感器

下面介绍插座符号的绘制，借用第 3 章“电感”图形符号，然后在此基础上绘制电感器符号，用 AutoCAD 中的插入块、直线、移动、镜像、等命令进行绘制。

Step 01 执行“插入块”命令（I），在“插入”对话框中，勾选“统一比例”和“分解”复选框，并设置旋转角度为 90°，比例为 1.5，将“案例\03\电感.dwg”文件插入视图中，如图 5-20 所示。

Step 02 执行“直线”命令（L），捕捉上下圆弧的端点进行直线连接操作，如图 5-21 所示。

Step 03 执行“移动”命令（M），将上一步绘制的垂直线段水平向左移动 6mm，如图 5-22 所示。

Step 04 执行“镜像”命令（MI），将插入的图形以移动后的线段端点作为镜像的第一端点和第二端点，进行水平镜像复制操作，如图 5-23 所示。

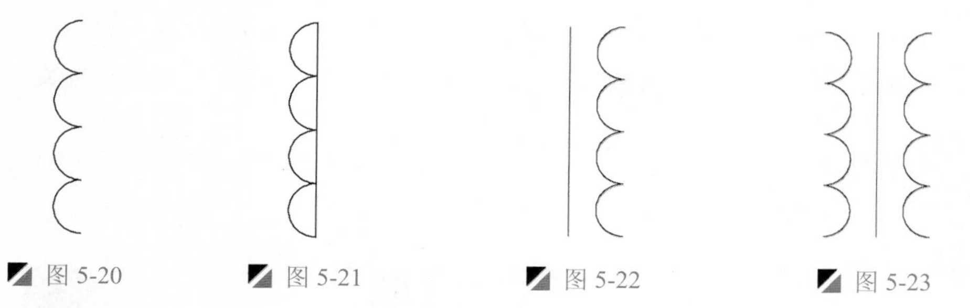

图 5-20　图 5-21　图 5-22　图 5-23

5. 插入其他元件符号

在第 3 章已经绘制了一些常用的电气元件符号，在这里不再重复绘制了，直接将“案例\03”文件夹下面的相应元件符号插入当前文件中。

执行“插入块”命令（I），分别将“案例\03”文件夹下面的“电阻.dwg”、“电容.dwg”、“单极开关.dwg”、“三极管.dwg”和“二极管.dwg”等文件作为图块插入当前图形中，并通过旋转命令，调整相应的方向，插入的图形依次如图 5-24～5-28 所示。

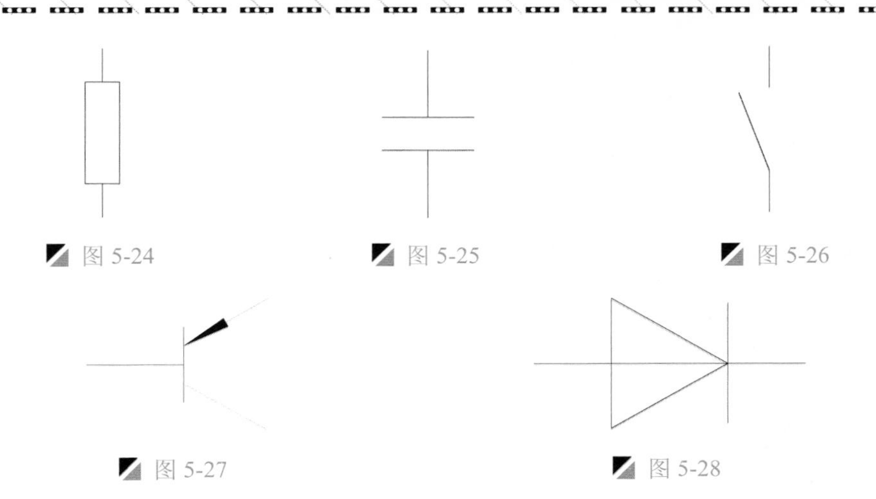

图 5-24　图 5-25　图 5-26

图 5-27　图 5-28

5.1.3　组合图形

将前面绘制好的电气元件符号进行组合，根据符号的放置位置绘制导线连接，利用矩形、圆、直线、复制、移动、旋转等命令来完成。

Step 01　执行“圆”命令（C），在图形绘制半径为 1.5mm 的圆对象，如图 5-29 所示。

Step 02　执行“复制”s 命令（CO），将绘制的圆对象垂直向下复制 10mm 的距离，如图 5-30 所示。

Step 03　打开“正交”模式；执行“直线”命令（L），绘制如图 5-31 所示的直线段。

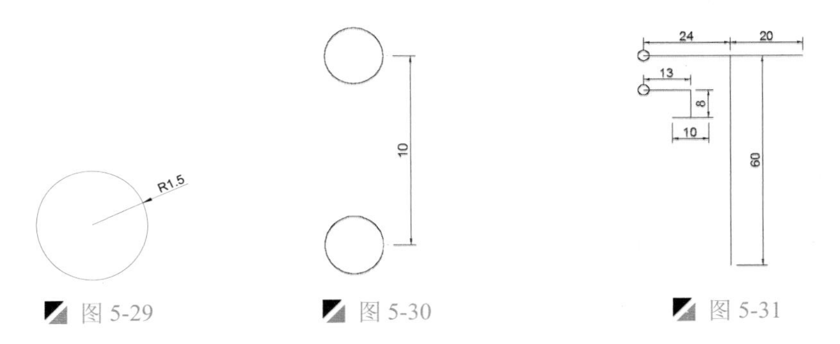

图 5-29　图 5-30　图 5-31

Step 04　执行“修剪”命令（TR），修剪掉圆内的线段对象，如图 5-32 所示。

Step 05　执行“移动”命令（M），将前面绘制好的“电压比较器”移动到如图 5-33 所示的位置。

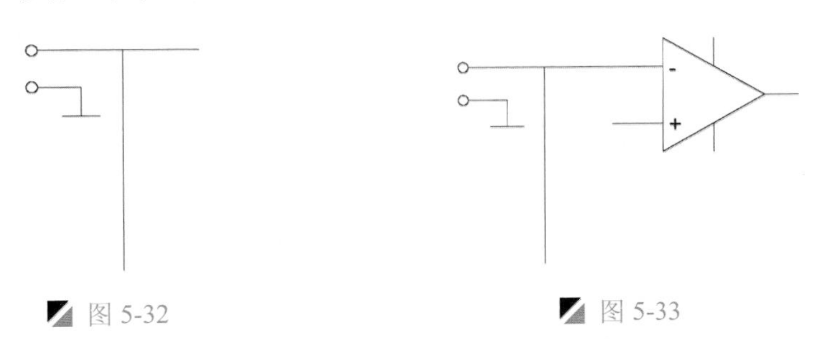

图 5-32　图 5-33

Step 06　通过“移动”和“旋转”等命令，将“电感器”、“信号输出装置”和“电容”移动到如图 5-34 所示的位置；再执行“直线”命令（L），绘制相连接的导线。

Step 07 同样通过移动、旋转、复制、缩放等命令，将图中的“三极管”、“电阻”和“二极管”等元件复制到相应的位置，并调整相应元件的大小，绘制过程中根据需要绘制导线，如图 5-35 所示。

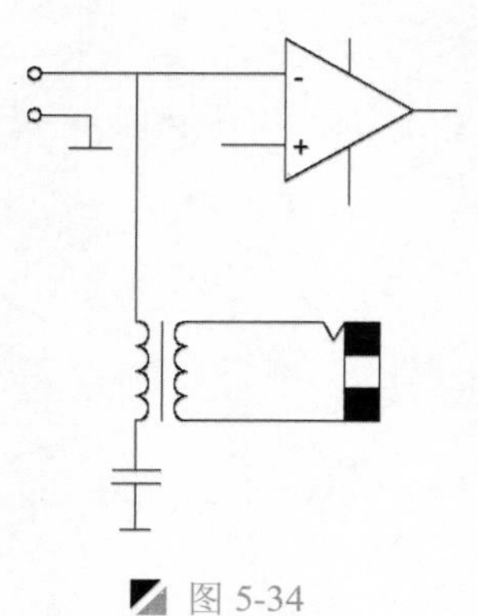

图 5-34

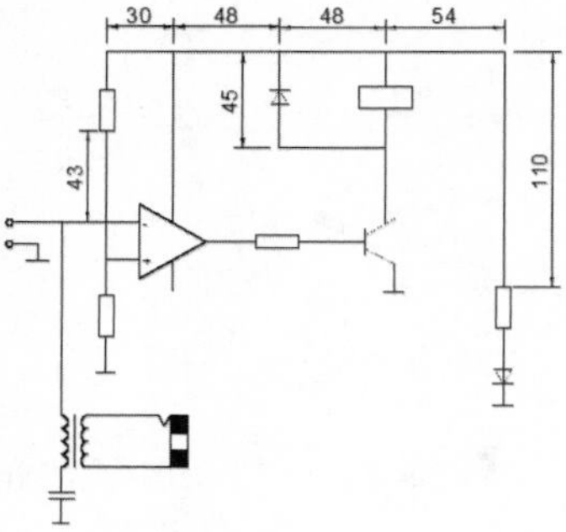

图 5-35

Step 08 执行“矩形”命令（REC），绘制 24mm×24mm 的矩形对象；再执行“旋转”命令（RO），将绘制的矩形进行 45° 的旋转操作，如图 5-36 所示。

Step 09 执行“复制”命令（CO）和“旋转”命令（RO），将前面插入的“二极管”复制到如图 5-37 所示的位置。

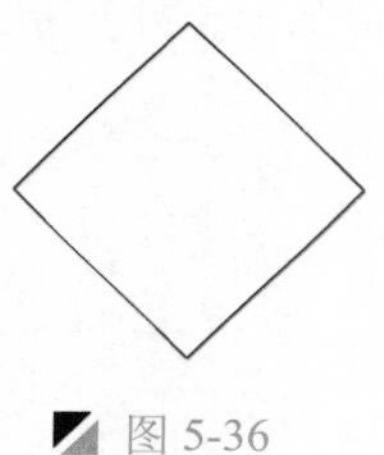

图 5-36

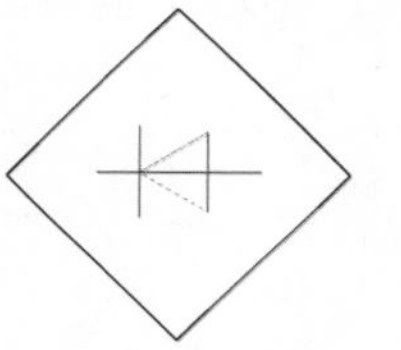

图 5-37

Step 10 执行“直线”命令（L），依次绘制若干条水平和垂直线段，进行导线连接，尺寸及位置如图 5-38 所示。

Step 11 执行“复制”命令（CO），将“电感器”复制到如图 5-39 所示的位置。

Step 12 用前面类似的方法，通过复制、旋转、移动和缩放等命令，依次将电阻、单极开关和插座等电气元件，复制到相应的位置并根据需要绘制导线，图 5-40 所示。

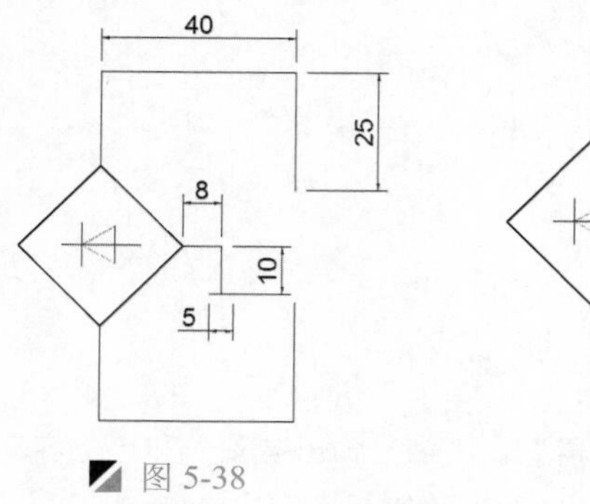

图 5-38

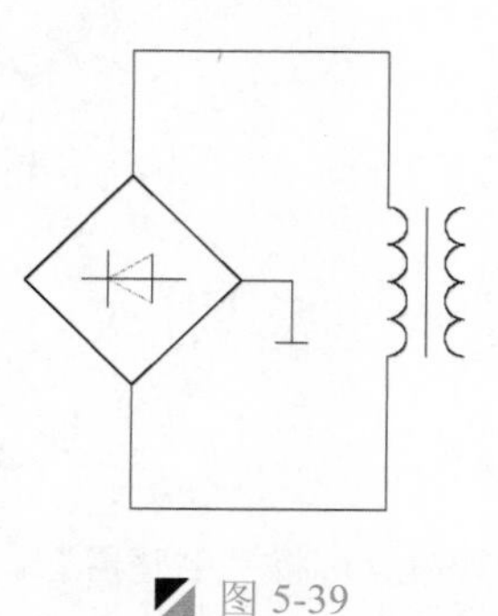

图 5-39

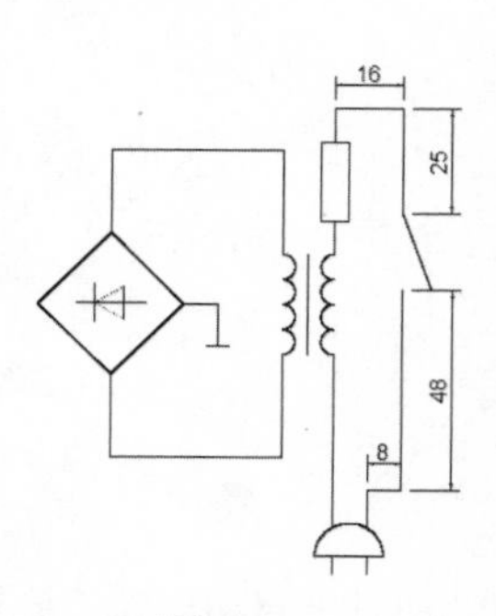

图 5-40

Step 13 执行“移动”命令（M）和“直线”命令（L），将图形进行组合并绘制连接导线，效果如图 5-41 所示，从而完成录音机电路图的绘制。

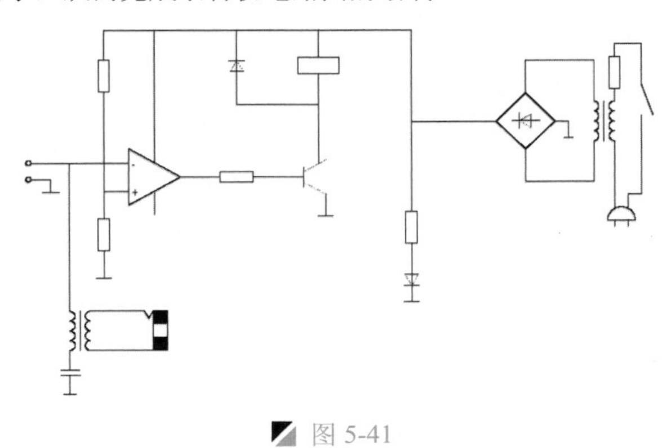

图 5-41

5.1.4 添加文字注释

前面已经完成了录音机电路图的绘制，下面分别在相应位置处添加文字注释，利用“多行文字”命令进行操作。

Step 01 选择“格式｜文字样式”菜单命令，在弹出的“文字样式”对话框下选择文字的样式为默认的“Standard”样式，设置字体为宋体，高度为 5，然后分别单击“应用”、“置为当前”和“关闭”按钮。

Step 02 执行“单行文字”命令（DT），在图中相应位置输入相关的文字说明，以完成录音机电路图文字注释，最终效果如图 5-42 所示。

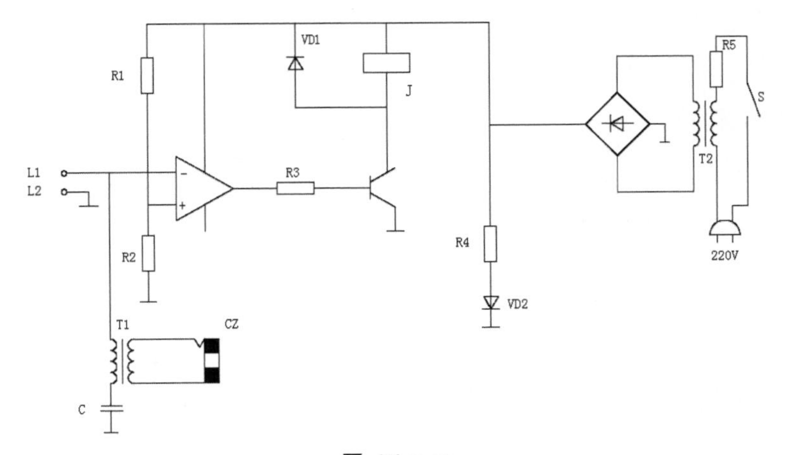

图 5-42

Step 03 至此，该录音机电路图的绘制已完成，按<Ctrl+S>组合键进行保存。

5.2 日光灯调光器电路图的绘制

案例	日光灯调光器电路图.dwg	视频	日光灯调光器电路图的绘制.avi	时长	14'28"

如图 5-43 所示为日光灯调节器电路图，在日常生活中，可以用调节器调节灯光的亮度。

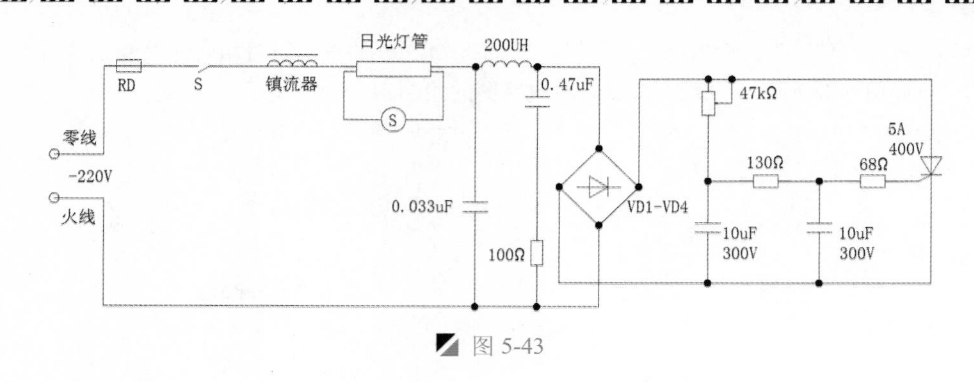

图 5-43

5.2.1 设置绘制环境

在绘制日光灯调节器电路图时，首先要设置绘制环境，下面介绍绘制环境的设置步骤。

Step 01 启动 AutoCAD 2015 软件，在“快速入门”下的“样板”右侧单击“倒三角”按钮，再选择“无样板-公制”方法建立新文件。

Step 02 按“Ctrl+S”组合键保存该文件为“案例\05\日光灯调光器电路图.dwg”文件。

Step 03 在“图层”面板中单击“图层特性”按钮，打开“图层特性管理器”，新建如图 5-44 所示的 3 个图层，然后将“导线”图层设为当前图层。

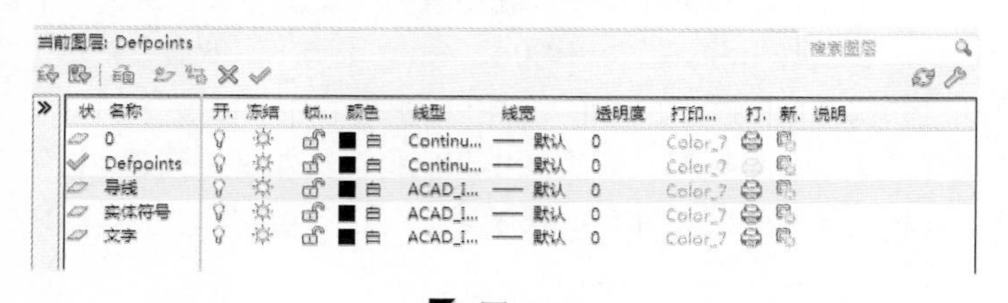

图 5-44

5.2.2 绘制线路结构图

该电路图是由主线路和电气元件组成，下面介绍主连接线的绘制，由 AutoCAD 中的多边形、多段线、直线、偏移、旋转、移动、偏移等命令进行该图形的绘制。

Step 01 按<F8>键打开“正交”模式；执行“直线”命令（L），在视图中绘制一条长 200mm 的水平线段，如图 5-45 所示。

图 5-45

Step 02 执行“偏移”命令（O），将绘制的水平线段向上偏移 100mm，如图 5-46 所示。

Step 03 执行“直线”命令（L），捕捉两条线段右侧端点进行直线连接，如图 5-47 所示。

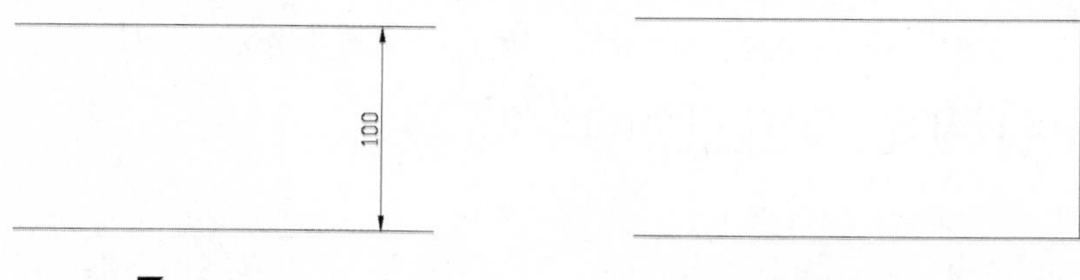

图 5-46　　图 5-47

Step 04 执行“偏移”命令（O），将上一步绘制的垂直线段各左偏移 25 和 25mm，如图 5-48 所示。

Step 05 执行“多边形”命令（POL），捕捉最右侧垂直线段的中点作为多边形的中点，绘制内接于圆的正四边形，其半径为 16mm，如图 5-49 所示。

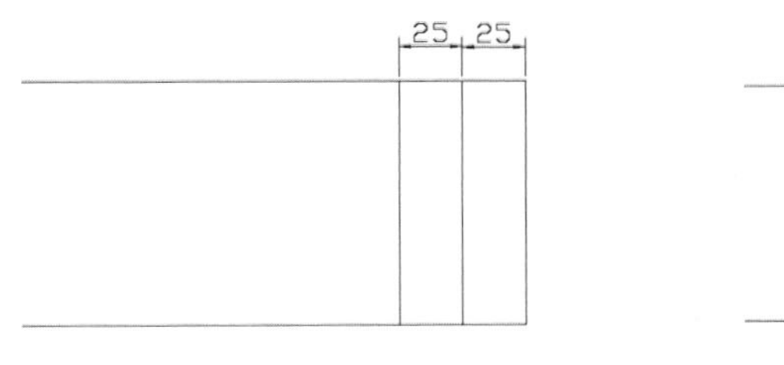

图 5-48

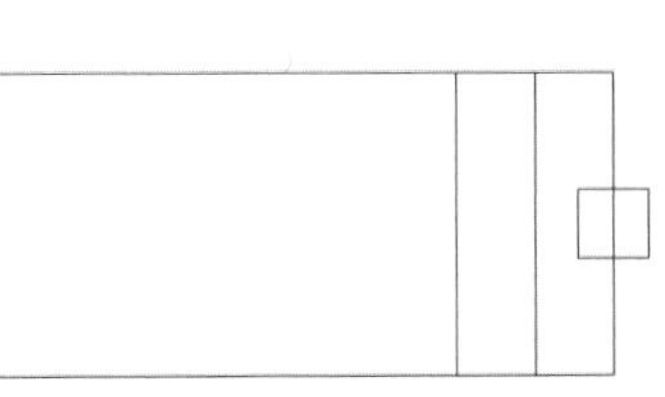
图 5-49

Step 06 执行“旋转”命令（RO），捕捉矩形的中心点作为旋转的基点，将正四边形进行 45° 的旋转操作，如图 5-50 所示。

Step 07 执行“修剪”命令（TR），将多余的线段进行修剪操作，如图 5-51 所示。

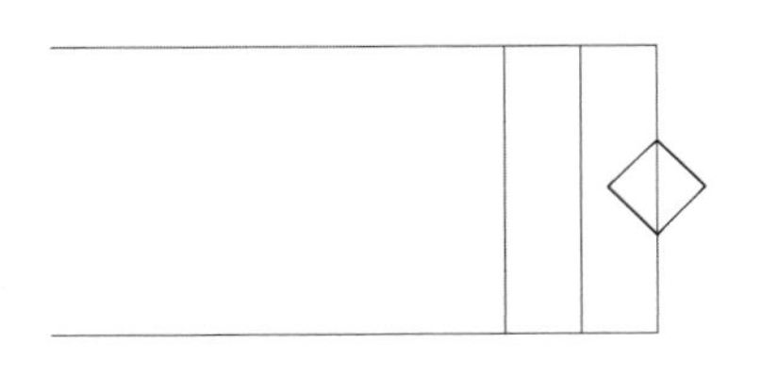
图 5-50

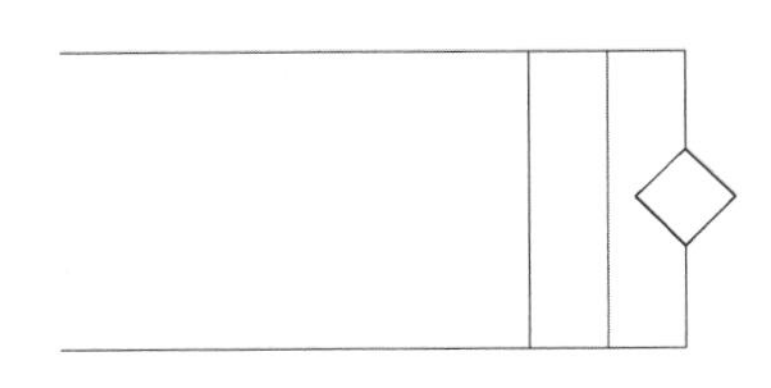
图 5-51

Step 08 执行“多段线”命令（PL），由四边形角点向右侧绘制出如图 5-52 所示的连接导线。

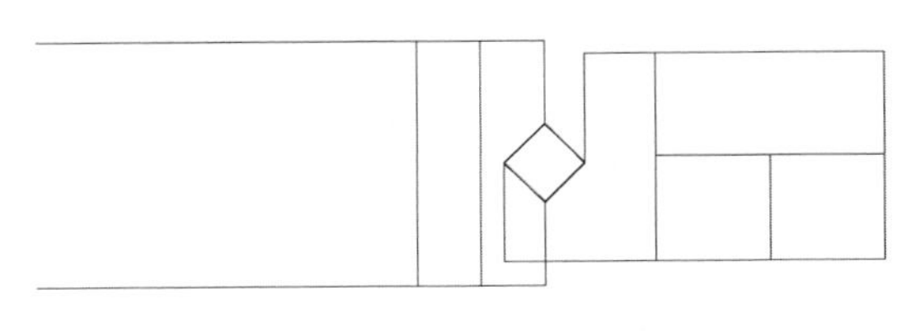
图 5-52

5.2.3 绘制电气元件符号

该电路图电气元件是由电阻、电容、电感、开关和二极管等多种电气元件组成，由 AutoCAD 中的矩形、直线、多段线、移动、复制、旋转、镜像、修剪和删除等命令，其操作步骤如下。

1. 绘制镇流器符号

下面介绍镇流器符号的绘制，使用 AutoCAD 中的圆、直线、修剪等命令进行绘制。

Step 01 执行“圆”命令（C），绘制半径为 2.5mm 的圆对象。

Step 02 执行“复制”命令（CO），将绘制的圆水平向右复制 5mm、10mm、15mm 的距离，如图 5-53 所示。

Step 03 执行“直线”命令（L），捕捉最左侧圆左象限点作为直线的起点，捕捉最右侧圆右象限点作为直线的终点，进行直线连接，如图 5-54 所示。

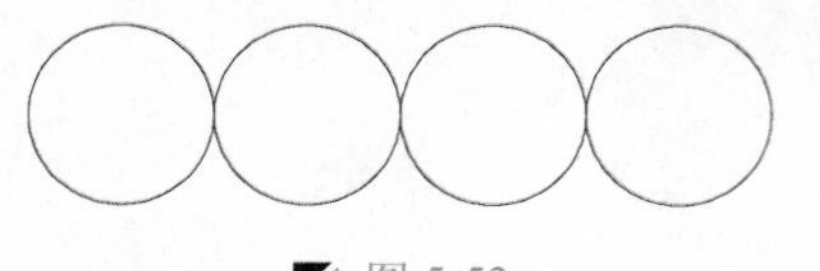

图 5-53

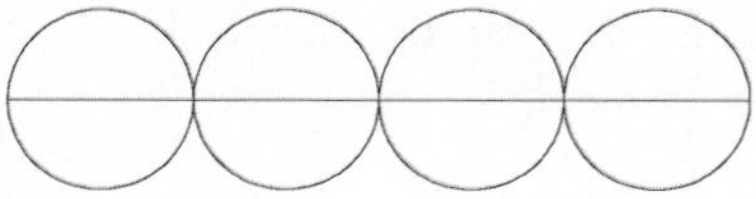

图 5-54

Step 04 执行“修剪”命令（TR），将直线下侧的圆弧进行修剪掉，如图 5-55 所示。

Step 05 执行“移动”命令（M），将水平线段垂直向上移动 5mm 的距离，从而完成镇流器的绘制，如图 5-56 所示。

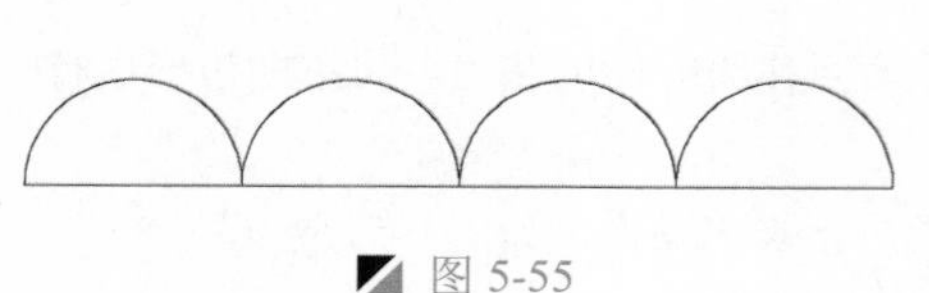

图 5-55

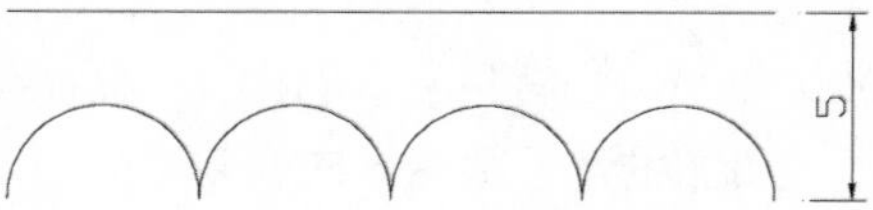

图 5-56

2. 绘制曝光灯管和起辉器符号

下面介绍曝光灯管和起辉器符号的绘制，使用 AutoCAD 中的矩形、圆、直线、修剪等命令进行绘制。

Step 01 执行“矩形”命令（REC），在视图中绘制 30mm×6mm 的矩形对象，如图 5-57 所示。

Step 02 执行“直线”命令（L），过矩形上侧两端点绘制一条长 40mm 的水平线段，使绘制的线段的中点与矩形上侧边的中点重合，如图 5-58 所示。

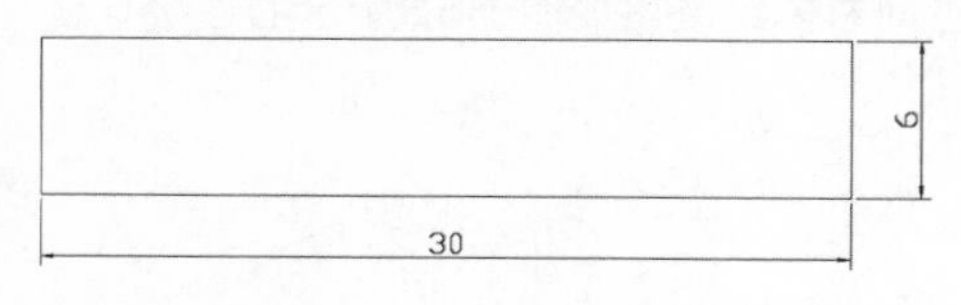

图 5-57

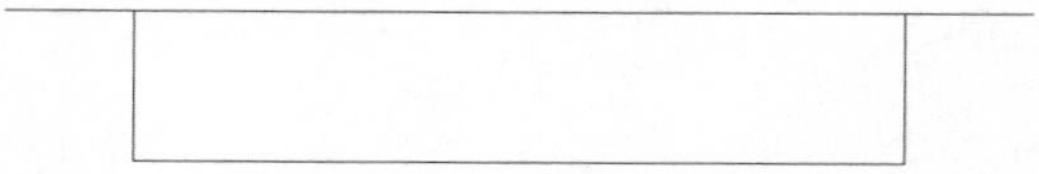

图 5-58

Step 03 执行“偏移”命令（O），将上一步绘制的水平线段，向下各偏移 2mm，并删除源对象，如图 5-59 所示。

图 5-59

Step 04 执行“直线”命令（L），捕捉相应的点进行如图 5-60 所示直线连接操作。

Step 05 执行“圆”命令（C），绘制半径为 5mm 的圆对象。

Step 06 执行“单行文字”命令（DT），设置文字高度为 5mm，在圆内中侧输入文字“S”，如图 5-61 所示。

Step 07 执行“移动”命令（M），将绘制的圆与文字“S”移动到相应位置；再执行“修剪”命令（TR），修剪掉多余的对象，如图 5-62 所示。

图 5-60　图 5-61　图 5-62

3. 插入其他元件符号

在第 3 章已经绘制了一些常用的电气元件符号，这里就不再重复绘制了，直接将“案例\03”文件夹下面的相应元件符号插入到当前文件中。

Step 01 在“图层控制”下拉列表中，选择“实体符号”图层设为当前图层。

Step 02 执行“插入块”命令（I），依次将“案例\03”文件夹下面的“熔断器”、“单极开关”、“电感线圈”、“电阻”、“电容”、“二极管”和“滑动触点电位器”等插入图形中，并通过旋转等命令进行调整，插入的图形依次如图 5-63～图 5-69 所示。

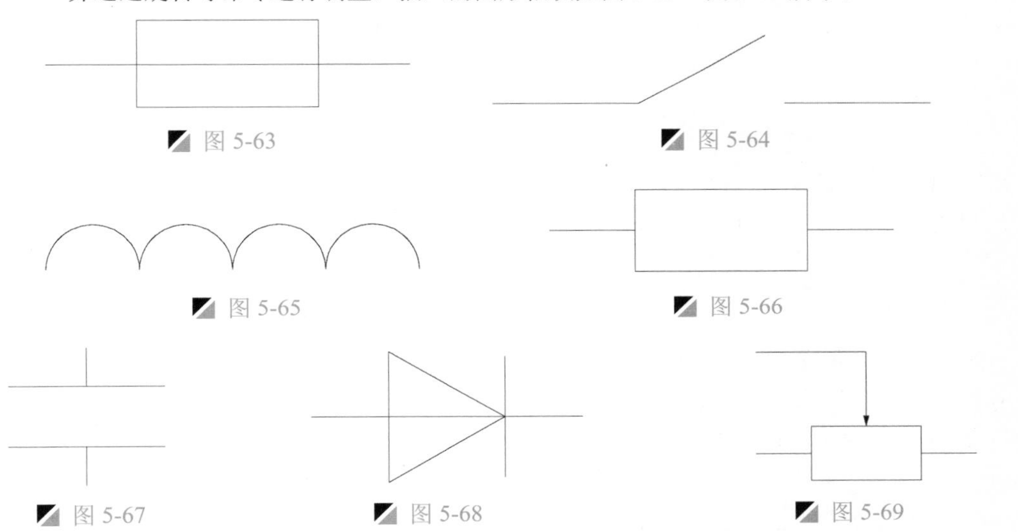
图 5-63　图 5-64　图 5-65　图 5-66　图 5-67　图 5-68　图 5-69

5.2.4 组合图形

将前面绘制好的电气符号和线路结构图，利用复制、移动、旋转等命令将其进行组合，并根据电路图的原理加上实心圆。

Step 01 通过“移动”命令（M）、“旋转”命令（RO）和“缩放”命令（SC），将“镇流器”、“二极管”、“滑动变阻器”符号移动到如图 5-70 所示的位置，并对元件大小进行调整。

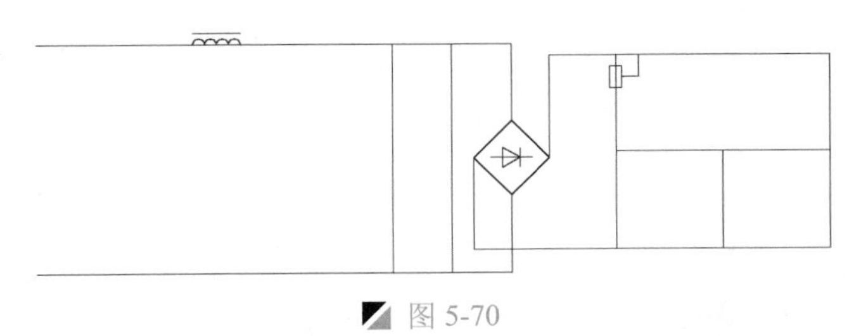
图 5-70

Step 02　同样复制、旋转、移动和缩放等命令，将其他电气元件符号进行相应的布置，并调整元件的大小，效果如图 5-71 所示。

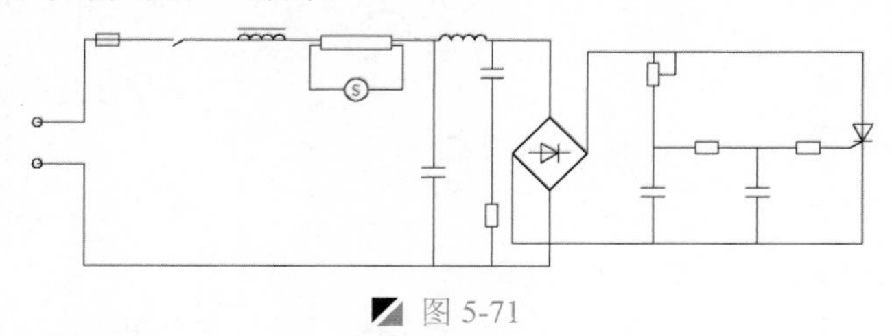

图 5-71

Step 03　根据日光灯调节器的工作原理，在适当的交叉点处加上实心圆，其效果如图 5-72 所示。

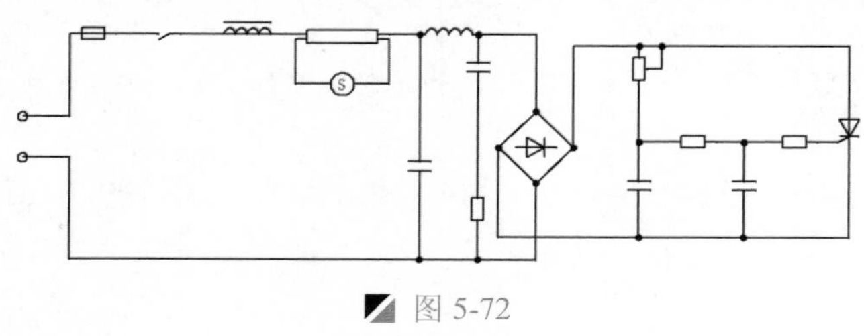

图 5-72

技巧：实心圆的绘制

> 用户在绘制实心圆时，先绘制一个圆对象，再执行“图案填充”命令（H），将圆内用图案“SOLID”填充，然后再删除圆对象，从而形成了实心圆对象。

5.2.5　添加文字注释

前面已经完成了日光灯调光器电路图的绘制，下面分别在相应位置处添加文字注释，利用“多行文字”命令进行操作。

Step 01　在“图层控制”下拉列表中，选择“文字”图层设为当前图层。

Step 02　选择“格式｜文字样式”菜单命令，在弹出的“文字样式”对话框下选择文字的样式为默认的“Standard”样式，设置字体为宋体，高度为 5，然后分别单击“应用”、“置为当前”和“关闭”按钮。

Step 03　执行“单行文字”命令（DT），在图中相应位置输入相关的文字说明，以完成日光灯调光器电路图文字注释，最终效果如前图 5-73 所示。

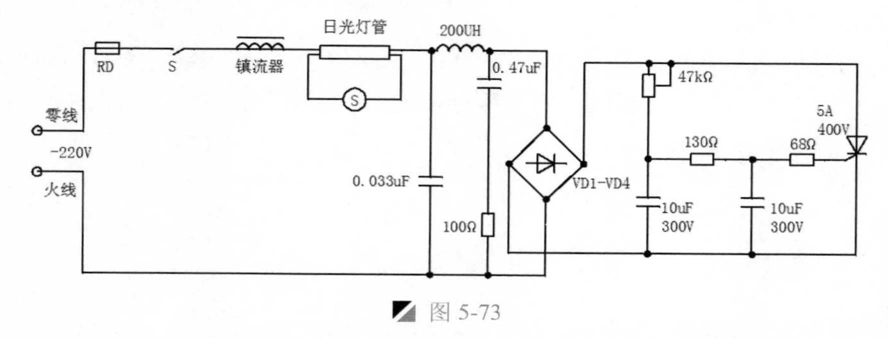

图 5-73

Step 04　至此，该日光灯调光器电路图的绘制已完成，按<Ctrl+S>组合键进行保存。

5.3 警笛报警器电路图的绘制

案例	警笛报警器电路图.dwg	视频	警笛报警器电路图的绘制.avi	时长	10'51"

如图 5-74 所示为警笛报警器电路图。报警器是一种为防止或预防某事件发生所造成的后果，以声音、光、气压等形式来提醒或警示我们应当采取某种行动的电子产品。报警器(alarm)，分为机械式报警器和电子报警器。随着科技的进步，机械式报警器越来越多地被先进的电子报警器代替，经常应用于系统故障、安全防范、交通运输、医疗救护、应急救灾、感应检测等领域，与社会生产密不可分。

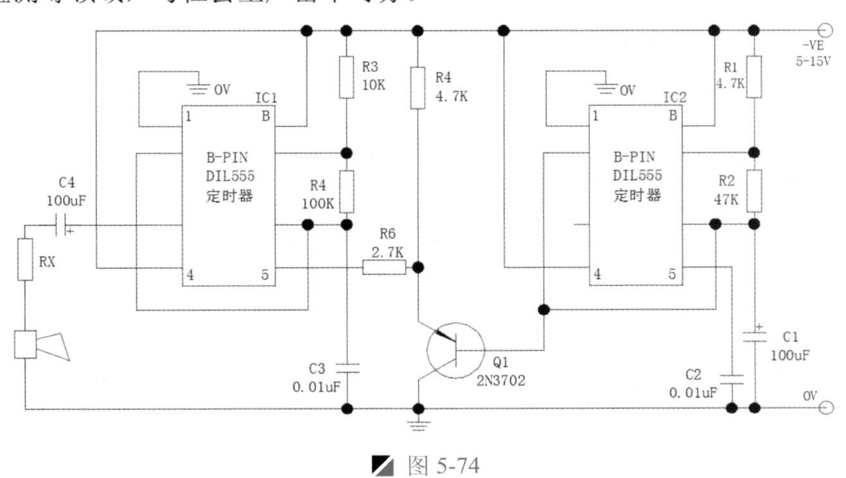

图 5-74

5.3.1 设置绘图环境

在绘制警笛报警器电路图时，首先要设置绘制环境，下面介绍绘制环境的设置步骤。

Step 01 启动 AutoCAD 2015 软件，在“快速入门”下的“样板”右侧单击“倒三角”按钮，再选择“无样板-公制”方法建立新文件。

Step 02 按<Ctrl+S>组合键保存该文件为“案例\05\警笛报警器电路图.dwg”文件。

Step 03 在“图层”面板中单击“图层特性”按钮，打开“图层特性管理器”，新建如图 5-75 所示的图层，然后将“导线”图层设为当前图层。

当前图层: Defpoints

状	名称	开.	冻结	锁...	颜色	线型	线宽	透明度	打印...	打.	新.	说明
	0				白	Continu...	—— 默认	0	Color_7			
✓	Defpoints				白	Continu...	—— 默认	0	Color_7			
	导线				白	ACAD_I...	—— 默认	0	Color_7			
	实体符号				白	ACAD_I...	—— 默认	0	Color_7			
	文字				白	ACAD_I...	—— 默认	0	Color_7			

图 5-75

5.3.2 绘制线路结构图

该电路图是由主线路和电气元件组成，下面介绍主连接线的绘制，由 AutoCAD 中的直线、偏移、修剪和删除等命令进行该图形的绘制。

Step 01 按<F8>键打开“正交”模式；执行“直线”命令（L），在视图中绘制一条长 560mm 的水平线段和一条长 275mm 的垂直线段，使水平线段的左端点与垂直线段下端点重合，如图 5-76 所示。

Step 02 执行“偏移”命令（O），将绘制的水平线段向上各偏移 135mm、140mm，如图 5-77 所示。

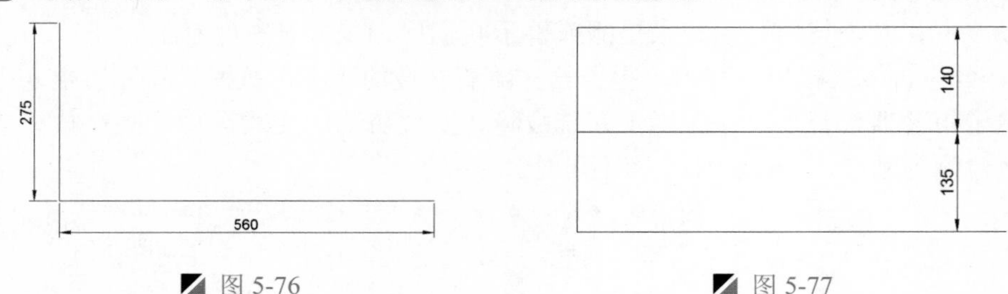

图 5-76　图 5-77

Step 03 执行“偏移”命令（O），将绘制的垂直线段向右各偏移 50mm、175mm、50mm 的距离，如图 5-78 所示。

Step 04 执行“修剪”命令（TR），修剪掉多余的对象，如图 5-79 所示。

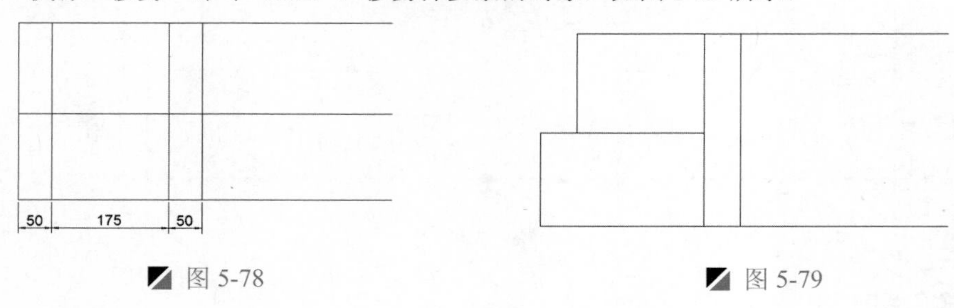

图 5-78　图 5-79

5.3.3 绘制电气元件符号

前面已经绘制了原理图的线路结构，下面将绘制电气元件，该电路图是由电喇叭、定时器、三极管、电阻、电容、接地等多种电气元件组成，可借用第 3 章的电气元件符号，再由 AutoCAD 中的矩形、直线、圆、插入块、移动、复制、偏移、拉伸、修剪和删除等命令绘制其他符号，其操作步骤如下。

Step 01 在“图层控制”下拉列表中，选择“实体符号”图层设为当前图层。

Step 02 执行“直线”命令（L），在视图任意处绘制一条长 10mm 的垂直线段，如图 5-80 所示。

Step 03 执行“直线”命令（L），捕捉垂线段的下端点作为直线的起点，向右绘制一条长 4mm 的水平线段，如图 5-81 所示。

Step 04 执行“偏移”命令（O），将水平线段向下各偏移 3mm 的距离，如图 5-82 所示。

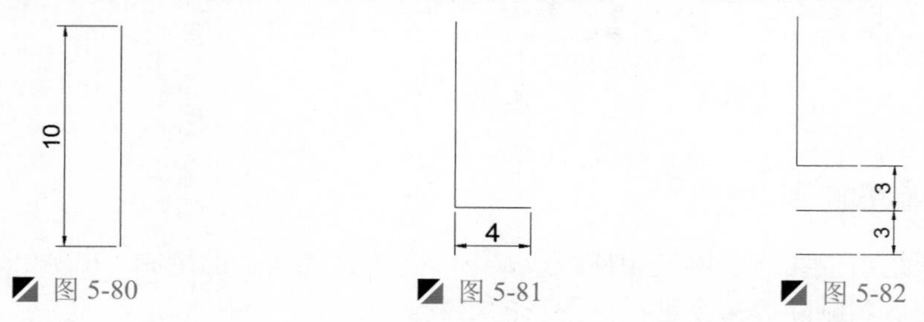

图 5-80　图 5-81　图 5-82

Step 05　将偏移的水平线段利用钳夹功能拉长，将第一条水平线段向右拉长 4mm，将第二条水平线段向右拉长 2mm，如图 5-83 所示。

Step 06　执行“镜像”命令（MI），将这三条水平线段以垂直线段两端点作为镜像的第一端点和第二端点，进行水平镜像复制操作，从而完成接地符号的绘制，如图 5-84 所示。

图 5-83　　图 5-84

Step 07　执行“写块”命令（W），弹出“写块”对话框，按照如图 5-85 所示的步骤进行操作，将绘制的“接地符号”保存到“案例\03”文件夹下面，以方便以后绘图时调用。

注意：外部图块的存储

在 AutoCAD 中，用户可以将图块进行存盘操作，从而能在以后在任何一个文件中使用。执行“WBLOCK”命令可以将块以文件的形式写入磁盘，其快捷键为“W”。

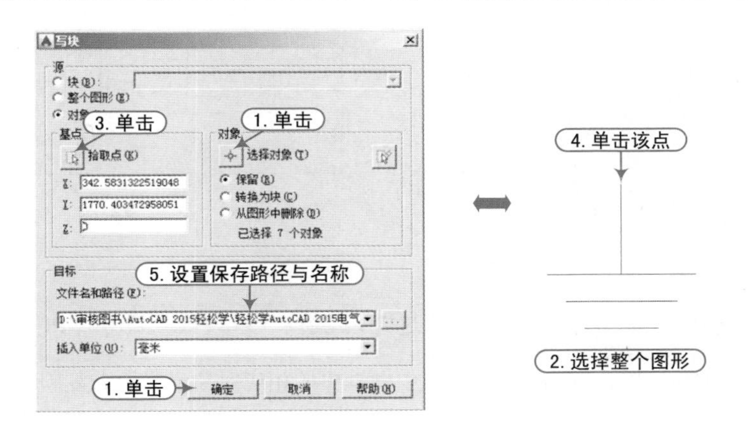

图 5-85

Step 08　执行“插入块”命令（I），分别将“案例\03”文件夹下面的“电阻”、“电容”、“电喇叭”和“三极管”插入视图中，插入的图形依次如图 5-86～图 5-89 所示。

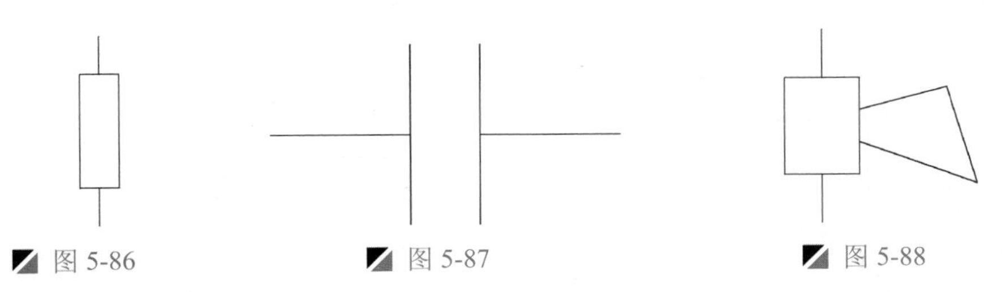

图 5-86　　图 5-87　　图 5-88

Step 09 执行“圆”命令（C），捕捉插入的“三极管”垂直直线的中点作为圆心，绘制半径为 20mm 的圆对象，如图 5-90 所示。

图 5-89　　图 5-90

5.3.4 组合图形

将前面绘制好的电气符号和线路结构图，利用矩形、直线、复制、移动、旋转等命令将其进行组合，并根据该电路图的原理加上实心圆点。

Step 01 执行“矩形”命令（REC），在如图 5-91 所示的位置处绘制 65mm×130mm 的矩形。

Step 02 通过移动、复制、旋转和缩放等命令，将符号布置到相应位置，并绘制相应的导线以连接，效果如图 5-92 所示

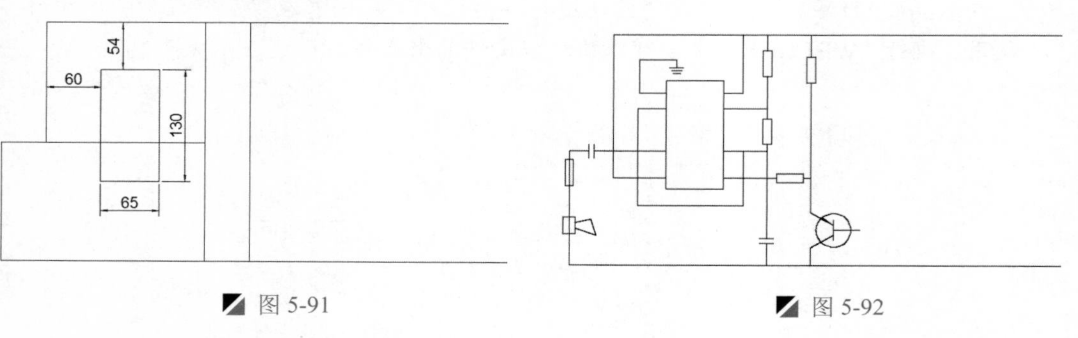

图 5-91　　图 5-92

技巧：线段绘制

在这里绘制线段时，除利用直线外还可以执行“多段线”命令（PL）来绘制线段。

Step 03 执行“复制”命令（CO），将图形中图框中的相应对象水平向右复制 285mm 的距离，如图 5-93 所示

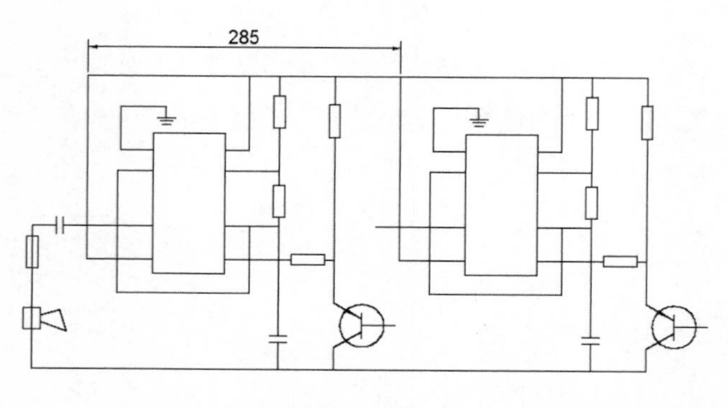

图 5-93

Step 04 使用修剪和删除命令，将复制后的对象进行相应的修剪删除操作，在相应的地方绘制导线连接；然后执行“复制”命令（CO）和“圆”命令（C），将接地、电容符号复制到相应位置处，并以导线连接，然后在右侧绘制相应的圆，如图 5-94 所示。

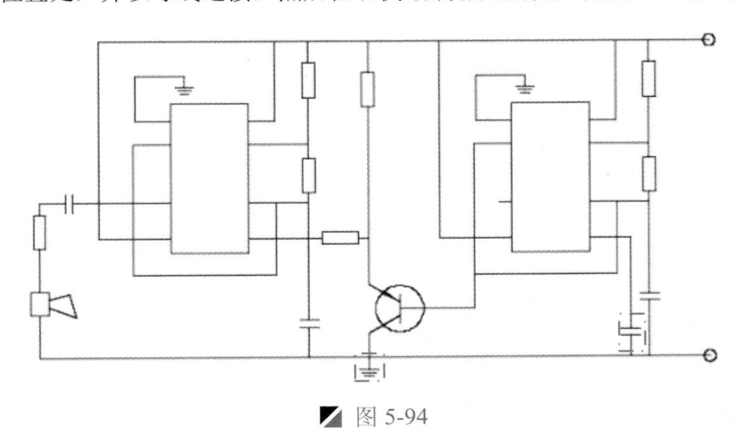

图 5-94

Step 05 根据警笛报警器电路图的工作原理，在适当的交叉点处加上实心圆，其效果如图 5-95 所示。

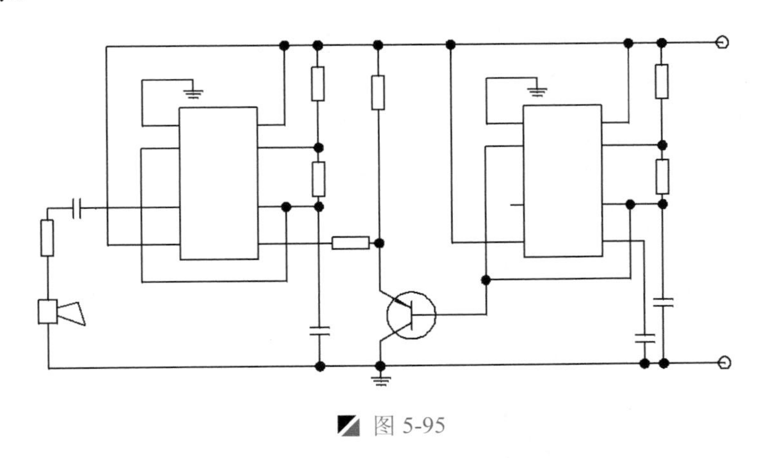

图 5-95

5.3.5 添加文字注释

前面已经完成了警笛报警器电路图的绘制，下面分别在相应位置处添加文字注释，利用“多行文字”命令进行操作。

Step 01 在“图层控制”下拉列表中，选择“文字”图层设为当前图层。

Step 02 选择“格式｜文字样式”菜单命令，在弹出的“文字样式”对话框下选择文字的样式为默认的“Standard”样式，设置字体为宋体，高度为 8，然后分别单击“应用”、“置为当前”和“关闭”按钮。

Step 03 执行“单行文字”命令（DT），在图中相应位置输入相关的文字说明，以完成警笛报警器电路图文字注释，完成最终效果如前图 5-96 所示。

Step 04 至此，该警笛报警器电路图的绘制已完成，按<Ctrl+S>组合键进行保存。

读书破万卷

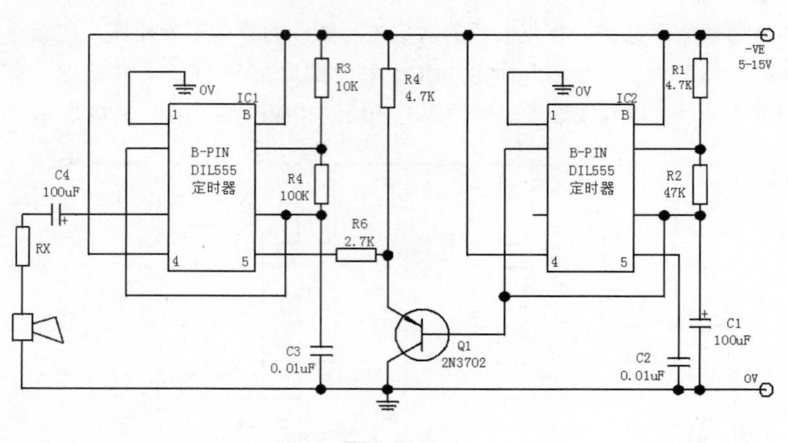

图 5-96

5.4 电动剃须刀电路图的绘制

案例	电动剃须刀电路图.dwg	视频	电动剃须刀电路图的绘制.avi	时长	12'15"

剃须刀是剃刮胡须的用具。属于自我服务型工具，多为成年男子使用。剃须刀可按结构分为安全刮脸刀、电动剃须刀、机械剃须刀 3 类，图 5-97 所示为电动剃须刀电路图。

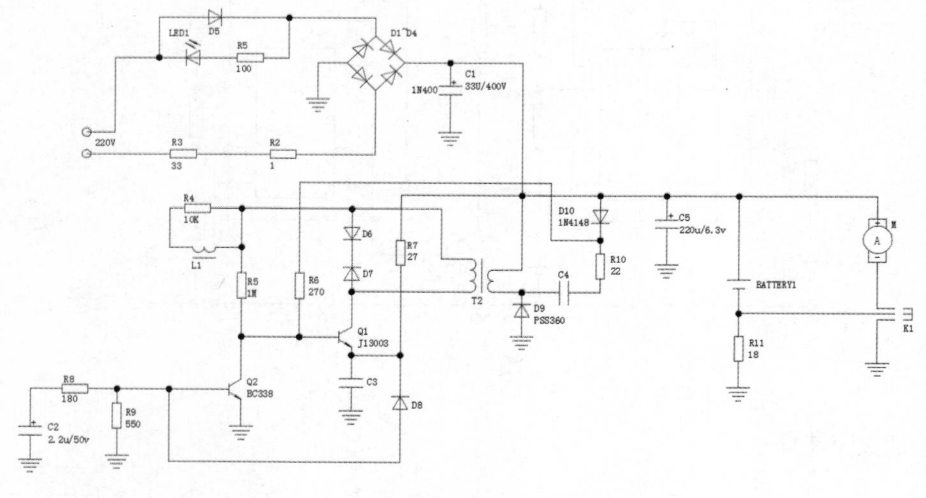

图 5-97

5.4.1 设置绘图环境

在绘制电动剃须刀电路图时，首先要设置绘制环境，下面介绍绘制环境的设置步骤。

Step 01 启动 AutoCAD 2015 软件，在“快速入门”下的“样板”右侧单击“倒三角”按钮，再选择“无样板-公制”方法建立新文件。

Step 02 按<Ctrl+S>组合键保存该文件为“案例\05\电动剃须刀电路图.dwg”文件。

Step 03 在“图层”面板中单击“图层特性”按钮，打开“图层特性管理器”，新建如图 5-98 所示的 3 个图层，然后将“导线”图层设为当前图层。

当前图层: Defpoints 搜索图层

状	名称	开.	冻结	锁...	颜色	线型	线宽	透明度	打印...	打.	新.	说明
	0				白	Continu...	—— 默认	0	Color_7			
✓	Defpoints				白	Continu...	—— 默认	0	Color_7			
	导线				白	ACAD_I...	—— 默认	0	Color_7			
	实体符号				白	ACAD_I...	—— 默认	0	Color_7			
	文字				白	ACAD_I...	—— 默认	0	Color_7			

图 5-98

5.4.2 绘制线路结构图

该电路图是由主线路和电气元件组成，下面介绍主连接线的绘制，由 AutoCAD 中的矩形、直线、旋转等命令进行该图形的绘制。

Step 01 按<F8>键打开“正交”模式；执行“直线”命令（L），按如图 5-99 所示的尺寸与方向绘制直线段。

Step 02 执行“矩形”命令（REC），在如图 5-100 所示的位置处绘制 16mm×16mm 的矩形。

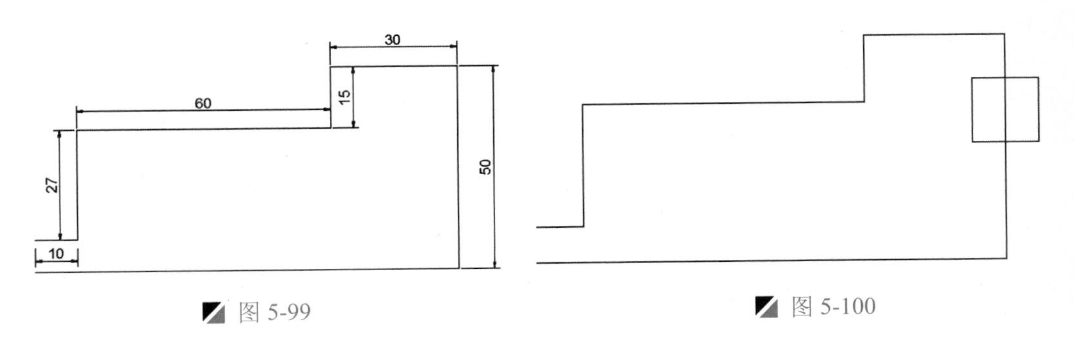

图 5-99　　图 5-100

Step 03 执行“旋转”命令（RO），将矩形对象进行 45° 的旋转操作，并将矩形内的线段修剪掉，如图 5-101 所示。

Step 04 执行“直线”命令（L），捕捉捕捉右侧角点作为直线的起点，绘制如图 5-102 所示的尺寸与方向的直线段对象。

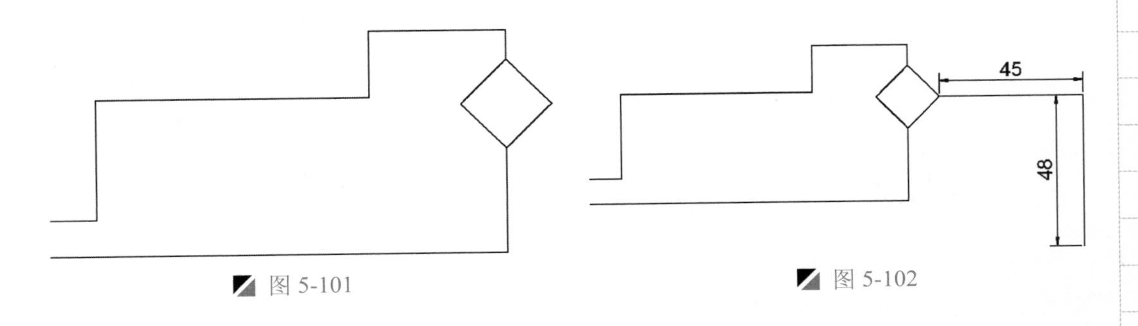

图 5-101　　图 5-102

5.4.3 绘制电气元件符号

前面已经绘制了该电路图的线路结构，下面将绘制电气元件，该电路图中是由继电器、二极管、三极管、发光二极管、电阻、电容、接地等多种电气元件组成，先借用第 3 章的电气元件符号，然后由AutoCAD中的矩形、直线、插入块、移动、复制、偏移、拉伸、修剪和删除等命令绘制其他符号，其操作步骤如下。

Step 01 在“图层控制”下拉列表中，选择“实体符号”图层设为当前图层。

Step 02 执行“插入块”命令（I），分别将“案例\03”文件夹下面的“二极管”、“发光二极管”、“电容”、“接地符号”、“电阻”和“三极管”文件插入视图中，图形依次如图5-103～图5-108所示。

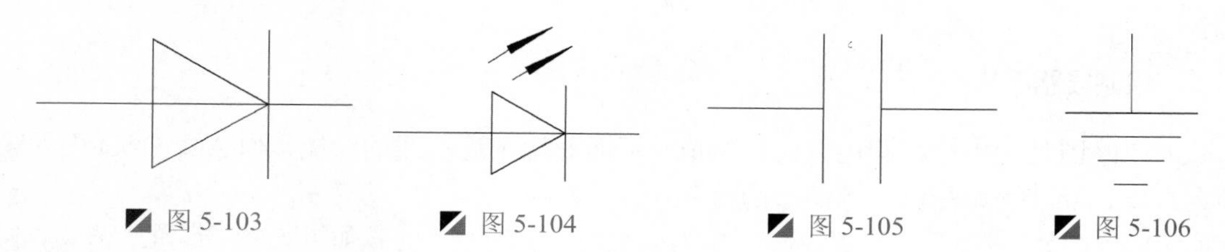

图5-103　图5-104　图5-105　图5-106

Step 03 执行“镜像”命令（MI），将插入的三极管符号进行垂直镜像操作，并删除源对象，如图5-109所示。

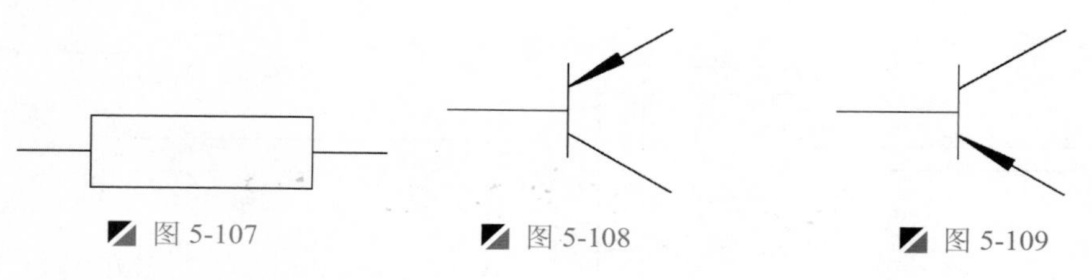

图5-107　图5-108　图5-109

软件知识：镜像时删除源对象

在执行“镜像”命令（MI）时，命令行会提示“要删除源对象吗？[是(Y)/否(N)] <N>:”，系统默认为“否（N）”即保留源对象，选择“是（Y）”即可将源对象删除。

Step 04 将箭头图形利用钳夹功能移动，选择箭头图形并用鼠标单击箭头上侧的端点作为移动点，然后将其移动到下侧斜线段下端点处并单击，从而完成箭头图形的移动，如图5-110所示。

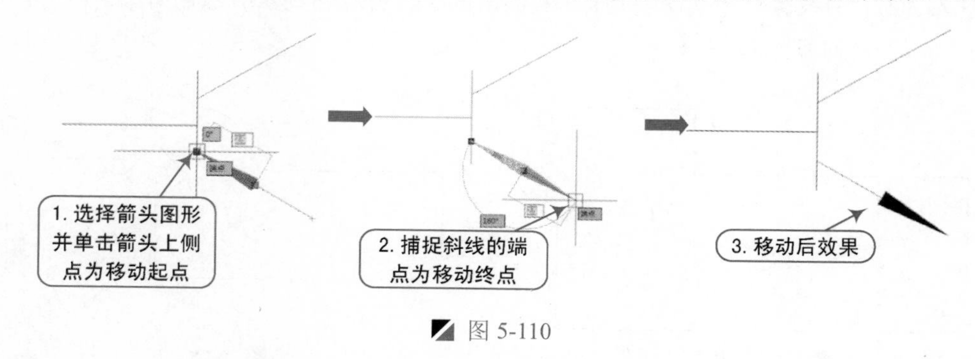

图5-110

Step 05 执行“插入块”命令（I），在“插入”对话框中，勾选“统一比例”和“分解”复选框，并设置旋转角度为90°，比例为1，将“案例\03\电感.dwg”文件插入视图中，如图5-111所示。

Step 06 执行“分解”命令（X），将插入的电感进行分解操作；再执行“删除”命令（E），将多余的圆弧进行删除操作，如图5-112所示。

Step 07 执行“直线”命令（L），过圆弧的端点进行直线连接操作，如图5-113所示。

图 5-111　　图 5-112　　图 5-113

Step 08　执行“移动”命令（M），将上一步绘制的垂直线段向左水平移动 4mm 的距离，如图 5-114 所示。

Step 09　执行“镜像”命令（MI），将右侧的三个圆弧以移动后的线段两端点作为镜像的第一端点和第二端点，进行水平镜像复制操作，从而完成电感符号，如图 5-115 所示。

图 5-114　　图 5-115

Step 10　执行“矩形”命令（REC），在视图中绘制 6mm×16mm 的矩形，如图 5-116 所示。

Step 11　执行“直线”命令（L），执行矩形的上下侧边的中点作为直线的起点，向外绘制长 4mm 的垂直线段，如图 5-117 所示。

Step 12　执行“插入块”命令（I），将“案例\03\电流表.dwg”文件插入如图 5-118 所示的位置处。

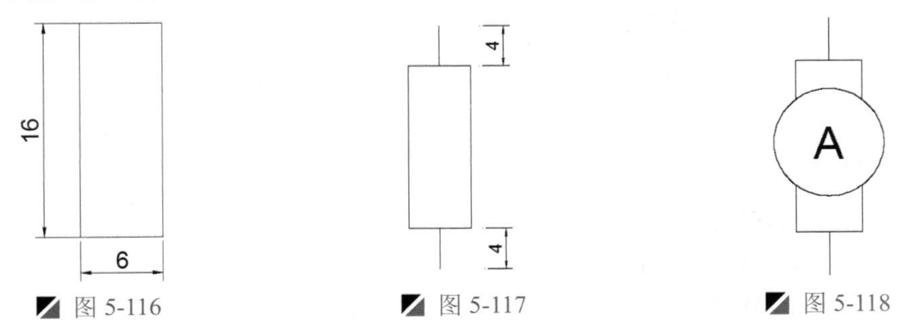

图 5-116　　图 5-117　　图 5-118

Step 13　执行“复制”命令（CO），将“接地”符号复制一份，如图 5-119 所示。

Step 14　执行“删除”命令（E），删除掉多余的对象，如图 5-120 所示。

Step 15　执行“直线”命令（L），捕捉下侧水平的中点，向下绘制一条长 5mm 的垂直线段，从而完成电池符号的绘制，如图 5-121 所示。

技巧：将“电池”符号写块

绘制完成“电池”符号以后，可执行“写块”命令（W），将该元件保存为“案例\03”文件夹下，以方便后面绘制图形时使用。

读书破万卷

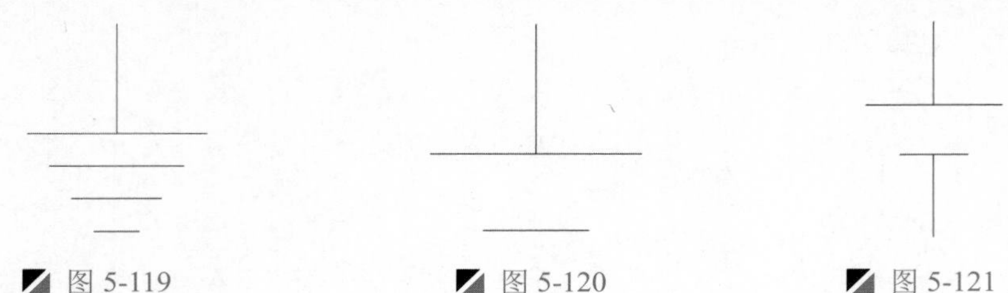

图 5-119　　图 5-120　　图 5-121

Step 16　执行“直线”命令（L），绘制一条长 12mm 的水平线段，一条长 4mm 的垂直线段，水平线段右侧端点与垂直线段上侧端点在同一个点上，如图 5-122 所示。

Step 17　执行“偏移”命令（O），将上一步绘制的水平线段向下各偏移 2mm，如图 5-123 所示。

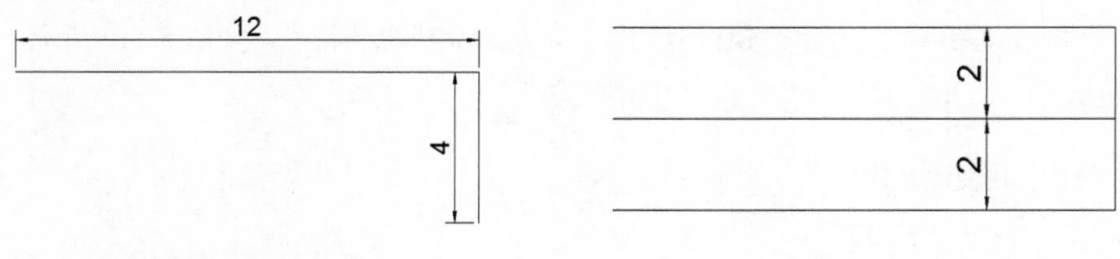

图 5-122　　图 5-123

Step 18　执行“偏移”命令（O），将垂直线段向左各偏移 3mm，如图 5-124 所示。

Step 19　执行“修剪”命令（TR）和“删除”命令（E），将多余的线段进行修剪并删除操作，如图 5-125 所示。

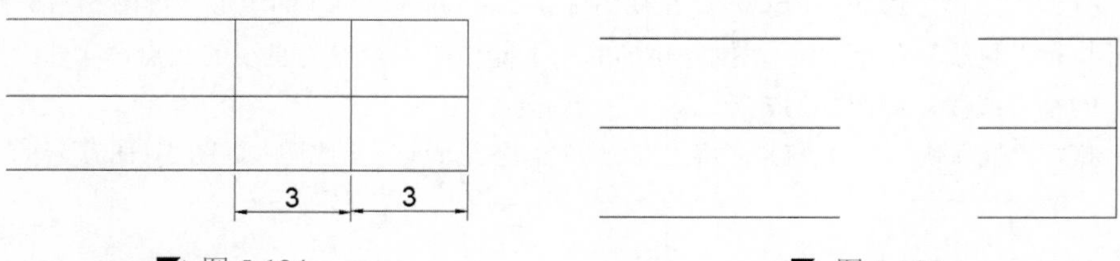

图 5-124　　图 5-125

5.4.4　组合图形

将前面绘制好的电气符号和线路结构图，利用直线、复制、移动、旋转等命令将其进行组合，并根据该电路图的原理加上实心圆点。

Step 01　使用复制、移动旋转、镜像、直线和圆等命令，将前面的元件符号进行布置，在进行符号放置时，根据放置位置绘制导线，然后在线段两端绘制圆，如图 5-126 所示。

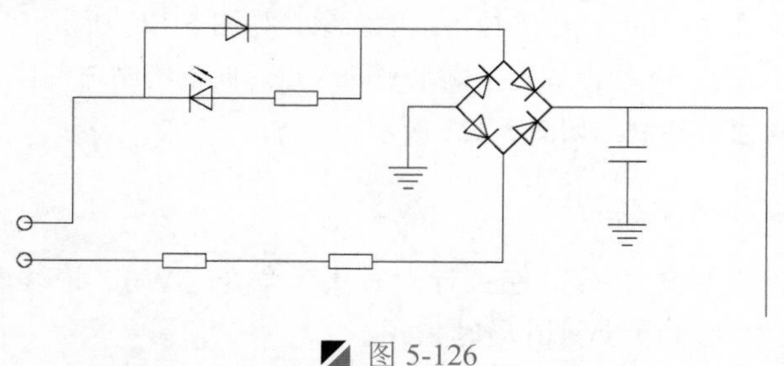

图 5-126

Step 02 执行“直线”命令（L），根据电气元件符号的放置位置绘制直线段，如图 5-127 所示。

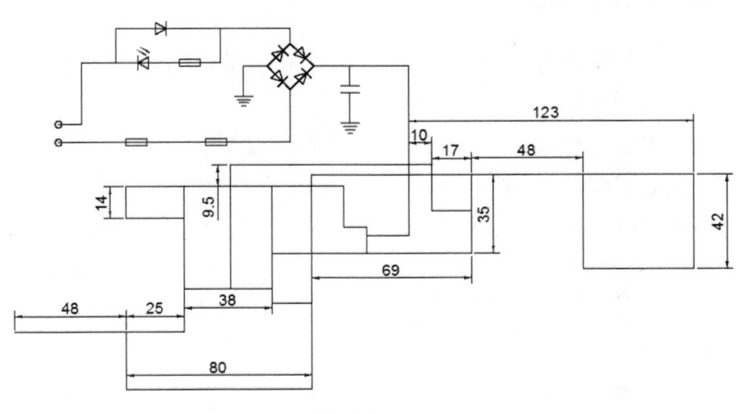

图 5-127

Step 03 再次使用复制、移动旋转、镜像、直线等命令，将前面的元件符号进行布置，如图 5-128 所示。

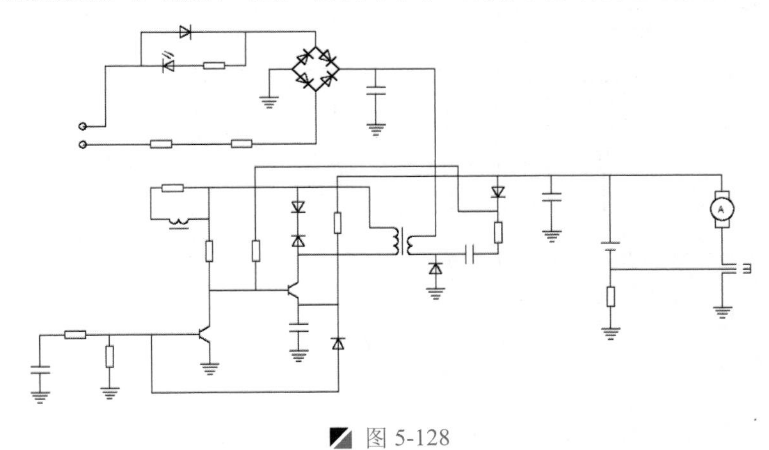

图 5-128

Step 04 根据电动剃须刀电路图的工作原理，在适当的交叉点处加上实心圆，其效果如图 5-129 所示。

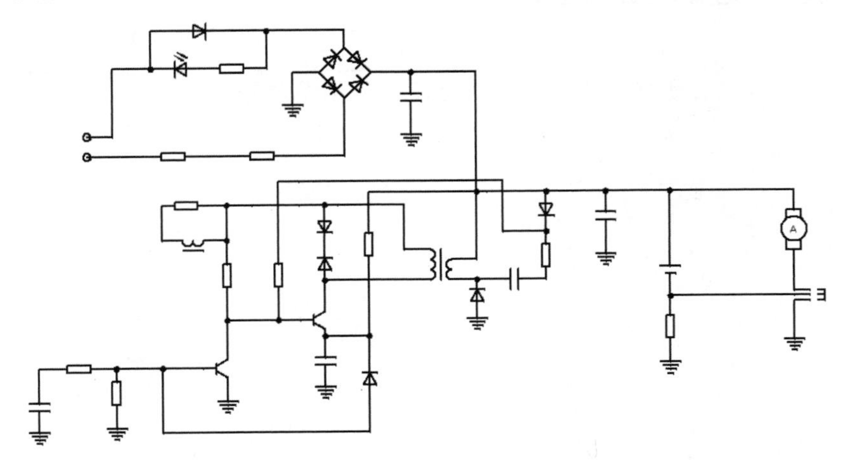

图 5-129

5.4.5 添加文字注释

前面已经完成了电动剃须刀电路图的绘制，下面分别在相应位置处添加文字注释，利用“多行文字”命令进行操作。

Step 01 在“图层控制”下拉列表中，选择“文字”图层设为当前图层。

Step 02 选择“格式丨文字样式”菜单命令，在弹出的“文字样式”对话框下选择文字的样式为默认的“Standard”样式，设置字体为宋体，高度为 3.5，然后分别单击“应用”、“置为当前”和“关闭”按钮。

Step 03 执行“单行文字”命令（DT），在图中相应位置输入相关的文字说明，以完成电动剃须刀电路图文字注释，最终效果如图 5-130 所示。

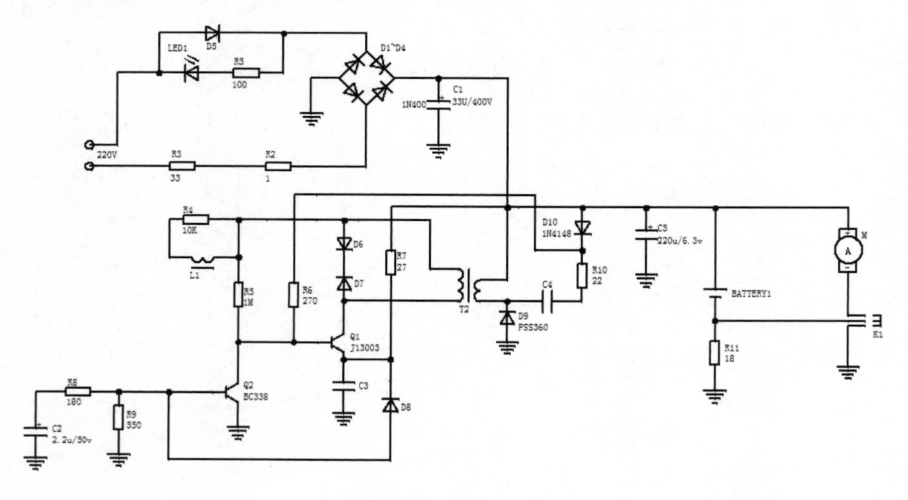

图 5-130

Step 04 至此，该电动剃须刀电路图的绘制已完成，按<Ctrl+S>组合键进行保存。

5.5 微波炉电路图的绘制

案例	微波炉电路图.dwg	视频	微波炉电路图的绘制.avi	时长	14'27"

如图 5-131 所示为微波炉电路图。该电路图中是由熔断器、开关、信号灯、电动机、发热管、断电器、高压变压器、二极管等多种电气元件组成。

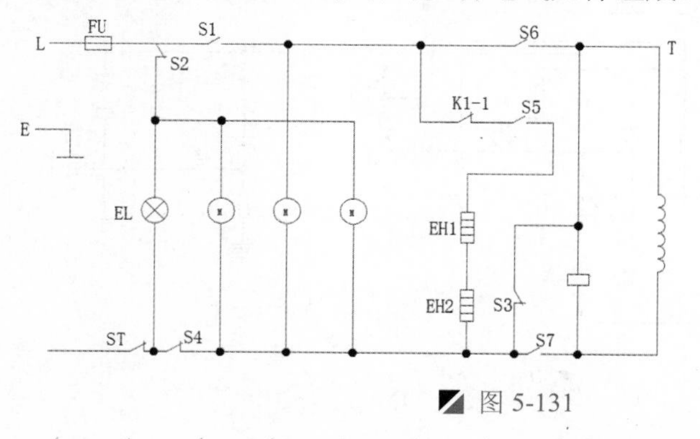

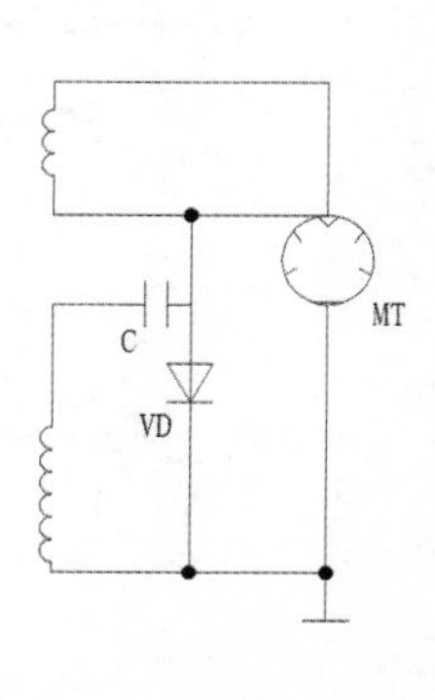

图 5-131

5.5.1 设置绘图环境

在绘制微波炉电路图时，首先要设置绘制环境，下面介绍绘制环境的设置步骤。

Step 01 启动 AutoCAD 2015 软件，在“快速入门”下的“样板”右侧单击“倒三角”按钮，再选择“无样板-公制”方法建立新文件。

Step 02 按<Ctrl+S>组合键保存该文件为“案例\05\微波炉电路图.dwg”文件。

Step 03 在“图层”面板中单击“图层特性”按钮，打开“图层特性管理器”，新建如图 5-132 所示的 3 个图层，然后将“导线”图层设为当前图层。

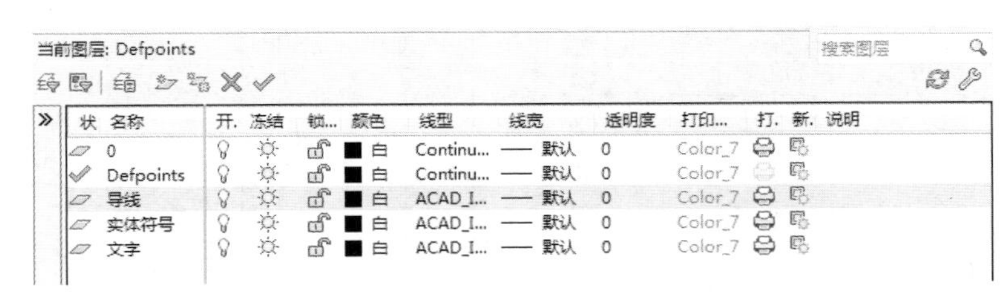

图 5-132

5.5.2 绘制线路结构图

该电路图是由主线路和电气元件组成，下面介绍主连接线的绘制，由 AutoCAD 中的矩形、偏移、分解、修剪和删除等命令进行该图形的绘制。

Step 01 执行“矩形”命令（REC），在视图中绘制 230mm×120mm 的矩形，如图 5-133 所示。

Step 02 按<F8>键打开“正交”模式；执行“分解”命令（X），将矩形对象进行分解操作。

Step 03 执行“偏移”命令（O），将矩形左侧垂直边向右各偏移如图 5-134 所示的距离。

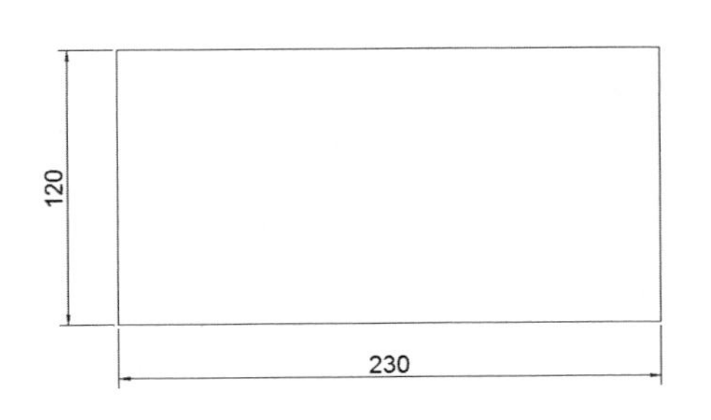

图 5-133

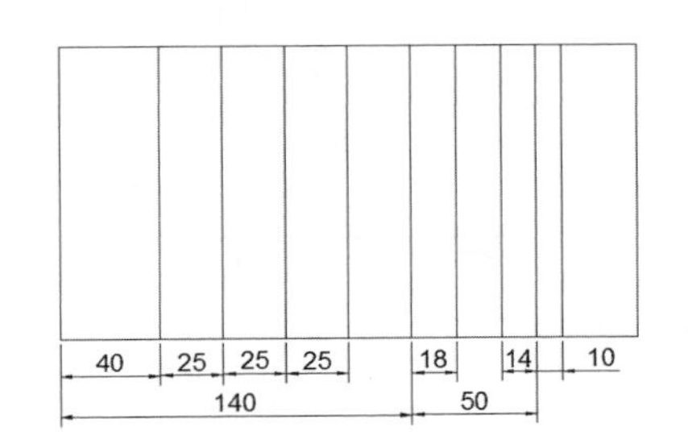

图 5-134

Step 04 执行“偏移”命令（O），将矩形上侧水平边向下各偏移如图 5-135 所示的距离。

Step 05 执行“修剪”命令（TR），将多余的线段进行修剪操作，如图 5-136 所示。

Step 06 执行“矩形”命令（REC），在上一步所形成的图形右侧绘制 60mm×110mm 的矩形，如图 5-137 所示。

Step 07 执行“分解”命令（X），将矩形对象进行分解操作； 再执行“偏移”命令（O），将矩形上侧水平边向下各偏移 30mm 和 20mm，将左侧垂直边向右偏移 30mm，如图 5-138 所示。

Step 08 执行“修剪”命令（TR），将多余的线段进行修剪操作，如图 5-139 所示。

读书破万卷

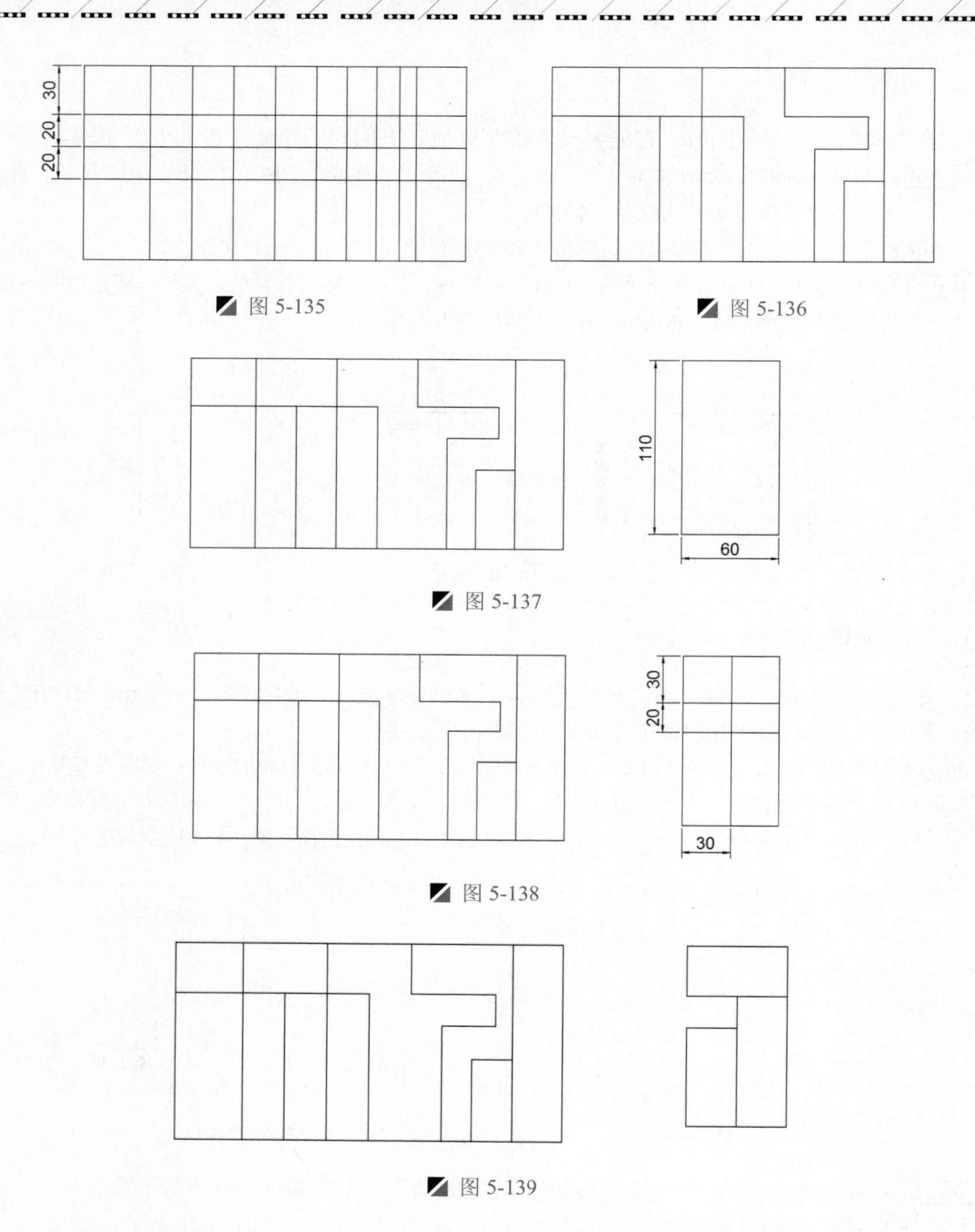

图 5-135

图 5-136

图 5-137

图 5-138

图 5-139

5.5.3 绘制电气元件符号

前面已经绘制了电路图的线路结构，下面将绘制电气元件，该图主要由熔断器、开关、信号灯、电动机、发热管、断电器、高压变压器、二极管等多种电气元件组成，先借用第 3 章的电气元件符号来进行操作，然后由 AutoCAD 中的矩形、直线、插入块、移动、复制、偏移、拉伸、修剪和删除等命令绘制其他符号。

Step 01 在“图层控制”下拉列表中，选择“实体符号”图层设为当前图层。

Step 02 执行“插入块”命令（I），将“案例\03”文件夹下面的“熔断器”、“灯”、“电容”、“二极管”文件插入图形中，依次如图 5-140～图 5-143 所示。

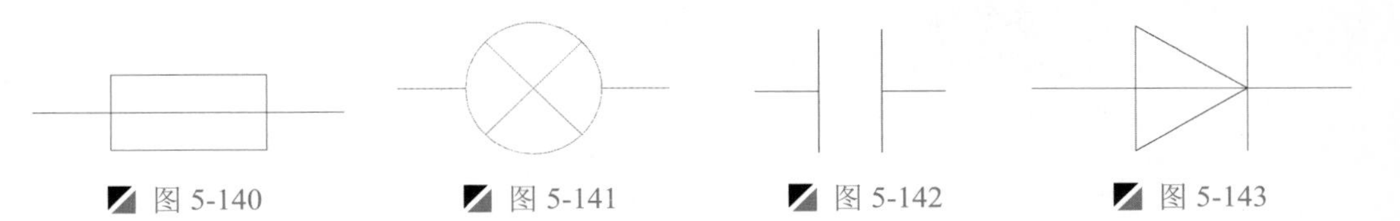

图 5-140　　图 5-141　　图 5-142　　图 5-143

Step 03 绘制“动断触点”，执行“直线”命令（L），在视图任意处绘制一条首尾相连的水平线段对象，其各线段均为 5mm，如图 5-144 所示。

Step 04 执行“旋转”命令（RO），将中间的水平线段向以左端点为基点，进行 30° 的旋转操作，从而完成单极开关符号的绘制，如图 5-145 所示。

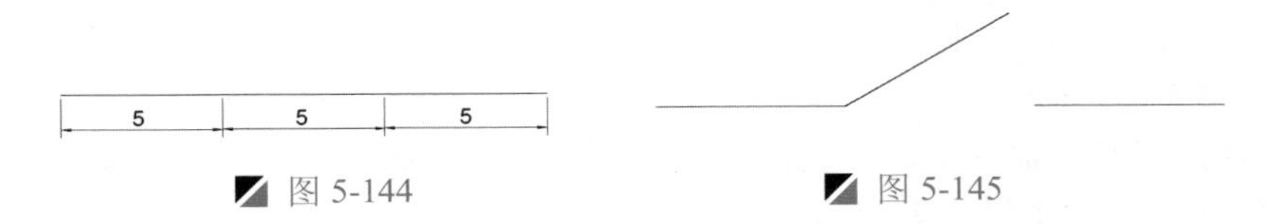

图 5-144　　图 5-145

Step 05 执行“复制”命令（CO），将绘制的“单极开关”符号复制一份，如图 5-146 所示。

Step 06 执行“直线”命令（L），在右侧水平线段的端点作为直线的起点，向上绘制一条长 4mm 的垂直线段，如图 5-147 所示。

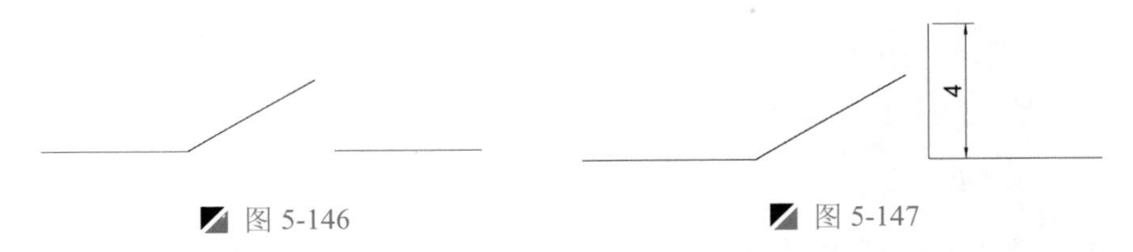

图 5-146　　图 5-147

Step 07 利用夹点编辑功能将旋转后的斜线段的上端点拉长 1.5mm 的距离，从而与另一条垂直线段相交，如图 5-148 所示。

Step 08 绘制“电动机”，执行“圆”命令（C），在视图任意处绘制半径为 5mm 的圆对象，如图 5-149 所示。

Step 09 执行“单行文字”命令（DT），在圆内输入文字“M”，设置文字高度为 2.5，如图 5-150 所示。

图 5-148　　图 5-149　　图 5-150

Step 10 绘制“石英发热管”，执行“矩形”命令（REC），在视图任意处绘制 12mm×5mm 的矩形，如图 5-151 所示。

Step 11 执行“分解”命令（X），将矩形对象进行分解操作；再执行“偏移”命令（O），将矩形左侧垂直边向右各偏移 3mm 的距离，如图 5-152 所示。

Step 12 执行“直线”命令（L），捕捉矩形左侧垂直边的中点作为直线的起点，向左侧绘制一条长 5mm 的水平线段，如图 5-153 所示。

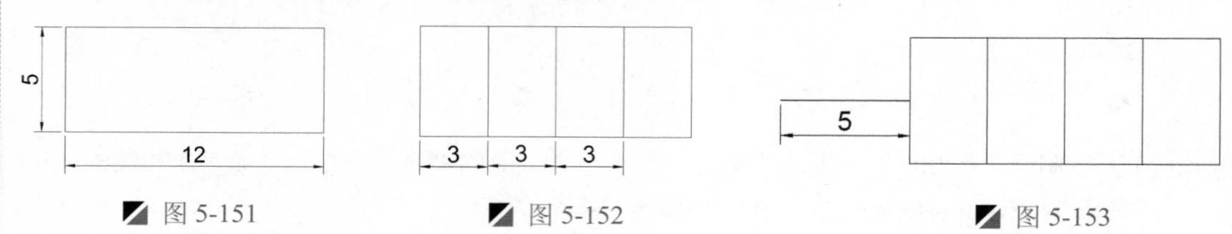

图 5-151　　图 5-152　　图 5-153

Step 13 执行“直线”命令（L），捕捉矩形右侧垂直边的中点作为直线的起点，向右侧绘制一条长 5mm 的水平线段，从而完成符号的绘制，如图 5-154 所示。

Step 14 绘制“断电器”，执行“矩形”命令（REC），在视图任意处绘制 4mm×8mm 的矩形，如图 5-155 所示。

Step 15 执行“直线”命令（L），捕捉矩形左、右侧垂直边的中点作为直线的起点，向外分别绘制长 5mm 的水平线段，从而完成符号的绘制，如图 5-156 所示。

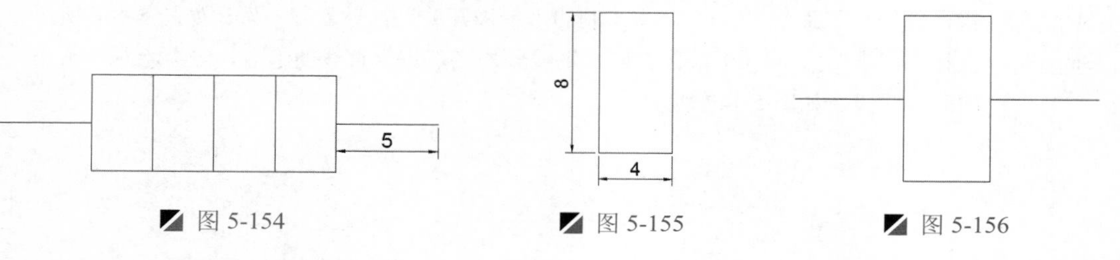

图 5-154　　图 5-155　　图 5-156

技巧：将“断电器”符号写块

在绘制好“断电器”元件以后，可执行“写块”命令（W），将其保存为“案例\03”文件夹下，以方便以后使用。

Step 16 绘制“高压变压器”，执行“圆”命令（C），在视图任意处绘制半径为 2.5mm 的圆对象，如图 5-157 所示。

Step 17 执行“阵列”命令（AR），将圆对象进行矩形阵列操作，设置行数为 1，列数为 6，列间距为 5，如图 5-158 所示。

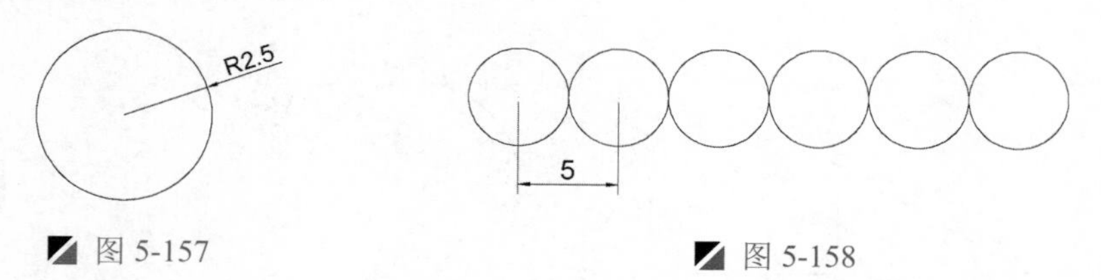

图 5-157　　图 5-158

技巧：线段绘制

在阵列圆弧图形时，还可以执行“复制”命令（CO）将圆进行复制操作，也可得到相同的效果。

Step 18 执行“直线”命令（L），捕捉最外侧两圆的象限点进行直线连接，如图 5-159 所示。

Step 19 执行“分解”命令（X），将阵列后的对象进行分解操作；再执行“修剪”命令（TR），将多余的对象进行修剪并删除操作，从而完成的绘制，如图 5-160 所示。

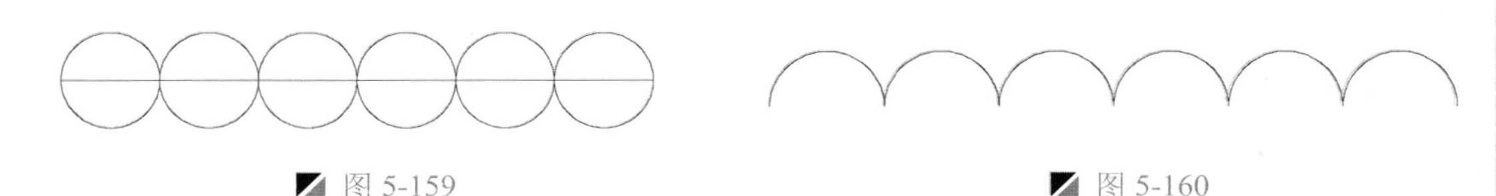

图 5-159　　图 5-160

Step 20 执行“圆”命令（C），在视图任意处绘制半径为 10mm 的圆对象，如图 5-161 所示。

Step 21 执行“直线”命令（L），捕捉圆的上下象限点进行直线连接，如图 5-162 所示。

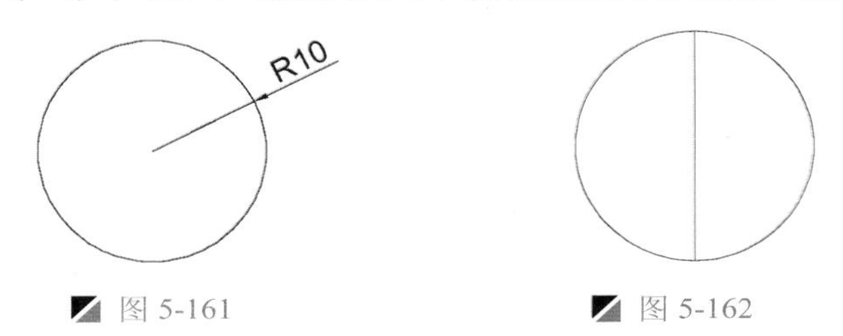

图 5-161　　图 5-162

Step 22 执行“直线”命令（L），在相应的位置处绘制 4 条线段，如图 5-163 所示。

Step 23 执行“镜像”命令（MI），将绘制 4 条线段以垂直线段的端点作为镜像的第一端点和第二端点，进行水平镜像复制操作，并删除垂直线段，如图 5-164 所示。

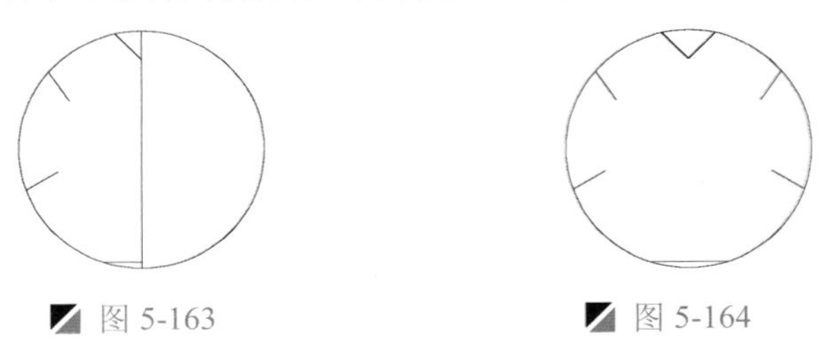

图 5-163　　图 5-164

5.5.4 组合图形

将前面绘制好的电气符号和线路结构图，利用复制、移动、旋转等命令将其进行组合，并根据该电路图的原理加上实心圆点。

Step 01 执行“复制”、“移动”、“旋转”和“缩放”等命令，将绘制好的电气元件符号放置到相应的放置，然后进行修剪、删除与直线连接，效果如图 5-165 所示。

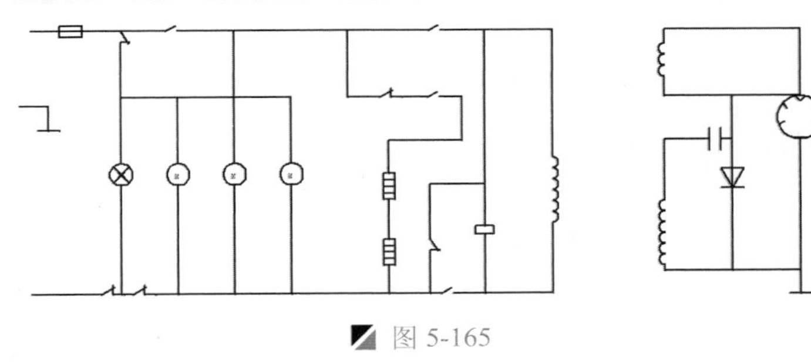

图 5-165

Step 02 根据微波炉电路图的工作原理，在适当的交叉点处加上实心圆，其效果如图 5-166 所示。

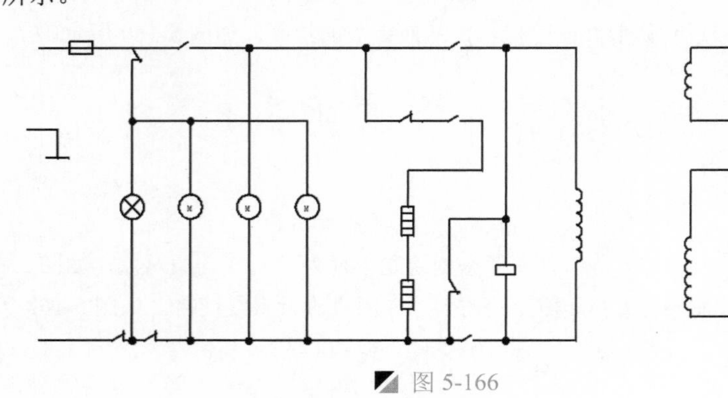

图 5-166

5.5.5 添加文字注释

前面已经完成了微波炉电路图的绘制，下面分别在相应位置处添加文字注释，利用“多行文字”命令进行操作。

Step 01 在“图层控制”下拉列表中，选择“文字”图层设为当前图层。

Step 02 选择“格式 | 文字样式”菜单命令，在弹出的“文字样式”对话框下选择文字的样式为默认的“Standard”样式，设置字体为宋体，高度为 5，然后分别单击“应用”、“置为当前”和“关闭”按钮。

Step 03 执行“多行文字”命令（MT），在图中相应位置输入相关的文字说明，以完成微波炉电路图文字注释，最终效果如图 5-167 所示。

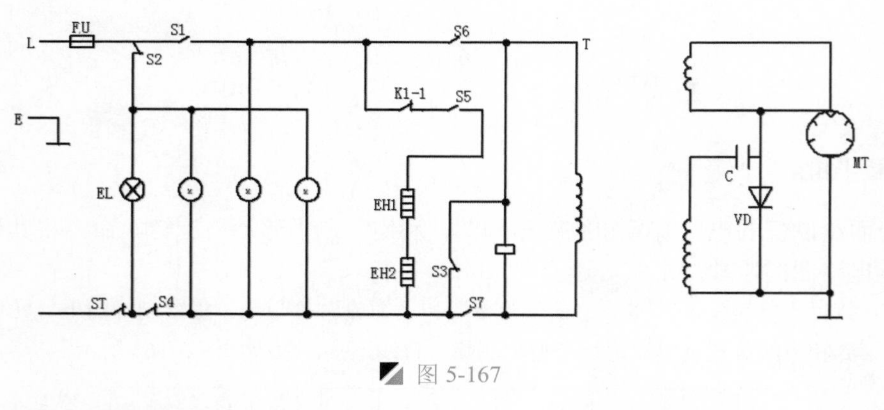

图 5-167

Step 04 至此，该微波炉电路图的绘制已完成，按<Ctrl+S>键进行保存。

5.6 无线遥控玩具车接收电路图的绘制

案例	无线遥控玩具车接收电路图.dwg	视频	无线遥控玩具车接收电路图的绘制.avi	时长	16'15"

如图 5-168 所示为无线遥控玩具车接收电路图。该电路图中是由电阻、电容、电感、三极管、单片机和电动机等多种电气元件组成。

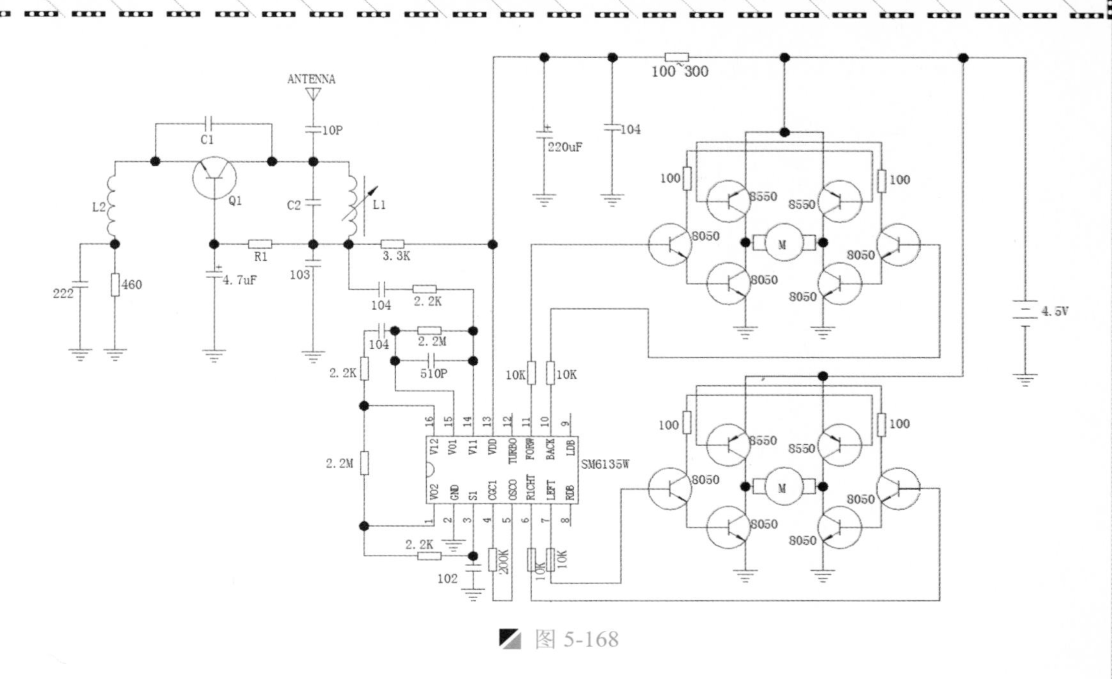

图 5-168

5.6.1 设置绘图环境

在绘制无线遥控玩具车接收电路图时，首先要设置绘制环境，下面介绍绘制环境的设置步骤。

Step 01 启动 AutoCAD 2015 软件，在“快速入门”下的“样板”右侧单击“倒三角”按钮，再选择“无样板-公制”方法建立新文件。

Step 02 按<Ctrl+S>组合键保存该文件为“案例\05\无线遥控玩具车接收电路图.dwg”文件。

Step 03 在“图层”面板中单击“图层特性”按钮，打开“图层特性管理器”，新建如图 5-169 所示的 3 个图层，然后将“导线”图层设为当前图层。

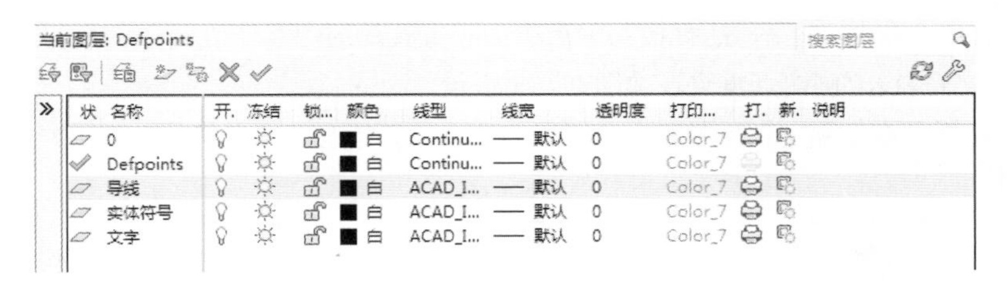

图 5-169

5.6.2 绘制线路结构图

该原理图是由主线路和电气元件组成，下面介绍主连接线的绘制，由 AutoCAD 中的直线命令进行该图形的绘制。

Step 01 按<F8>键打开“正交”模式；执行“直线”命令（L），按如图 5-170 所示的尺寸与方向绘制直线段。

Step 02 执行“直线”命令（L），按如图 5-171 所示的尺寸与方向绘制直线段。

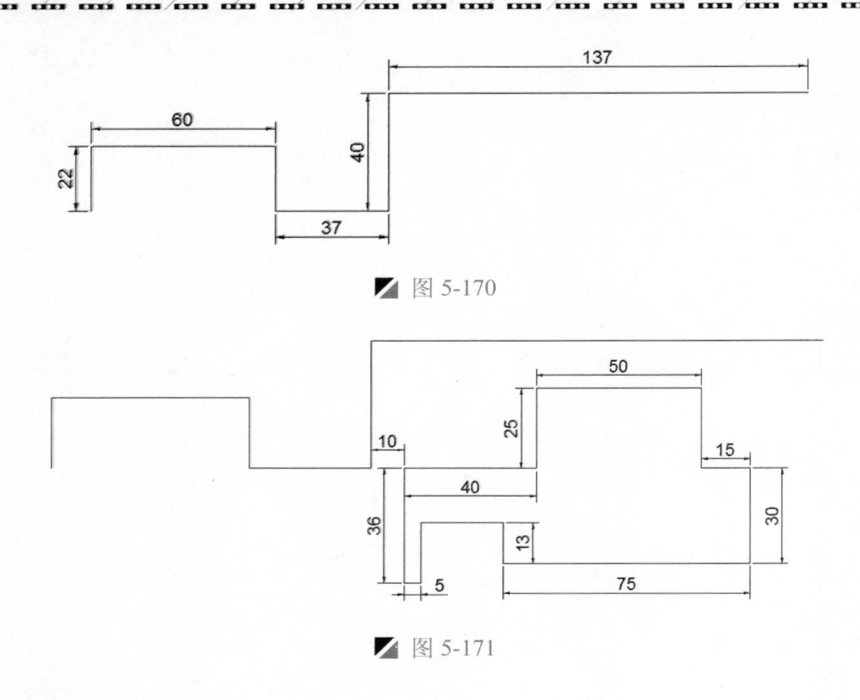

图 5-170

图 5-171

5.6.3 绘制电气元件符号

前面已经绘制了原理图的线路结构，下面将绘制电气元件，该图主要由电阻、电容、电感、三极管、单片机和电动机等多种电气元件组成，借用第 3 章的电气元件符号，然后由 AutoCAD 中的矩形、圆、直线、插入块、移动、复制、偏移、拉伸、修剪和删除等命令进行绘制。

Step 01 在“图层控制”下拉列表中，选择“实体符号”图层设为当前图层。

Step 02 执行“插入块”命令（I），将“案例\03\三极管.dwg”文件插入视图中，如图 5-172 所示。

Step 03 执行“镜像”命令（MI），将三极管对象进行垂直镜像复制操作，并删除源对象；再执行“圆”命令（C），捕捉插入图形中的垂直直线的中点作为圆心，绘制圆对象，使圆上的点与斜线上侧端点重合，如图 5-173 所示。

Step 04 将镜像后的对象，箭头图形方向利用钳夹功能，改变箭头的方向，如图 5-174 所示。

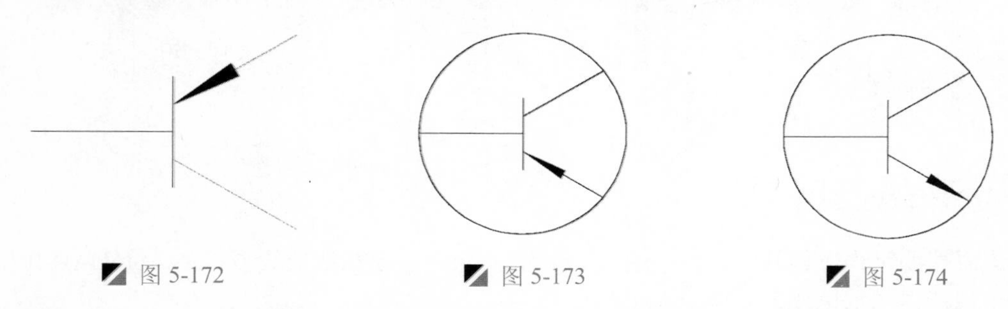

图 5-172　图 5-173　图 5-174

Step 05 执行“插入块”命令（I），将“案例\03”文件夹下面的“电阻”、“电容”、“接地符号”和“电池”插入视图中，依次如图 5-175～图 5-178 所示。

图 5-175　　图 5-176　　图 5-177　　图 5-178

Step 06 绘制“电动机”，执行“圆”命令（C），在视图任意处绘制半径为 5mm 的圆对象，如图 5-179 所示。

Step 07 执行“直线”命令（L），过圆心绘制一条长 16mm 的水平线段，使线段的中点与圆心重合，如图 5-180 所示。

Step 08 执行“偏移”命令（O），将上一步绘制的水平线段向上下各偏移 2mm，如图 5-181 所示。

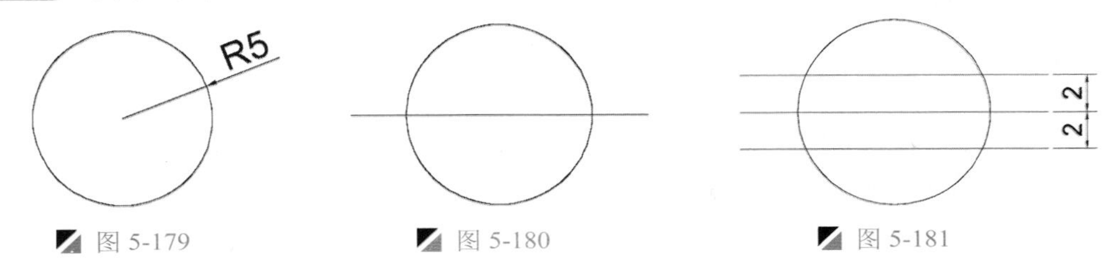

图 5-179　　图 5-180　　图 5-181

Step 09 执行“直线”命令（L），捕捉相应的点进行直线连接操作，如图 5-182 所示。

Step 10 执行“修剪”命令（TR），将多余的线段进行修剪并删除操作，如图 5-183 所示。

Step 11 执行“单行文字”命令（DT），在圆内输入“M”，设置文字高度为 2.5，如图 5-184 所示。

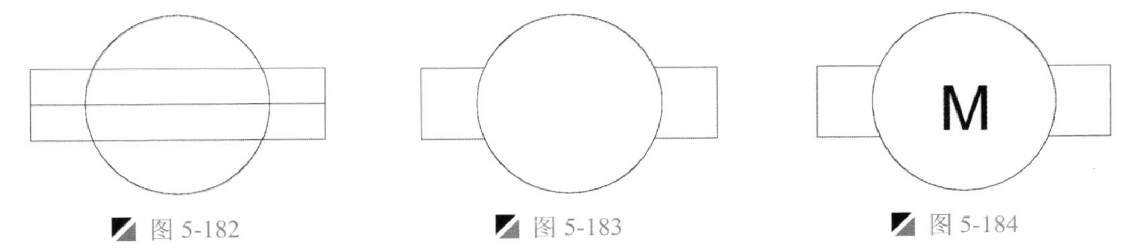

图 5-182　　图 5-183　　图 5-184

Step 12 绘制“单片机”，执行“矩形”命令（REC），在视图任意处绘制 18mm×39mm 的矩形，如图 5-185 所示。

Step 13 执行“圆”命令（C），捕捉矩形上侧水平边的中点作为圆的圆心，绘制半径为 2mm 的圆对象，并修剪掉矩形外侧的圆弧对象，如图 5-186 所示。

Step 14 执行“直线”命令（L），捕捉矩形右上角点作为直线的起点，向右绘制一条长 6mm 的水平线段，如图 5-187 所示。

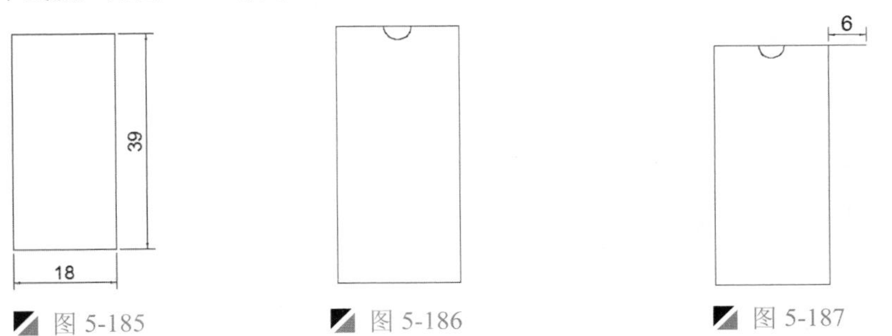

图 5-185　　图 5-186　　图 5-187

Step 15 执行“移动”命令（M），将上一步绘制的水平线段向下垂直移动 2mm，如图 5-188 所示。

Step 16 执行“偏移”命令（O），将移动后的水平线段向下各偏移 5mm 的距离，如图 5-189 所示。

Step 17 执行“镜像”命令（MI），将矩形右侧的 8 条水平线段进行水平镜像复制操作，如图 5-190 所示。

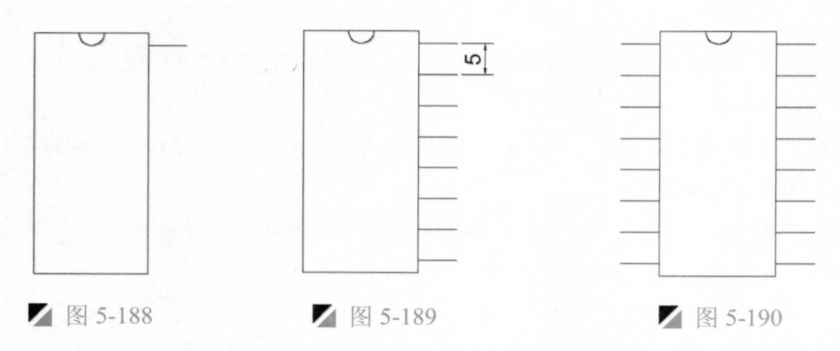

图 5-188　　图 5-189　　图 5-190

Step 18 执行“单行文字”命令（DT），在相应的位置处输入文字，并设置文字高度为 2，完成符号的绘制如图 5-191 所示。

Step 19 执行“多边形”命令（POL），绘制边长为 4mm 的正三角形对象，如图 5-192 所示。

Step 20 绘制“变压电感器”，执行“插入块”命令（I），在“插入”对话框中，将“案例\03\电感.dwg”文件设置旋转角度为 90°，比例为 1，插入视图中，如图 5-193 所示。

图 5-191　　图 5-192　　图 5-193

Step 21 执行“复制”命令（CO），将插入的“电感”复制一份；再执行“直线”命令（L），捕捉复制后的对象上下圆弧的端点进行直线连接操作，如图 5-194 所示。

Step 22 执行“移动”命令（M），将上一步绘制的垂直线段水平向左移动 4mm，如图 5-195 所示。

Step 23 执行“镜像”命令（MI），将插入的图形以移动后的线段作为镜像的第一端点和第二端点，进行水平镜像操作，并删除源对象，如图 5-196 所示。

Step 24 按<F10>键打开“极轴追踪”模式，并其设置追踪角度值为 45°。

Step 25 执行“多段线”命令（PL），捕捉右下侧点作为直线的起点，将光标向右上侧移动采用且极轴追踪的方式，待出现追踪角度值 45°，并且出现极轴追踪虚线时，输入斜线段的长度 10mm，根据命令行提示，指定下一点时，选择“宽度（W）”选项，设置起点宽度为 1，端点宽度为 0，长度为 3，按回车键完成多段线箭头图形对象，如图 5-197 所示。

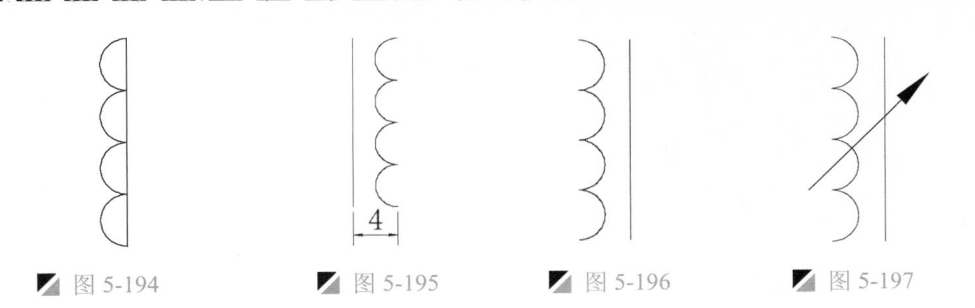

图 5-194　图 5-195　图 5-196　图 5-197

5.6.4 组合图形

将前面绘制好的电气符号和线路结构图，利用复制、移动、旋转等命令将其进行操作。

Step 01 执行“移动”命令（M）、“旋转”命令（RO）和“镜像”命令（MI），将变压电感器和单片机符号移动到如图 5-198 所示的位置处，并进行修剪操作。

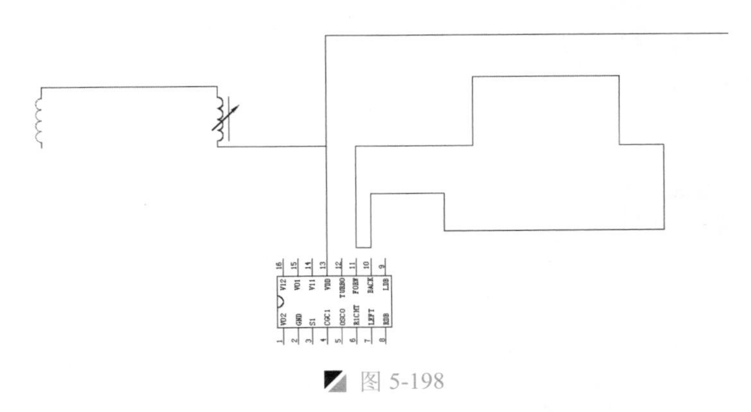

图 5-198

Step 02 然后使用移动、复制、旋转等命令，对其他相应符号进行放置，并根据放置位置绘制导线，然后再进行修改，如图 5-199 所示。

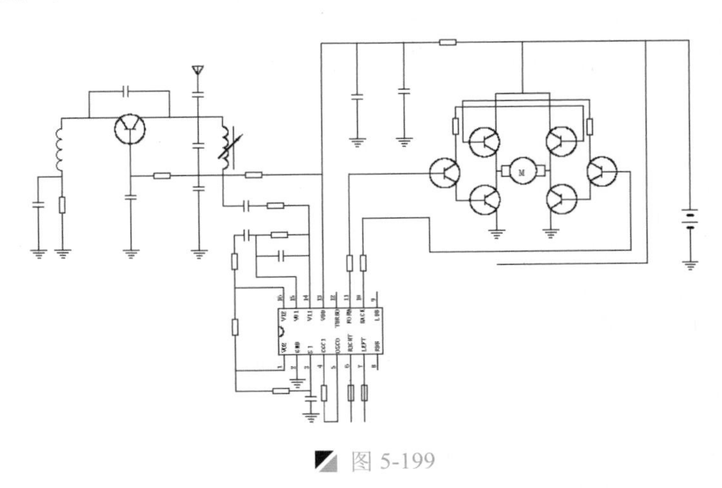

图 5-199

Step 03 执行“复制”命令（CO），将右上侧内的所有对象水平向下复制到如图 5-200 所示的位置，并进行相应的导线连接。

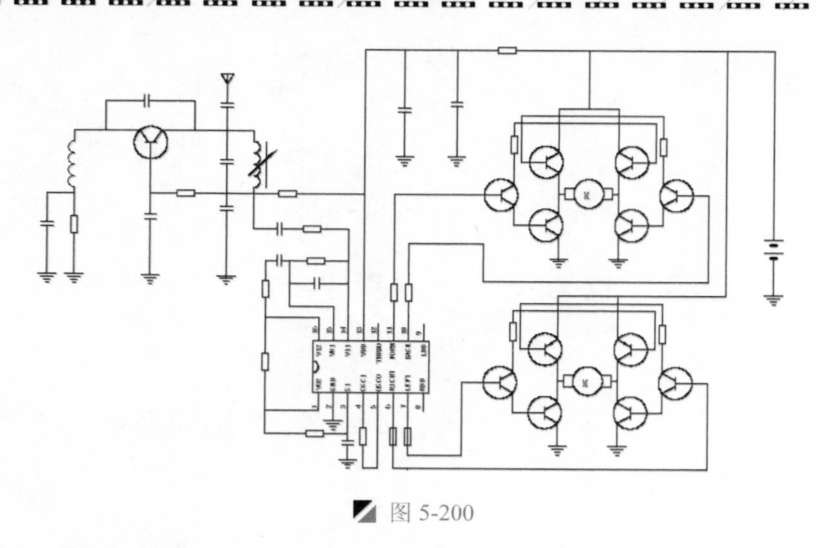

图 5-200

Step 04 根据无线遥控玩具车接收电路图的工作原理，在适当的交叉点处加上实心圆，其效果如图 5-201 所示。

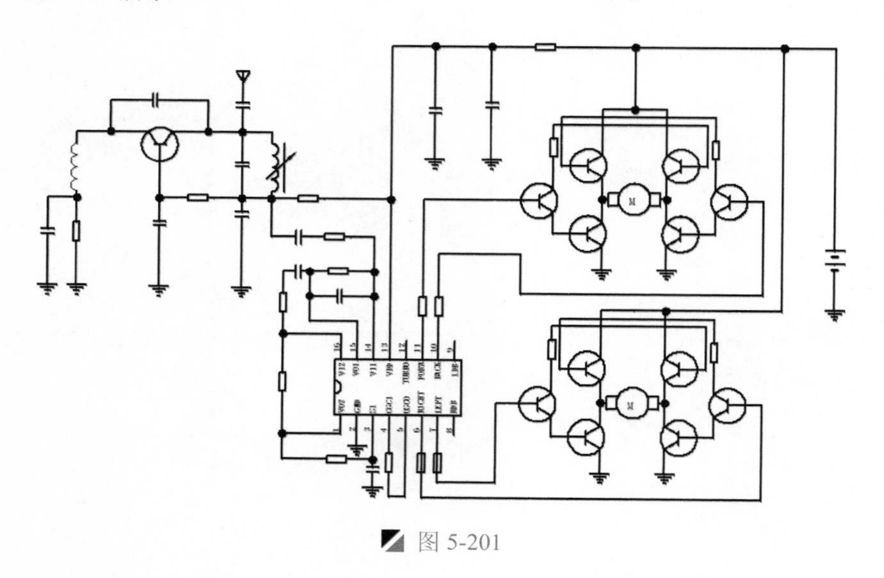

图 5-201

5.6.5 添加文字注释

前面已经完成了无线遥控玩具车接收电路图的绘制，下面分别在相应位置处添加文字注释，利用“多行文字”命令进行操作。

Step 01 在“图层控制”下拉列表中，选择“文字”图层设为当前图层。

Step 02 选择“格式｜文字样式”菜单命令，在弹出的“文字样式”对话框下选择文字的样式为默认的“Standard”样式，设置字体为宋体，高度为 3，然后分别单击“应用”、“置为当前”和“关闭”按钮。

Step 03 执行“单行文字”命令（DT），在图中相应位置输入相关的文字说明，以完成无线遥控玩具车接收电路图文字注释，最终效果如前图 5-202 所示。

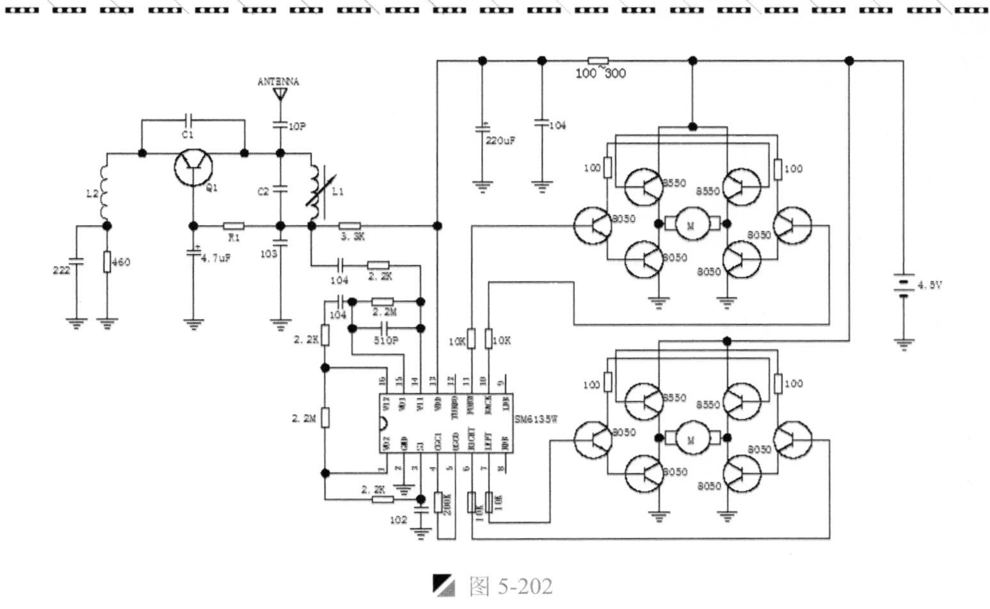

图 5-202

Step 04　至此，该无线遥控玩具车接收电路图的绘制已完成，按<Ctrl+S>组合键进行保存。

读书破万卷

6 机械电气工程图的绘制

本章导读

随着工业的发展，零件加工由以前的手工、半自动加工变成了全自动加工，进一步促进了机械与电气的统一，机械电器也成为电气工程的一个重要组成部分。

本章通过几个相关的实例，学习绘制机械电气图的一般绘制方法和技巧。

本章内容

- C6140 普通车床电气线路图的绘制
- 异步电动机串极调整原理图的绘制
- B690 型刨床电气线路图的绘制
- 电动机控制电路图的绘制
- 粉碎机电气线路图的绘制
- 混凝土搅拌机电气线路图的绘制

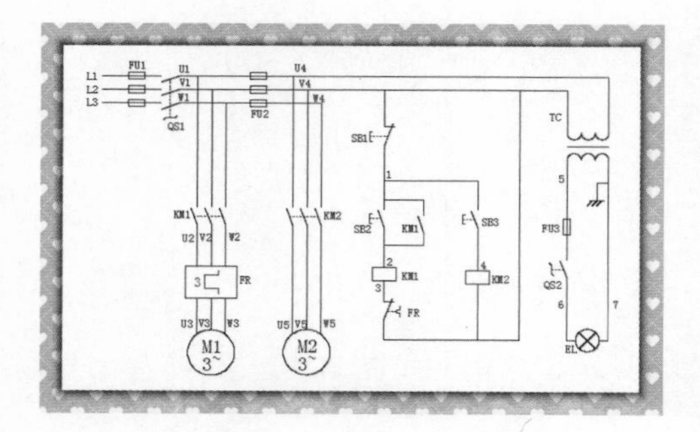

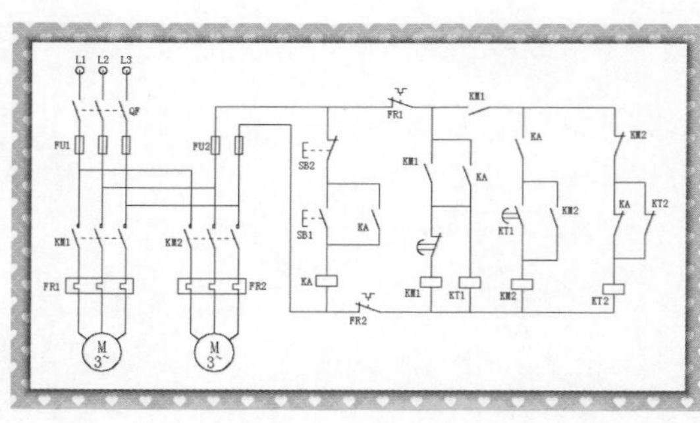

6.1 C6140 普通车床电气线路图的绘制

案例 .C6140 普通车床电气线路图.dwg　视频 C6140 普通车床电气线路图的绘制.avi　时长 16'13"

如图 6-1 所示为 C6140 普通车床电气线路图。该电路图中是由熔断器、电感、继电器、连接片、接机壳、电动机、多种开关等多种电气元件组成。

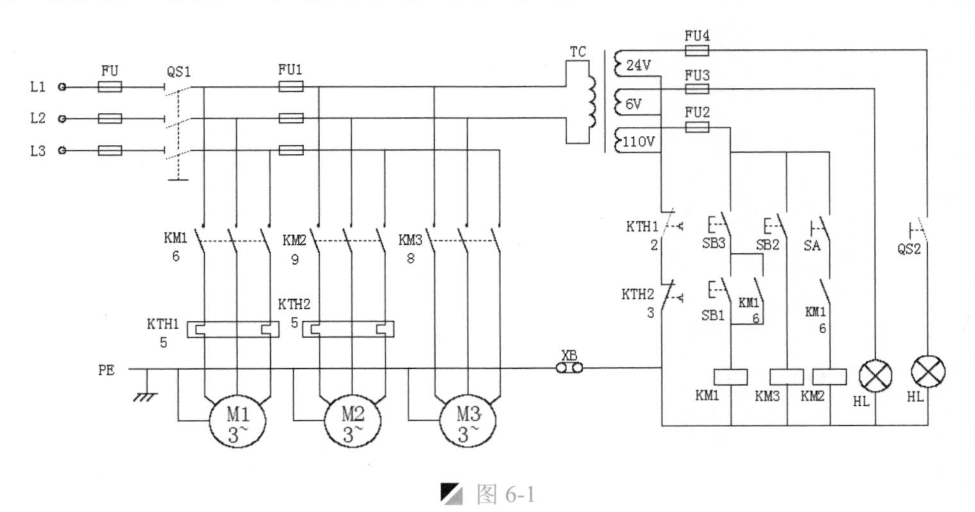

图 6-1

6.1.1 设置绘制环境

在绘制 C6140 普通车床电气线路图时，首先要设置绘制环境，下面介绍绘制环境的设置步骤。

Step 01 启动 AutoCAD 2015 软件，按<Ctrl+S>组合键保存该文件为“案例\06\C6140 普通车床电气线路图.dwg”文件。

Step 02 在“图层”面板中单击“图层特性”按钮，打开“图层特性管理器”，新建如图 6-2 所示的 3 个图层，然后将“导线”图层设为当前图层。

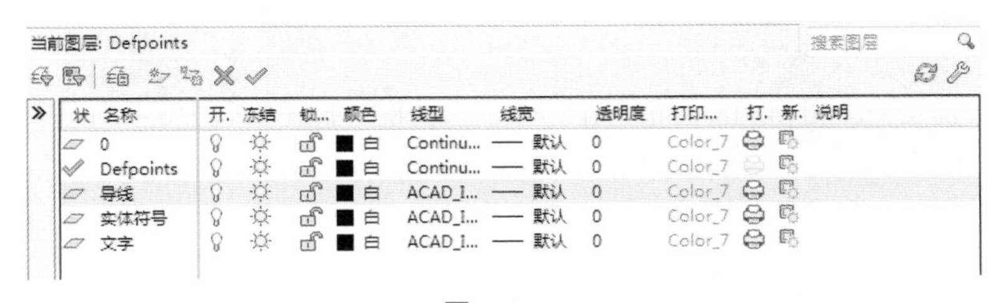

状	名称	开.	冻结	锁...	颜色	线型	线宽	透明度	打印...	打.	新.	说明
	0				白	Continu...	—— 默认	0	Color_7			
✓	Defpoints				白	Continu...	—— 默认	0	Color_7			
	导线				白	ACAD_I...	—— 默认	0	Color_7			
	实体符号				白	ACAD_I...	—— 默认	0	Color_7			
	文字				白	ACAD_I...	—— 默认	0	Color_7			

图 6-2

6.1.2 绘制主连接线

该线路图是由主线路和电气元件组成，下面介绍主连接线的绘制，由 AutoCAD 中的多段线命令进行该图形的绘制。

Step 01 按<F8>键打开“正交”模式；执行“多段线”命令（PL），绘制如图 6-3 所示多段线对象。

Step 02 按<空格键>执行上一步多段线命令，继续绘制如图 6-4 所示多段线对象。

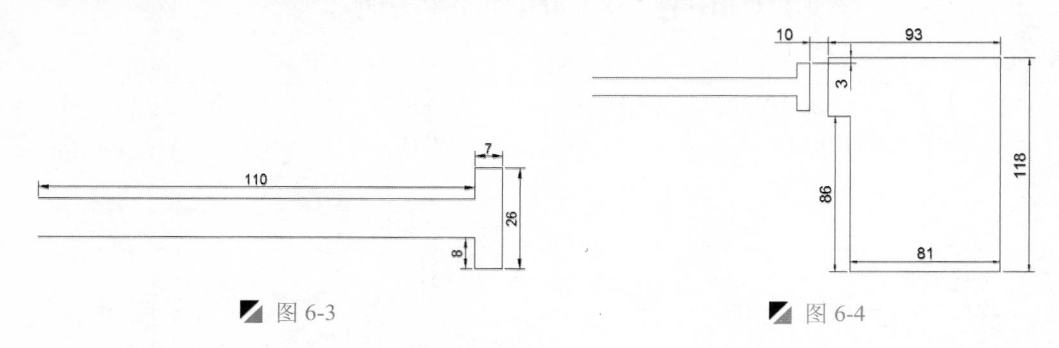

图 6-3　　图 6-4

技巧：线段的多种绘制法

> 在这里绘制线段时，除了利用多段线外，还可以执行“直线”命令（L）来绘制线段，绘制时首尾相连即可。

6.1.3 绘制电气元件符号

绘制完了线路图的主连接线结构，下面将绘制电气元件，该图主要由熔断器、电感、继电器、连接片、接机壳、电动机、多种开关等多种电气元件组成。

1. 绘制开关符号

下面介绍开关符号的绘制，调用第 3 章的相应电气符号，然后在此基础上绘制相应的开关符号。

Step 01 在“图层控制”下拉列表中，选择“实体符号”图层设为当前图层。

Step 02 执行“插入块”命令（I），将“案例\03\常开按钮开关.dwg”文件插入视图中，如图 6-5 所示。

Step 03 执行“复制”命令（CO），将插入的常开按钮开关复制一份；再执行“删除”命令（E），将复制后的对象中的多余线段进行删除掉，从而完成手动开关符号的绘制，如图 6-6 所示。

图 6-5　　图 6-6

Step 04 执行“复制”命令（CO），将上一步完成的手动开关符号复制一份，再将复制后的开关对象向右侧水平复制 10mm 和 20mm 的距离，并进行相应的延伸操作，如图 6-7 所示。

Step 05 执行“直线”命令（L），绘制三条均为 2mm 长的水平线段，如图 6-8 所示形成三极隔离开关符号。

Step 06 执行“插入块”命令（I），在“插入”对话框中，勾选“统一比例”和“分解”复选框，并设置旋转角度为 90°，比例为 1，将"案例\03\单极开关.dwg"文件插入视图中，如图 6-9 所示。

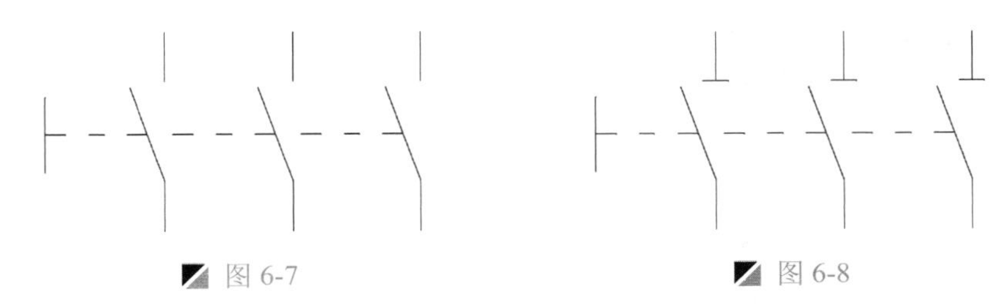

图 6-7　　图 6-8

Step 07 执行"复制"命令（CO），将插入的"单极开关"复制一份；再执行"圆"命令（C），用 2 点绘制方法，捕捉复制后的对象上侧垂直线段的下端点作为圆的起点，绘制直径为 1.6mm 的圆对象，如图 6-100 所示。

Step 08 执行"修剪"命令（TR），将多余的圆弧进行修剪，如图 6-11 所示。

Step 09 执行"复制"命令（CO），将对象向右侧水平复制 10mm 和 20mm 的距离，如图 6-12 所示。

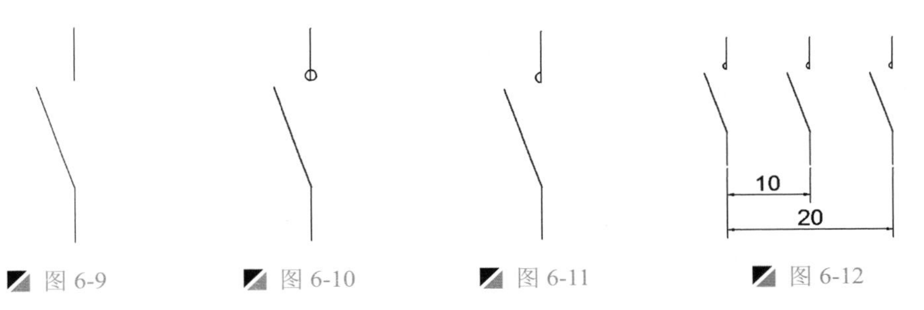

图 6-9　　图 6-10　　图 6-11　　图 6-12

Step 10 执行"直线"命令（L），捕捉斜线段的中点绘制一条水平线段，如图 6-13 所示。

Step 11 选择上一步绘制的水平线段，然后单击" 默认"标签下的"特性"面板中单击"线型"的下拉菜单，选择"ACAD-ISO03W100"作为这条水平线段的线型，如图 6-14 所示形成三极接触器效果。

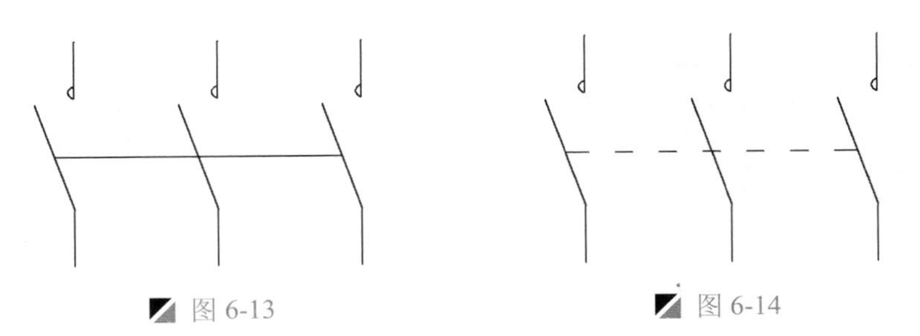

图 6-13　　图 6-14

技巧：线型比例设置

如果所设置的线段样式不能显示出来，可在"线形管理器"对话框中选择需要设置的线型，并单击"显示细节"按钮，可显示该线性的细节，并在"全局比例因子"文本框中输入一个较大的比例因子即可。

Step 12 执行"复制"命令（CO），将"手动开关"符号复制一份，如图 6-15 所示。

读书破万卷

Step 13 执行“镜像”命令（MI），将复制后的手动开关进行水平镜像操作，并删除源对象，如图 6-16 所示。

Step 14 执行“删除”命令（E），将右侧的垂直线段删除掉；再执行“矩形”命令（REC），绘制 1mm×1mm 的矩形对象，如图 6-17 所示。

图 6-15　　图 6-16　　图 6-17

Step 15 执行“直线”命令（L），捕捉矩形右侧的上下端点作为直线的起点，向外绘制两条长 0.75mm 的垂直线段，并修剪掉矩形右侧的垂直边，如图 6-18 所示。

Step 16 执行“直线”命令（L），捕捉左上侧垂直线段的下端点作为直线的起点，向右绘制一条长 4mm 的水平线段，如图 6-19 所示。

Step 17 利用钳夹功能拉长，将斜线段拉长 2mm，与上一步绘制的水平线段相交，如图 6-20 所示形成延时断开触点。

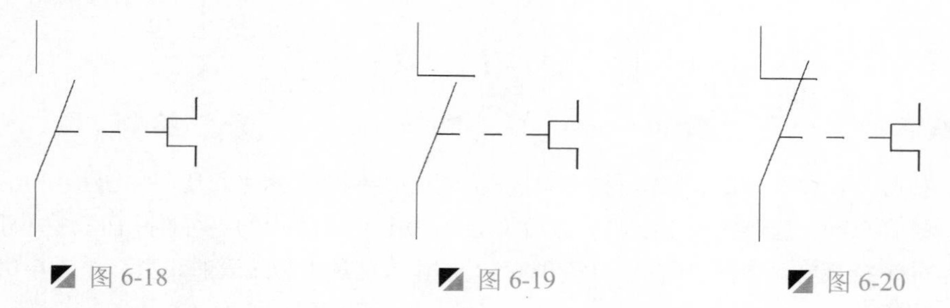

图 6-18　　图 6-19　　图 6-20

2. 绘制灯、继电器、熔断器符号

下面介绍灯、断电器、熔断器符号的绘制，调用第 3 章的熔断器符号，使用 AutoCAD 中的圆矩形、直线、旋转等命令绘制灯和继电器符号。

执行“插入块”命令（I），将“案例\03”文件夹下面的“灯”、“断电器”和“熔断器”分别插入图形中，依次如图 6-21～图 6-23 所示。

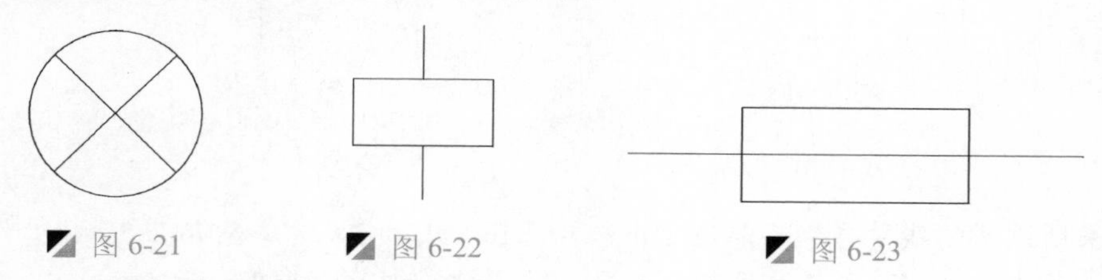

图 6-21　　图 6-22　　图 6-23

3. 绘制三相热继电器、电动机符号

下面介绍三相热继电器、电动机符号的绘制，调用第 3 章的“热继电器”和“电动机”符号，然后在此基础上绘制。

Step 01 绘制“三相热继电器”，执行“插入块”命令（I），将“案例\03\热继电器.dwg”文件插入视图中，如图 6-24 所示。

Step 02 执行“分解”命令（X），将插入的热继电器符号中的矩形对象进行分解操作；再利用钳夹功能将矩形上下侧的水平边向右侧拉长 17.5mm，并删除掉矩形右侧的垂直边，如图 6-25 所示。

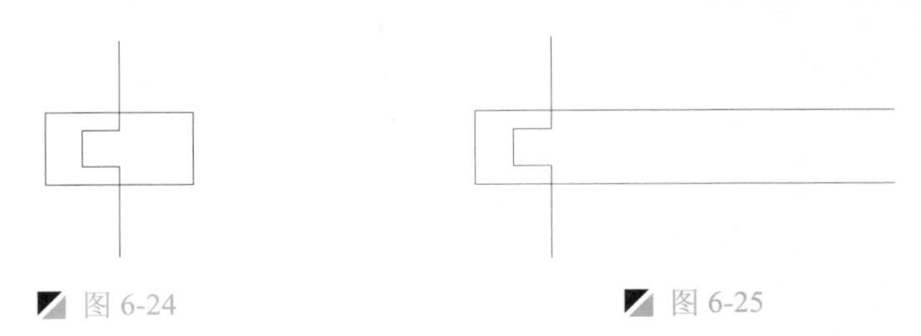

图 6-24　　图 6-25

Step 03 执行“复制”命令（CO），将相应的对象向右侧水平复制 10mm 和 20mm 的距离，如图 6-26 所示。

Step 04 执行“直线”命令（L），将相应的点进行直线连接，并删除多余的对象，如图 6-27 所示。

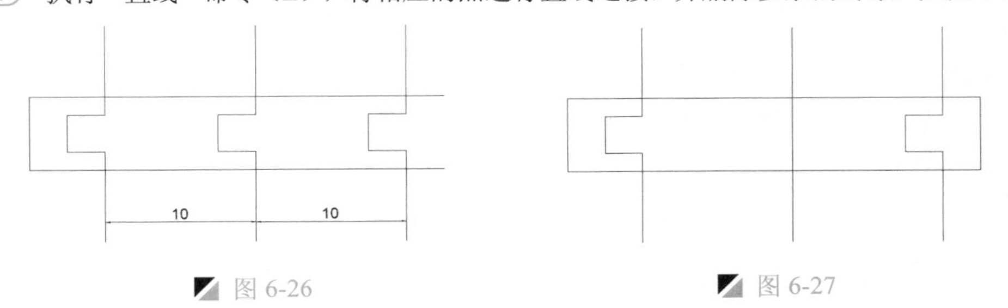

图 6-26　　图 6-27

注意：步骤讲解

此步绘制的“三相热继电器”图形，与前面第 3 章绘制的“三相热继电器”图形是不一样的。在这里可执行“写块”命令（W），将其同样保存在“案例\03”文件下，由于在同一个文件夹下，不能使用两个相同的名称，因此将其保存为“三相热继电器2”，与前面图形形成区分。

Step 05 绘制“电动机”，执行“插入块”命令（I），在“插入”对话框中，并设置比例为 1.5，将“案例\03\三相异步电动机.dwg”文件插入视图中，如图 6-28 所示。

Step 06 双击文字，在文字“M”后加上“1”，如图 6-29 所示。

Step 07 执行“复制”命令（CO），将上一步形成的图形复制两份，并将文字“1”改为“2”和“3”，如图 6-30、图 6-31 所示。

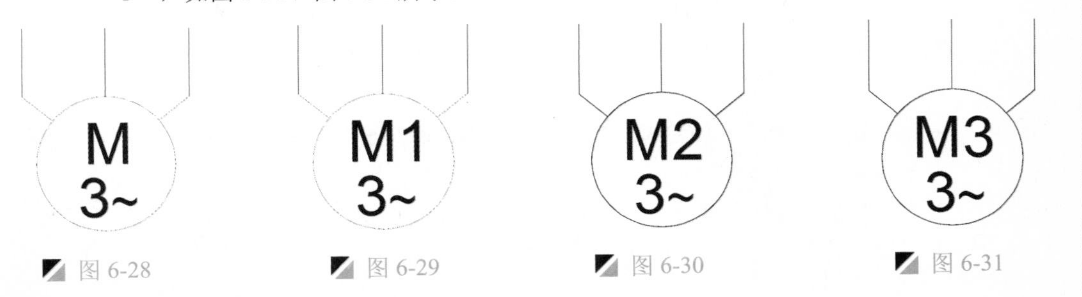

图 6-28　　图 6-29　　图 6-30　　图 6-31

4．绘制其他电气符号

下面介绍其他电气符号的绘制，调用第 3 章的相应符号，然后在此基础上绘制其他符号。

Step 01 执行“插入块”命令（I），将“案例\03\电感.dwg”文件插入视图中，如图 6-32 所示。

Step 02 执行“复制”命令（CO），将插入的电感向下垂直复制 16mm 的距离，如图 6-33 所示。

Step 03 执行“直线”命令（L），捕捉上下圆弧的端点进行直线连接操作，如图 6-34 所示。

Step 04 执行“移动”命令（M），将上一步绘制的垂直线段水平向左移动 4mm，如图 6-35 所示。

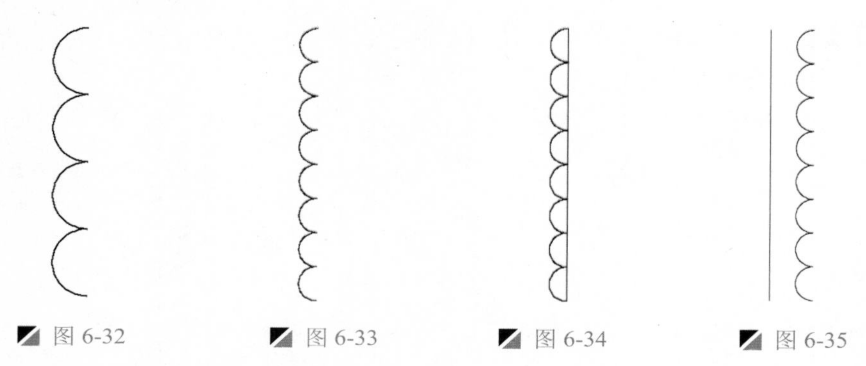

图 6-32　图 6-33　图 6-34　图 6-35

Step 05 执行“圆”命令（C），在视图中绘制半径为 1.5mm 的圆对象。

Step 06 执行“复制”命令（CO），将圆对象向右水平复制 5mm 的距离；再执行“直线”命令（L），捕捉圆的象限点进行直线连接操作，如图 6-36 所示。

Step 07 执行“直线”命令（L），捕捉圆的象限点，向外绘制如图 6-37 所示的直线段。

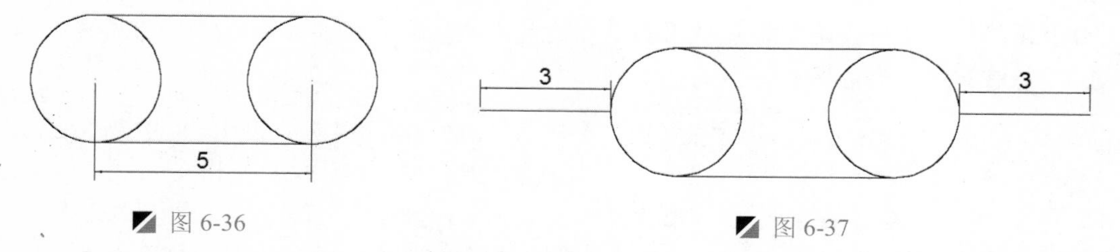

图 6-36　图 6-37

Step 08 绘制“接地壳”，执行“直线”命令（L），绘制一条长 6mm 的水平线段，一条长 8mm 的垂直线段，使水平线的中点与垂直线段的下端点重合，如图 6-38 所示。

Step 09 执行“直线”命令（L），捕捉交点作为直线的起点，向下绘制一条长 3mm 的垂直线段，如图 6-39 所示。

Step 10 执行“旋转”命令（RO），将上一步绘制的垂直线段以垂直点进行-45°旋转操作，如图 6-40 所示。

Step 11 执行“复制”命令（CO），将旋转后的对象向两侧各复制 2mm 的距离，如图 6-41 所示。

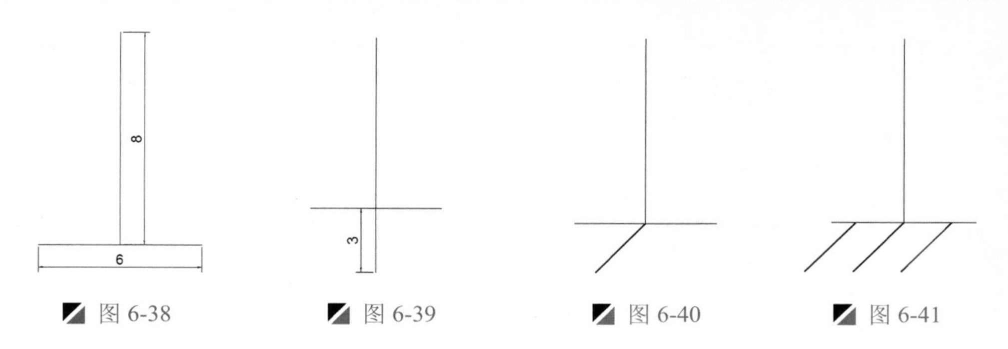

图 6-38　图 6-39　图 6-40　图 6-41

注意：偏移与复制的区别

在此步绘制好“接地壳”图形以后，可以执行“写块”命令（W），将其保存为“案例\03”外部图块。

偏移是将对象按指定的距离沿对象的垂直或法向方向进行复制操作，在绘制接机壳下侧时，如果采用上面设置相同的距离将斜线段进行偏移就会得到如图 6-42 所示的效果，与我们设想的结果不一样，所以这里应用复制来进行操作，从而得到如图 6-43 所示的效果。

图 6-42　图 6-43

读书破万卷

6.1.4　组合图形

将前面绘制好的电气符号和线路结构图，利用复制、移动、旋转等命令进行操作。

Step 01　使用复制、移动、旋转、缩放、直线、圆等命令，将元件符号放置在相应位置处，根据符号放置的位置绘制导线和圆，然后再进行修改，如图 6-44 所示为左半部分符号。

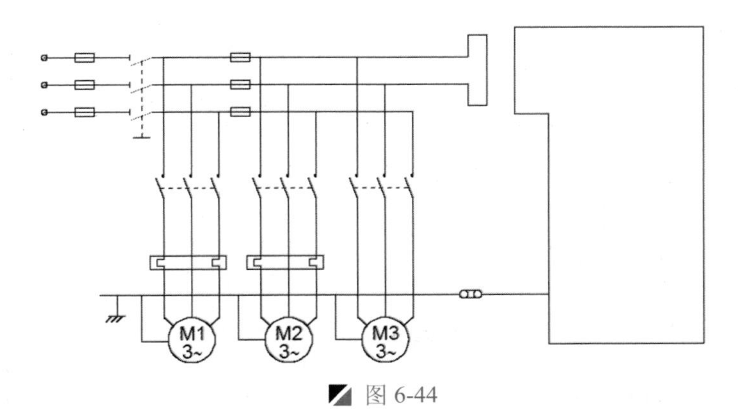

图 6-44

Step 02 根据同样的方法，将符号放置相应的右半部分，再根据符号放置的位置绘制导线，然后再进行修改，如图 6-45 所示。

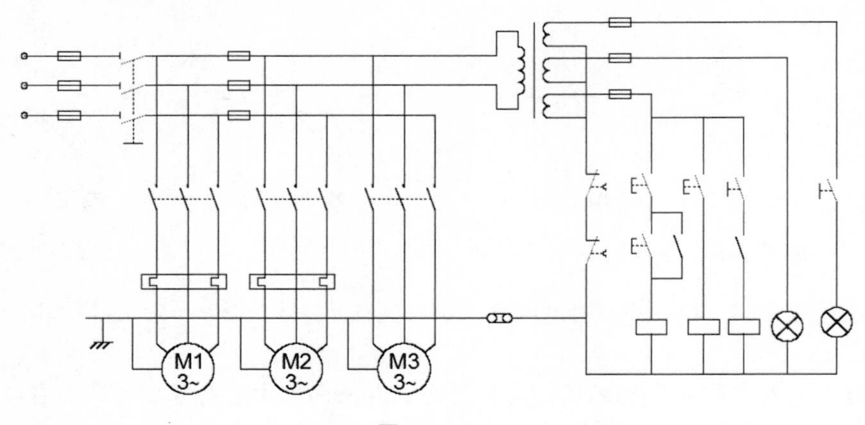

图 6-45

6.1.5 添加文字注释

前面已经完成了 C6140 普通车床电气线路图的绘制，下面分别在相应位置处添加文字注释，利用“多行文字”命令进行操作。

Step 01 在“图层控制”下拉列表中，选择“文字”图层设为当前图层。

Step 02 选择“格式 | 文字样式”菜单命令，在弹出的“文字样式”对话框下选择文字的样式为默认的“Standard”样式，设置字体为宋体，高度为 3.5，然后分别单击“应用”、“置为当前”和“关闭”按钮。

Step 03 执行“单行文字”命令（DT），在图中相应位置输入相关的文字说明，以完成 C6140 普通车床电气线路图的文字注释，完成效果如图 6-46 所示。

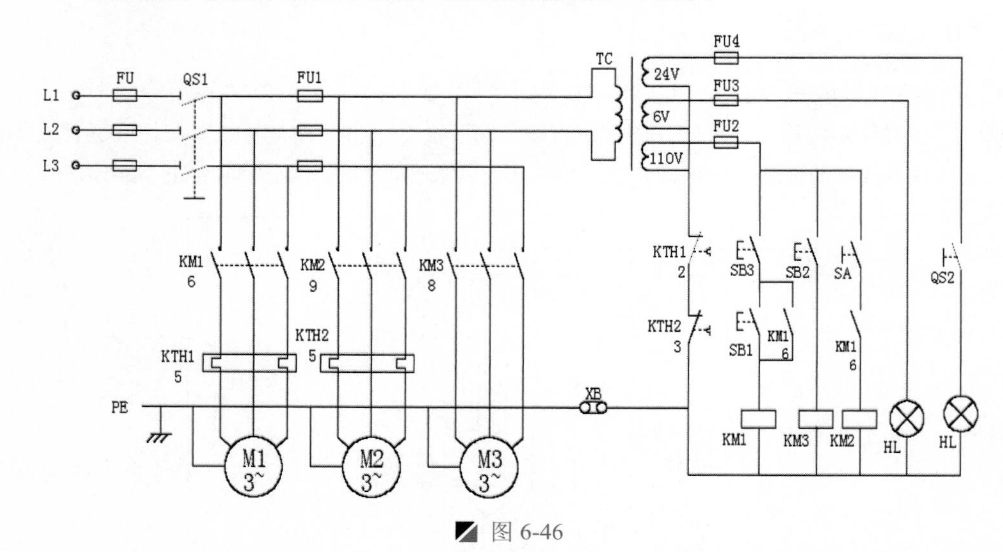

图 6-46

Step 04 至此，该 C6140 普通车床电气线路图的绘制已完成，按<Ctrl+S>组合键进行保存。

6.2 异步电动机串极调整原理图的绘制

案例	异步电动机串极调整原理图.dwg	视频	异步电动机串极调整原理图的绘制.avi	时长	12'25"

如图 6-47 所示为异步电动机晶闸管串级调整原理图。该原理图中是由熔断器、电感、二极管、电抗器、电动机、开关等多种电气元件组成。

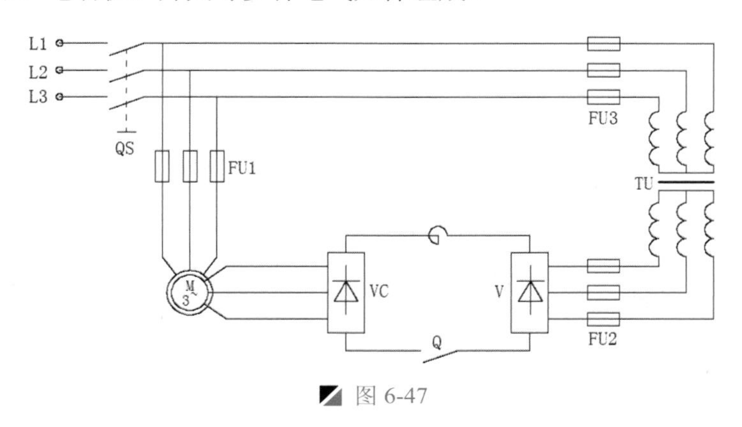

图 6-47

6.2.1 设置绘制环境

在绘制异步电动机晶闸管串级调整原理图时，首先要设置绘制环境，下面介绍绘制环境的设置步骤。

Step 01 启动 AutoCAD 2015 软件，按<Ctrl+S>组合键保存该文件为“案例\06\异步电动机串极调整原理图.dwg”文件。

Step 02 在“图层”面板中单击“图层特性”按钮，打开“图层特性管理器”，新建如图 6-48 所示的 3 个图层，然后将“导线”图层设为当前图层。

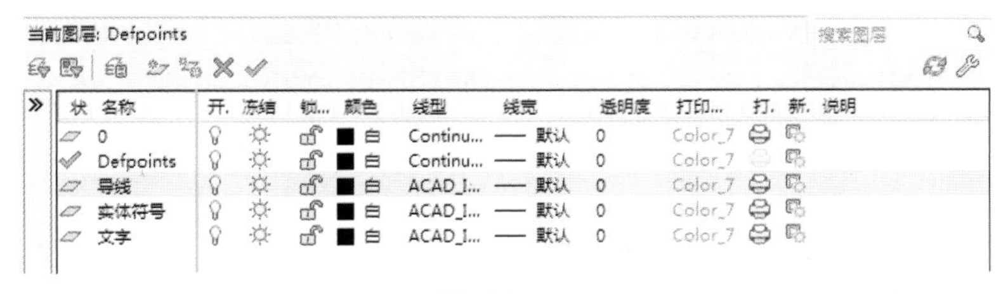

图 6-48

6.2.2 绘制主连接线

该原理图是由主线路和电气元件组成，下面介绍主连接线的绘制，由 AutoCAD 中的矩形、直线、移动、偏移、修剪和删除等命令进行该图形的绘制。

Step 01 执行“矩形”命令（REC），在视图中绘制 120mm×62mm 的矩形对象，如图 6-49 所示。

Step 02 执行“偏移”命令（O），将绘制的矩形向内各偏移 6mm 的距离，如图 6-50 所示。

Step 03 执行“矩形”命令（REC），在视图中绘制 40mm×26mm 的矩形对象，如图 6-51 所示。

Step 04 执行“直线”命令（L），捕捉矩形的角点进行斜线连接操作，如图 6-52 所示。

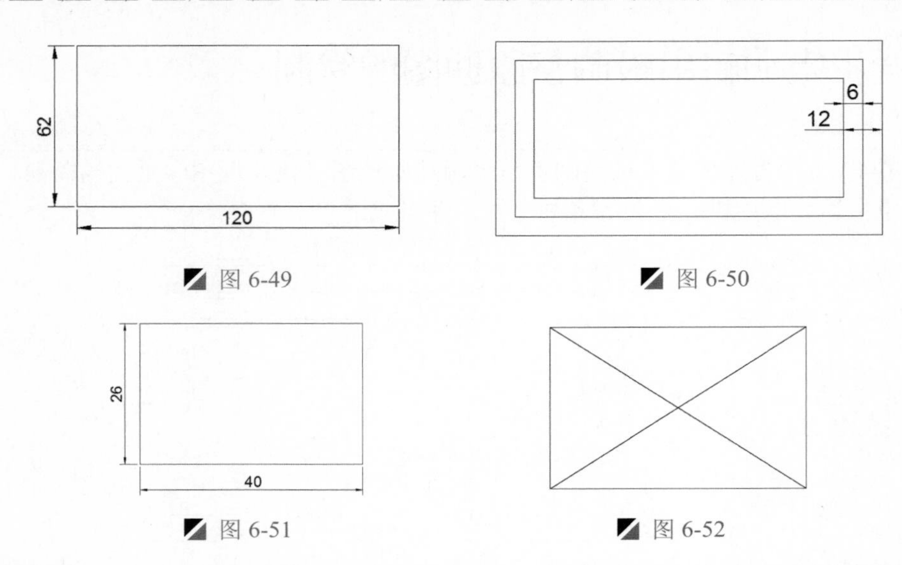

图 6-49　　图 6-50

图 6-51　　图 6-52

Step 05　执行“移动”命令（M），捕捉两斜线的交点作为移动的基点，将矩形和斜线移动到如图 6-53 所示的矩形边的中点。

Step 06　执行“修剪”命令（TR），将多余的对象进行修剪操作，如图 6-54 所示。

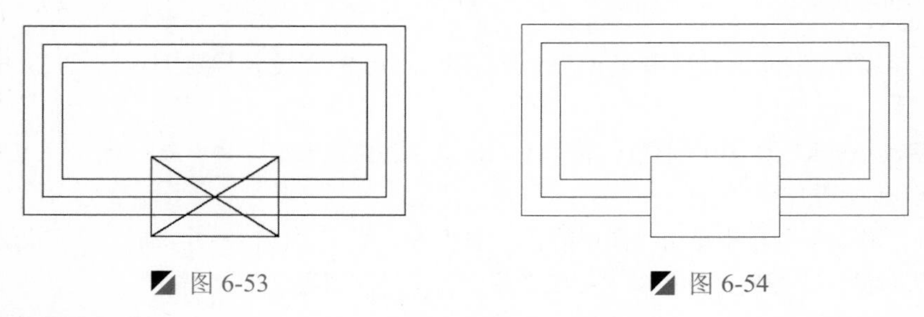

图 6-53　　图 6-54

Step 07　执行“矩形”命令（REC），在如图 6-55 所示的位置处绘制 8mm×18mm 的矩形对象。

Step 08　执行“复制”命令（CO），将上一步绘制的矩形向右复制到如图 6-56 所示的位置处，并将多余的线段进行修剪。

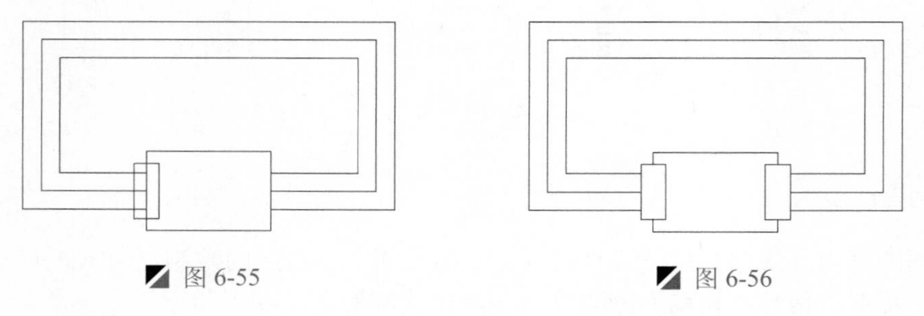

图 6-55　　图 6-56

技巧：捕捉矩形的中心点

在确定矩形的中心点时，用户可以按<F11>键启动“对象捕捉追踪”项，首先指定上侧水平边的中点，并向下拖动鼠标，将出现一条垂直的追踪辅助线，再捕捉垂直边的中点，并水平拖动鼠标，将出现一条水平追踪线，将鼠标移至两条相交辅助线的交点位置单击，从而确定了矩形的中心点位置处，如图 6-57 所示。

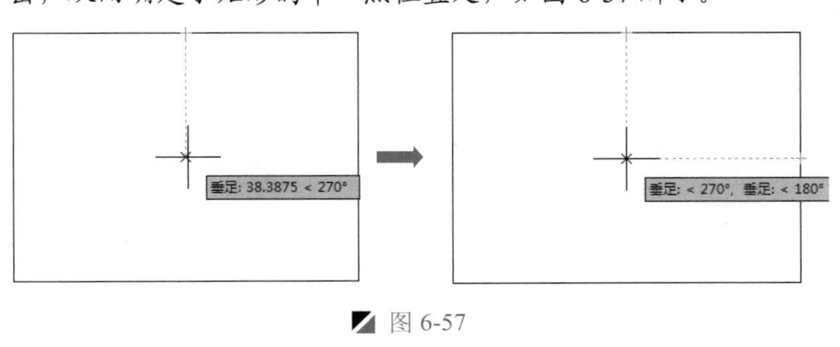

图 6-57

6.2.3 绘制电气元件符号

前面已经绘制了原理图的线路结构，下面将绘制电气元件，该图主要由熔断器、电感、二极管、电抗器、电动机、开关等多种电气元件组成。

1. 绘制异步电动机符号

下面介绍异步动机符号的绘制，使用 AutoCAD 中的圆、偏移、直线、多行文字、旋转、修剪和删除等命令进行绘制。

Step 01 在“图层控制”下拉列表中，选择“实体符号”图层设为当前图层。

Step 02 执行“圆”命令（C），在视图中绘制半径为 5mm 的圆对象，如图 6-58 所示。

Step 03 执行“偏移”命令（O），将绘制的圆向内偏移 1mm 的距离，如图 6-59 所示。

图 6-58　　图 6-59

Step 04 执行“多行文字”命令（MT），在圆内拖出矩形文本框，设置文字高度为“2.5”，其他保持默认，输入字母“M”后按回车键跳到下一行，再输入“3～”，然后选中“～”符号设置其文字高度为“1.5”，如图 6-60 所示。

Step 05 按<F8>键打开“正交”模式；执行“直线”命令（L），捕捉内圆的右象限点作为直线的起点，向右绘制一条长 15mm 的水平线段，如图 6-61 所示。

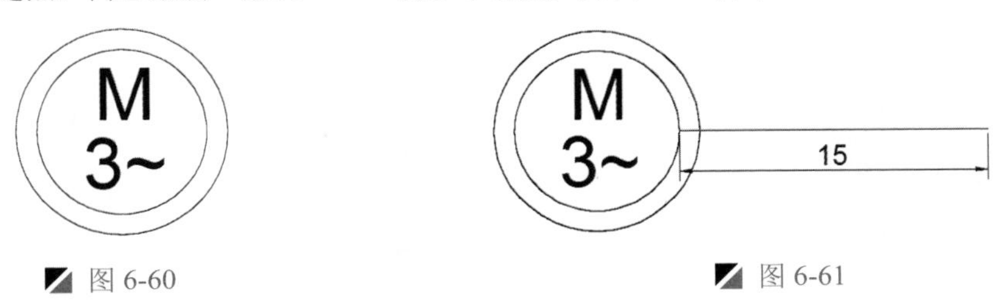

图 6-60　　图 6-61

Step 06 执行“直线”命令（L），过外圆的右象限点绘制一条长 12mm 的垂直线段，并向右水平移动 3mm 的距离，如图 6-62 所示。

Step 07 执行“偏移”命令（O），将水平线段向上下两侧各偏移 6mm 的距离，如图 6-63 所示。

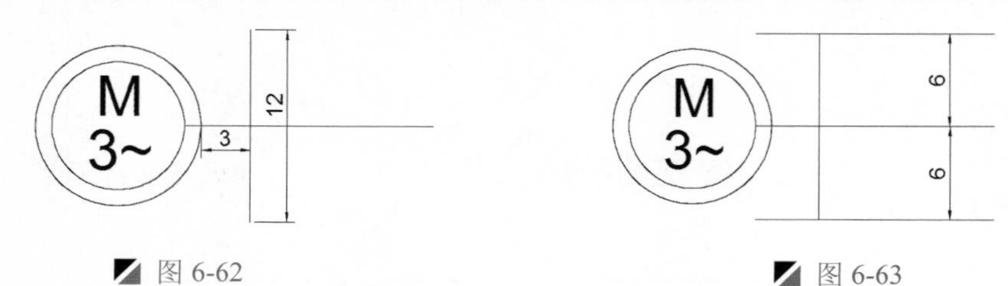

图 6-62　　图 6-63

Step 08 执行“直线”命令（L），捕捉右上侧交点作为直线的起点，再捕捉内圆右上侧与其的垂足点，绘制一条斜线段对象，如图 6-64 所示。

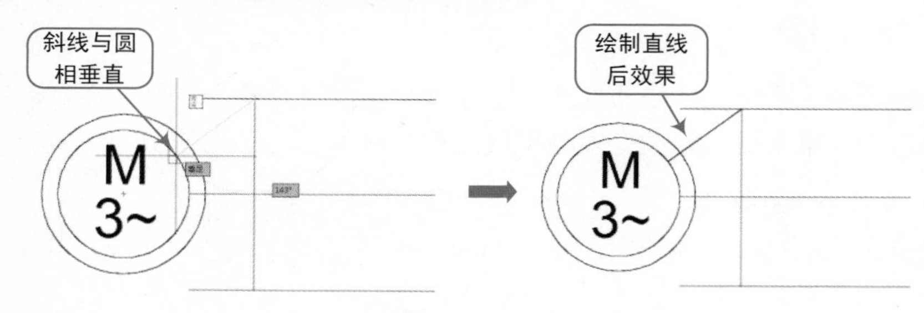

图 6-64

Step 09 按同样的方法绘制另一条斜线段，如图 6-65 所示。

Step 10 执行“修剪”命令（TR），将多余的对象进行修剪并删除操作，如图 6-66 所示。

图 6-65　　图 6-66

Step 11 执行“旋转”命令（RO），根据命令行提示，选择“复制（C）”选项，将右侧的斜线段和水平线段进行 90° 的旋转操作，如图 6-67 所示。

Step 12 执行“修剪”命令（TR），将多余的对象进行修剪操作，如图 6-68 所示。

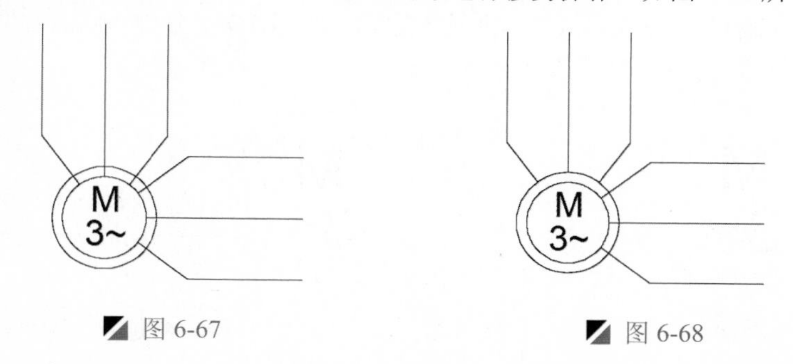

图 6-67　　图 6-68

2. 绘制电抗器符号

下面介绍电抗器符号的绘制，使用 AutoCAD 中的圆、直线、修剪等命令进行绘制。

Step 01 执行"圆"命令（C），在视图中绘制半径为 2mm 的圆对象，如图 6-69 所示。

Step 02 执行"直线"命令（L），捕捉圆心与象限点进行直线连接，如图 6-70 所示。

图 6-69　　图 6-70

Step 03 执行"直线"命令（L），捕捉圆的左右象限点作为直线的起点，向外绘制长 3mm 的两条水平线段，如图 6-71 所示。

Step 04 执行"修剪"命令（TR），将多余的圆弧进行修剪操作，如图 6-72 所示。

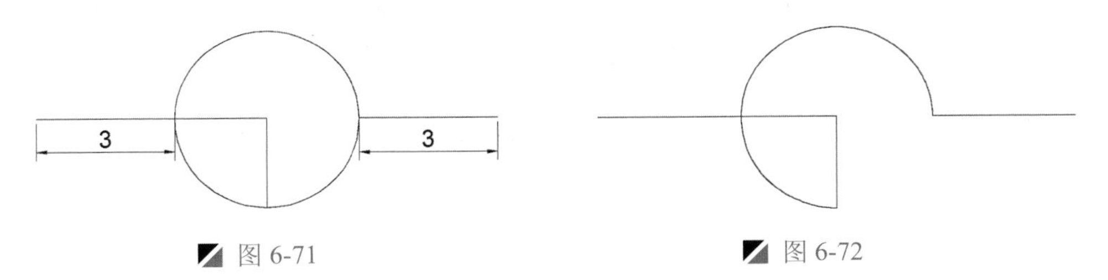

图 6-71　　图 6-72

3. 绘制开关符号

下面介绍开关符号的绘制，调用第 3 章的相应电气符号。

执行"插入块"命令（I），将"案例\03"文件下的"三极隔离开关"和"单极开关"插入视图中，如图 6-73、图 6-74 所示。

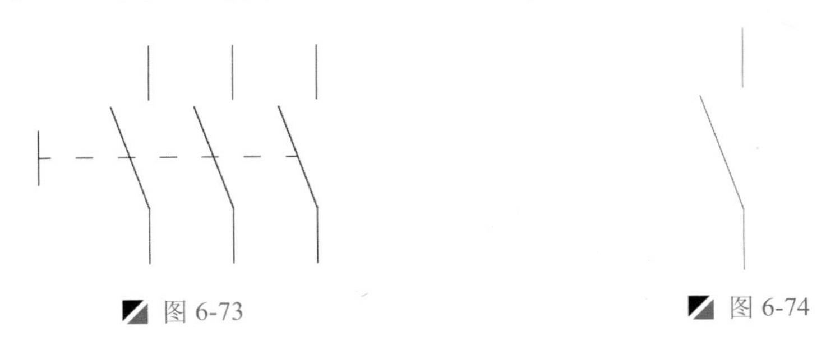

图 6-73　　图 6-74

4. 绘制其他电气符号

下面介绍其他电气符号的绘制，调用第 3 章的相应电气符号，然后在此基础上绘制相应的电气符号。

Step 01 执行"插入块"命令（I），将"案例\03"文件夹下面的"熔断器"、"二极管"和"电感"插入视图中，依次如图 6-75～6- 77 所示。

Step 02 执行"删除"命令（E），将电感其中一个圆弧删除掉，如图 6-78 所示。

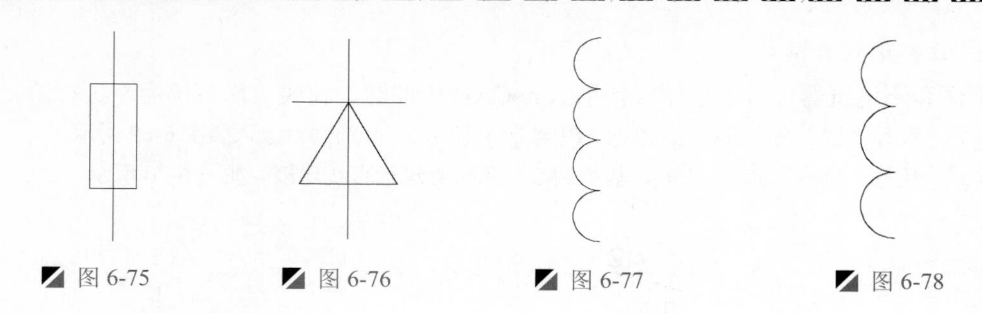

图 6-75　图 6-76　图 6-77　图 6-78

6.2.4 组合图形

将前面绘制好的电气符号和线路结构图，利用复制、移动、旋转等命令将其进行组合。

Step 01　通过移动、复制、旋转和缩放等命令，将绘制好的符号移动到如图 6-79 所示的位置，根据符号的位置绘制导线和圆，并修剪掉多余的对象。

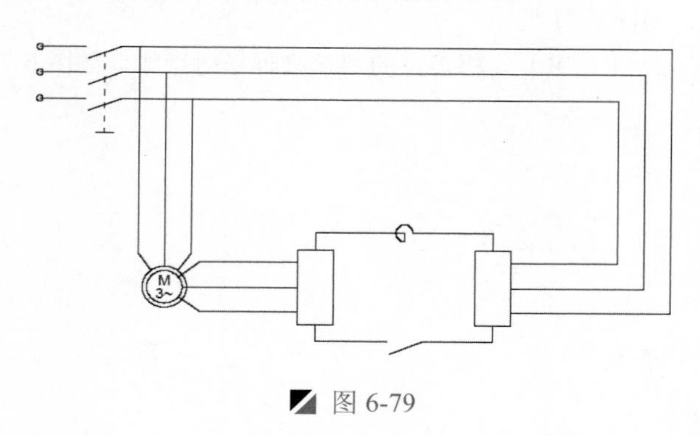

图 6-79

Step 02　根据同样的方法，将其他符号放置在相应位置，根据符号放置的位置绘制导线，然后再进行修改，如图 6-80 所示。

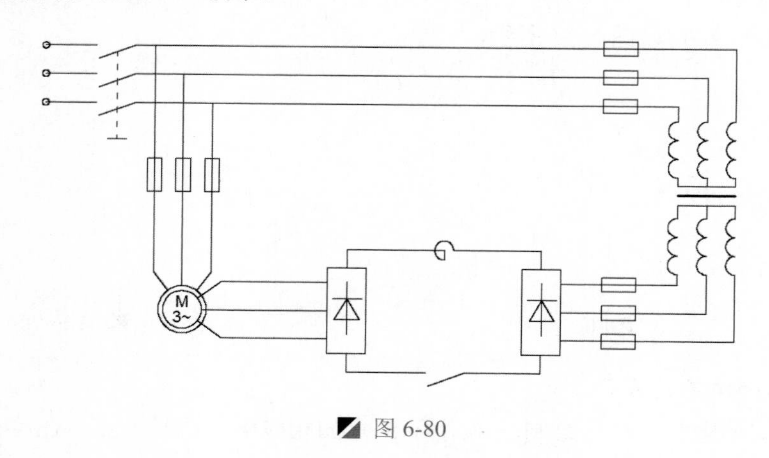

图 6-80

6.2.5 添加文字注释

前面已经完成了异步电动机串级调整系统原理图的绘制，下面分别在相应位置添加文字注释，利用“多行文字”命令进行操作。

Step 01 在“图层控制”下拉列表中，选择“文字”图层设为当前图层。

Step 02 选择“格式｜文字样式”菜单命令，在弹出的“文字样式”对话框下选择文字的样式为默认的“Standard”样式，设置字体为宋体，高度为 3，然后分别单击“应用”、“置为当前”和“关闭”按钮。

Step 03 执行“单行文字”命令（DT），在图中相应位置输入相关的文字说明，以完成异步电动机串级调整系统原理图的文字注释，完成效果如图 6-81 所示。

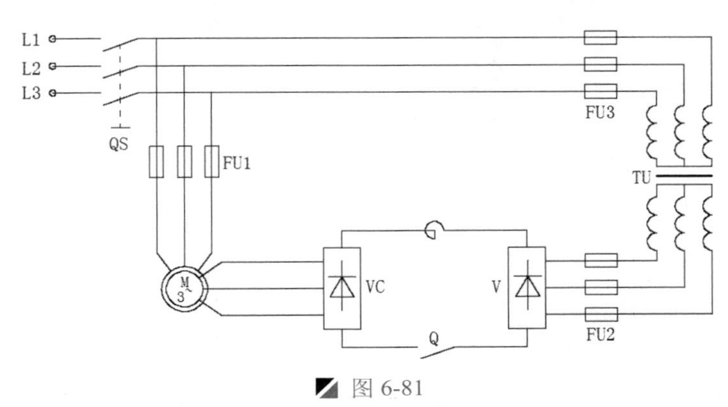

图 6-81

Step 04 至此，该异步电动机串级调整系统原理图的绘制已完成，按<Ctrl+S>组合键进行保存。

6.3 B690 型刨床电气线路图的绘制

案例	B690 型刨床电气线路图.dwg	视频	B690 型刨床电气线路图的绘制.avi	时长	14'42"

如图 6-82 所示为 B690 型刨床电气线路图。该电路图是由熔断器、电感、热继电器、灯、电动机、多种开关等多种电气元件组成。

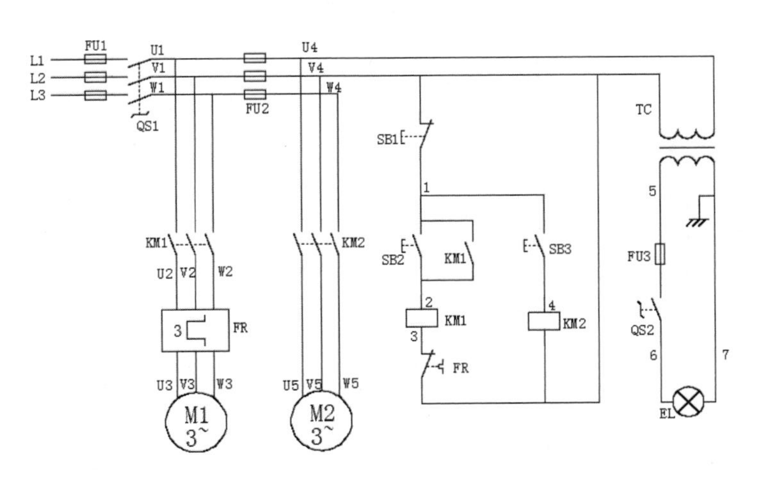

图 6-82

6.3.1 设置绘制环境

在绘制 B690 型刨床电气线路图时，先要设置绘制环境，下面介绍绘制环境的设置步骤。

Step 01 启动 AutoCAD 2015 软件，按<Ctrl+S>组合键保存该文件为“案例\06\B690 型刨床电气线路图.dwg”文件。

Step 02 在“图层”面板中单击“图层特性”按钮，打开“图层特性管理器”，新建如图 6-83 所示的 3 个图层，然后将“导线”图层设为当前图层。

当前图层: Defpoints

状	名称	开.	冻结	锁...	颜色	线型	线宽	透明度	打印...	打.	新.	说明
	0				白	Continu...	默认	0	Color_7			
✓	Defpoints				白	Continu...	默认	0	Color_7			
	导线				白	ACAD_I...	默认	0	Color_7			
	实体符号				白	ACAD_I...	默认	0	Color_7			
	文字				白	ACAD_I...	默认	0	Color_7			

图 6-83

6.3.2 绘制主连接线

该线路图是由主线路和电气元件组成，下面介绍主连接线的绘制，由 AutoCAD 中的矩形、移动命令进行该图形的绘制。

Step 01 按<F8>键打开“正交”模式；执行“直线”命令（L），在视图中按如图 6-84 所示的尺寸与方向绘制直线。

Step 02 执行“矩形”命令（REC），在视图中绘制 58mm×110mm 的矩形对象，如图 6-85 所示。

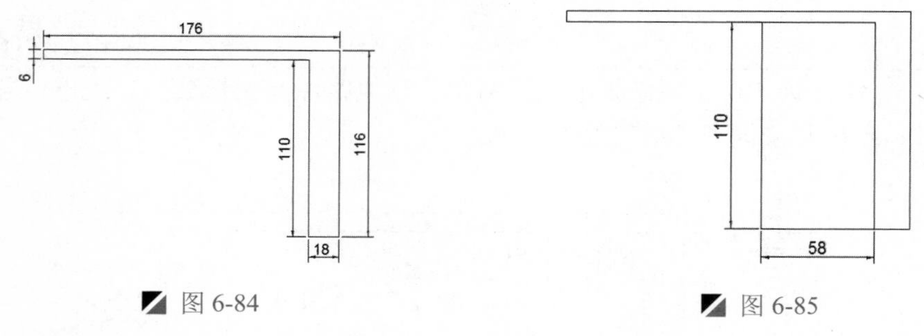

图 6-84　　图 6-85

Step 03 执行“移动”命令（M），将上一步绘制的矩形向左平移 20mm 的距离，如图 6-86 所示。

Step 04 执行“矩形”命令（REC），在视图中绘制 40mm×70mm 的矩形对象，使两个矩形的左下侧角点重合，如图 6-87 所示。

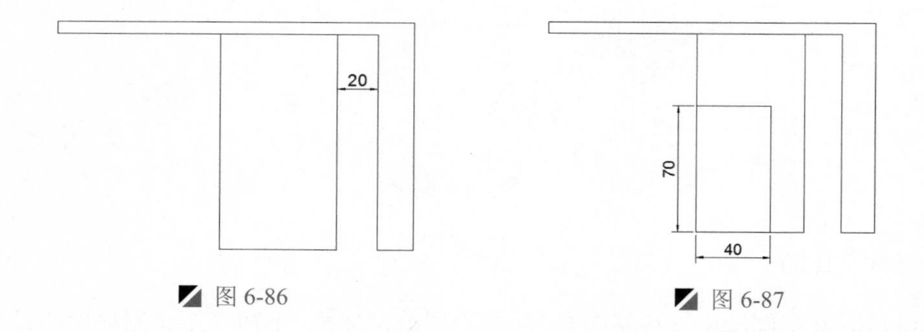

图 6-86　　图 6-87

6.3.3 绘制电气元件符号

前面已经绘制了该线路图的线路结构，下面将绘制电气元件，该图主要由熔断器、电感、热继电器、灯、电动机、多种开关等多种电气元件组成。

1. 绘制电感、熔断器符号

下面介绍电感、熔断器符号的绘制，调用第 3 章的“电感”、“熔断器”符号，然后在此基础上绘制电气符号。

Step 01 在“图层控制”下拉列表中，选择“实体符号”图层设为当前图层。

Step 02 执行“插入块”命令（I），在“插入”对话框中，勾选“分解”复选框，并设置比例为 1.5，将“案例\03\电感.dwg”文件插入视图中，如图 6-88 所示。

Step 03 执行“删除”命令（E），将多余的圆弧对象进行删除掉，如图 6-89 所示。

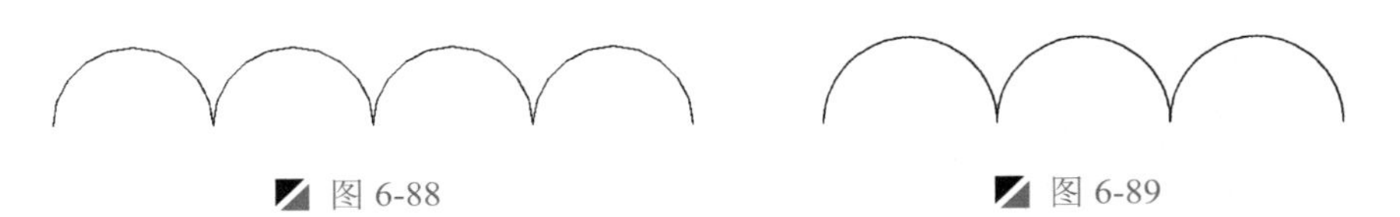

图 6-88　　图 6-89

Step 04 执行“直线”命令（L），捕捉圆的象限点进行直线连接，如图 6-90 所示。

Step 05 执行“移动”命令（M），将绘制的水平线段向上平移 5mm 的距离，如图 6-91 所示。

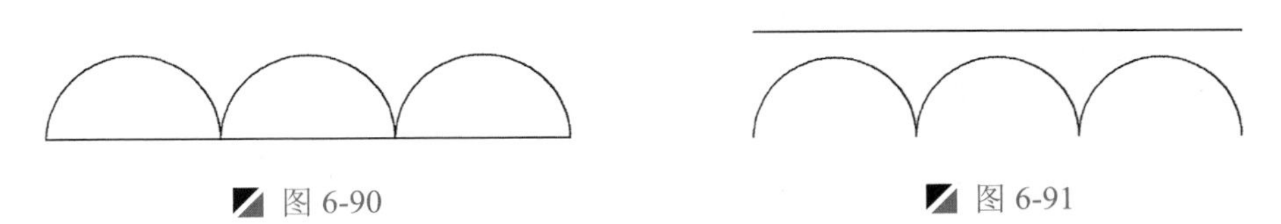

图 6-90　　图 6-91

Step 06 执行“镜像”命令（MI），将圆弧以水平线的两端点作为镜像线的第一点和第二点，从而进行垂直镜像操作，如图 6-92 所示。

Step 07 执行“插入块”命令（I），在“插入”对话框中，勾选“分解”复选框，并设置旋转角度为 90°，将“案例\03\熔断器.dwg”文件插入视图中，如图 6-93 所示。

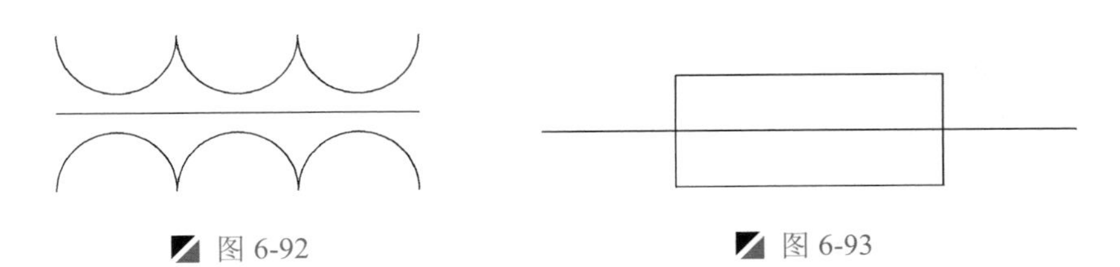

图 6-92　　图 6-93

2. 绘制开关符号

下面介绍开关符号的绘制，调用第 3 章的相应电气符号，然后在此基础上绘制相应的开关符号。

Step 01 执行“插入块”命令（I），在“插入”对话框中，勾选“分解”复选框，并设置旋转角度为 90°，将“案例\03\单极开关.dwg”文件插入视图中，如图 6-94 所示。

Step 02 执行“复制”命令（CO），将插入的“单极开关”复制一份，如图 6-95 所示。

读书破万卷

Step 03 执行“复制”命令（CO），将复制后的开关向右侧水平复制 6mm 和 12mm 的距离，如图 6-96 所示。

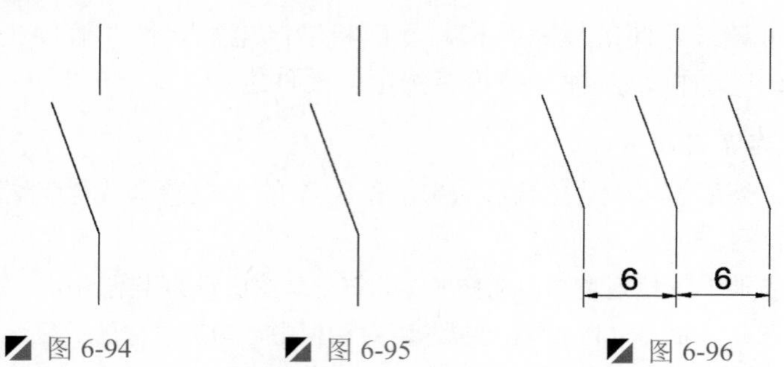

图 6-94　　图 6-95　　图 6-96

Step 04 执行“直线”命令（L），捕捉斜线段的中点绘制一条水平线段，如图 6-97 所示。

Step 05 选择上一步绘制的水平线段，然后单击“ 默认”标签下的“特性”面板中单击“线型”的下拉菜单，选择“ACAD-ISO03W100”作为这条水平线段的线型，从而完成三极开关符号的绘制，如图 6-98 所示。

Step 06 执行“复制”命令（CO），将绘制的“三极开关”符号复制一份。

Step 07 利用钳夹功能拉长，将复制后的对象的水平线段向左拉长 5mm，如图 6-99 所示。

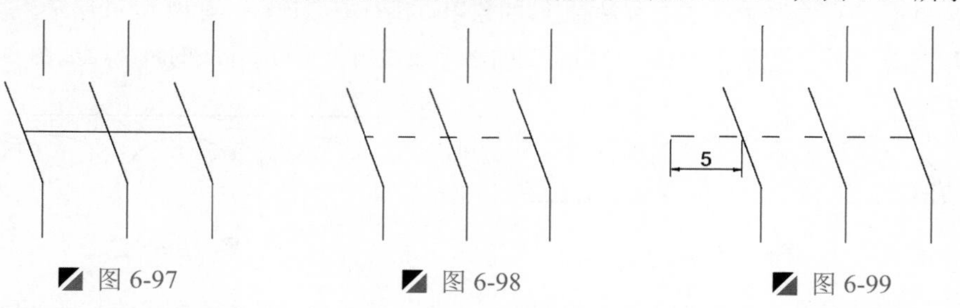

图 6-97　　图 6-98　　图 6-99

Step 08 执行“直线”命令（L），过拉长后的水平线段左端点绘制一条长 4mm 的垂直线段，使端点与绘制的线段中点重合，如图 6-100 所示。

Step 09 执行“直线”命令（L），捕捉左侧的垂直的端点作为直线的起点，绘制两条长 1.2mm 的斜线段，从而完成多极旋转开关符号的绘制，如图 6-101 所示。

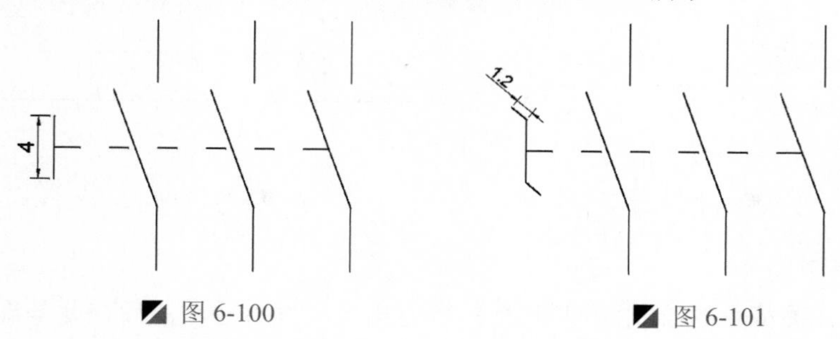

图 6-100　　图 6-101

提示：绘制斜线段

在绘制斜线段长度为 1.2mm，与水平形成夹角 140°，可以配合极轴追踪的功能进行斜线段的绘制。

Step 10 执行“复制”命令（CO），将上一步绘制“多极旋转开关”符号复制一份；再执行“删除”命令（E），将多余的对象进行删除操作，如图 6-102 所示。

Step 11 执行“直线”命令（L），捕捉左侧的垂直的端点作为直线的起点，向右绘制二条长 1.2mm 的水平线段，从而完成动合开关符号的绘制，如图 6-103 所示。

Step 12 执行“复制”命令（CO），将“动合开关”符号复制一份；再执行“镜像”命令（MI），将复制后的开关符号中的斜线段水平镜像操作，并删除源斜线段，如图 6-104 所示。

图 6-102　图 6-103　图 6-104

Step 13 利用钳夹功能拉长，将中间的水平线段拉伸到镜像后的斜线段中点处，如图 6-105 所示。

Step 14 执行“直线”命令（L），捕捉左上侧垂直线段的下端点作为直线的起点，向右绘制一条长 4mm 的水平线段，如图 6-106 所示。

Step 15 利用钳夹功能拉长，将斜线段拉长 2mm，与上一步绘制的水平线段相交，从而完成动断按钮开关符号的绘制，如图 6-107 所示。

Step 16 执行“插入块”命令（I），将“案例\03\延时断开触点.dwg”文件插入图形中，如图 6-108 所示。

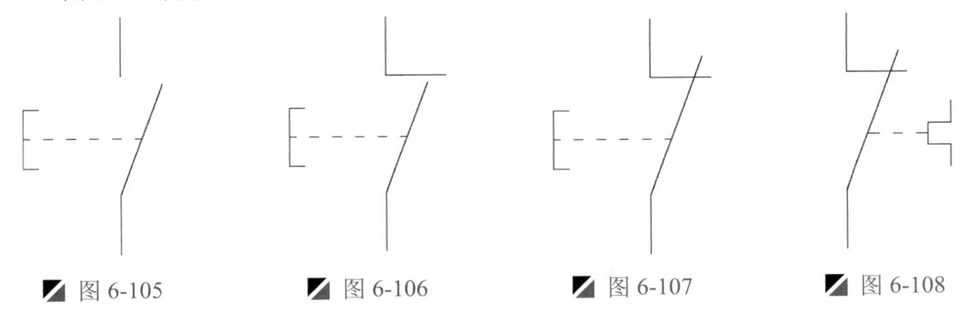

图 6-105　图 6-106　图 6-107　图 6-108

3. 绘制灯、电动机符号

下面介绍开关符号的绘制，调用第 3 章的“灯”、“电动机”符号，然后在此基础上绘制相应的符号。

Step 01 执行“插入块”命令（I），将“案例\03”文件夹下面的“灯”和“三相异步电动机”插入视图中，依次如图 6-109、图 6-110 所示。

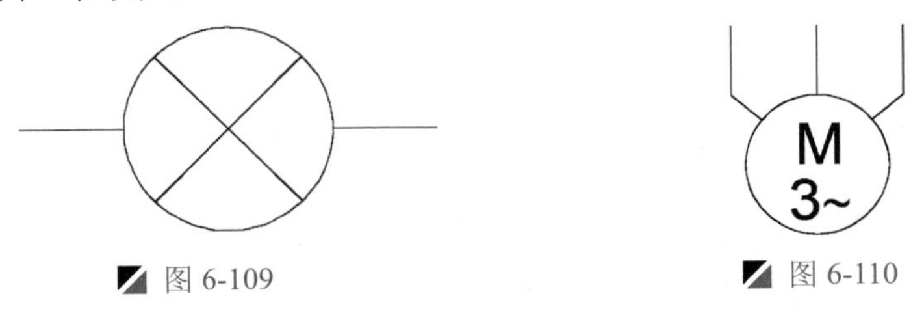

图 6-109　图 6-110

Step 02 执行“删除”命令（E），将电动机的多余的对象进行删除掉，如图 6-111 所示。

Step 03 双击文字，在文字“M”后加上“1”，如图 6-112 所示。

Step 04 执行“复制”命令（CO），将上一步形成的图形复制一份，并将文字“1”改为“2”，如图 6-113 所示。

图 6-111　图 6-112　图 6-113

4. 绘制其他符号

这里调用“案例\03”文件夹下面的相应图形作为图块插入文件中。

执行“插入块”命令（I），将“案例\03”文件夹下面的“接地壳”、“断电器”和“三相热继电器”文件插入当前文件中，依次如图 6-114、图 6-115、图 6-116 所示。

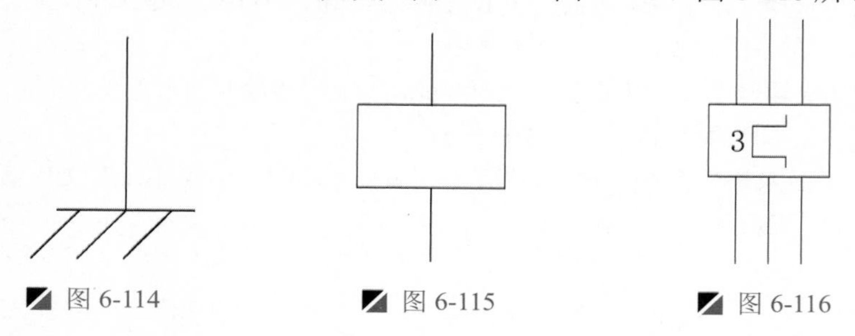

图 6-114　图 6-115　图 6-116

6.3.4 组合图形

将前面绘制好的电气符号和线路结构图，利用复制、移动、旋转、插入块等命令将其进行组合。

使用移动、复制、旋转、缩放等命令将符号放置在相应位置处，根据符号放置的位置绘制导线，然后再进行修改，如图 6-117 所示。

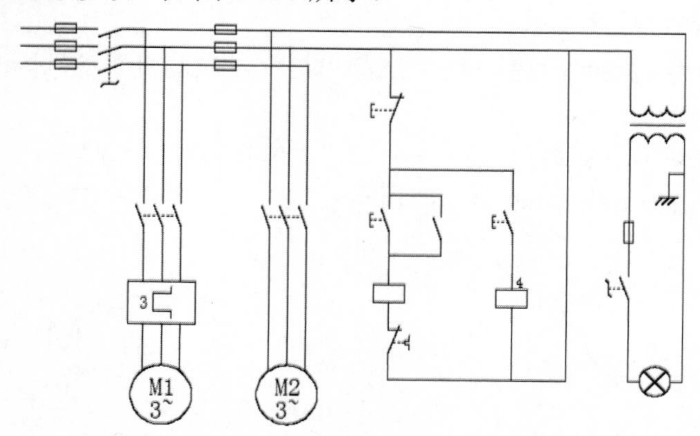

图 6-117

6.3.5 添加文字注释

前面已经完成了B690型刨床电气线路图的绘制，下面分别在相应位置处添加文字注释，利用“多行文字”命令进行操作。

Step 01 在“图层控制”下拉列表中，选择“文字”图层设为当前图层。

Step 02 选择“格式 | 文字样式”菜单命令，在弹出的“文字样式”对话框下选择文字的样式为默认的“Standard”样式，设置字体为宋体，高度为 3，然后分别单击“应用”、“置为当前”和“关闭”按钮。

Step 03 执行“单行文字”命令（DT），在图中相应位置输入相关的文字说明，以完成 B690 型刨床电气线路图的文字注释，完成效果如图 6-118 所示。

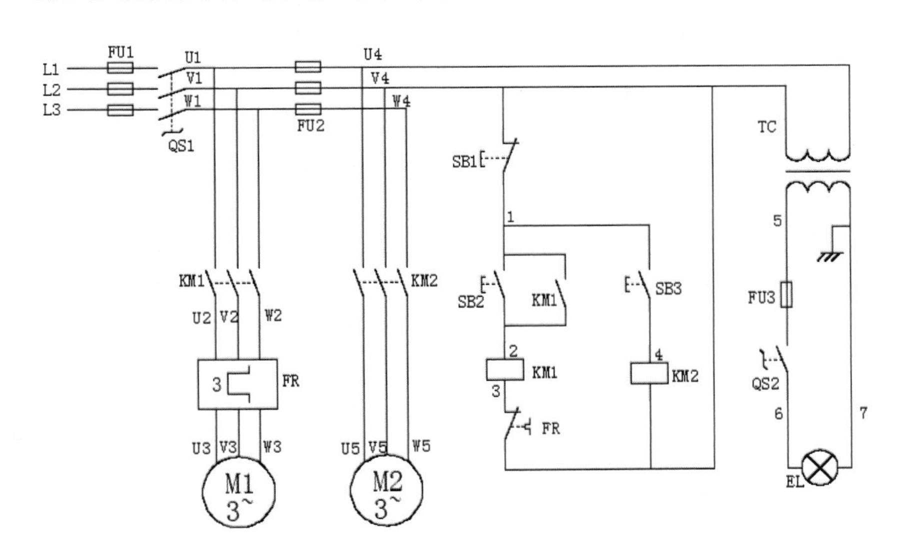

图 6-118

Step 04 至此，该 B690 型刨床电气线路图的绘制已完成，按<Ctrl+S>组合键进行保存。

6.4 电动机控制电路图的绘制

案例	电动机控制电路图.dwg	视频	电动机控制电路图的绘制.avi	时长	14'16"

如图 6-119 所示为电动机控制电路图。该电路图是由电感、三相热继电器、接机壳、电动机、多种开关等多种电气元件组成。

6.4.1 设置绘制环境

在绘制电动机控制电路图时，先要设置绘制环境，下面介绍绘制环境的设置步骤。

Step 01 启动 AutoCAD 2015 软件，按<Ctrl+S>组合键保存该文件为“案例\06\电动机控制电路图.dwg”文件。

Step 02 在“图层”面板中单击“图层特性”按钮，打开“图层特性管理器”，新建绘图层、文字两个图层，然后将“绘图层”图层设为当前图层，如图 6-120 所示。

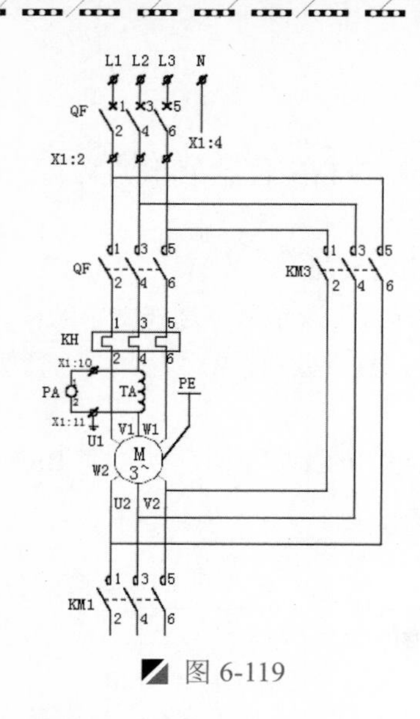

图 6-119

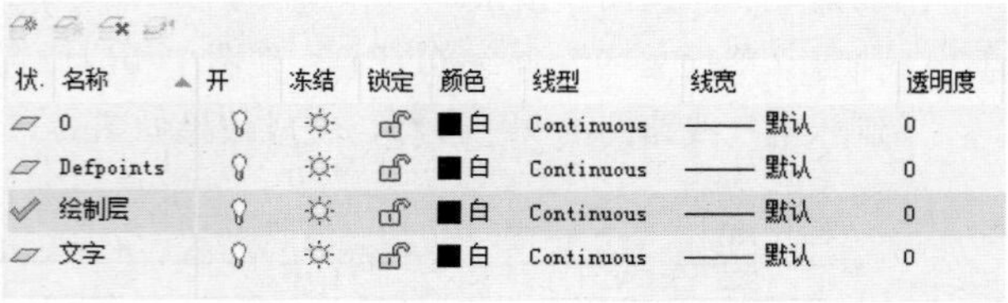

状.	名称	开	冻结	锁定	颜色	线型	线宽	透明度
	0				白	Continuous	—— 默认	0
	Defpoints				白	Continuous	—— 默认	0
✓	绘制层				白	Continuous	—— 默认	0
	文字				白	Continuous	—— 默认	0

图 6-120

6.4.2 绘制主连接线

该电线图是由主线路和电气元件组成，下面介绍主连接线的绘制，由 AutoCAD 中的矩形、偏移、修剪命令进行该图形的绘制。

Step 01 执行“矩形”命令（REC），在视图中绘制 100mm×140mm 的矩形对象，如图 6-121 所示。

Step 02 执行“偏移”命令（O），将矩形向内各偏移 10mm 的距离，如图 6-122 所示。

Step 03 执行“修剪”命令（TR），将多余的线段进行修剪操作，如图 6-123 所示。

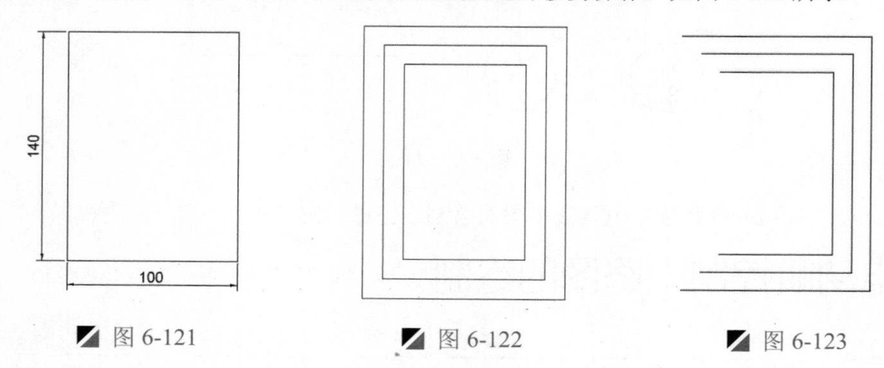

图 6-121　　图 6-122　　图 6-123

6.4.3 绘制电气元件符号

前面已经绘制了该电路图的线路结构，下面绘制电气元件，该图主要由电感、三相热继电器、接机壳、电动机、多种开关等多种电气元件组成，由 AutoCAD 中的矩形、圆、直线、插入块、移动、复制、旋转、镜像、修剪和删除等命令进行绘制。

1. 绘制接触器符号

下面介绍接触器符号的绘制，用 AutoCAD 中的直线、圆、旋转、修剪等命令进行绘制。

Step 01 按<F8>键打开“正交”模式；执行“直线”命令（L），绘制相连贯长 12mm、10mm、20mm 的垂直线段，如图 6-124 所示。

Step 02 执行“旋转”命令（RO），将中侧的垂直线段以下侧端点作为旋转基点，进行30°的旋转操作，如图6-125所示。

Step 03 执行“圆”命令（C），以2点方法绘制直径为3.5mm的圆对象，如图6-126所示。

Step 04 执行“修剪”命令（TR），将多余的圆弧进行修剪操作，如图6-127所示。

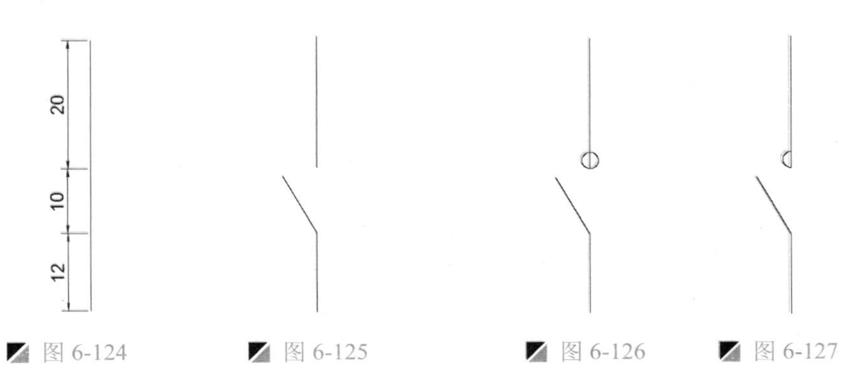

图6-124　图6-125　图6-126　图6-127

提示：“接触器”的写块操作

> 绘制好“接触器”以后，可执行“写块”命令（W），进行写块操作，方便后面使用。在第3章讲解了一些元件的绘制，但由于篇幅原因，还有很多常用的符号没有列出来，那么读者在工程图绘制元件的过程中，可将一些常用的的符号写块到“案例\03”文件夹下，在后面的绘制过程中，将不在提示为符号“写块”操作。

读书破万卷

2. 绘制断路器、三相四线符号

下面介绍断路器、三相四线符号符号的绘制，用AutoCAD中的直线、偏移、旋转、镜像、修剪等命令进行绘制。

Step 01 绘制“断路器”，执行“复制”命令（CO），将前面绘制的“接触器”符号复制一份，并将复制后的对象中的圆弧删除掉，如图6-128所示。

Step 02 执行“直线”命令（L），过上侧垂直线段的下侧端点绘制一条长4mm的水平线段，使中点与端点重合，如图6-129所示。

Step 03 执行“旋转”命令（RO），将上一步绘制的水平线段以重合点作为旋转基点，进行45°的旋转操作，如图6-130所示。

Step 04 执行“镜像”命令（MI），将旋转后的对象进行水平镜像操作，如图6-131所示。

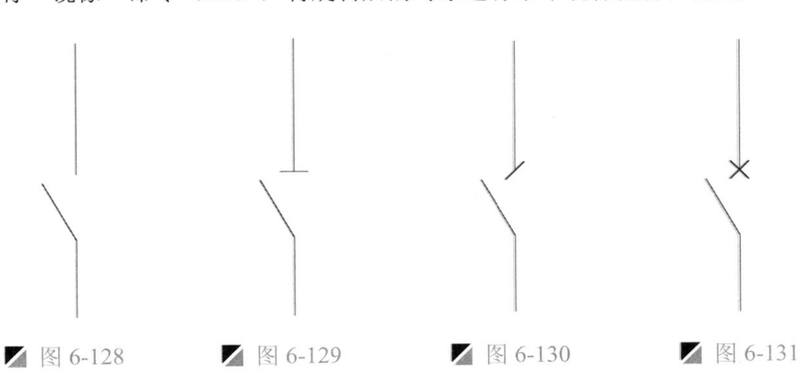

图6-128　图6-129　图6-130　图6-131

Step 05 执行“直线”命令（L），在视图中绘制一条长 80mm 的水平绘制，如图 6-132 所示。

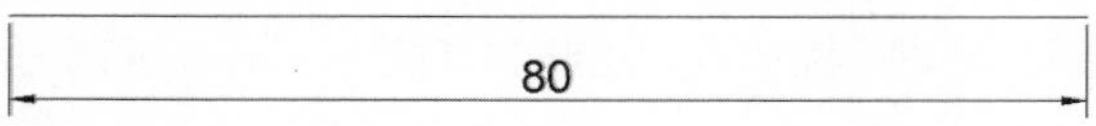

80

图 6-132

Step 06 执行“偏移”命令（O），将绘制的水平线段向上各偏移 7mm、57mm、20mm 的距离，如图 6-133 所示。

Step 07 执行“移动”命令（M），捕捉断路器符号的斜线段与垂直线段的交点作为基点，移动到如图 6-134 所示的位置处。

Step 08 执行“移动”命令（M），选择断路器符号水平向右移动 7mm 的距离，如图 6-135 所示。

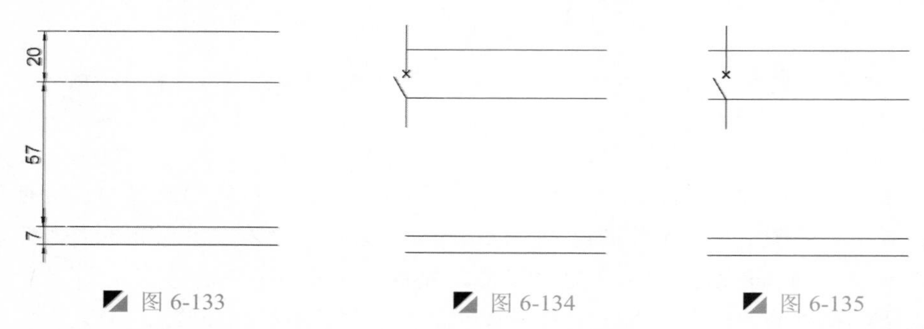

图 6-133　　图 6-134　　图 6-135

Step 09 执行“修剪”命令（TR），将多余的线段进行修剪操作，如图 6-136 所示。

Step 10 执行“移动”命令（M），将接触器符号移动到如图 6-137 所示的位置。

Step 11 执行“复制”命令（CO），将接触器和断路器符号水平向右复制 10mm 和 20mm 的距离，如图 6-138 所示。

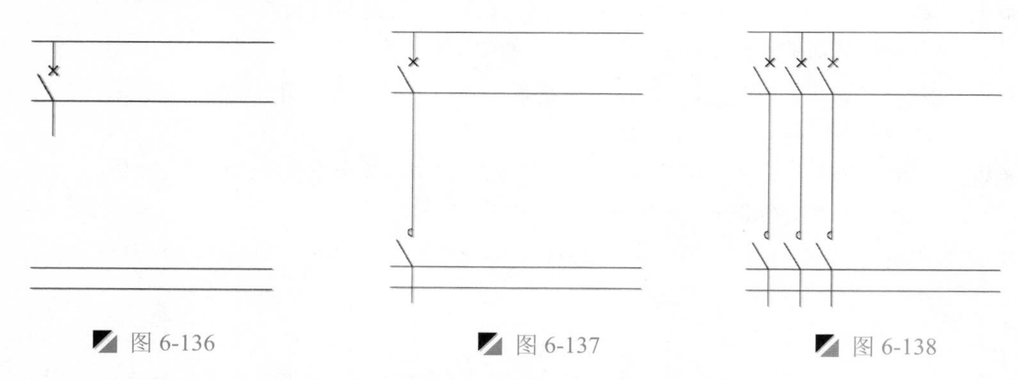

图 6-136　　图 6-137　　图 6-138

Step 12 执行“直线”命令（L），绘制一条如图 6-139 所示的垂直线段。

Step 13 执行“圆”命令（C），捕捉左上侧的交点作为圆心，绘制半径为 1.2mm 的圆对象，如图 6-140 所示。

Step 14 执行“直线”命令（L），过圆心绘制一条长 5mm 的斜线段，使斜线段与水平方向成 45° 夹角，如图 6-141 所示。

Step 15 执行“复制”命令（CO），将圆和斜线段复制到如图 6-142 所示的位置。

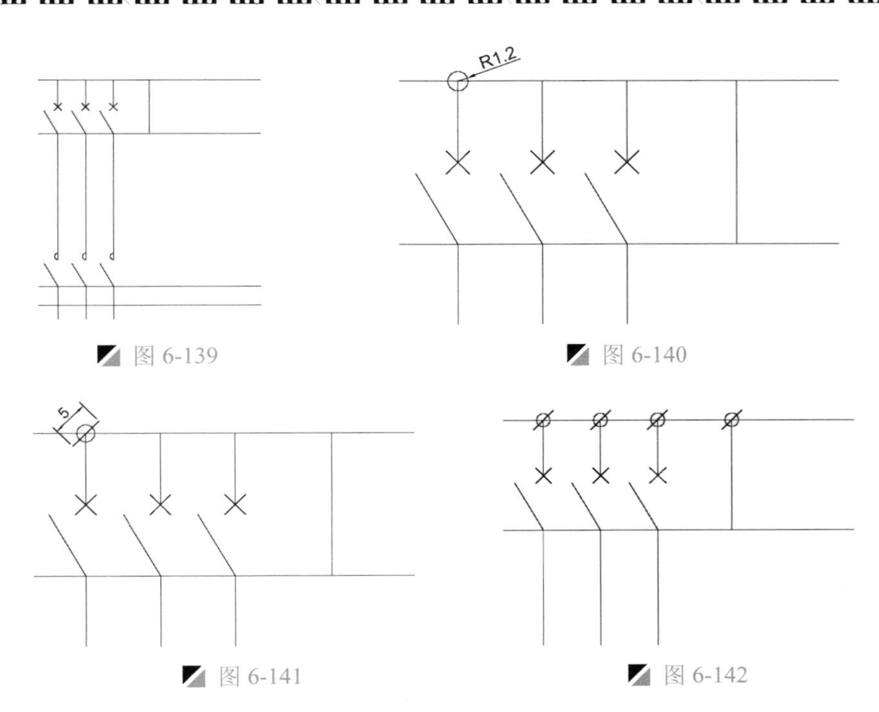

图 6-139　　图 6-140

图 6-141　　图 6-142

Step 16　执行“复制”命令（CO），将左上侧的圆和斜线段对象垂直向下复制 30mm 的距离，如图 6-143 所示。

Step 17　执行“复制”命令（CO），将上一步复制的对象向右水平复制 10mm 和 20mm 的距离，并修剪掉多余的线段，如图 6-144 所示。

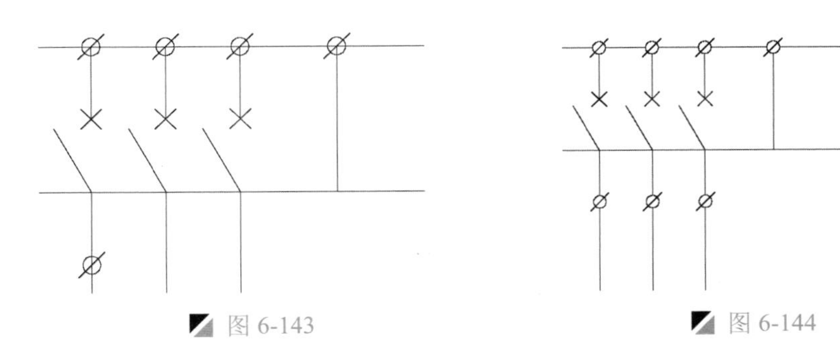

图 6-143　　图 6-144

3. 绘制保护测量部分

下面介绍保护测量部分的绘制，借用第 3 章的“电感”符号，在此基础上绘制保护测部分，使用 AutoCAD 中的插入块、直线、偏移、复制、移动、镜像、修剪等命令进行绘制。

Step 01　执行“插入块”命令（I），在“插入”对话框中，勾选“分解”复选框，并设置旋转角度为-90°，将“案例\03\电感.dwg”文件插入视图中，如图 6-145 所示。

Step 02　执行“直线”命令（L），捕捉上下圆弧的端点作为直线的起点，向左绘制两条长 25mm 的水平线段，如图 6-146 所示。

Step 03　执行“直线”命令（L），捕捉水平线的左端点进行直线连接，如图 6-147 所示

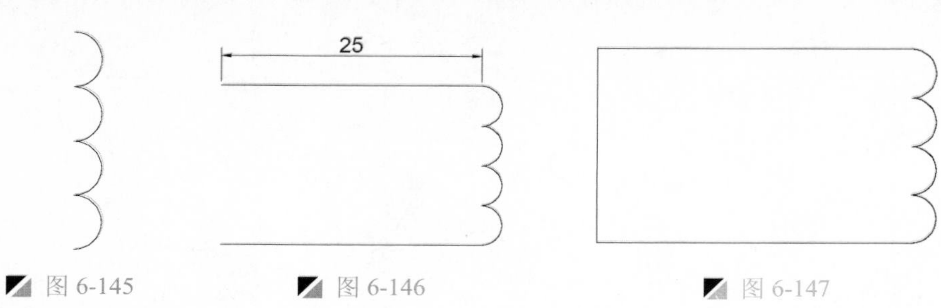

图 6-145　　图 6-146　　图 6-147

Step 04　执行“圆”命令（C），捕捉上一步绘制的垂直线段的中点作为圆的圆心，绘制半径为 2 的圆，如图 6-148 所示。

Step 05　执行“复制”命令（CO），将前面绘制半径为 1.2mm 的圆和长 5mm 的斜线段复制到如图 6-149 所示的位置，并修剪掉多余的线段。

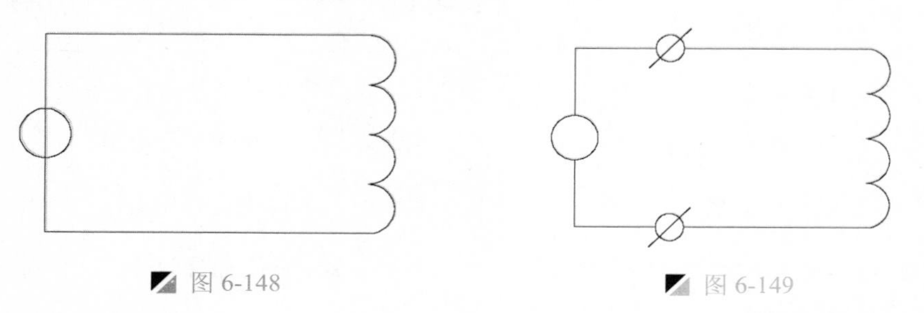

图 6-148　　图 6-149

Step 06　执行“插入块”命令（I），将“案例\03\接地符号.dwg”文件插入图形中，如图 6-150 所示。

Step 07　执行“移动”命令（M），将接地符号移动到如图 6-151 所示的位置。

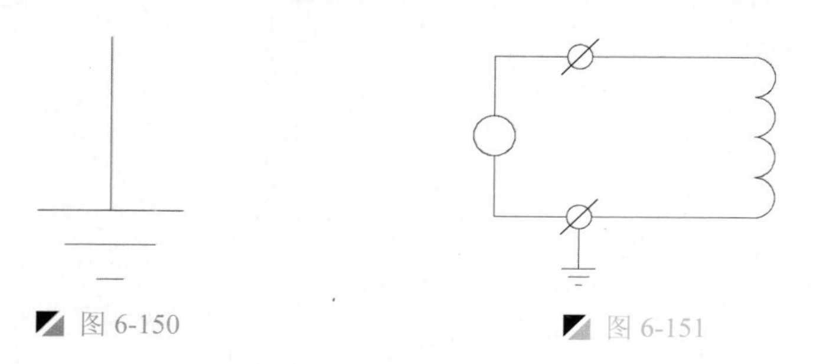

图 6-150　　图 6-151

4．绘制三相热继电器、接地极

下面介绍三相热继电器、接地符号的绘制，借用第 3 章的“热继电器”符号，在此基础上绘制三相热继电器，使用 AutoCAD 中的插入块、直线、分解、复制等命令进行绘制。

Step 01　绘制“接地极”，执行“直线”命令（L），在视图中绘制绘制一条长 12mm 的垂直线段，如图 6-152 所示。

Step 02　执行“直线”命令（L），捕捉垂线段的上端点作为直线的起点，向右绘制一条长 4mm 的水平线段，如图 6-153 所示。

Step 03　利用钳夹功能拉长，将绘制的水平线段向左拉长 4mm，如图 6-154 所示。

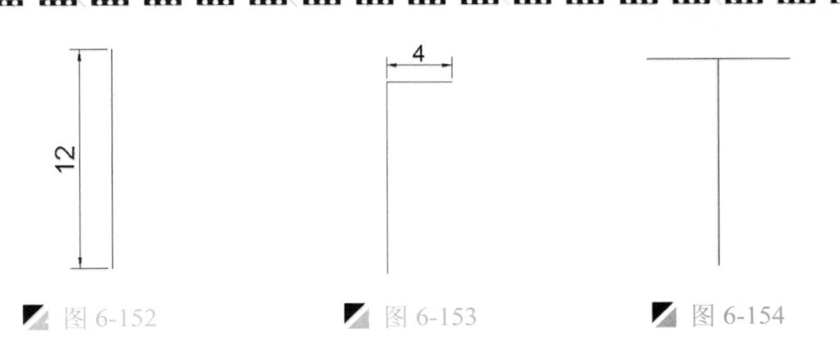

图 6-152　图 6-153　图 6-154

Step 04 绘制"三相热继电器"，执行"插入块"命令（I），将"案例\03\热继电器.dwg"文件插入视图中，如图 6-155 所示。

Step 05 执行"分解"命令（X），将插入的热继电器符号中的矩形对象进行分解操作；再利用钳夹功能拉长，将矩形上下侧的水平边向右侧拉长 17.5mm，并删除掉矩形右侧的垂直边，如图 6-156 所示。

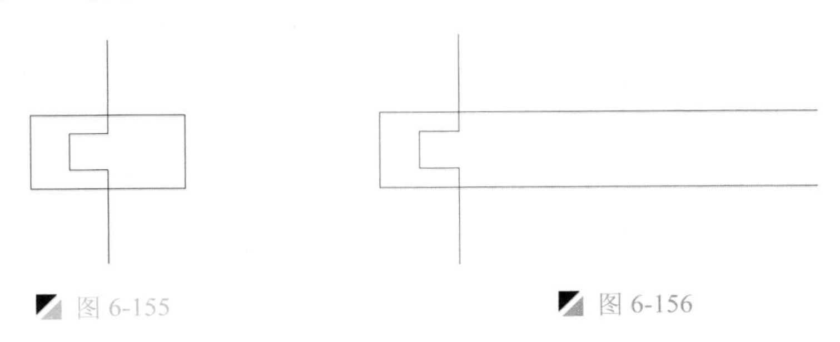

图 6-155　图 6-156

注意：带宽度图形的分解

分解命令是将一个整体图形分解成为其单个对象，如，一个矩形被分解之后会变成 4 条直线，而如果一个有宽度的直线分解之后会失去其宽度属性，其效果如图 6-157 所示。

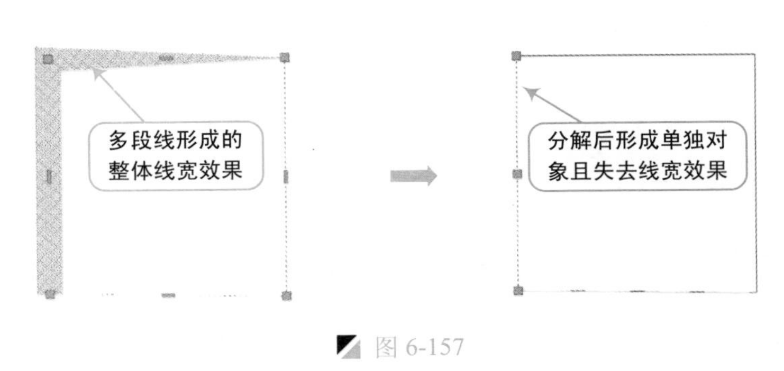

图 6-157

Step 06 执行"复制"命令（CO），将相应的对象向右侧水平复制 10mm 和 20mm 的距离，如图 6-158 所示。

Step 07 执行"直线"命令（L），将相应的点进行直线连接操作，如图 6-159 所示。

Step 07 执行"写块"命令（W），将绘制的"三相热继电器"图形保存为"案例\03"文件下，名称为"三相热继电器 3"。

读书破万卷

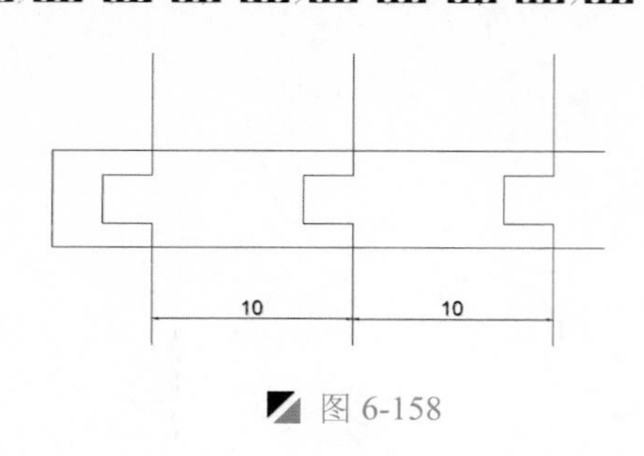

图 6-158

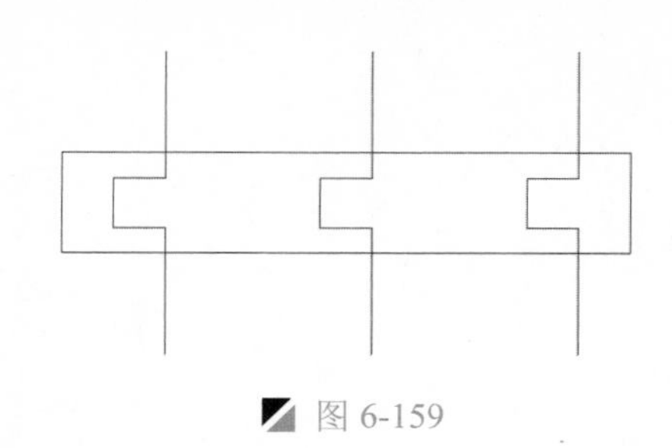

图 6-159

6.4.4 组合图形

将前面绘制好的电气符号和线路结构图，利用直线、复制、移动、镜像等多种命令将其进行组合。

Step 01 执行移动、复制等命令，将三相热继电器和接触器图形放置到如图 6-160 所示的位置。

Step 02 执行“移动”命令（M），将保护测量部分移动到如图 6-161 所示的位置。

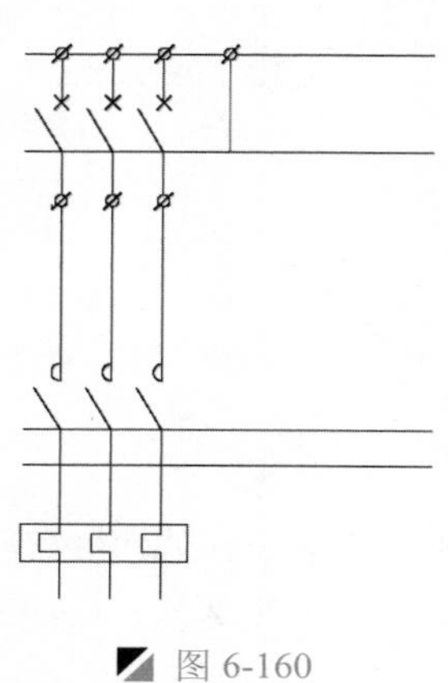

图 6-160

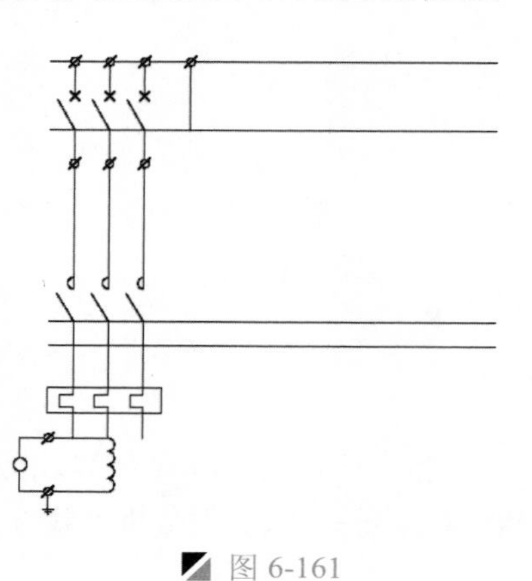

图 6-161

Step 03 执行“插入块”命令（I），设置比例因子为 1.5，将“案例\03\三相异步电动机.dwg”文件插入如图 6-162 所示的位置。

Step 04 执行“镜像”命令（MI），将插入的图块的线段镜像到下侧，如图 6-163 所示的位置。

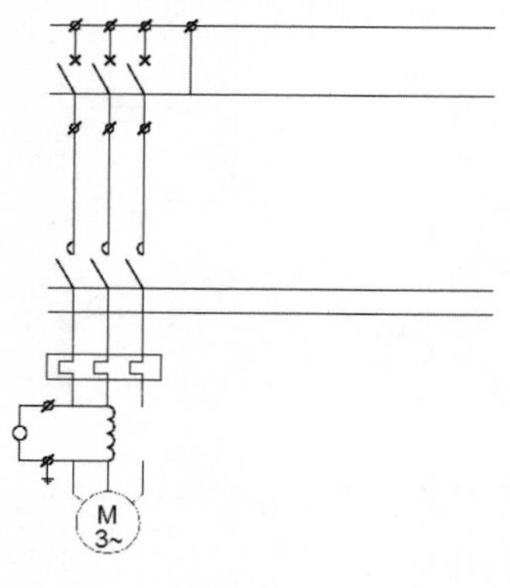

图 6-162

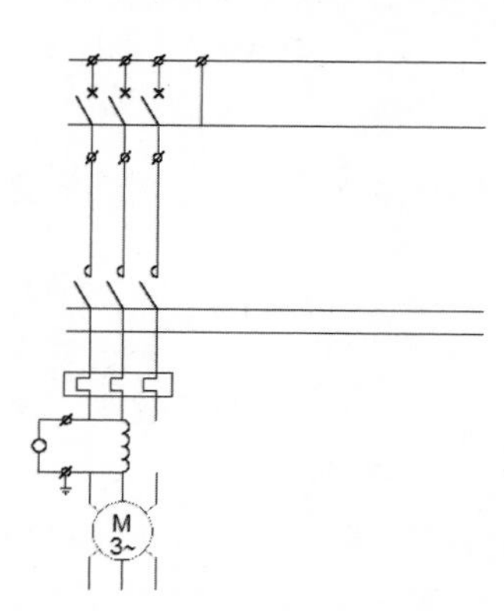

图 6-163

Step 05 执行“直线”命令（L），根据电气元件的位置绘制直线段，并将接触器上连接的线段转为“ACAD-ISO03W100”线型，删除多余的线段，如图 6-164 所示。

Step 06 执行“移动”命令（M），将组合的图形移动到主连接线上，如图 6-166 所示。

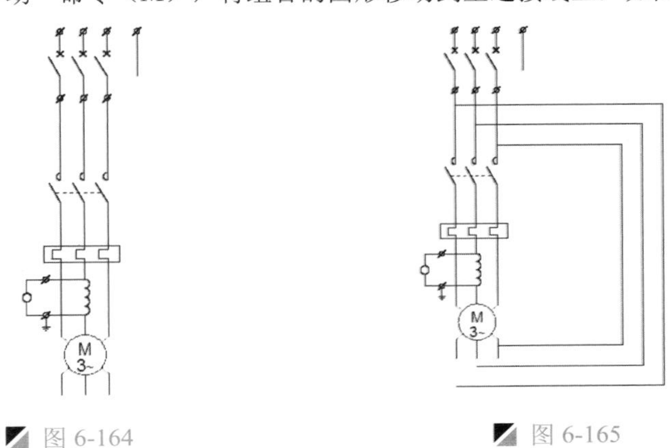

图 6-164　　图 6-165

Step 07 执行“复制”命令（CO），将前面绘制的接触器复制到如图 6-166 所示的位置。

Step 08 执行“移动”命令（M），将接地极移动到如图 6-167 所示的位置，并绘制导线。

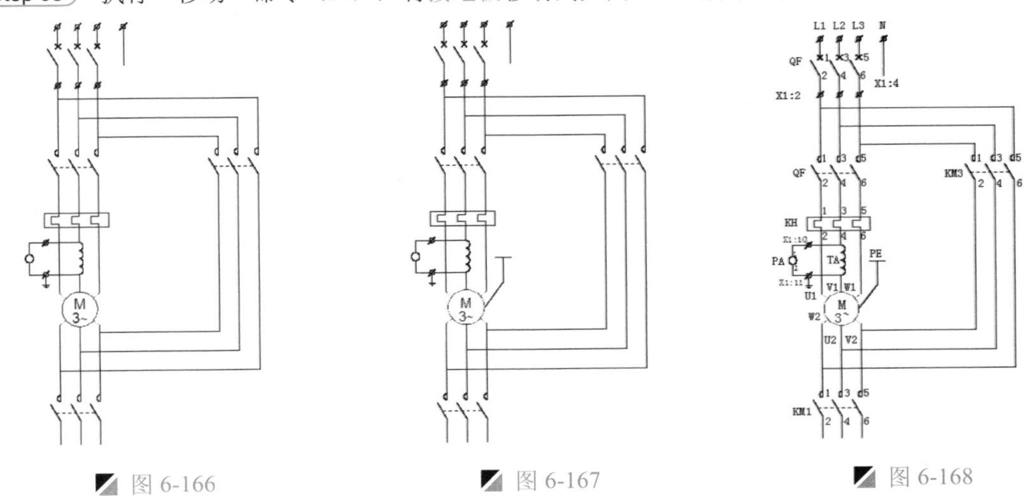

图 6-166　　图 6-167　　图 6-168

6.4.5 添加文字注释

前面已经完成了电动机控制电路图的绘制，下面分别在相应位置处添加文字注释，利用“多行文字”命令进行操作。

Step 01 在“图层控制”下拉列表中，选择“文字”图层设为当前图层。

Step 02 选择“格式 | 文字样式”菜单命令，在弹出的“文字样式”对话框下选择文字的样式为默认的“Standard”样式，设置字体为宋体，高度为 4，然后分别单击“应用”、“置为当前”和“关闭”按钮。

Step 03 执行“单行文字”命令（DT），在图中相应位置输入相关的文字说明，以完成电动机控制电路图的文字注释，完成最终效果如图 6-168 所示。

Step 04 至此，该电动机控制电路图的绘制已完成，按<Ctrl+S>组合键进行保存。

6.5 粉碎机电气线路图的绘制

案例 粉碎机电气线路图.dwg　视频 粉碎机电气线路图的绘制.avi　时长 14'35"

如图 6-169 所示为粉碎机电气线路图。该电路图是由熔断器、接触器、三相热继电器、电动机、多种开关等多种电气元件组成。

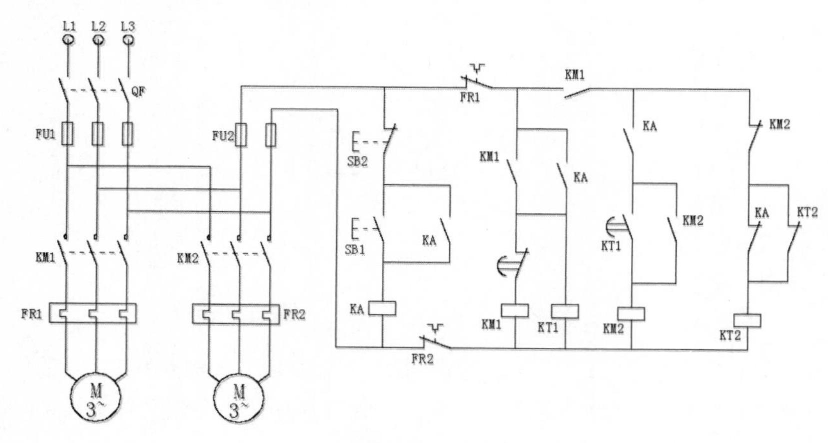

图 6-169

6.5.1 设置绘制环境

在绘制粉碎机电气线路图时，先要设置绘制环境，下面介绍绘制环境的设置步骤。

Step 01 启动 AutoCAD 2015 软件，按<Ctrl+S>组合键保存该文件为“案例\06\粉碎机电气线路图.dwg”文件。

Step 02 在“图层”面板中单击“图层特性”按钮，打开“图层特性管理器”，新建如图 6-170 所示的 3 个图层，然后将“导线”图层设为当前图层。

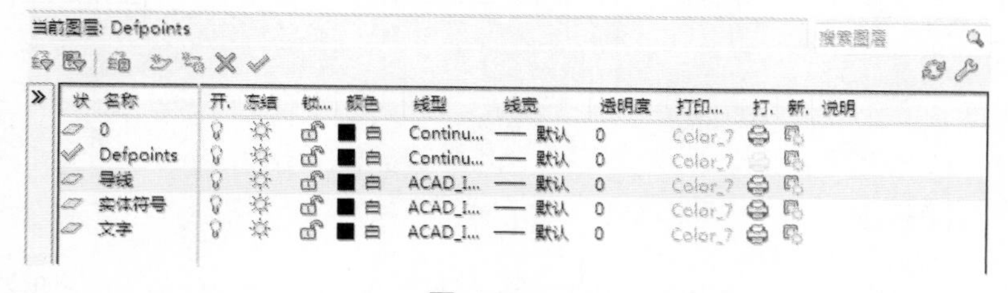

图 6-170

6.5.2 绘制主连接线

该线路图是由主线路和电气元件组成，下面介绍主连接线的绘制，由 AutoCAD 中的矩形、直线、移动、偏移分解等命令进行该图形的绘制。

Step 01 执行“矩形”命令（REC），在视图中绘制 43mm×81mm 的矩形对象，如图 6-171 所示。

Step 02 执行“矩形”命令（REC），在如图 6-172 所示视图中绘制 20mm×74mm 的矩形对象，

Step 03 执行“移动”命令（M），将上一步绘制的小矩形向水平向右移动 9mm，如图 6-173 所示。

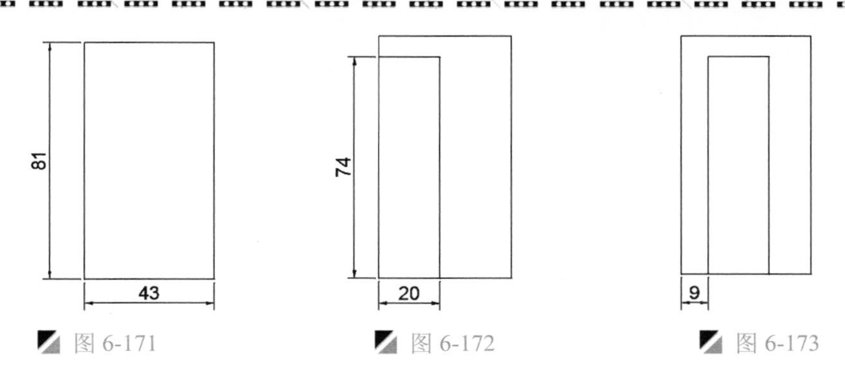

图 6-171 图 6-172 图 6-173

Step 04 按<F8>键打开“正交”模式；执行“直线”命令（L），捕捉外矩形右侧两角点向右绘制两条长 110mm 的水平线段，如图 6-174 所示。

Step 05 执行“分解”命令（X），将外矩形进行分解操盘；再执行“偏移”命令（O），将外矩形右侧的垂直边向右偏移如图 6-175 所示的距离。

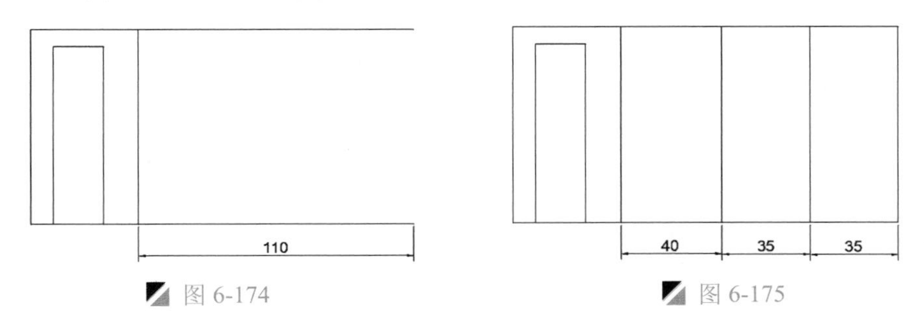

图 6-174 图 6-175

6.5.3 绘制电气元件符号

前面已经绘制了该线路图的线路结构，下面绘制电气元件，该图主要由熔断器、接触器、三相热继电器、电动机、多种开关等多种电气元件组成。

1. 绘制开关符号

下面介绍开关符号的绘制，调用第 3 章的相应电气符号，然后在此基础上绘制相应的开关符号。

Step 01 将“实体符号”作为当前图层，执行“插入块”命令（I），将“案例\03”文件夹下面的“单极开关”、“常开按钮开关.dwg”、“动断按钮”、“动断触点”、“延时断开触点”、“多极开关”和“三极接触器”等图形插入视图中，依次如图 6-176～图 6-182 所示。

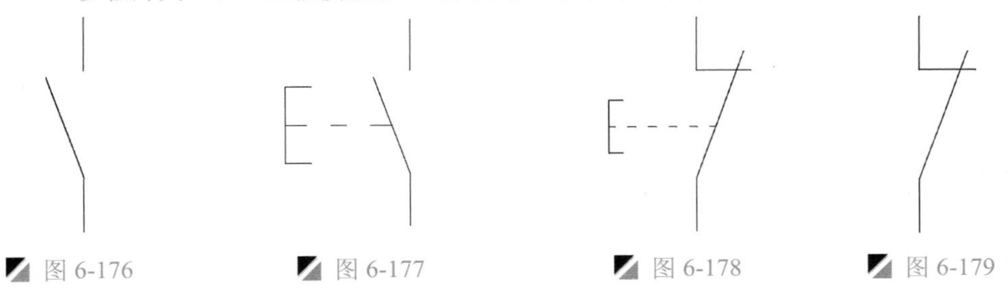

图 6-176 图 6-177 图 6-178 图 6-179

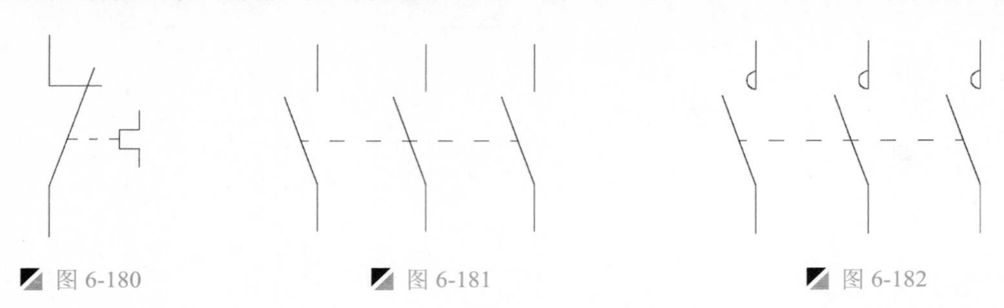

图 6-180　　图 6-181　　图 6-182

Step 02 执行“复制”命令（CO），将“单极开关”符号复制一份，如图 6-183 所示。

Step 03 执行“直线”命令（L），捕捉复制后的开关符号中的斜线段的中点作为直线的起点，向左绘制一条长 6.5mm 的水平线段，如图 6-184 所示。

Step 04 执行“圆”命令（C），根据命令行提示，选择“两点（2P）”选项，绘制直径为 6mm 的圆对象，如图 6-185 所示。

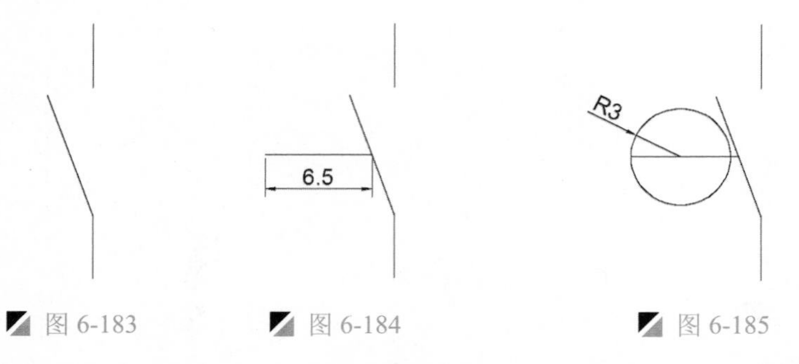

图 6-183　　图 6-184　　图 6-185

Step 05 执行“偏移”命令（O），将圆中的水平线段向上下两侧各偏移 1mm 的距离，如图 6-186 所示。

Step 06 执行“直线”命令（L），过圆心绘制一条长 8mm 的垂直线段；并将绘制的线段向左平移 0.5mm 的距离，如图 6-187 所示。

Step 07 执行“修剪”命令（TR），将多余的对象进行修剪并删除操作，从而完成“延时动合触点”符号，如图 6-188 所示。

图 6-186　　图 6-187　　图 6-188

Step 08 执行“复制”命令（CO），将“延时动合触点”符号复制一份，如图 6-189 所示。

Step 09 执行“镜像”命令（MI），将复制后的开关符号中的斜线段水平镜像操作，并删除源斜线段，如图 6-190 所示。

Step 10 执行“移动”命令（M），将左侧的圆弧与水平线段向右水平移动 2.5mm，如图 6-191 所示。

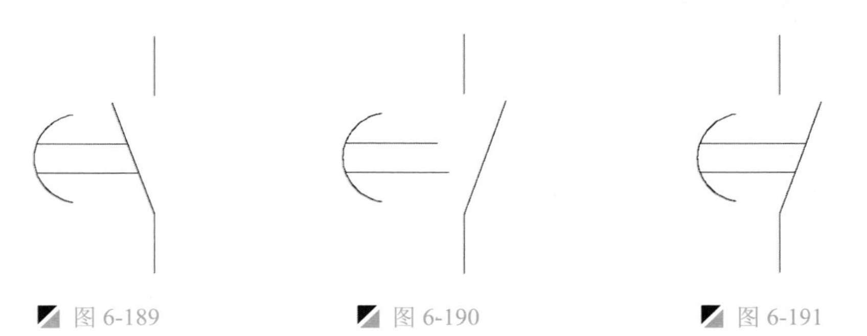

图 6-189　　图 6-190　　图 6-191

Step 11　执行“直线”命令（L），捕捉上侧垂直线段的下端点作为直线的起点，向右绘制一条长 4mm 的水平线段，如图 6-192 所示。

Step 12　利用钳夹功能拉长，将斜线段拉长 2mm，与上一步绘制的水平线段相交，从而完成延时动断触点符号的绘制，如图 6-193 所示。

图 6-192　　图 6-193

2. 绘制其他符号

执行“插入块”命令（I），将“案例\03”文件夹下面的“三相热继电器 3”、“熔断器”和“断电器”分别插入视图中，如图 6-194～图 6-196 所示。

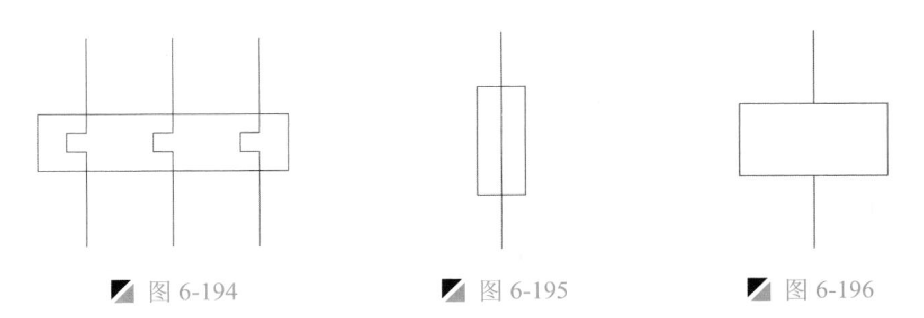

图 6-194　　图 6-195　　图 6-196

6.5.4 组合图形

将前面绘制好的电气符号和线路结构图，利用复制、移动、旋转和插入块等命令将其进行组合。

Step 01　使用复制、移动、旋转和缩放等命令进行操作，将元件符号放置在相应位置处，根据符号放置的位置绘制导线，然后再进行修改，如图 6-197 所示。

Step 02　执行“插入块”命令（I），设置比例因子为 1.5，将“案例\03\三相异步电动机.dwg”文件插入如图 6-198 所示的位置。

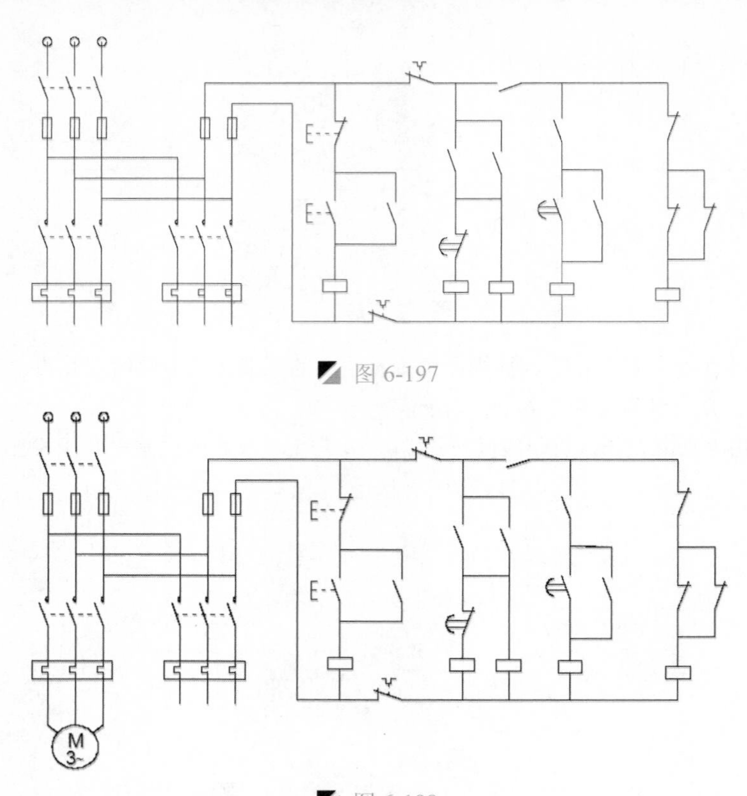

图 6-197

图 6-198

Step 03 执行“复制”命令（CO），将插入的电动机的复制到如图 6-199 所示的位置。

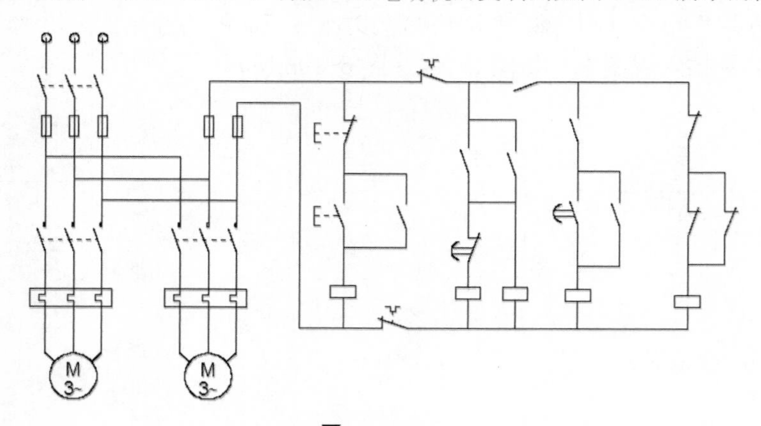

图 6-199

提示：删除命令多个运用

在绘制过程中，如果出现了绘制错误，或者对上一步绘制的图形不满意，而需要删除时，可以单击“标准”工具栏中的撤销按钮，也可按 Delete 键或者输入快捷命令“E”将不满意的图形删除。删除命令可以一次删除一个或多个图形，如果删除错误，可利用来补救。

6.5.5　添加文字注释

前面已经完成了粉碎机电气线路图的绘制，下面分别在相应位置处添加文字注释，利用“多行文字”命令进行操作。

Step 01　在“图层控制”下拉列表中，选择“文字”图层设为当前图层。

Step 02　选择“格式｜文字样式”菜单命令，在弹出的“文字样式”对话框下选择文字的样式为默认的“Standard”样式，设置字体为宋体，高度为 3，然后分别单击“应用”、“置为当前”和“关闭”按钮。

Step 03　执行“单行文字”命令（DT），在图中相应位置输入相关的文字说明，以完成粉碎机电气线路图的方案注释，完成最终效果如图 6-200 所示。

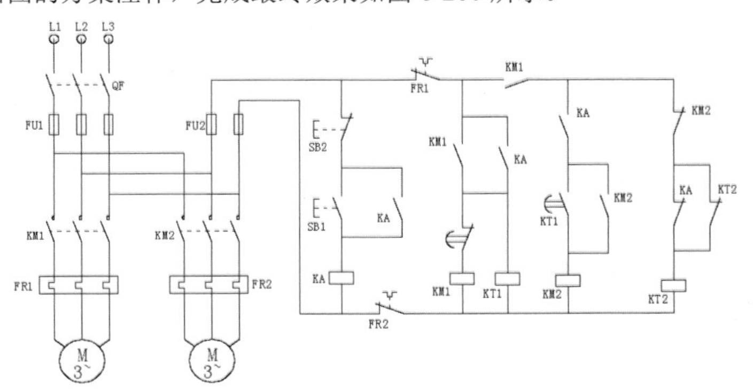

图 6-200

Step 04　至此，该粉碎机电气线路图的绘制已完成，按<Ctrl+S>组合键进行保存。

6.6　混凝土搅拌机电气线路图的绘制

案例	混凝土搅拌机电气线路图.dwg	视频	混凝土搅拌机电气线路图的绘制.avi	时长	10'59"

如图 6-201 所示为混凝土搅拌机电气线路。该线路主要由搅拌机滚筒电动机 M1、料斗电动机 M2，以及电磁抱闸 YB，给水电磁阀 YV、接触器 KM、限位开关 SQ1、SQ2、等组成，以顺序完成水泥的进料、搅拌、出料的全过程。

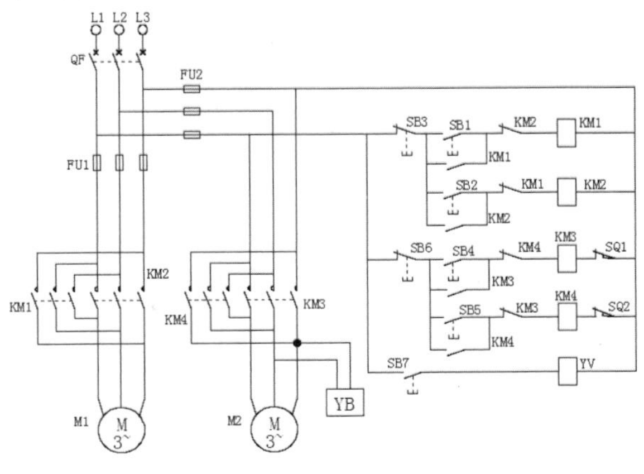

图 6-201

6.6.1 设置绘制环境

在绘制混凝土搅拌机电气线路图时，先要设置绘制环境，下面介绍绘制环境的设置步骤。

Step 01 启动 AutoCAD 2015 软件，按<Ctrl+S>组合键保存该文件为“案例\06\混凝土搅拌机电气线路.dwg”文件。

Step 02 在“图层”面板中单击“图层特性”按钮，打开“图层特性管理器”，新建如图 6-202 所示的 3 个图层，然后将“导线”图层设为当前图层。

当前图层: Defpoints

状	名称	开.	冻结	锁...	颜色	线型	线宽	透明度	打印...	打.	新.	说明
	0				白	Continu...	—— 默认	0	Color_7			
✓	Defpoints				白	Continu...	—— 默认	0	Color_7			
	导线				白	ACAD_I...	—— 默认	0	Color_7			
	实体符号				白	ACAD_I...	—— 默认	0	Color_7			
	文字				白	ACAD_I...	—— 默认	0	Color_7			

图 6-202

6.6.2 绘制主连接线

该线路图由主线路和电气元件组成，下面介绍主连接线的绘制，由 AutoCAD 中的矩形、直线、移动、偏移分解等命令进行该图形的绘制。

Step 01 执行“直线”命令（L），在视图中绘制一条长 229mm 的水平线段，一条长 130mm 垂直线段，如图 6-203 所示。

Step 02 执行“偏移”命令（TR），将垂直线段向右各偏移如图 6-204 所示的距离。

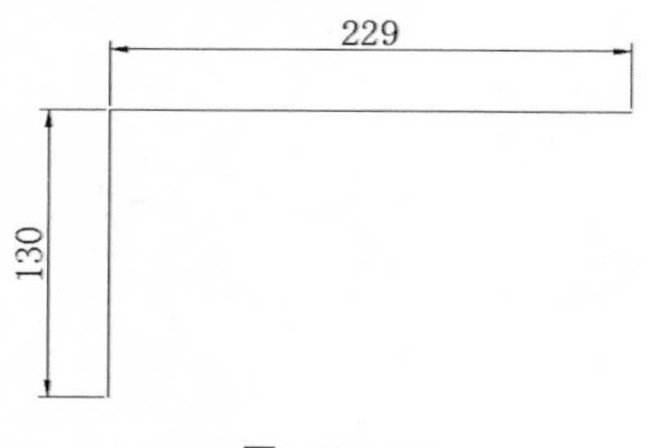

图 6-203

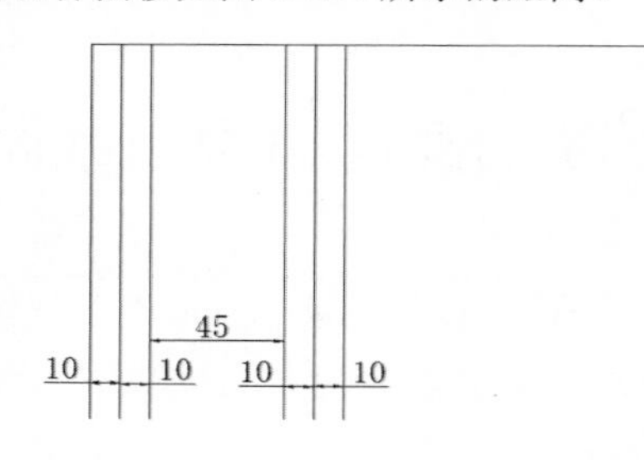

图 6-204

Step 03 执行“偏移”命令（TR），将水平线段向下各偏移 10mm 的距离，如图 6-205 所示。

Step 04 执行“矩形”命令（REC），在如图 6-206 所示的位置处绘制 114mm×125mm 的矩形对象。

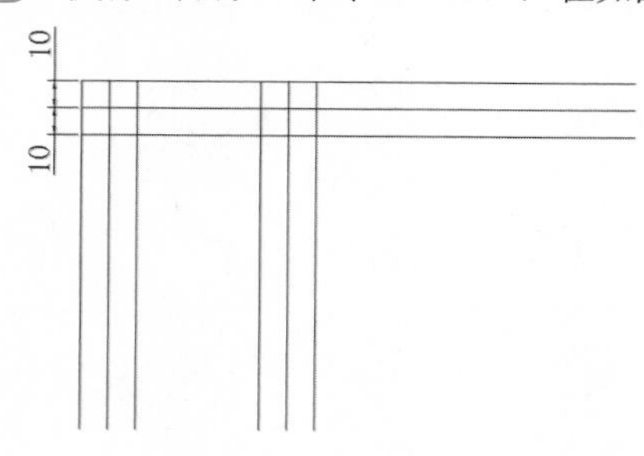

图 6-205

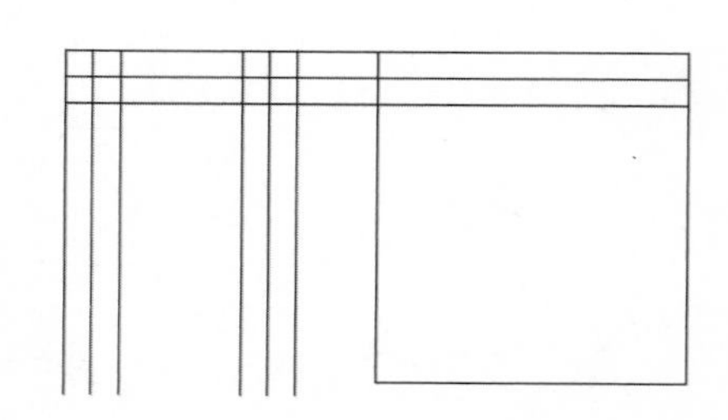

图 6-206

Step 05 执行“分解”命令（X），将绘制的矩形对象进行分解操作；再执行“偏移”命令（O），将矩形下侧水平边向上偏移 50mm 的距离，如图 6-207 所示。

Step 06 执行“修剪”命令（TR），将多余的线段进行修剪操作，如图 6-208 所示。

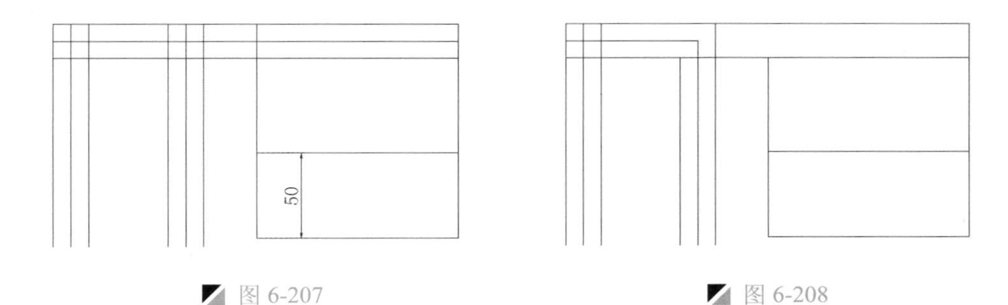

图 6-207　　图 6-208

6.6.3 绘制电气元件符号

前面已经绘制了该线路图的线路结构，下面绘制电气元件，该图主要由熔断器、接触器、断路器、电动机、电磁抱闸、多种开关等多种电气元件组成。

1. 绘制开关符号

下面介绍开关符号的绘制，调用第 3 章的相应电气符号，然后在此基础上绘制相应的开关符号。

Step 01 将“实体符号”作为当前图层，执行“插入块”命令（I），将“案例\03”文件夹下面的“常开按钮开关”、“ 动断按钮”和“动断触点”文件插入视图中，如图 6-209～6-211 所示。

Step 02 执行“复制”命令（CO），将“动断触点”符号复制一份。

Step 03 执行“直线”命令（L），捕捉复制后的对象的斜线段的中点作为直线的起点，绘制 1.6mm 的斜线段，使绘制的斜线与源斜线相垂直，命令行提示“指定下一点”时，捕捉相应的交点，完成限制开关符号的绘制，如图 6-212 所示。

图 6-209　　图 6-210　　图 6-211　　图 6-212

Step 04 执行“插入块”命令（I），将“案例\03\三极接触器.dwg”文件插入视图中，如图 6-213 所示。

Step 05 执行“复制”命令（CO），将“三极接触器”复制出一份，并删除三个半圆，效果如图 6-214 所示。

Step 06 按<F10>键打开“极轴追踪”模式，并其设置追踪角度值为 45°。

Step 07 执行“直线”命令（L），捕捉左上侧的垂直线段的下端点作为直线的起点，将光标向右上侧移动采用且极轴追踪的方式，待出现追踪角度值 45°，并且出现极轴追踪虚线时，输入斜线段的长度 1.5mm，从而绘制斜线段对象，如图 6-215 所示。

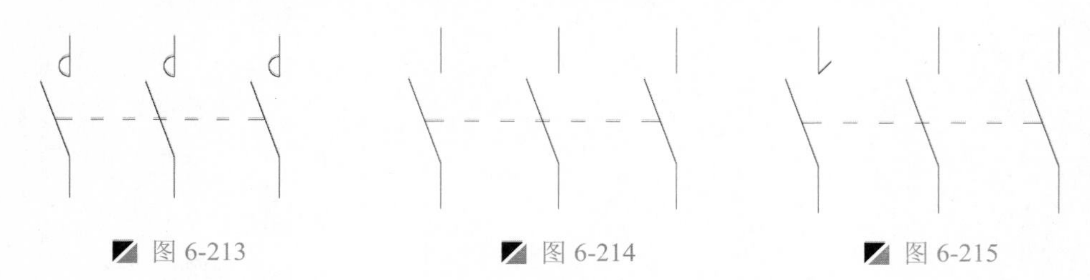

图 6-213　　图 6-214　　图 6-215

Step 08 执行“阵列”命令（AR），将斜线段以左上侧与斜线的交点作为阵列的中点，进行项目数为 4 的环形阵列操作，如图 6-216 所示。

Step 09 执行“复制”命令（CO），阵列后的对象复制到如图 6-217 所示的位置处，从而完成三极断路器符号的绘制。

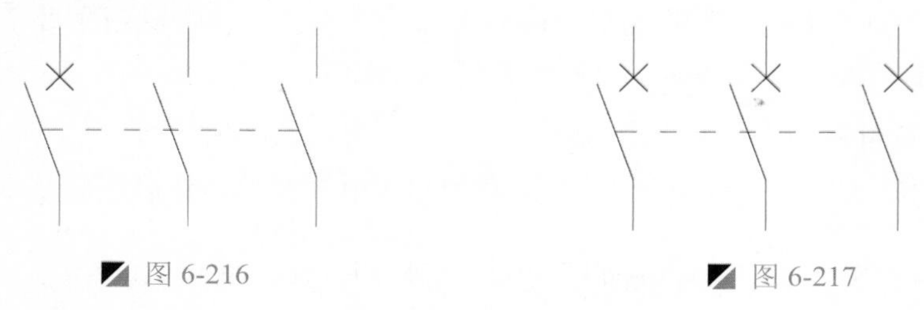

图 6-216　　图 6-217

2. 绘制其他符号

下面介绍其他电气符号的绘制，使用 AutoCAD 中的矩形、直线、单行文字等命令绘制电气符号。

Step 01 执行“矩形”命令（REC），在视图中绘制 16mm×12mm 的矩形对象，如图 6-218 所示。

Step 02 执行“单行文字”命令（DT），在矩形框内输入“YB”，设置文字高度为 6，从而完成电磁抱闸符号的绘制，如图 6-219 所示。

Step 03 执行“插入块”命令（I），将“案例\03\继电器.dwg”文件插入图形中，如图 6-220 所示。

图 6-218　　图 6-219　　图 6-220

6.6.4 组合图形

将前面绘制好的电气符号和线路结构图，利用直线、复制、移动、镜像等多种命令将其进行组合。

Step 01 使用移动、复制、旋转和缩放等命令将绘制好的元件符号放置在相应位置，根据符号放置的位置绘制直线和圆，然后再进行修改，如图 6-221 所示。

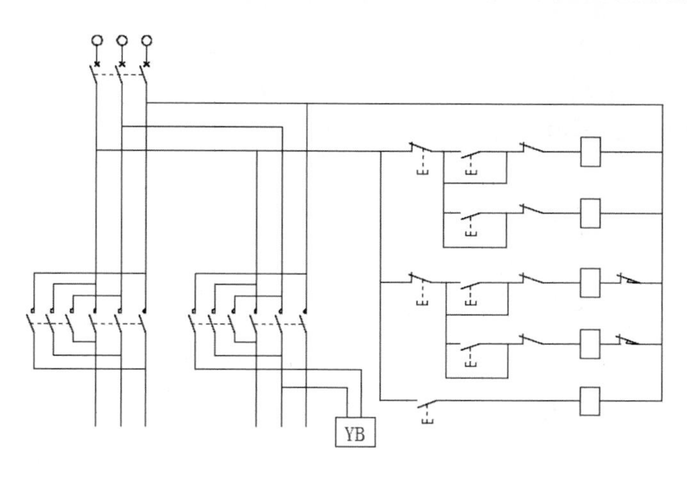

图 6-221

Step 02　执行“插入块”命令（I），将“案例\03”文件夹下的“三相异步电动机.dwg”、“熔断器.dwg”和“单极开关.dwg”插入图形中，并通过移动、缩放、旋转等，放置如图 6-222 所示的位置处，并在相应位置处加上实心圆。

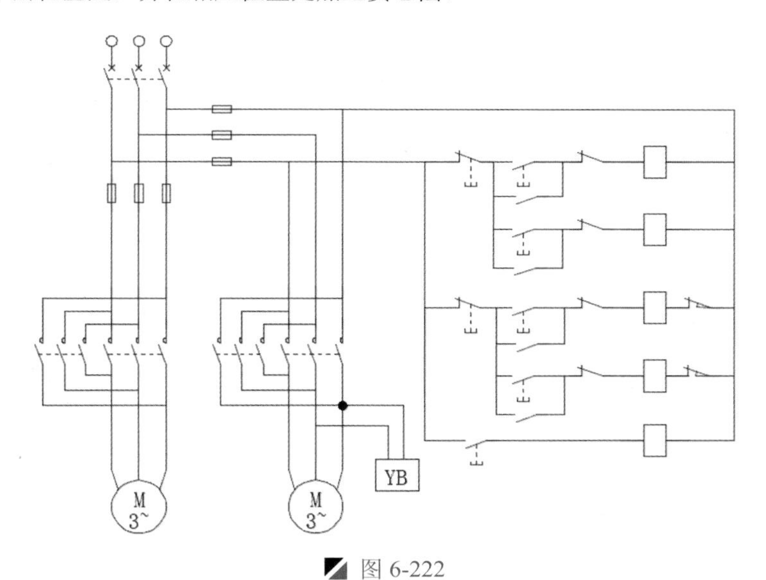

图 6-222

6.6.5　添加文字注释

前面已经完成了电路图的绘制，下面分别在相应位置处添加文字注释，利用“多行文字”命令进行操作。

Step 01　在“图层控制”下拉列表中，选择“文字”图层设为当前图层。

Step 02　选择“格式 | 文字样式”菜单命令，在弹出的“文字样式”对话框下选择文字的样式为默认的“Standard”样式，设置字体为宋体，高度为 4，然后分别单击“应用”、“置为当前”和“关闭”按钮。

Step 03 执行“单行文字”命令（DT），在图中相应位置输入相关的文字说明，以完成混凝土搅拌机电气线路图的文字注释，完成最终效果如图 6-223 所示。

Step 04 至此，该混凝土搅拌机电气线路图的绘制已完成，按<Ctrl+S>组合键进行保存。

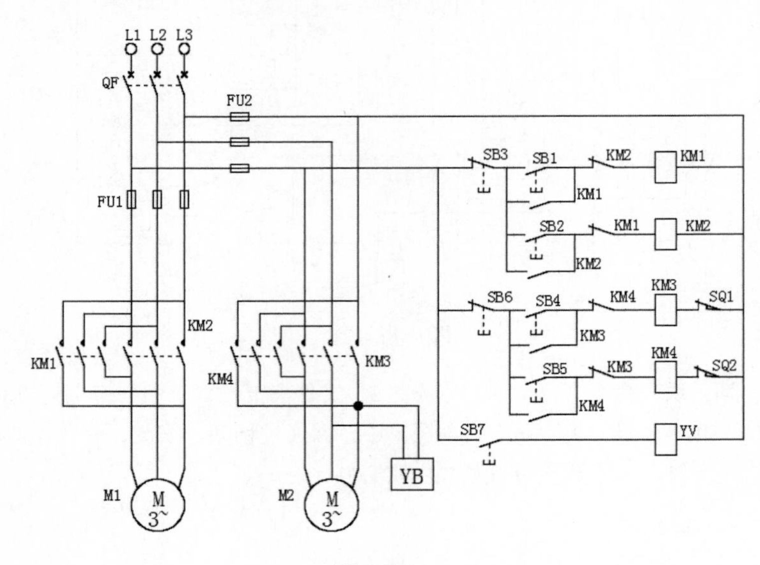

图 6-223

7

本章导读

控制电气是一类很重要的电气，广泛应用于工业、航空航天、计算机技术等领域，起着极其重要的作用。本章将介绍控制电气基本符号的绘制，并通过几个具体实例介绍控制电气图的一般绘制方法。

本章内容

- 电动机电容制动控制线路图的绘制
- 气压开关自控电气线路图的绘制
- 抽出式水位控制电气线路图的绘制
- 电动机自耦降压启动电路图的绘制
- 两台电动机顺序控制线路图的绘制

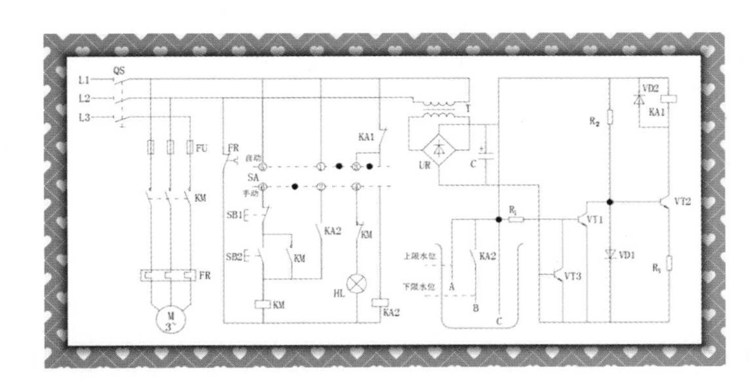

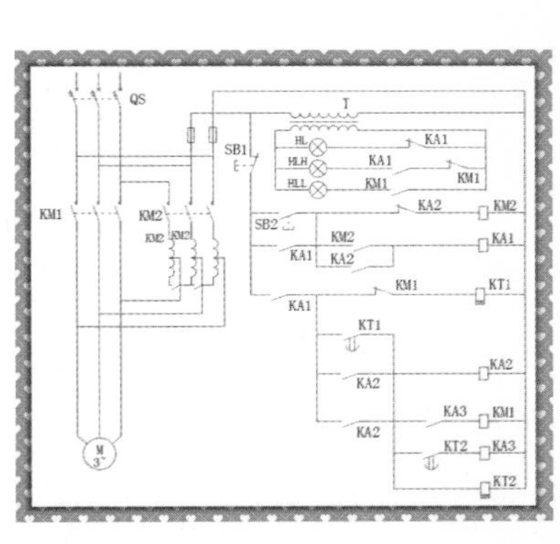

7.1 电动机电容制动控制线路图的绘制

案例	电动机电容制动控制线路图.dwg	视频	电动机电容制动控制线路图的绘制.avi	时长	14'28"

图 7-1 所示为电动机电容制动控制线路。进行制动时，按下停止按钮 SB2，交流接触器 KM 失电断开主电路，其常闭触点闭合，电容器接入电动机定子绕组进行电容制动。同时 SB2 常开触点闭合，时间继电器得知动作，其主触点闭合将三相绕组短接制动，使电动机迅速停止运转。制动完毕后，时间继电器 KT 断开。

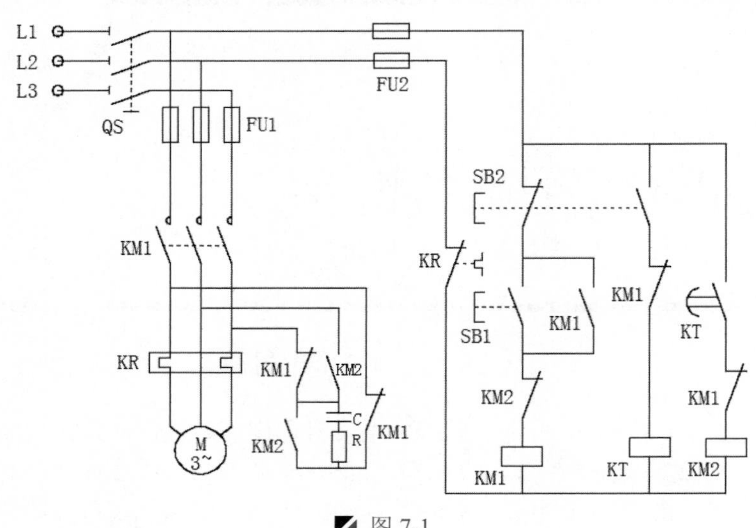

图 7-1

7.1.1 设置绘制环境

在绘制电动机电容制动控制线路图时，首先要设置绘制环境，下面介绍绘制环境的设置步骤。

Step 01 启动 AutoCAD 2015 软件，按<Ctrl+S>组合键保存该文件为“案例\07\电动机电容制动控制线路图.dwg”文件。

Step 02 在“图层”面板中单击“图层特性”按钮，打开“图层特性管理器”，新建导线、实体符号、文字 3 个图层，然后将“导线”图层设为当前图层，如图 7-2 所示。

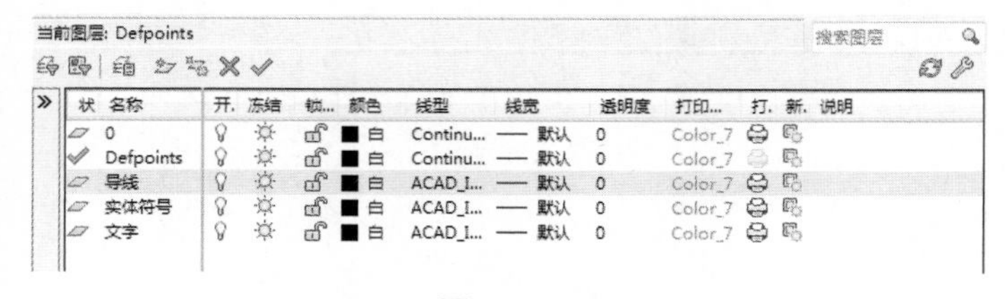

图 7-2

7.1.2 绘制主连接线

该控制线路图是由主线路和电气元件组成，下面介绍主连接线的绘制，由 AutoCAD 中的矩形、直线、偏移等命令进行该图形的绘制。

Step 01 按<F8>键打开“正交”模式；执行“直线”命令（L），在视图中绘制一条长 69mm 的水平线段，如图 7-3 所示。

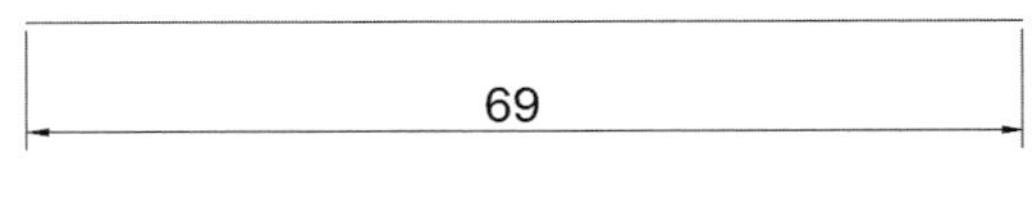

图 7-3

Step 02 执行“偏移”命令（O），将绘制的水平线向上或向下垂直偏移 6mm 的距离，如图 7-4 所示。

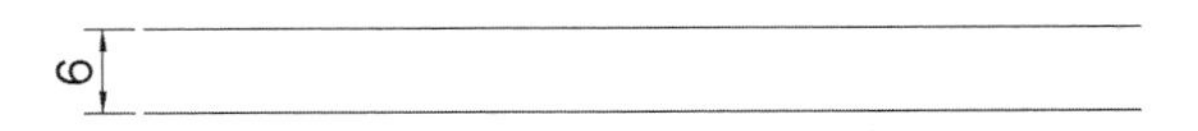

图 7-4

Step 03 执行“矩形”命令（REC），在如图 7-5 所示的位置处绘制 15mm×94mm 的矩形对象。

Step 04 执行“矩形”命令（REC），在如图 7-6 所示的位置处绘制 25mm×71mm 和 15mm×71mm 的两个矩形对象。

图 7-5 图 7-6

7.1.3 绘制电气元件符号

该控制线路图中的电气元件是由电阻、电容、熔断器、继电器、电动机、多种开关等多种电气元件组成，首先可调用“案例\03”文件夹下已有的元件符号，然后由 AutoCAD 中的矩形、圆、直线、移动、复制、旋转、镜像、修剪和删除等命令，绘制其他的元件符号，其操作步骤如下。

1. 绘制开关符号

下面介绍开关符号的绘制，调用第 3 章的相应电气符号，然后在此基础上绘制其他相应的开关符号。

Step 01 在“图层控制”下拉列表中，选择“实体符号”图层设为当前图层。

Step 02 执行“插入块”命令（I），将“案例\03”文件夹下的“单极开关”、“常开按钮开关”、“动断按钮”、“动断触点”、“延时断开触点”、“延时动合触点”和“三极隔离开关”文件插入视图中，依次如图 7-7～图 7-13 所示。

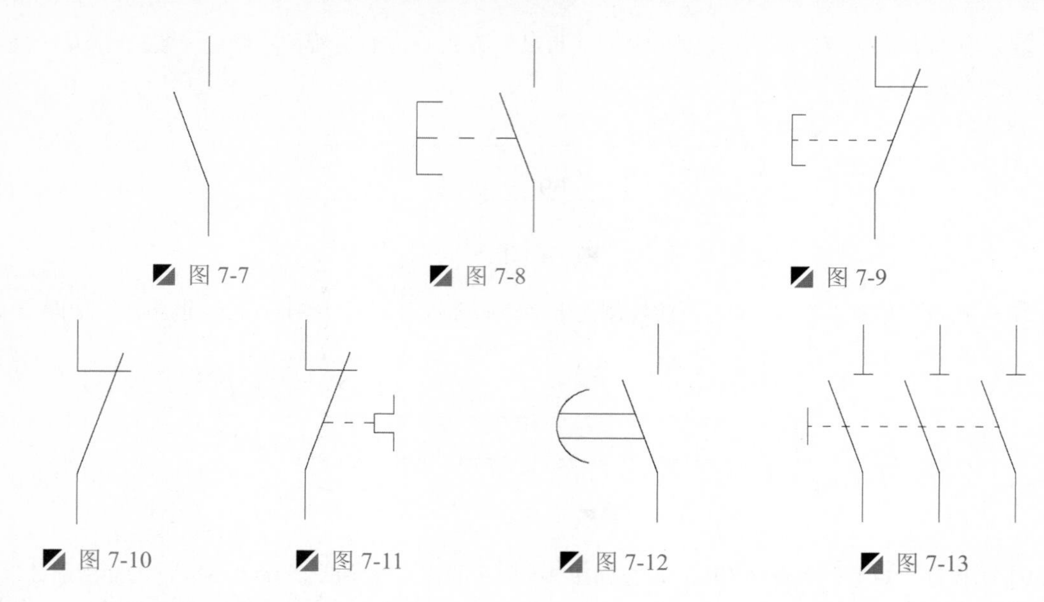

图 7-7　图 7-8　图 7-9

图 7-10　图 7-11　图 7-12　图 7-13

2. 绘制其他电气符号

在第 6 章已经讲解了热继电器的绘制方法，在这里只需要将相应的文件插入即可。

执行“插入块”命令（I），将“案例\03”文件夹下面的“三相热继电器 2”、“断电器”“电容”、“熔断器”和“电阻”文件插入图形中，如图 7-14 和图 7-18 所示。

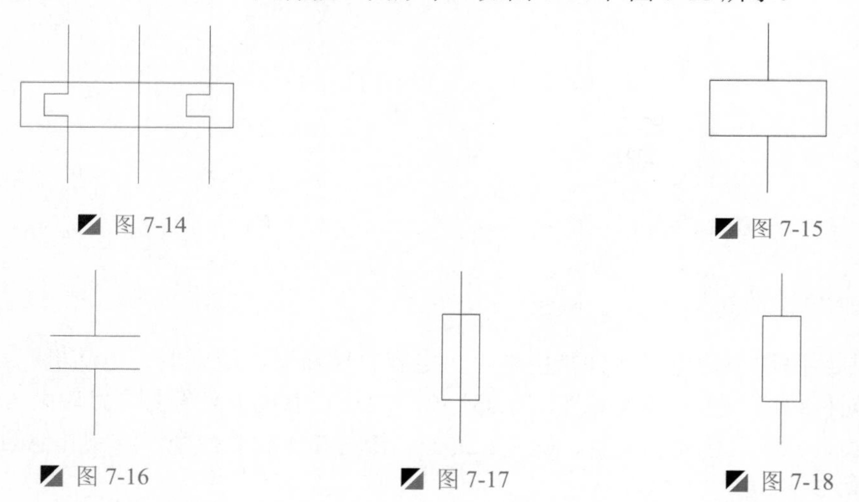

图 7-14　图 7-15

图 7-16　图 7-17　图 7-18

7.1.4 组合图形

将前面绘制好的电气符号和线路结构图，利用复制、移动、旋转、缩放插入块等命令组合线路图。

Step 01 使用复制、移动、旋转和缩放命令，将绘制的符号放置在绘制好的主线路位置上，根据符号放置的位置绘制导线，然后再进行修改，如图 7-19 所示。

Step 02 执行“插入块”命令（I），将“案例\03\三相异步电动机.dwg”文件插入如图 7-20 所示的位置。

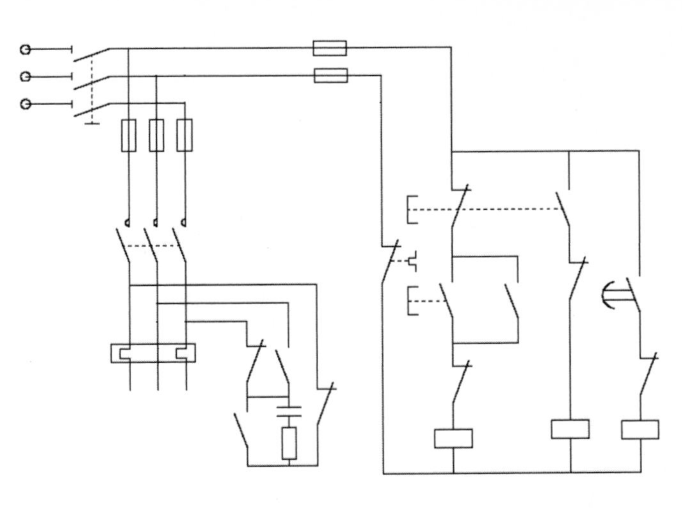

图 7-19

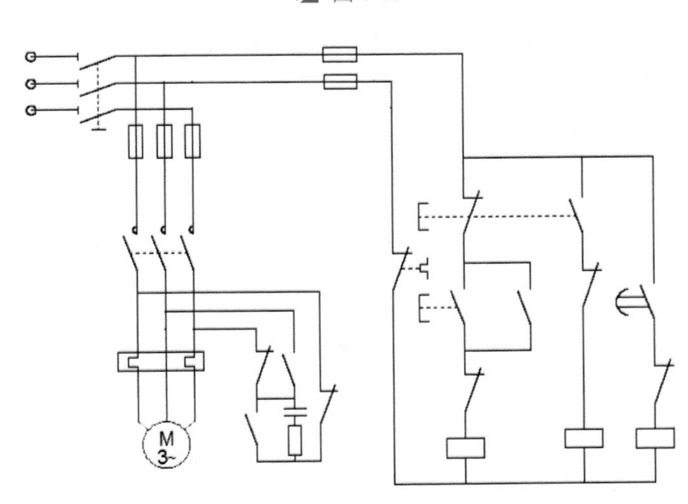

图 7-20

7.1.5 添加文字注释

前面已经完成了电动机电容制动控制线路图的绘制，下面分别在相应位置处添加文字注释，利用“多行文字”命令进行操作。

Step 01 在“图层控制”下拉列表中，选择“文字”图层设为当前图层。

Step 02 选择“格式｜文字样式”菜单命令，在弹出的“文字样式”对话框下选择文字的样式为默认的“Standard”样式，设置字体为宋体，高度为 3，然后分别单击“应用”、“置为当前”和“关闭”按钮。

Step 03 执行”单行文字”命令（DT），在图中相应位置输入相关的文字说明，以完成电动机电容制动控制线路图的文字注释，以完成最终效果如图 7-21 所示。

Step 04 至此，该电动机电容制动控制线路图的绘制已完成，按<Ctrl+S>组合键进行保存。

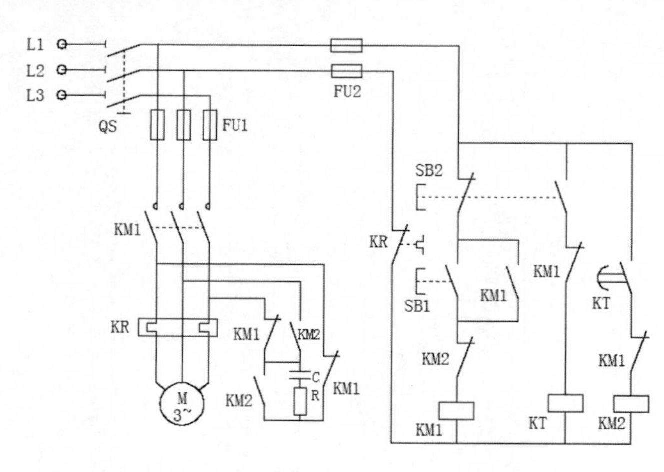

图 7-21

7.2 气压开关自控电气线路图的绘制

案例	气压开关自控电气线路图.dwg	视频	气压开关自控电气线路图的绘制.avi	时长	11'22"

图 7-22 所示为气压开关自控电气线路。该线路采用 GYD-16/C 型气压开关与交流接触器 KM 组成的自控电路，它通过气压开关 GYD 直接控制 KM 的吸合与断开，从而达到控制电动机 M 运转或停止的目的。

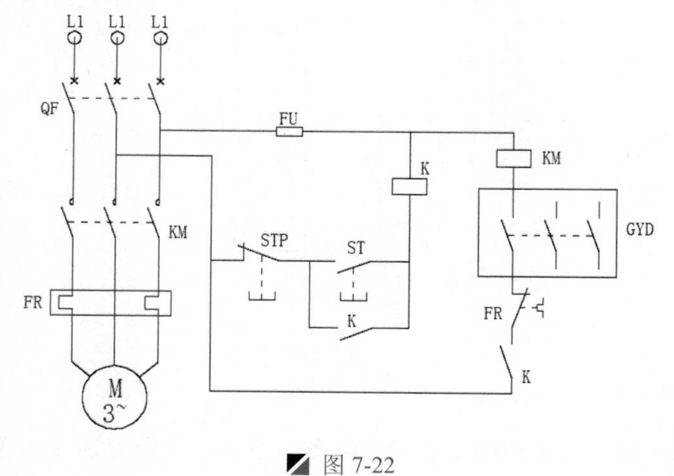

图 7-22

7.2.1 设置绘制环境

在绘制气压开关自控电气线路图时，首先要设置绘制环境，下面介绍绘制环境的设置步骤。

Step 01 启动 AutoCAD 2015 软件，按<Ctrl+S>组合键保存该文件为“案例\07\气压开关自控电气线路图.dwg”文件。

Step 02 在“图层”面板中单击“图层特性”按钮，打开“图层特性管理器”，新建导线、实体符号、文字 3 个图层，然后将“导线”图层设为当前图层，如图 7-23 所示。

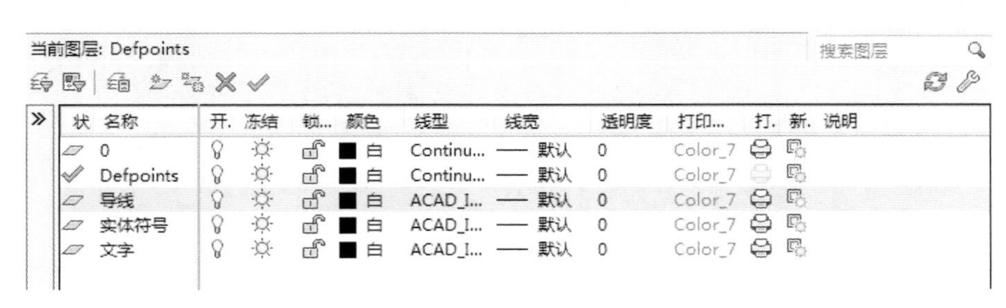

图 7-23

7.2.2 绘制主连接线

该线路图是由主线路和电气元件组成，下面介绍主连接线的绘制，由 AutoCAD 中的矩形、多段线等命令进行该图形的绘制。

Step 01 按<F8>键打开“正交”模式；执行“多段线”命令（PL），在视图中绘制如图 7-24 所示的多段线对象。

Step 02 执行“矩形”命令（REC），在如图 7-25 所示的位置绘制 24mm×62mm 的矩形对象。

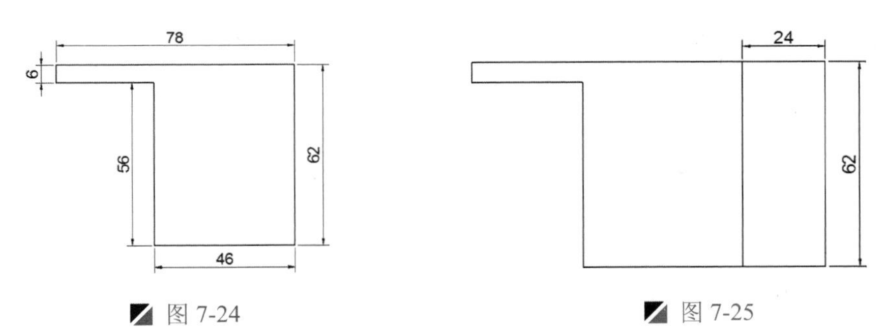

图 7-24　　图 7-25

7.2.3 绘制电气元件符号

下面介绍开关符号的绘制，调用第 3 章的相应电气符号，操作步骤如下。

Step 01 在“图层控制”下拉列表中，选择“实体符号”图层设为当前图层。

Step 02 执行“插入块”命令（I），将“案例\03”文件下的“多极开关.dwg”、“三极断路器”、“三极接触器”、“常开按钮开关”、“动断按钮”、“三相热继电器 2”和“断电器”文件插入视图中，依次如图 7-26～图 7-33 所示。

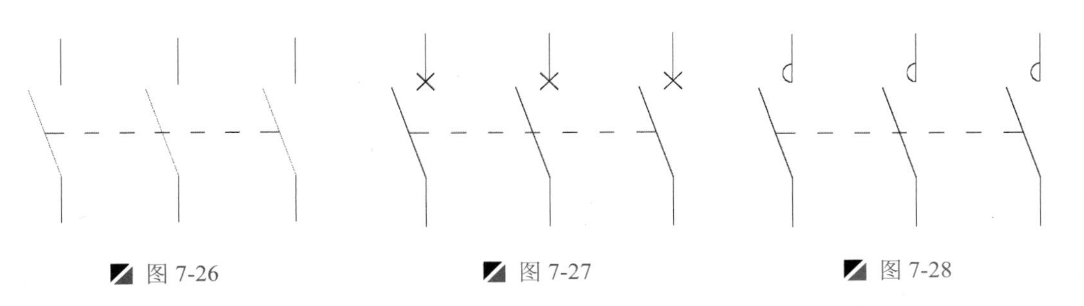

图 7-26　　图 7-27　　图 7-28

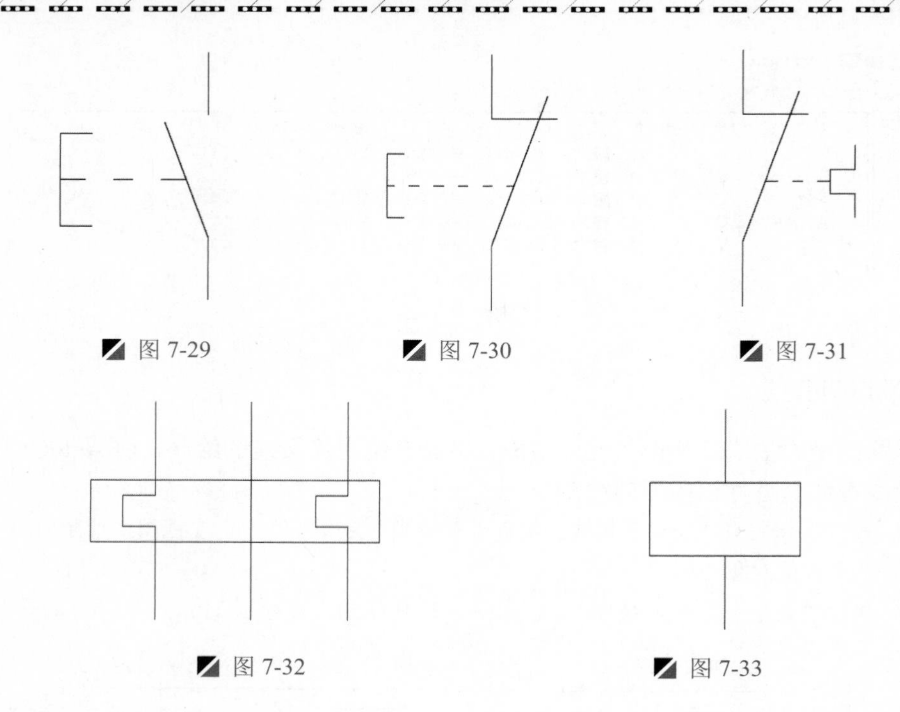

图 7-29　图 7-30　图 7-31

图 7-32　图 7-33

7.2.4　组合图形

将前面绘制好的电气符号和线路结构图，利用复制、移动、旋转、缩放、插入块等命令对其进行操作。

Step 01　多次使用复制、移动和旋转命令，将绘制的符号放置在绘制好的主线路位置上，根据符号放置的位置绘制导线，然后再进行修改，如图 7-34 所示。

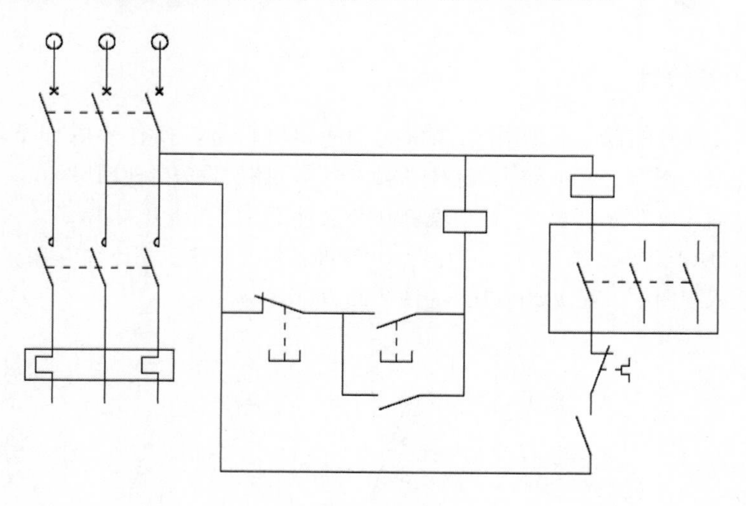

图 7-34

Step 02　执行“插入块”命令（I），将“案例\03”文件夹下的“三相异步电动机”和“电阻”文件插入图形中，并通过移动、旋转和缩放等命令，完成如图 7-35 所示效果。

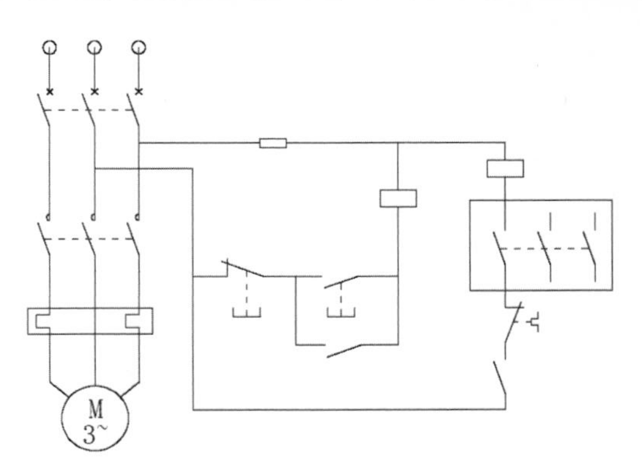

图 7-35

7.2.5 添加文字注释

前面已经完成了配电箱照明系统二次原理图的绘制，下面分别在相应位置处添加文字注释，利用“多行文字”命令进行操作。

Step 01 在“图层控制”下拉列表中，选择“文字”图层设为当前图层。

Step 02 选择“格式｜文字样式”菜单命令，在弹出的“文字样式”对话框下选择文字的样式为默认的“Standard”样式，设置字体为宋体，高度为 3，然后分别单击“应用”、“置为当前”和“关闭”按钮。

Step 03 执行“单行文字”命令（DT），在图中相应位置输入相关的文字说明，以完成气压开关自控电气线路图的文字注释，以完成最终效果如前图 7-36 所示。

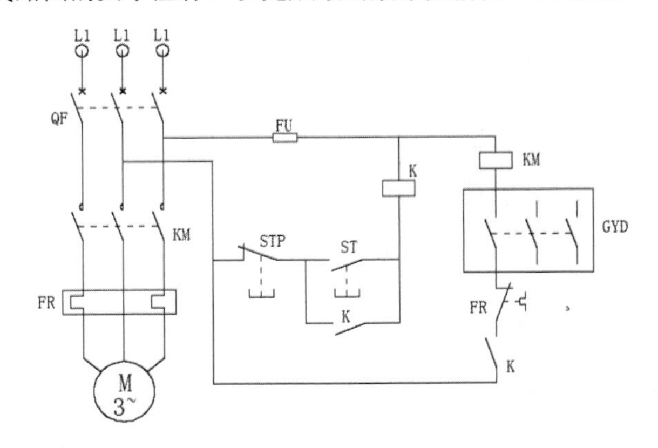

图 7-36

Step 04 至此，该气压开关自控电气线路图的绘制已完成，按<Ctrl+S>组合键进行保存。

7.3 抽出式水位控制电气线路图的绘制

案例	抽出式水位控制电气线路图.dwg	视频	抽出式水位控制电气线路图的绘制.avi	时长	16'53"

如图 7-37 所示为抽出式水位控制电气线路。该线路主要用于污水池的排水控制。当手动—自动转换开关置于手动位置时，即为一般按钮、接触器控制的电气线路；若置于自动位置时，则可以自动实现高水位打开泵、低水位关停泵。

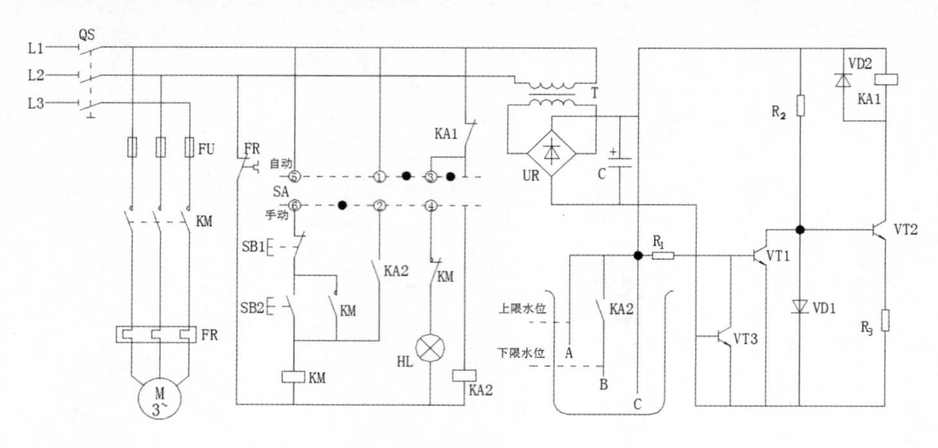

图 7-37

7.3.1 设置绘制环境

在绘制抽出式水位控制电气线路图时，首先要设置绘制环境，下面介绍绘制环境的设置步骤。

Step 01 启动 AutoCAD 2015 软件，按<Ctrl+S>组合键保存该文件为“案例\07\抽出式水位控制电气线路图.dwg”文件。

Step 02 在“图层”面板中单击“图层特性”按钮，打开“图层特性管理器”，新建导线、实体符号、文字 3 个图层，然后将“导线”图层设为当前图层，如图 7-38 所示。

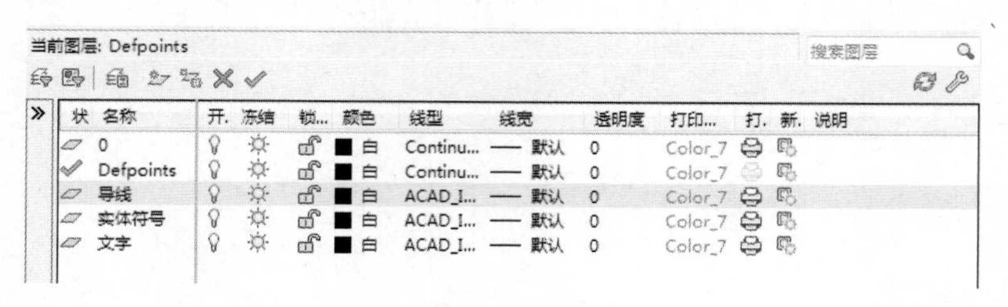
当前图层: Defpoints

状	名称	开.	冻结	锁...	颜色	线型	线宽	透明度	打印...	打.	新.	说明
	0				白	Continu...	默认	0	Color_7			
✓	Defpoints				白	Continu...	默认	0	Color_7			
	导线				白	ACAD_I...	默认	0	Color_7			
	实体符号				白	ACAD_I...	默认	0	Color_7			
	文字				白	ACAD_I...	默认	0	Color_7			

图 7-38

7.3.2 绘制主连接线

该线路图是由主线路和电气元件组成，下面介绍主连接线的绘制，由 AutoCAD 中的矩形、多边形、直线、旋转、移动、修剪和删除等命令进行主连接线的绘制。

Step 01 执行“矩形”命令（REC），在视图中绘制 163mm×10mm 的矩形对象，如图 7-39 所示

Step 02 执行“矩形”命令（REC），在如图 7-40 所示的位置绘制 31mm×28mm 的矩形对象。

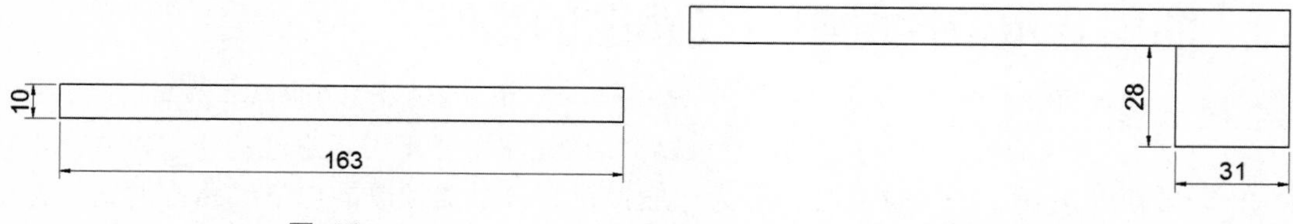

图 7-39　　图 7-40

Step 03 继续在如图 7-41 所示的位置绘制 60mm×120mm 的矩形对象。

Step 04 继续在如图 7-42 所示的位置绘制 20mm×120mm 的矩形对象。

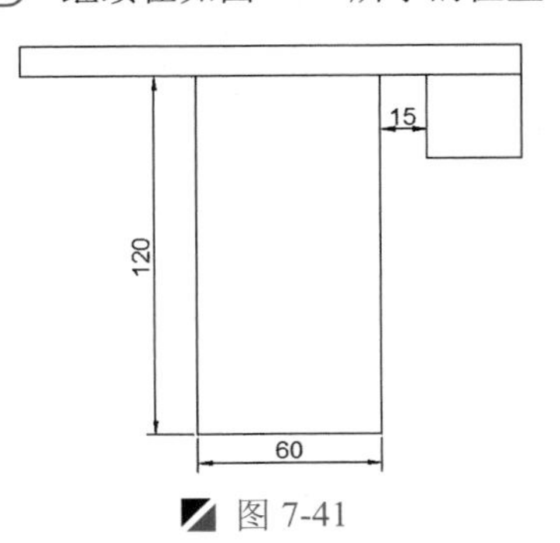

图 7-41

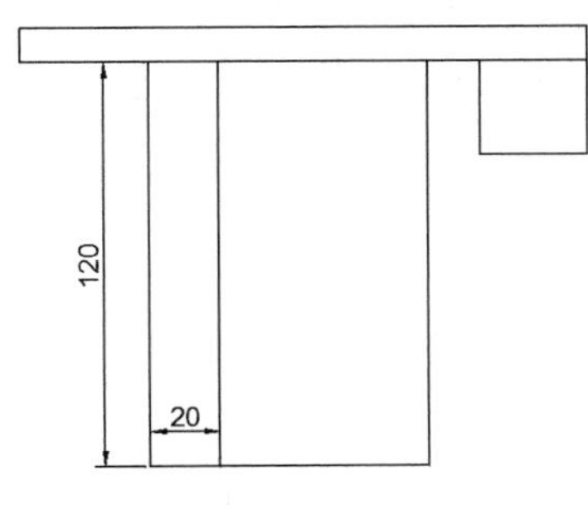

图 7-42

Step 05 执行“多边形”命令（POL），捕捉右下侧的矩形下侧边的中点作为多边形的中点，绘制外切于圆的正四边形，其半径为 6mm，如图 7-43 所示。

Step 06 执行“旋转”命令（RO），将上一点绘制的正多边的中点作为旋转的基点，进行 45°旋转操作，并修剪掉多余的对象，如图 7-44 所示。

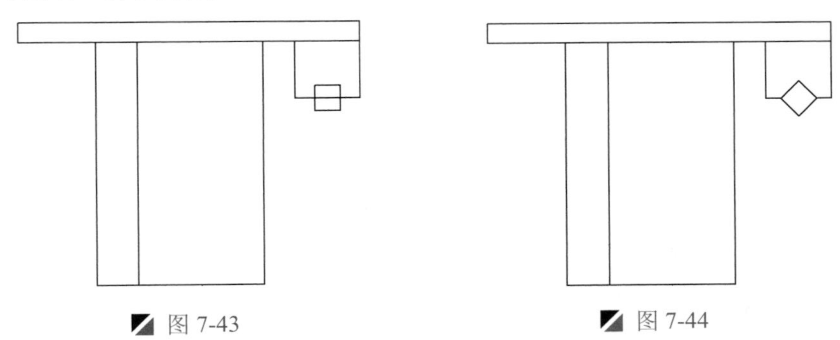

图 7-43　　图 7-44

Step 07 执行“矩形”命令（REC），在如图 7-45 所示的位置绘制 57mm×130mm 和 30mm×130mm 的两个矩形对象。

Step 08 执行“直线”命令（L），在如图 7-46 所示的位置绘制直线段。

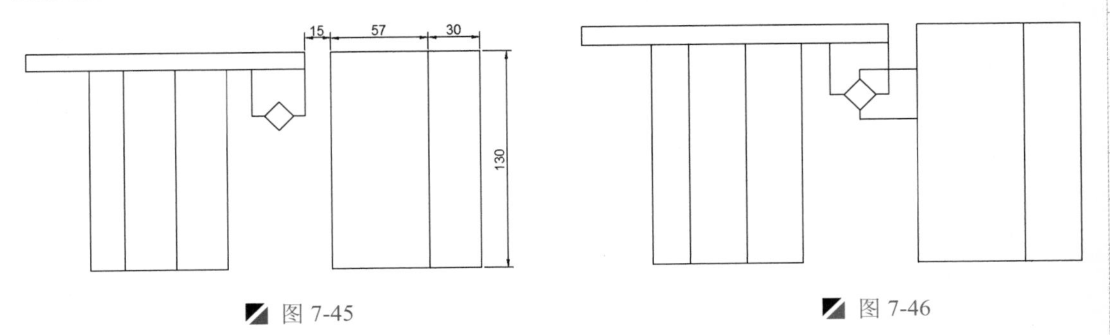

图 7-45　　图 7-46

7.3.3 绘制电气元件符号

该线路图中电气元件是由电阻、电容、熔断器、继电器、电动机、灯、多种开关等多种电气元件组成，下面分别绘制这些电气元件符号。

1. 绘制开关符号

下面介绍开关符号的绘制，调用第 3 章的相应电气符号，然后在此基础上绘制其他相应的开关符号。

Step 01 在“图层控制”下拉列表中，选择“实体符号”图层设为当前图层。

Step 02 执行“插入块”命令（I），将“案例\03”文件夹下面的“多极隔离开关”、“三极接触器”“接触器”、“动断触点”、“延时断开触点”、“常开按钮开关”和“动断按钮”文件插入视图中，依次如图 7-47～图 7-53 所示。

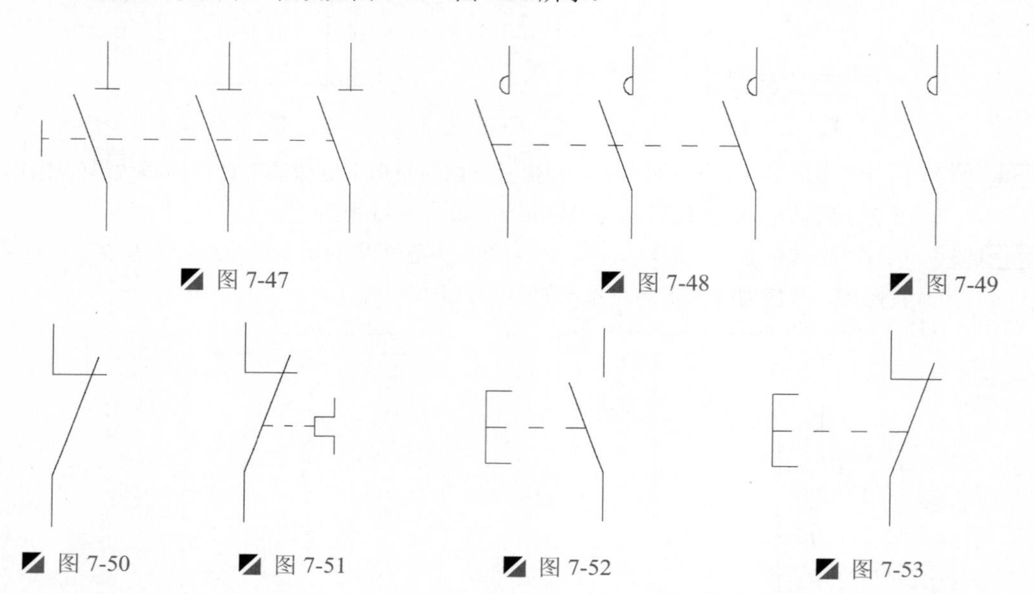

图 7-47　图 7-48　图 7-49

图 7-50　图 7-51　图 7-52　图 7-53

Step 03 执行“复制”命令（CO），将绘制的“接触器”符号复制一份；再执行“镜像”命令（MI），将复制后接触器进行镜像操作，并删除源对象，如图 7-54 所示。

Step 04 执行“直线”命令（L），捕捉上侧垂直线段的下端点作为直线的起点，向右绘制一条长 4mm 的水平线段，如图 7-55 所示。

Step 05 利用钳夹功能拉长，将斜线段拉长 2mm，与上一步绘制的水平线段相交，从而完成闭合接触器符号的绘制，如图 7-56 所示。

图 7-54　图 7-55　图 7-56

2. 绘制电感符号

下面介绍电感符号的绘制，调用第 3 章的“电感”符号，然后在此基础上绘制所需的电感符号。

Step 01 执行“插入块”命令（I），将“案例\03\电感.dwg”文件插入视图中，如图 7-57 所示。

Step 02 执行“直线”命令（L），捕捉圆的象限点进行直线连接，如图 7-58 所示。

图 7-57　图 7-58

Step 03 执行“移动”命令（M），将绘制的水平线段向上平移 4mm 的距离，如图 7-59 所示。

Step 04 执行“镜像”命令（MI），将圆弧以水平线的两端点作为镜像线的第一点和第二点，从而进行垂直镜像操作，如图 7-60 所示。

图 7-59　图 7-60

3. 绘制 NPN 型半导体管

首先调用第 3 章的“三极管”符号，然后在此基础上绘制 NPN 型半导体管符号。

Step 01 执行“插入块”命令（I），将“案例\03\三极管.dwg”的文件插入视图中，如图 7-61 所示。

Step 02 执行“镜像”命令（MI），将插入的三极管符号进行垂直镜像操作，并删除源对象，如图 7-62 所示。

Step 03 将箭头图形利用钳夹功能移动，选择箭头图形并用鼠标单击箭头上侧的端点作为移动点，然后将其移动到下侧斜线段下端点处单击，从而完成箭头图形的移动，如图 7-63 所示。

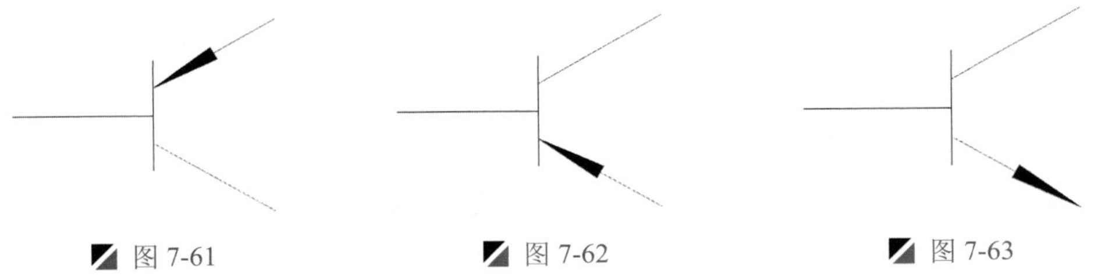

图 7-61　图 7-62　图 7-63

4. 绘制继电器符号

执行“插入块”命令（I），将“案例\03”文件夹下面的“三相热继电器 2”、“断电器”插入图形中，如图 7-64、图 7-65 所示。

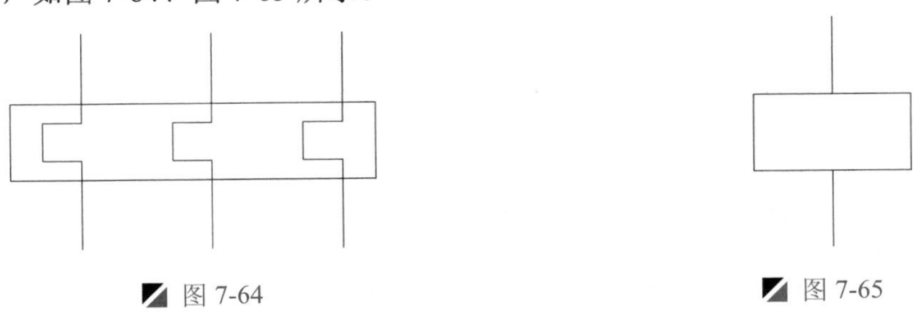

图 7-64　图 7-65

5. 绘制其他符号

下面介绍其他电气元件符号的绘制，调用第 3 章的相应电气符号，使用 AutoCAD 中的矩形、圆、直线、圆角、修剪和删除等命令绘制其他电气元件符号。

Step 01 执行“插入块”命令（I），将“案例\03\电容.dwg”、“案例\03\电阻.dwg”、“案例\03\熔断器.dwg” 和“案例\03\二极管.dwg”的文件插入视图中，并设置相应的比例因子和旋转角度，如图 7-66～图 7-69 所示。

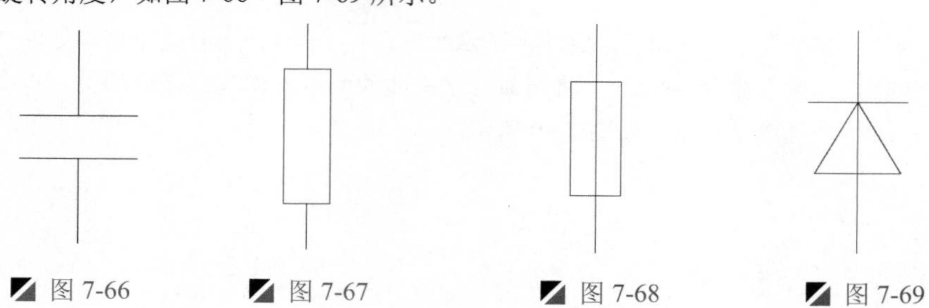

图 7-66　图 7-67　图 7-68　图 7-69

Step 02 执行“矩形”命令（REC），在视图中绘制 39mm×42mm 的矩形对象，如图 7-70 所示。

Step 03 执行“圆角”命令（F），设置圆角半径为 5mm，将矩形下侧两角边进行圆角操作，如图 7-71 所示。

Step 04 执行“圆”命令（C），在视图中绘制半径为 3mm 的圆对象，如图 7-72 所示。

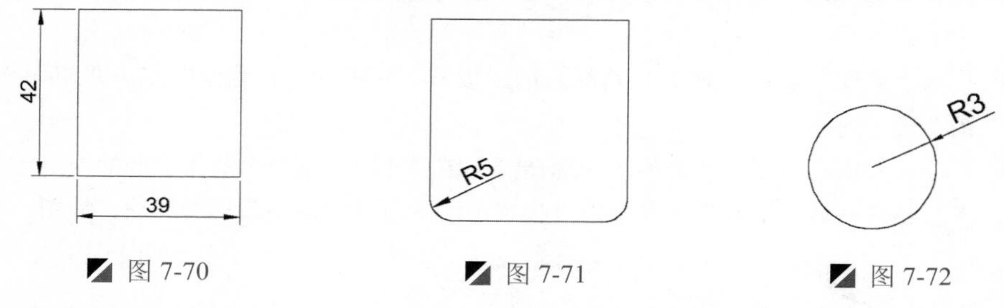

图 7-70　图 7-71　图 7-72

Step 05 执行“直线”命令（L），捕捉圆的象限点进行直线连接操作，如图 7-73 所示。

Step 06 执行“复制”命令（CO），将绘制的圆和直线复制到如图 7-74 所示的位置。

Step 07 执行“修剪”命令（TR），将多余的对象进行修剪并删除操作，从而完成污水池符号的绘制，如图 7-75 所示。

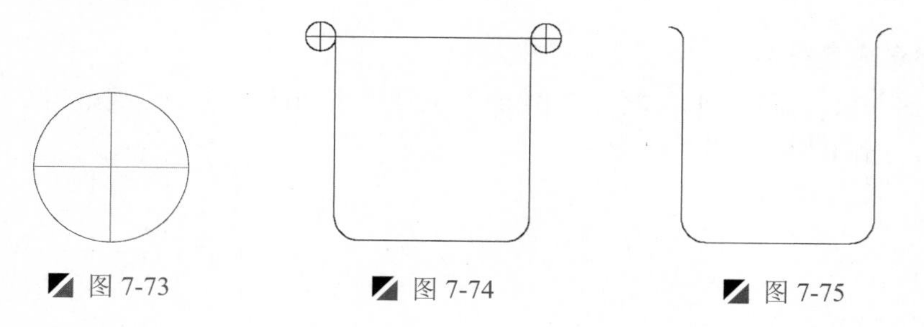

图 7-73　图 7-74　图 7-75

7.3.4 组合图形

将前面绘制好的电气符号和线路结构图，利用复制、移动、旋转等命令对其进行操作。

Step 01 多次使用复制、缩放、移动和旋转等命令，将绘制的符号放置在绘制好的主线路位置上，根据符号放置的位置绘制导线，然后再进行修改，如图 7-76 所示。

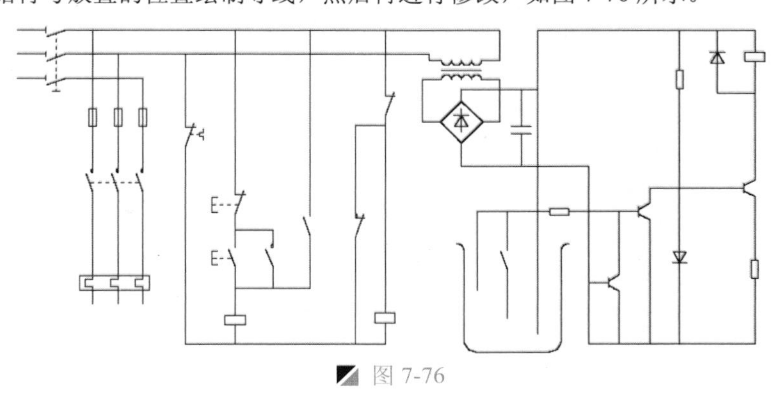

图 7-76

提示：移动动电气符号

在移动电气符号时，为了图形的美观，可以大小不是很符合，所以对图形要适当的调整大小，使用到的命令为“缩放（SC）”。

Step 02 执行“插入块”命令（I），将“案例\03\三相异步电动机.dwg”和“案例\03\灯.dwg”文件插入如图 7-77 所示的位置处，并设置相应的比例因子。

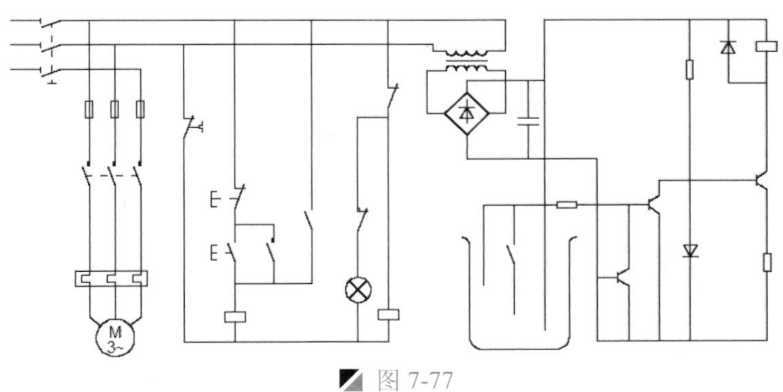

图 7-77

Step 03 根据抽出式水位控制电气线路图的工作原理，在适当的交叉点处加上实心圆，并绘制相应的水位线符号，其效果如图 7-78 所示。

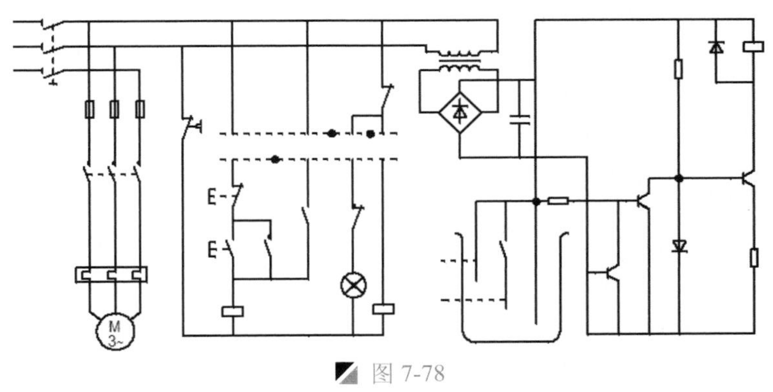

图 7-78

读书破万卷

7.3.5 添加文字注释

前面已经完成了抽出式水位控制电气线路图的绘制，下面分别在相应位置处添加文字注释，利用“多行文字”命令进行操作。

Step 01 在“图层控制”下拉列表中，选择“文字”图层设为当前图层。

Step 02 选择“格式｜文字样式”菜单命令，在弹出的“文字样式”对话框下选择文字的样式为默认的“Standard”样式，设置字体为宋体，高度为 4，然后分别单击“应用”、“置为当前”和“关闭”按钮。

Step 03 执行“单行文字”命令（DT），在图中相应位置输入相关的文字说明，以完成抽出式水位控制电气线路图的最终效果，如图 7-79 所示。

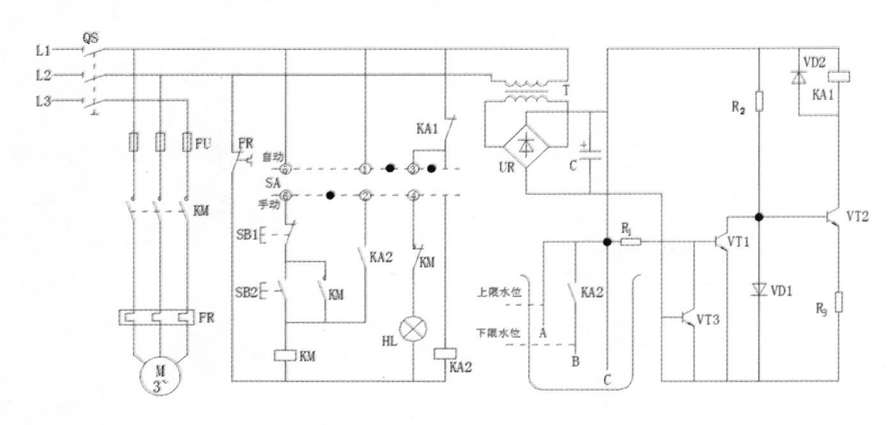

图 7-79

Step 04 至此，该抽出式水位控制电气线路图的绘制已完成，按<Ctrl+S>组合键进行保存。

7.4 电动机自耦降压启动控制电路图的绘制

案例	电动机自耦降压启动控制电路图.dwg	视频	电动机自耦降压控制电路图的绘制.avi	时长	15'51"

图 7-80 所示为电动机自耦降压启动控制电路，合上断路器 QS，信号灯 HL 亮，表明控制电路已接通电源；按下启动按钮 SB2，接触器 KM2 得电吸合，电动机经自耦变压器降压启动；中间继电器 KA1 也得电吸合，其常开触点闭合，同时接通电延时时间继电器 KT1 回路。当时间继电器 KT1 延时时间到，其延时动合触点闭合，使中间继电器 KA2 得电吸合自保，接触器 KM2 失电释放，自耦变压器退出运行，同时通电延时时间继电器 KT2 得电；当 KT2 延时时间到，其延时动合触点闭合，使中间继电器 KA3 得电吸合，接触器 KM1 也得电吸合，电动机转入正常运行工作状态，时间继电器 KT1 失电。

7.4.1 设置绘制环境

在绘制电机机自耦降压启动控制电路图时，先要设置绘制环境，下面介绍绘制环境的设置步骤。

Step 01 启动 AutoCAD 2015 软件，按<Ctrl+S>组合键保存该文件为“案例\07\电动机自耦降压启动控制电路图.dwg”文件。

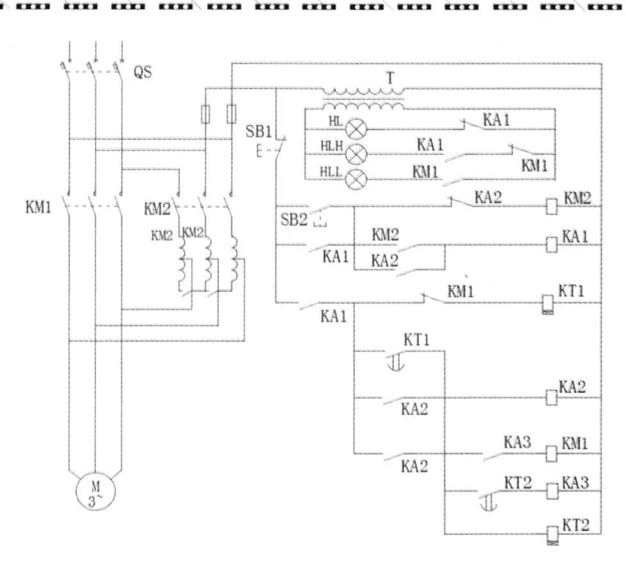

图 7-80

Step 02 在“图层”面板中单击“图层特性”按钮，打开“图层特性管理器”，新建导线、实体符号、文字3个图层，然后将“导线”图层设为当前图层，如图7-81所示。

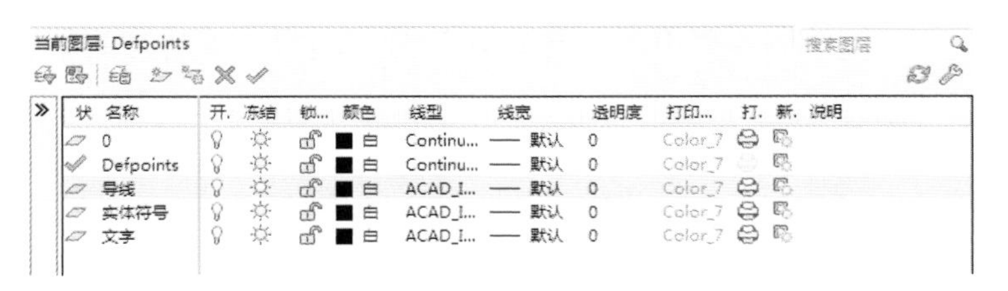

图 7-81

7.4.2 绘制主连接线

该电路图由主线路和电气元件组成，下面介绍主连接线的绘制，由AutoCAD中的直线、修剪和删除等命令进行该图形的绘制。

Step 01 执行“直线”命令（L），绘制一条长230mm的水平线段，一条长187mm的垂直线段，如图7-82所示。

Step 02 执行“偏移”命令（O），将垂直线段向右各偏移如图7-83所示的尺寸与方向。

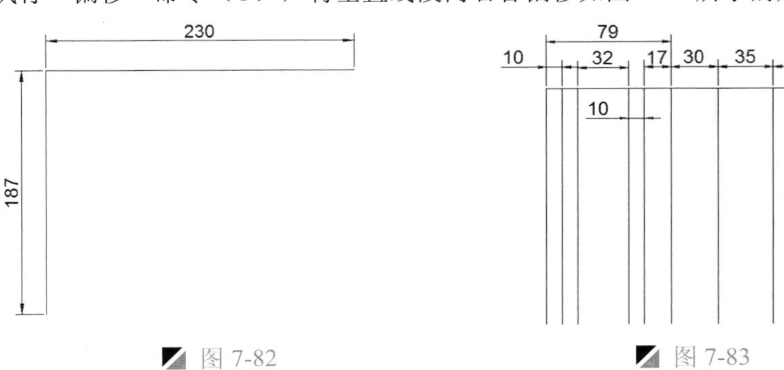

图 7-82　　图 7-83

Step 03 执行“偏移”命令（O），将水平线段向下各偏移如图 7-84 所示的尺寸与方向。

Step 04 执行“修剪”命令（TR），将多余的线段进行修剪并删除操作，如图 7-85 所示。

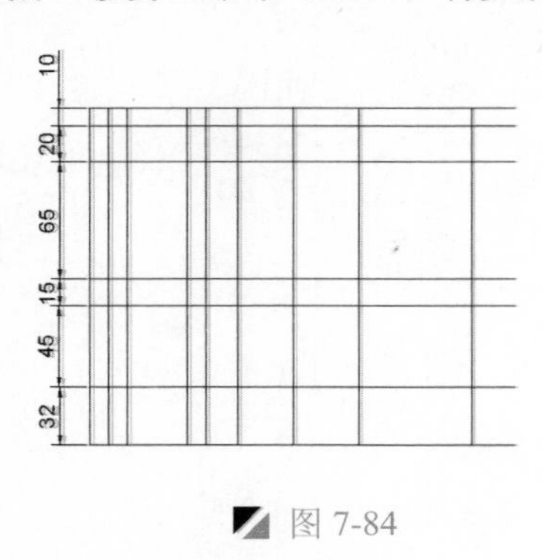

图 7-84

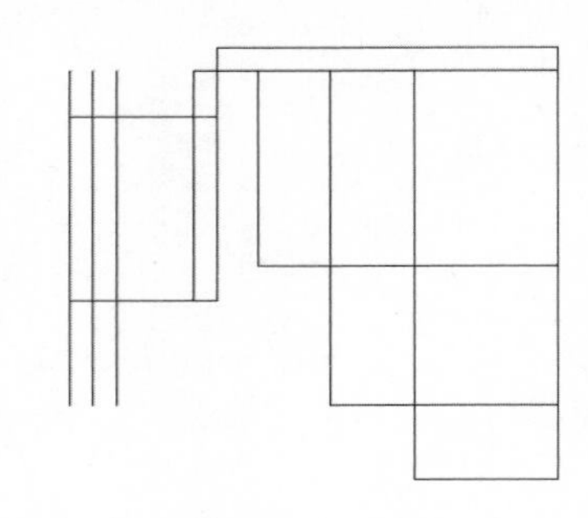

图 7-85

7.4.3 绘制电气元件符号

该电路图中电气元件由变压器、继电器、熔断器、灯、电动机、多种开关等多种电气元件组成，下面绘制这些电气元件符号。

1. 绘制开关符号

下面介绍开关符号的绘制，调用第 3 章的相应电气符号，然后在此基础上绘制其他相应的开关符号。

Step 01 在“图层控制”下拉列表中，选择“实体符号”图层设为当前图层。

Step 02 执行“插入块”命令（I），将“案例\03”文件夹下面的“单极开关”和“常开按钮开关”、“动断按钮”、“延时动合触点”、“三极接触器”和“三极断路器”文件依次插入视图中，依次如图 7-86～图 7-91 所示。

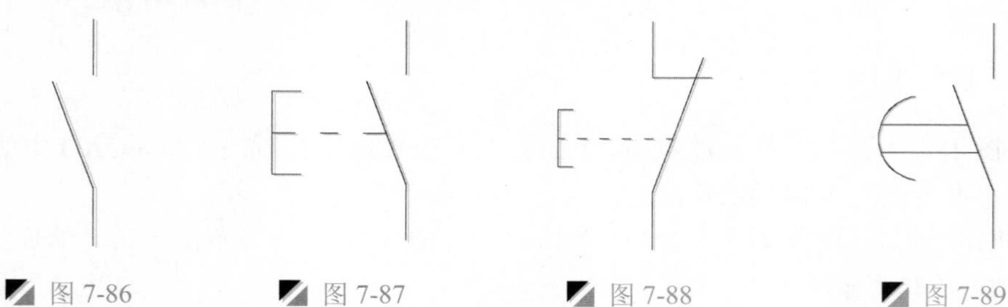

图 7-86　图 7-87　图 7-88　图 7-89

Step 03 执行“矩形”命令（REC），在“三极断路器”如图 7-92 所示的位置绘制 1mm×2mm 的矩形对象。

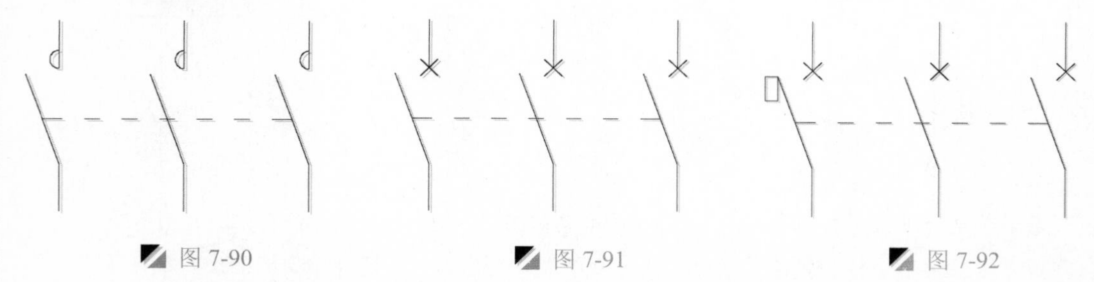

图 7-90　图 7-91　图 7-92

Step 04 执行“旋转”命令（RO），捕捉绘制的矩形右上侧角点作为旋转基点，将矩形进行 20° 的旋转操作，如图 7-93 所示。

Step 05 执行“移动”命令（M），将旋转后的矩形对象向右下侧移动 0.5mm，如图 7-94 所示。

Step 06 执行“复制”命令（CO），将移动的矩形对象水平向右复制如图 7-95 所示的位置。

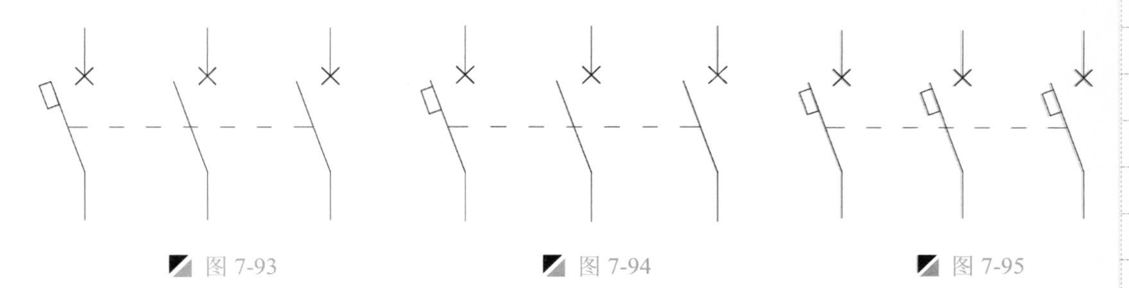

图 7-93　　图 7-94　　图 7-95

2．绘制变压器符号

下面介绍变压器符号的绘制方法，由 AutoCAD 中的直线、圆、移动、镜像、修剪和删除等命令进行绘制。

Step 01 执行“直线”命令（L），在视图中绘制一条长 25.6mm 的垂直线段，如图 7-96 所示。

Step 02 执行“圆”命令（C），以 2 点方法绘制直径为 4.5mm 的圆对象，如图 7-97 所示。

Step 03 执行“移动”命令（M），将圆向下垂直移动 4mm 的距离，如图 7-98 所示。

Step 04 执行“复制”命令（CO），将圆垂直向下复制到如图 7-99 所示的位置。

Step 05 执行“修剪”命令（TR），将多余的对象进行修剪操作，如图 7-100 所示。

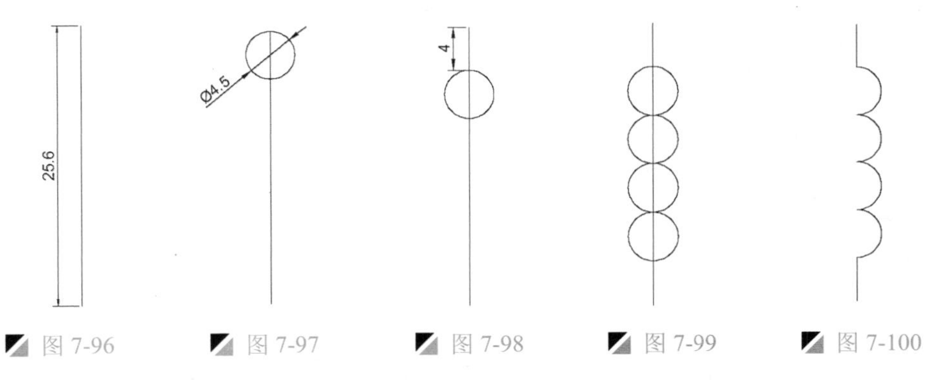

图 7-96　　图 7-97　　图 7-98　　图 7-99　　图 7-100

Step 06 执行“圆”命令（C），在视图中绘制半径为 2.2mm 的圆对象，如图 7-101 所示。

Step 07 执行“复制”命令（CO），将圆对象水平向右各复制 4.4mm 的距离，如图 7-102 所示。

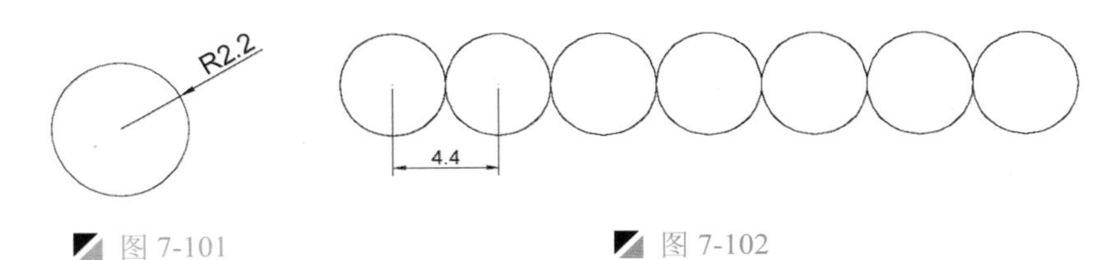

图 7-101　　图 7-102

Step 08 执行“直线”命令（L），捕捉圆的象限点进行直线连接操作，如图 7-103 所示。

Step 09 执行“修剪”命令（TR），将多余的圆弧对象进行修剪掉，如图 7-104 所示。

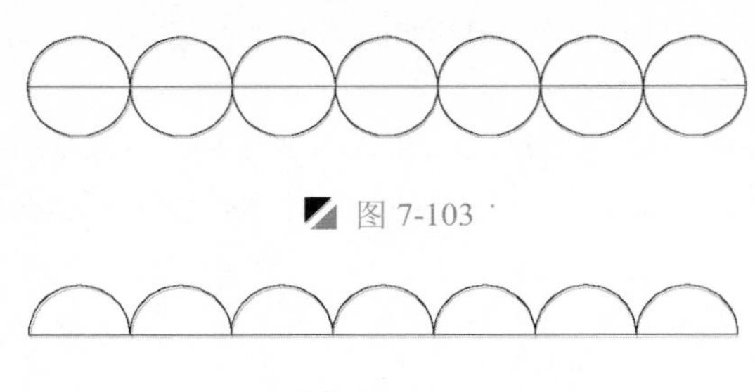

图 7-103

图 7-104

Step 10 执行“移动”命令（M），将水平线段向上垂直移动 4mm 的距离，如图 7-105 所示。

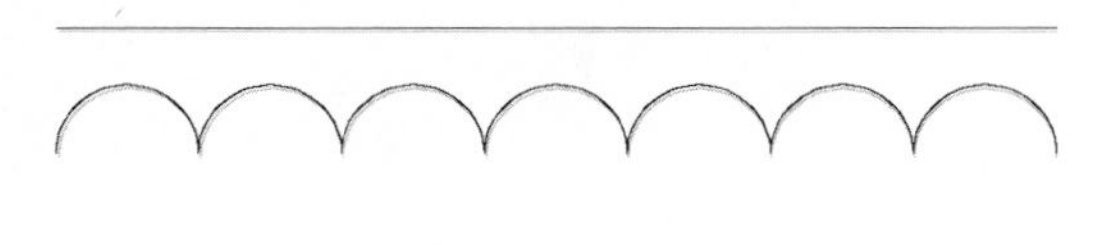

图 7-105

Step 11 执行“镜像”命令（MI），将所有圆弧对象以水平线段为镜像线的第一点和第二点，进行垂直镜像复制操作，如图 7-106 所示。

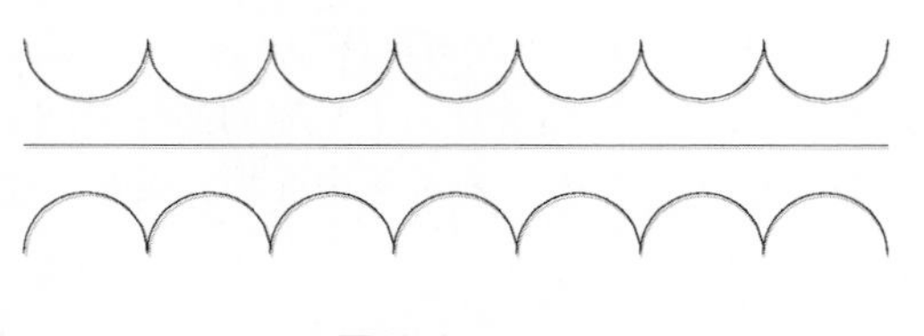

图 7-106

3. 绘制缓吸继电器线圈及一般继电器符号

下面介绍缓吸继电器线圈符号的绘制方法，由 AutoCAD 中的矩形、直线等命令进行绘制。

Step 01 执行“矩形”命令（REC），在视图中绘制 4mm×6mm 的矩形对象，如图 7-107 所示。

Step 02 执行“直线”命令（L），捕捉矩形左右两侧垂直边的中点作为直线的起点，向外绘制长 4mm 的两条水平线段，从而完成继电器一般符号的绘制，如图 7-108 所示。

Step 03 执行“复制”命令（CO），将绘制的“继电器”符号复制一份；再执行“矩形”命令（REC），在复制后的继电器如图 7-109 所示的位置处绘制 4mm×1.5mm 的矩形对象。

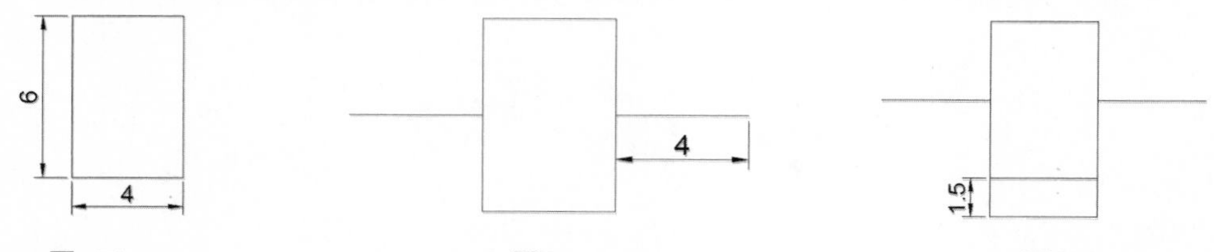

图 7-107　　图 7-108　　图 7-109

Step 04 执行“直线”命令（L），捕捉下侧矩形的角点进行斜线连接，从而完成缓吸继电器符号的绘制，如图 7-110 所示。

4. 绘制其他符号

调用第 3 章的“熔断器”、“灯”符号，直接插入该视图中。

执行“插入块”命令（I），将“案例\03\熔断器.dwg”和“案例\03\灯.dwg”文件插入视图中，如图 7-111、图 7-112 所示。

图 7-110　　图 7-111　　图 7-112

7.4.4 组合图形

将前面绘制好的电气符号和线路结构图，利用复制、移动、旋转等命令将其进行组合。

Step 01 多次使用复制、移动、旋转和缩放等命令，将绘制的符号放置在绘制好的主线路位置上，根据符号放置的位置绘制导线，然后再进行修改，如图 7-113 所示。

Step 02 执行“插入块”命令（I），将“案例\03\三相异步电动机.dwg”文件插入图 7-114 所示的位置，并设置相应的比例因子。

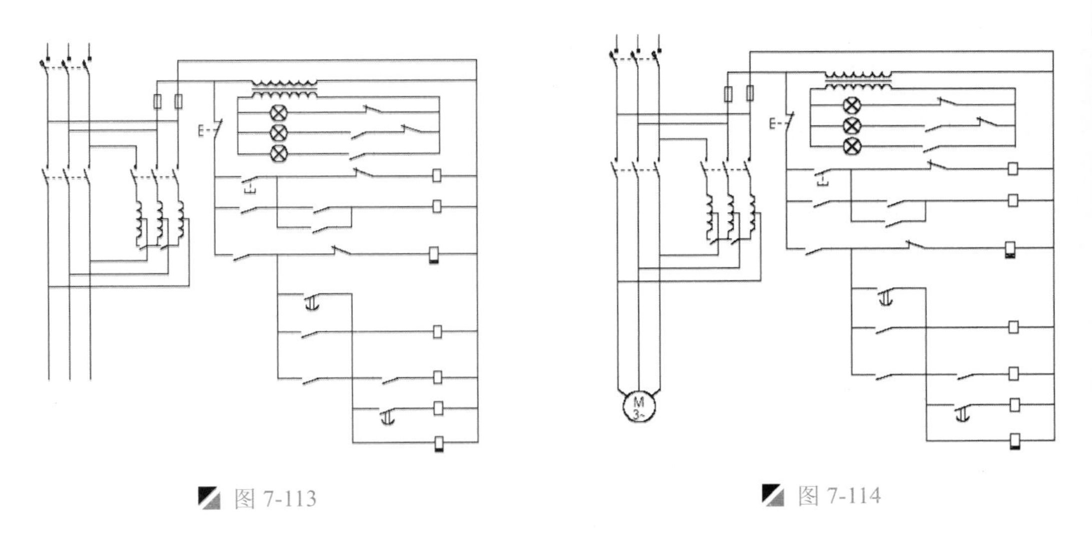

图 7-113　　图 7-114

7.4.5 添加文字注释

前面已经完成了电动机自耦降压启动控制电路图的绘制，下面分别在相应位置处添加文字注释，利用“多行文字”命令进行操作。

Step 01 在“图层控制”下拉列表中，选择“文字”图层设为当前图层。

Step 02 选择“格式 | 文字样式”菜单命令，在弹出的“文字样式”对话框下选择文字的样式为默认的“Standard”样式，设置字体为宋体，高度为 5，然后分别单击“应用”、“置为当前”和“关闭”按钮。

Step 03 执行“单行文字”命令（DT），在图中相应位置输入相关的文字说明，以完成电动机自耦降压启动控制电路图的最终效果，如图 7-115 所示。

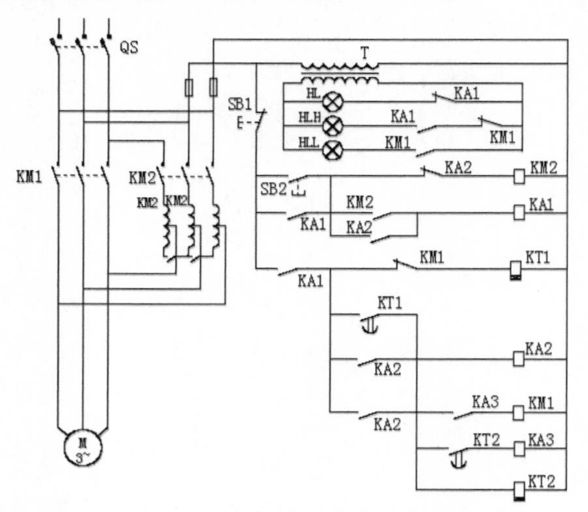

图 7-115

Step 04 至此，该电动机自耦降压启动控制电路图的绘制已完成，按<Ctrl+S>组合键进行保存。

7.5 两台电动机顺序控制线路图的绘制

案例	两台电动机顺序控制线路图.dwg	视频	两台电动机顺序控制线路图的绘制.avi	时长	12'46"

很多具有多台电动机的设备，常因每台电动机的用途不同而需要按一定的先后顺序来起动。如图 7-116 所示为两台电动机顺序控制线路。图中接触器 KM1 有两对动合辅助触点，其中一对并联在起动按钮 SB3 两端作自锁用，另一对则串接在接触器线圈 KM2 的线路上。所以在电动机起动时，必须先起动 M1 电动机，然后才能起动 M2 电动机。同时，由于接触器 KM2 的动合辅助触点并联在停止按钮 SB1 两端，故在两台电动机停止时必须先停止 M2 电动机，然后才能停止 M1 电动机。

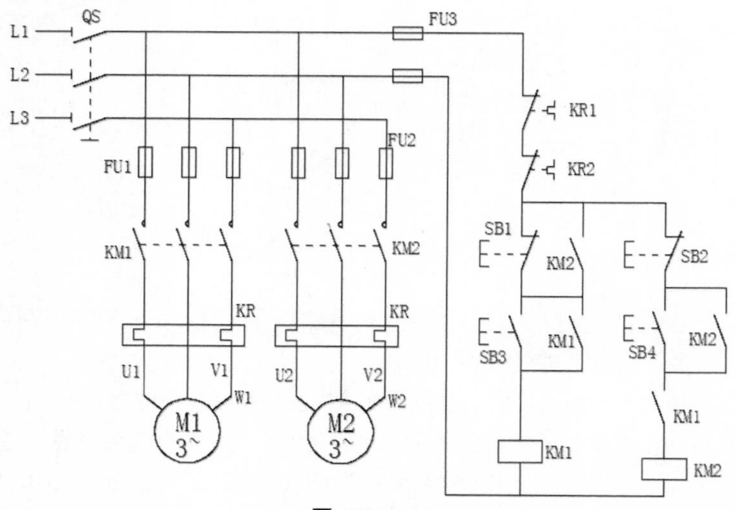

图 7-116

7.5.1 设置绘制环境

在绘制两台电动机顺序控制线路图时，首先要设置绘制环境，下面介绍绘制环境的设置步骤。

Step 01 启动 AutoCAD 2015 软件，按<Ctrl+S>组合键保存该文件为“案例\07\两台电动机顺序控制线路图.dwg”文件。

Step 02 在“图层”面板中单击“图层特性”按钮，打开“图层特性管理器”，新建导线、实体符号、文字3个图层，然后将“导线”图层设为当前图层，如图7-117所示。

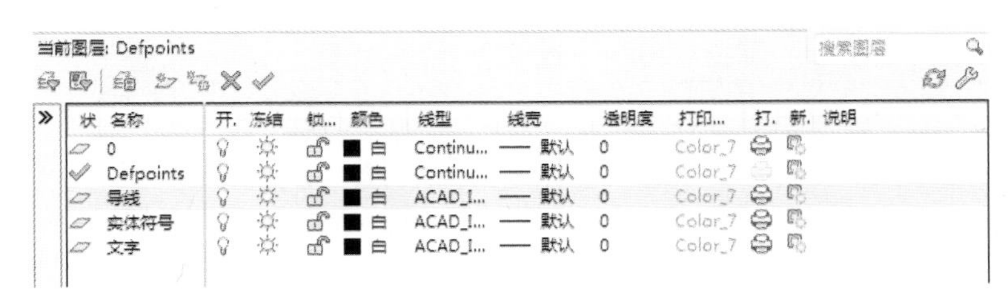

图 7-117

7.5.2 绘制主连接线

该线路图是由主线路和电气元件组成，下面介绍主连接线的绘制，由 AutoCAD 中的直线、偏移和删除等命令进行该图形的绘制。

Step 01 按<F8>键打开“正交”模式；执行“直线”命令（L），在视图中绘制一条长 133mm 的水平线段，如图7-118所示。

图 7-118

Step 02 执行“偏移”命令（O），将绘制的水平线段向上、下各偏移 10mm，如图7-119所示。

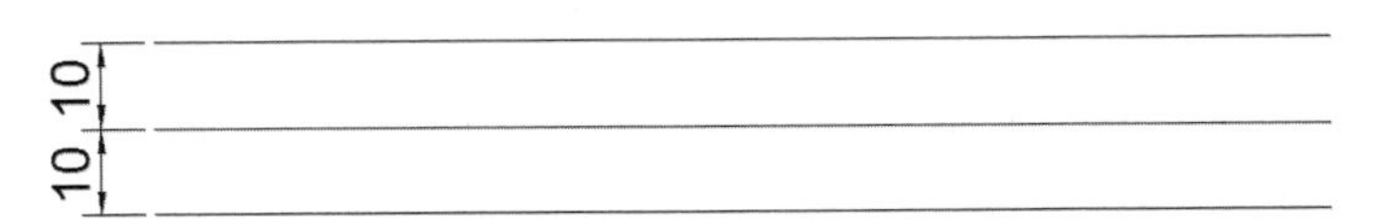

图 7-119

Step 03 执行“直线”命令（L），捕捉上侧水平线段的右端点向下绘制一条长 108mm 的垂直线段，如图7-120所示。

Step 04 执行“偏移”命令（O），将上一步绘制的垂直线段向左各偏移如图7-121所示的尺寸。

Step 05 执行“修剪”命令（TR），将多余的线段进行修剪并删除操作，如图7-122所示。

Step 06 执行“偏移”命令（O），将最上侧的水平线段向下各偏移如图7-123所示的尺寸。

Step 07 执行“修剪”命令（TR），将多余的线段进行修剪并删除操作，如图7-124所示。

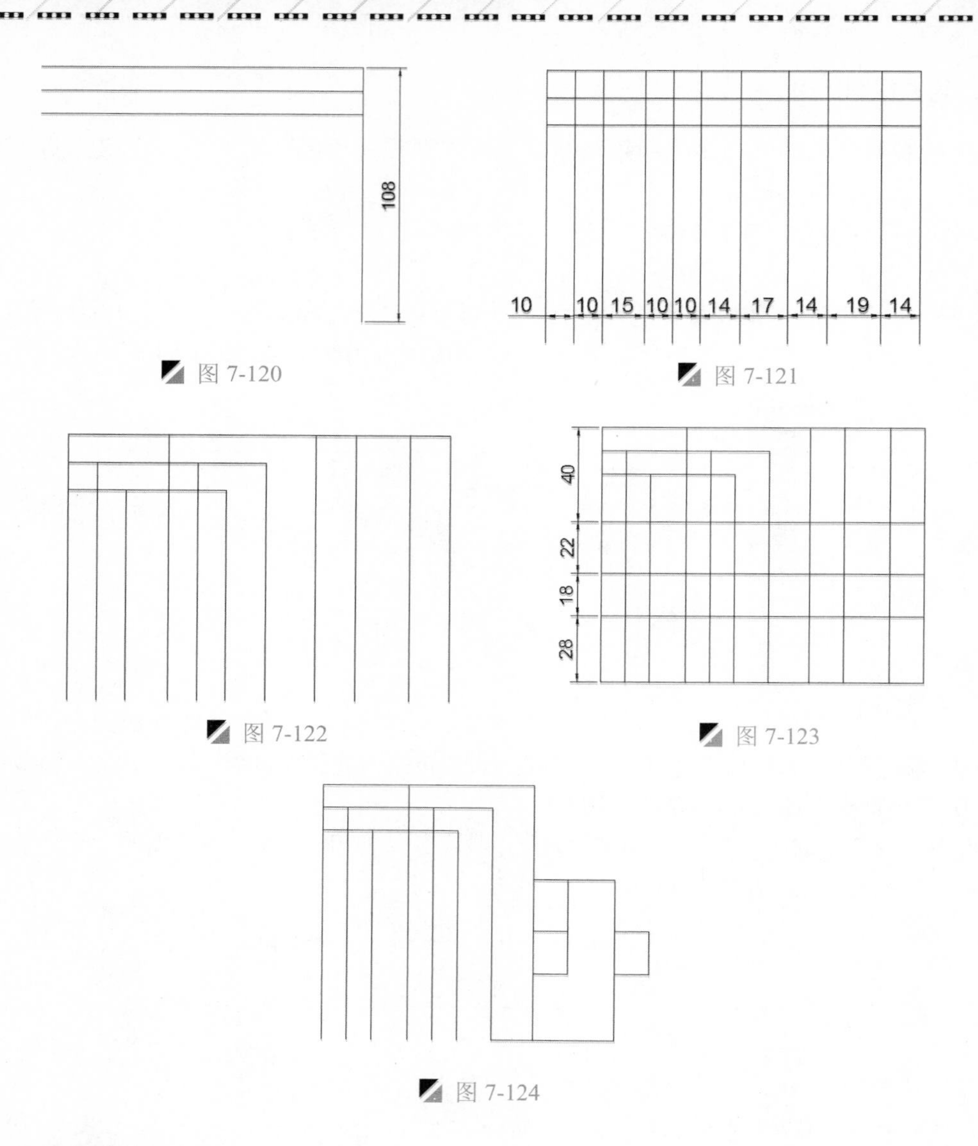

图 7-120

图 7-121

图 7-122

图 7-123

图 7-124

7.5.3 绘制电气元件符号

该线路图中电气元件由继电器、熔断器、电动机、多种开关等多种电气元件组成，使用 AutoCAD 中的直线、插入块、偏移、移动、复制、旋转、镜像、修剪和删除等命令，其操作步骤如下。

1. 绘制开关符号

下面介绍开关符号的绘制，调用第 3 章的相应电气符号，然后在此基础上绘制其他相应的开关符号。

Step 01 在“图层控制”下拉列表中，选择“实体符号”图层设为当前图层。

Step 02 执行“插入块”命令（I），将“案例\03”文件夹下的“单极开关”、“常开按钮开关”、“动断按钮”、“延时断开触点”、“三极接触器”、“三极隔离开关”文件插入视图中，依次如图 7-125～图 7-130 所示。

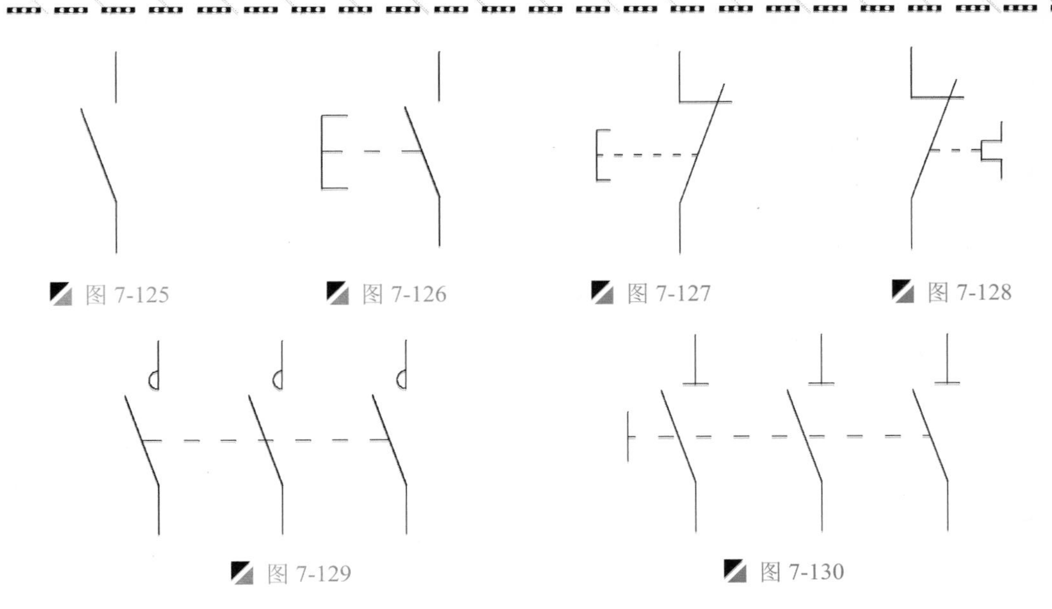

图 7-125　图 7-126　图 7-127　图 7-128

图 7-129　图 7-130

2. 绘制电动机符号

首先调用第 3 章的“电动机”符号，然后在此基础上绘制另外的电动机符号。

Step 01 执行“插入块”命令（I），在“插入”对话框中，勾选“统一比例”和“分解”复选框，并设置比例为 1.5，将“案例\03\三相异步电机机.dwg”文件插入视图中，如图 7-131 所示。

Step 02 双击文字，在编辑文字框内的“M”后加上“1”，如图 7-132 所示。

Step 03 执行“复制”命令（CO），将上一步形成的图形复制一份，并将文字“1”改为“2”，如图 7-133 所示。

图 7-131　图 7-132　图 7-133

3. 绘制继电器符号

执行“插入块”命令（I），将“案例\03\热继电器 2.dwg”文件插入视图中，如图 7-134 所示。

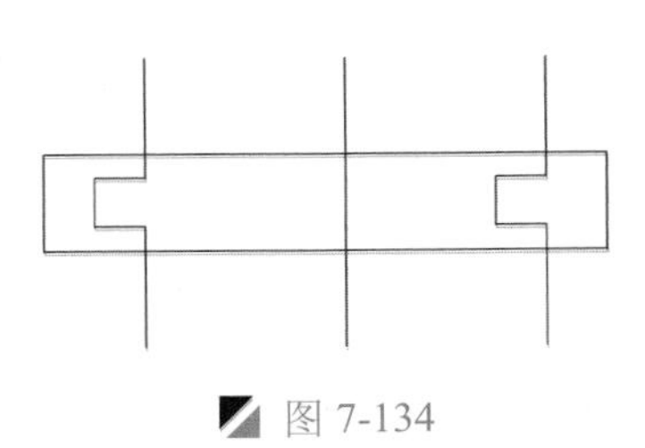

图 7-134

读书破万卷

7.5.4 组合图形

将前面绘制好的电气符号和线路结构图，利用复制、移动、旋转等命令将其进行组合。

Step 01 多次使用复制、移动、缩放和旋转命令，将绘制的符号放置在绘制好的主线路位置上，根据符号放置的位置绘制导线，然后再进行修改，如图 7-135 所示。

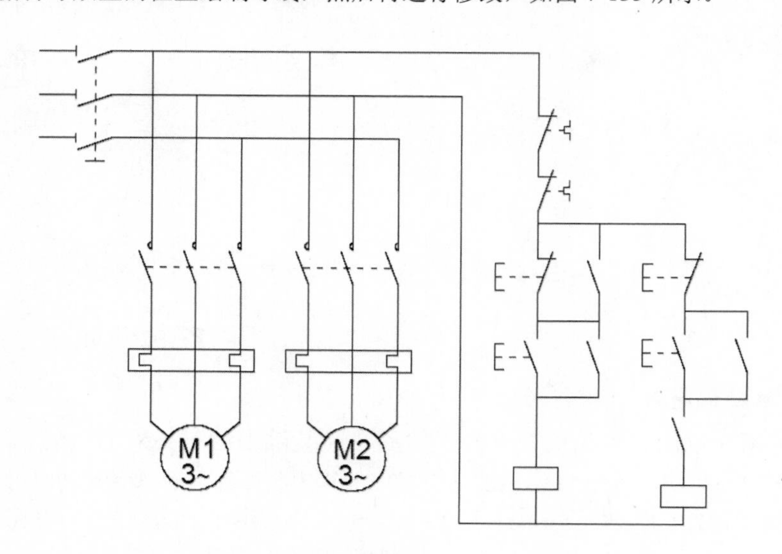

图 7-135

Step 02 执行“插入块”命令（I），将“案例\03\熔断器.dwg”文件插入图形中，并通过移动、缩放、旋转、复制等命令，按照如图 7-136 所示的效果进行布置。

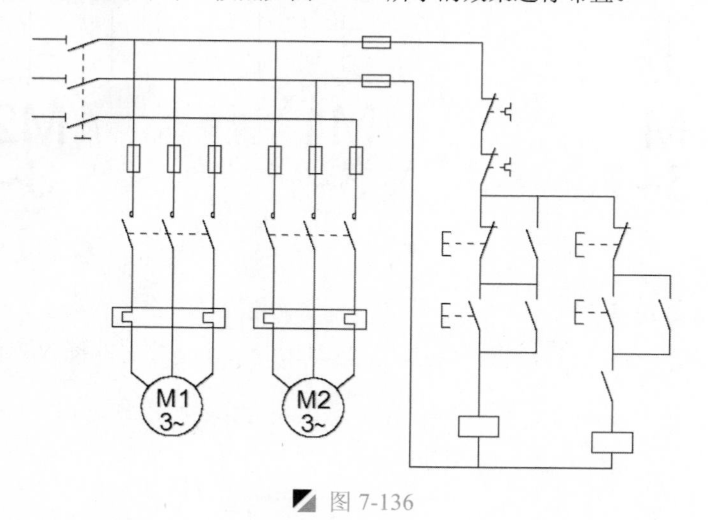

图 7-136

7.5.5 添加文字注释

前面已经完成了两台电动机顺序控制线路图的绘制，下面分别在相应位置处添加文字注释，利用“多行文字”命令进行操作。

Step 01 在“图层控制”下拉列表中，选择“文字”图层设为当前图层。

Step 02 选择“格式 | 文字样式”菜单命令，在弹出的“文字样式”对话框下选择文字的样式为默认的“Standard”样式，设置字体为宋体，高度为 3，然后分别单击“应用”、“置为当前”和“关闭”按钮。

Step 03 执行“单行文字”命令（DT），在图中相应位置输入相关的文字说明，以完成两台电动机顺序控制线路图的文字注释，如图 7-137 所示。

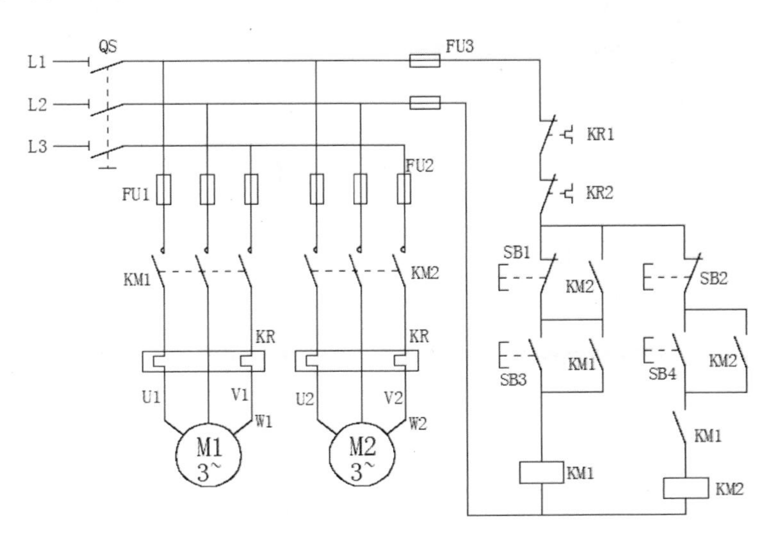

图 7-137

Step 04 至此，该两台电动机顺序控制线路图的绘制已完成，按<Ctrl+S>组合键进行保存。

8

工厂电气工程图的绘制

本章导读

工厂电气是工厂所涉及的电气，包括工厂的供电、生产、安全保护等各个方面的电气应用。例如工厂系统线路、工厂大型设备涉及的一些电气。本章结合几个实例，介绍工厂电气工程图的基本绘制方法。

本章内容

- 小型工厂供电系统图的绘制
- 某烘烤车间电气控制图的绘制
- 某工厂生活水泵一用一备控制线路图的绘制

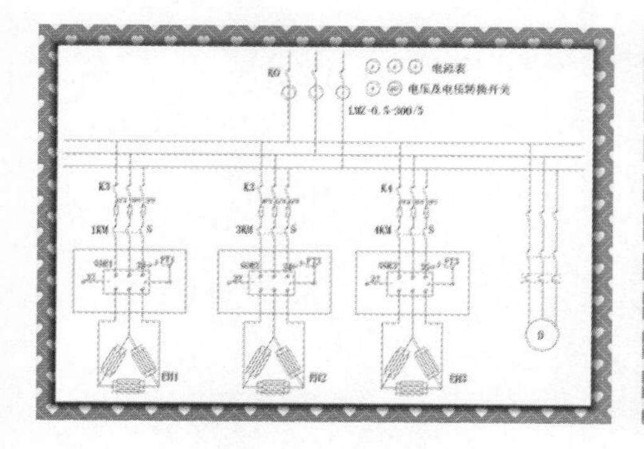

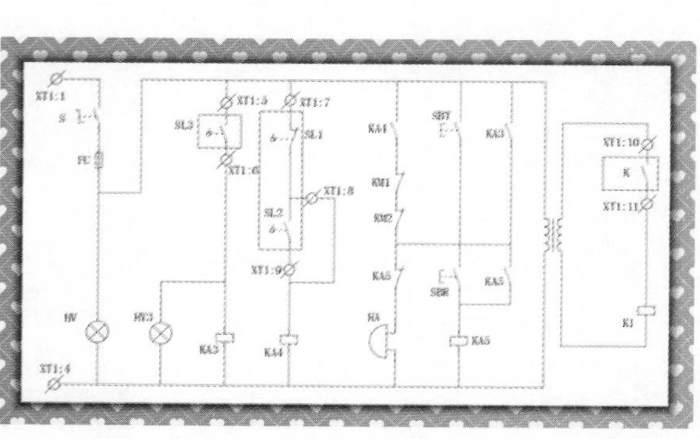

8.1 小型工厂供电系统图的绘制

案例	小型工厂供电系统图.dwg	视频	小型工厂供电系统图的绘制.avi	时长	12'45"

所谓大、中、小型工厂在这里是依据其用电量大小来划分的，若工厂安装的总容量在1000kVA 以下时，即可视为小型工厂，如图 8-1 所示为小型工厂供电系统主接线示意图。图中的高压配电所（GBS）其有两条 6~10kV 电源进线，分别接在两段母线上。正常情况时，只有一个电源（如左路电源）供电，这时 QS1 闭合。而当某条高压电源（如左路电源）线路出现故障或需进行检修时，则这条线路将切断，并立即由另一路高压电源（如右路电源）供电，这时 QS1 仍是闭合的，因此，这种方式提高了供电的可靠性。

高压配电所的电能输出则由四路高压配电线担负，以供给三个车间变电所（CBS）。其中的 1 号、3 号变电所各有一台主变压器，2 号则有两台主变压器，分别由两段母线供电。但两台变压器的低压侧采用单母线分段制，用 QS2 作为分段联络开关，以便对重要电气设备实行两段母线交叉供电。车间变电所的低压侧还设有联络开关 QS3、QS4 及联络线，以方便相互间的连接，提高供电系统运行的可靠性与灵活性。

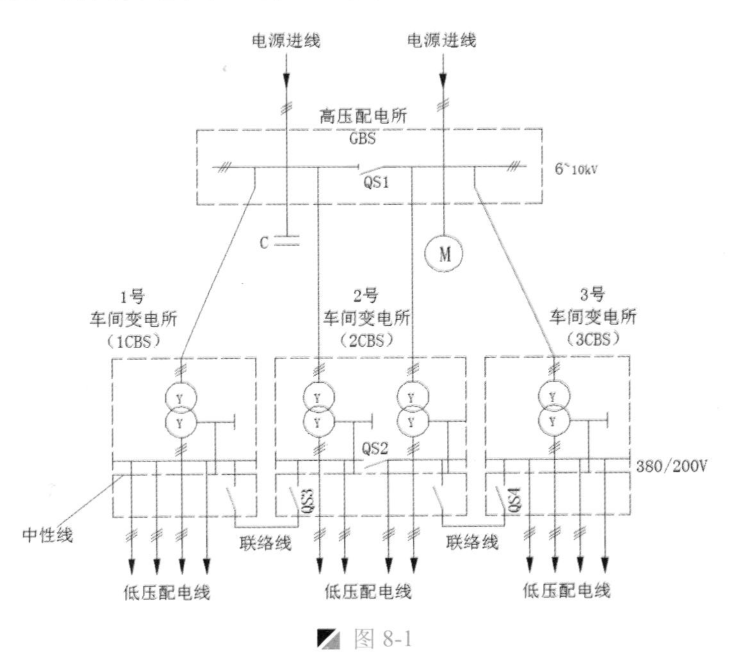

图 8-1

8.1.1 设置绘制环境

在绘制小型工厂供电系统主接线示意图时，先要设置绘制环境，下面介绍绘制环境的设置步骤。

Step 01 启动 AutoCAD 2015 软件，按<Ctrl+S>组合键保存该文件为“案例\08\小型工厂供电系统图.dwg”文件。

Step 02 在“图层”面板中单击“图层特性”按钮，打开“图层特性管理器”，新建导线、实体符号、文字 3 个图层，然后将“导线”图层设为当前图层，如图 8-2 所示。

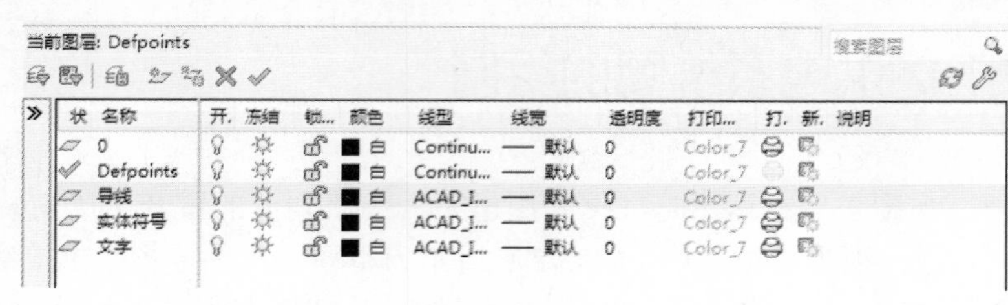

图 8-2

8.1.2 绘制图纸布局图

该系统图由图纸布局图和电气元件组成，利用 AutoCAD 中的矩形、直线、移动、偏移、修剪和删除等命令进行该图形的绘制。

Step 01 执行“矩形”命令（REC），在视图中绘制 110mm×25mm 的矩形对象，如图 8-3 所示。

Step 02 重复矩形命令，在如图 8-4 所示的位置处绘制 61mm×52mm 的矩形对象。

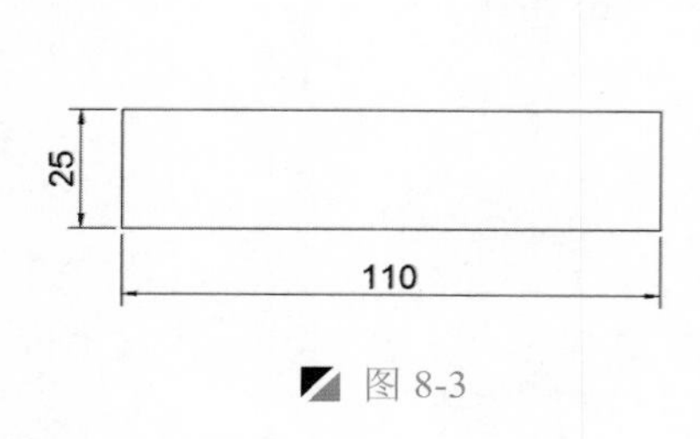

图 8-3

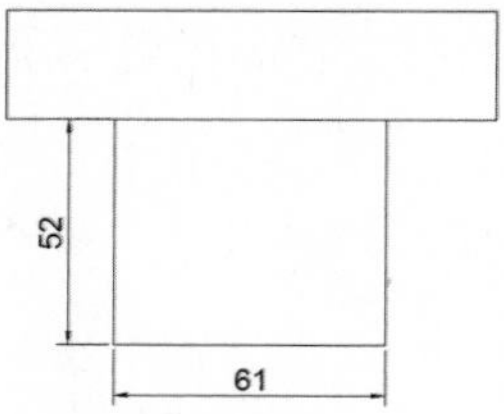

图 8-4

提示：中点重合

在这里绘制的矩形上侧水平边的中点与前面绘制的矩形对象下侧水平边的中点重合。

Step 03 按<F8>键打开“正交”模式；执行“移动”命令（M），将上一步绘制的矩形向下垂直移动 50mm 的距离，如图 8-5 所示。

Step 04 执行“矩形”命令（REC），在如图 8-6 所示的位置处绘制 46mm×52mm 的矩形对象。

Step 05 执行“复制”命令（CO），将上一步绘制的矩形向右水平复制 107mm，如图 8-7 所示。

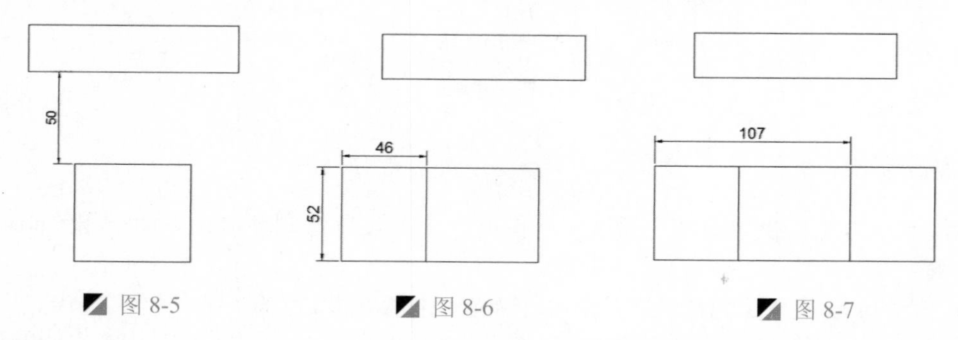

图 8-5 图 8-6 图 8-7

Step 06 执行“移动”命令（M），将下左侧和下右侧的两矩形对象水平向外各移动 6mm 的距离，如图 8-8 所示。

Step 07 执行“直线”命令（L），捕捉下侧矩形的中点绘制一条水平线段，如图 8-9 所示。

Step 08 执行“偏移”命令（O），将水平线段向下各偏移 7.5mm、4.5mm 的距离，如图 8-10 所示。

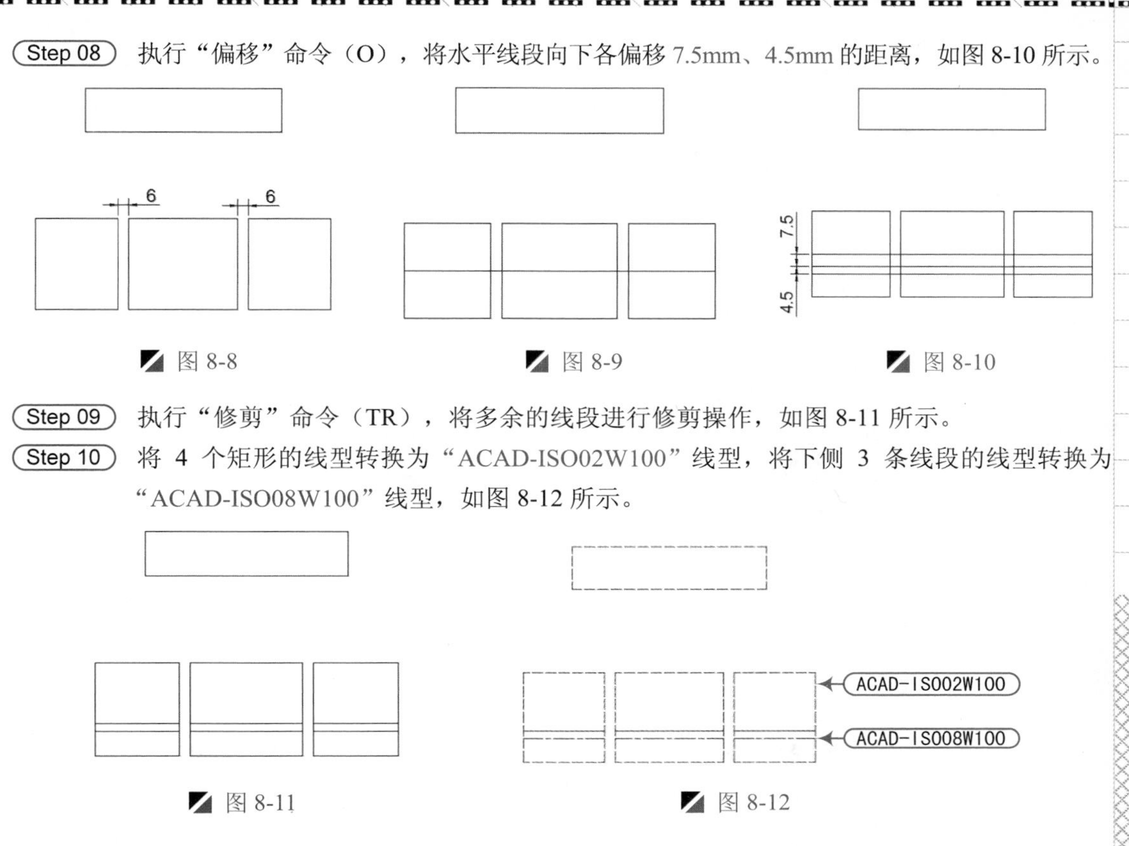

图 8-8　图 8-9　图 8-10

Step 09 执行“修剪”命令（TR），将多余的线段进行修剪操作，如图 8-11 所示。

Step 10 将 4 个矩形的线型转换为“ACAD-ISO02W100”线型，将下侧 3 条线段的线型转换为“ACAD-ISO08W100”线型，如图 8-12 所示。

图 8-11　图 8-12

注意：线型比例

有时绘制出的虚线在计算机屏幕上显示为实线，这是由于显示比例过小所致，放大图形后可以显示出虚线。如果要在当前图形大小下明确显示出虚线，可以单击选择该虚线，使之呈被选中状态，按<Ctrl+1>组合键，打开“特性”工具板，该工具板中包含对象的各种参数，可以将其中的“线形比例”参数设置成较小的数值，如图 8-13 所示，这样就可以在正常图形显示状态下清晰地看见虚线的细线段和间隔。

“特性”工具板非常方便，用户就注意灵活使用。

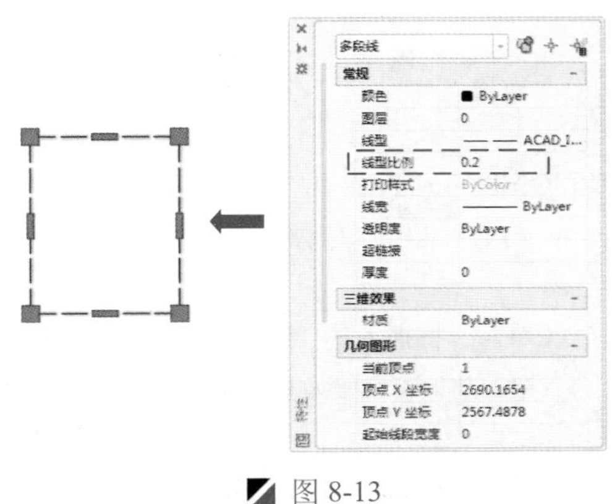

图 8-13

8.1.3 绘制电气元件符号

该系统图主要是由电容、导线连接、开关、电动机、三相变压器等多种电气元件组成，使用 AutoCAD 中的矩形、圆、直线、移动、复制、旋转、镜像、修剪和删除等命令，其操作步骤如下。

1. 绘制三根导线的单线符号

下面介绍三根导线的单线符号的绘制，利用 AutoCAD 中的直线、旋转、复制等命令进行绘制。

Step 01 在“图层控制”下拉列表中，选择“实体符号”图层设为当前图层。

Step 02 执行“直线”命令（L），在视图中绘制一条长 8mm 的水平线段，如图 8-14 所示。

Step 03 执行“直线”命令（L），捕捉水平线段的中点作为直线的起点，向上绘制一条长 4mm 的垂直线段，如图 8-15 所示。

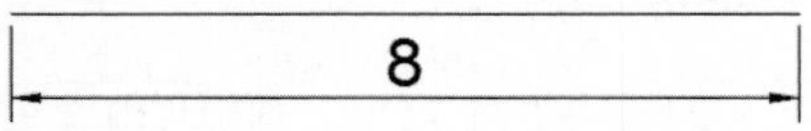

图 8-14 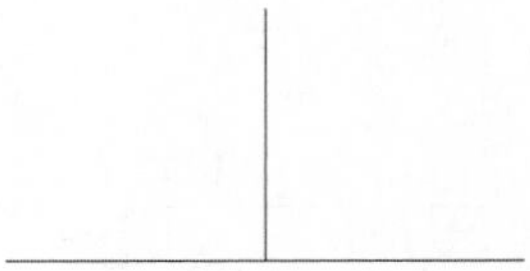　　图 8-15

Step 04 执行“移动”命令（M），将垂直线段向下垂直移动 2mm 的距离，如图 8-16 所示。

Step 05 执行“旋转”命令（RO），将垂直线段以交点作为旋转的基点，进行-30° 的旋转操作，如图 8-17 所示。

Step 06 执行“复制”命令（CO），将旋转后的对象向左右各复制 1mm 的距离，从而完成三根导线的单线符号的绘制，如图 8-18 所示。

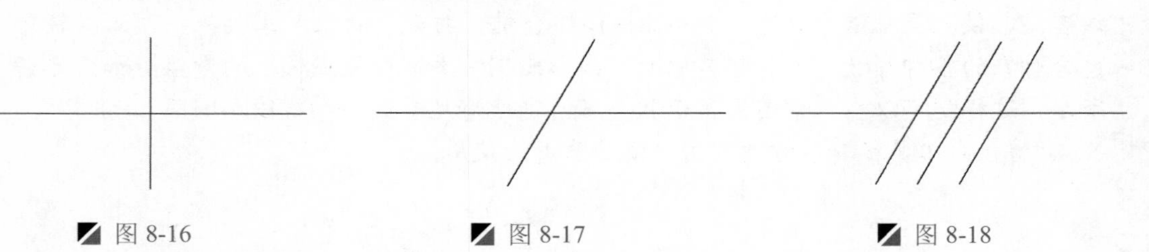

图 8-16　　图 8-17　　图 8-18

2. 绘制开关符号

下面介绍单极隔离开关的绘制方法，操作步骤如下。

Step 01 执行“插入块”命令（I），将“案例\03\单极开关.dwg”文件插入视图中，如图 8-19 所示。

Step 02 执行“复制”命令（CO），将插入的“单极开关”符号复制一份；再执行“直线”命令（L），捕捉上侧垂直线段的下端点作为直线的起点，向右绘制一条长 2mm 的水平线段，如图 8-20 所示。

Step 03 执行“移动”命令（M），将绘制的水平线段水平向左移动 1mm 的距离，从而完成单极隔离开关符号的绘制，如图 8-21 所示。

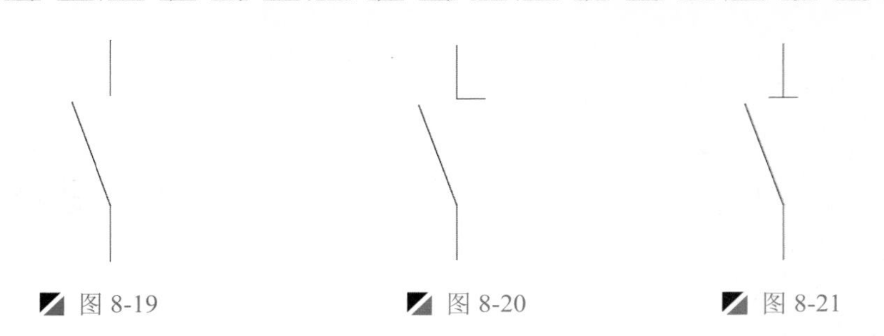

图 8-19　　图 8-20　　图 8-21

3. 绘制其他符号

在第3章学习了“三相变压器”和“电容”的绘制方法，下面将这两个文件进行插入，然后再绘制一些其他的元件符号。

Step 01 执行“插入块”命令（I），将“案例\03”文件下的“三相变压器”、“电容”插入图形中，并通过移动、复制等命令摆放相应的位置，如图8-22和图8-23所示。

Step 02 绘制“直流电动机”，执行“圆”命令（C），在视图中绘制半径为6mm的圆对象，如图8-24所示。

图 8-22　　图 8-23　　图 8-24

Step 03 执行“单行文字”命令（DT），指定圆心为文字对正的中间位置，文字高度为“5”，在圆内部输入字母“M”，从而完成直流电动机符号的绘制，如图8-25所示。

Step 04 执行“写块”命令（W），将绘制的“直流电动机”符号保存为“案例\03”外部图块。

Step 05 执行“直线”命令（L），在视图中绘制一条长6mm的水平线段，一条长5mm的垂直线段，使水平线段的右端点与垂直线段的中点重合，从而完成导线连接符号，如图8-26所示。

Step 06 执行“多段线”命令（PL），按照如下命令行，绘制箭头图形，从而完成电源进线符号的绘制，如图8-27所示。

```
PLINE                                                          \\ 执行“多段线”命令
指定起点:                                                       \\ 随意单击一点
当前线宽为 0.0000
指定下一个点或 [圆弧(A)/半宽(H)/长度(L)/放弃(U)/宽度(W)]: 7       \\ 输入线段的值
指定下一点或 [圆弧(A)/闭合(C)/半宽(H)/长度(L)/放弃(U)/宽度(W)]: W  \\ 选择“宽度（W）”选项
指定起点宽度 <0.0000>: 2                                         \\ 设定起点宽度
指定端点宽度 <2.0000>: 0                                         \\ 设定端点宽度
指定下一点或 [圆弧(A)/闭合(C)/半宽(H)/长度(L)/放弃(U)/宽度(W)]: 5  \\ 输入下一点值
指定下一点或 [圆弧(A)/闭合(C)/半宽(H)/长度(L)/放弃(U)/宽度(W)]:    \\ 回车结束命令
```

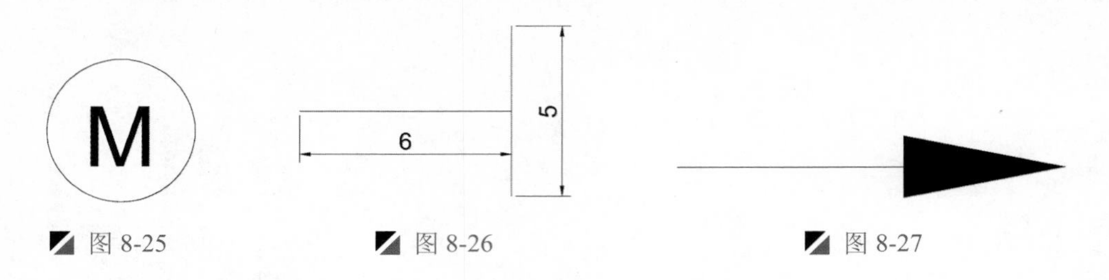

图 8-25　　图 8-26　　图 8-27

8.1.4　组合图形

多次使用复制、移动、缩放和旋转命令，将绘制的符号放置在绘制好的图纸布局位置上，根据符号放置的位置绘制导线，然后再进行修改，如图 8-28 所示。

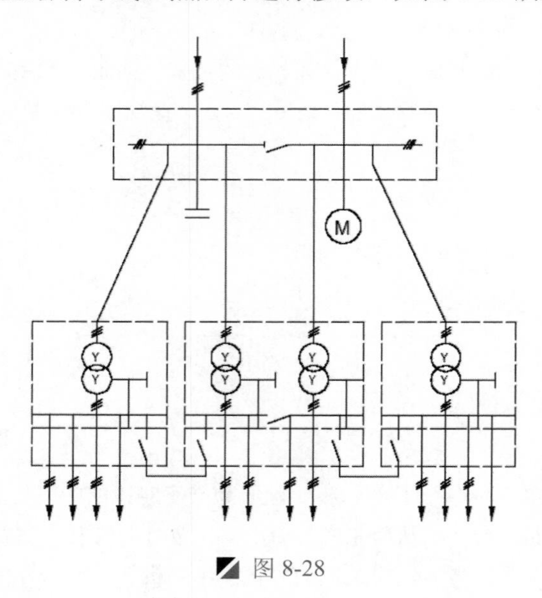

图 8-28

提示：移动后调整图形

> 在移动电气符号时，为了图形的美观，可能大小不是很符合，所以对图形要适当的调整大小。

8.1.5　添加文字注释

前面已经完成了小型工厂供电系统图的绘制，下面分别在相应位置处添加文字注释，利用“单行文字”命令进行操作。

Step 01　在“图层控制”下拉列表中，选择“文字”图层设为当前图层。

Step 02　选择“格式 | 文字样式”菜单命令，在弹出的“文字样式”对话框下选择文字的样式为默认的“Standard”样式，设置字体为宋体，高度为 4，然后分别单击“应用”、“置为当前”和“关闭”按钮。

Step 03　执行“单行文字”命令（DT），在图中相应位置输入相关的文字说明，以完成小型工厂供电系统图的文字注释，如图 8-29 所示。

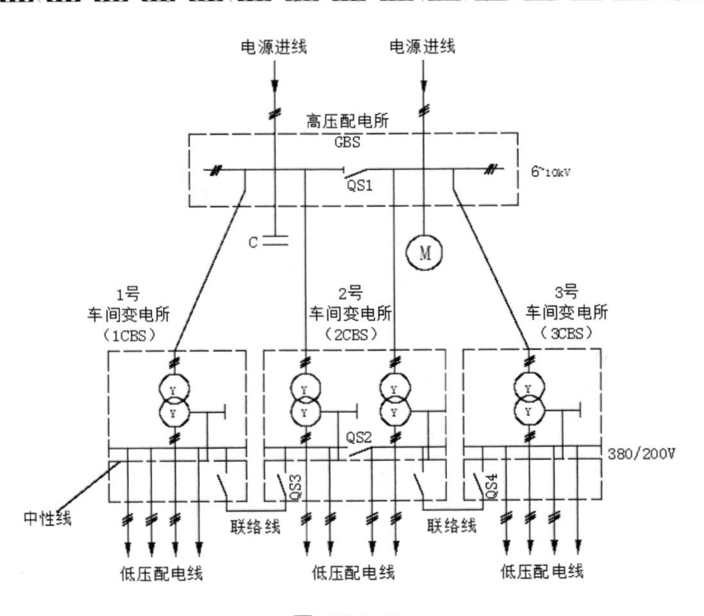

图 8-29

Step 04 至此，该小型工厂供电系统图的绘制已完成，按<Ctrl+S>组合键进行保存。

8.2 某烘烤车间电气控制图的绘制

案例	某烘烤车间电气控制图 dwg	视频	某烘烤车间电气控制图的绘制.avi	时长	25'57"

图 8-30 所示为某烘烤车间电气控制图。主要由供电线路、加热区和风机等部分组成。

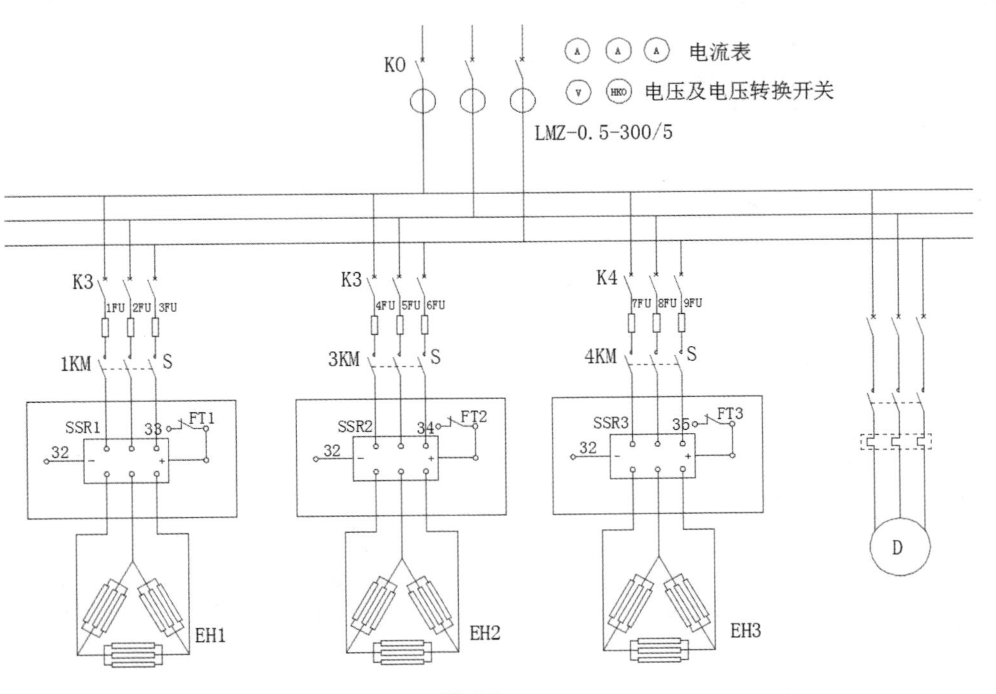

图 8-30

8.2.1 设置绘制环境

在绘制某烘烤车间电气控制图时，首先要设置绘制环境，下面介绍绘制环境的设置步骤。

Step 01 启动 AutoCAD 2015 软件，按<Ctrl+S>组合键保存该文件为“案例\08\某烘烤车间电气控制图.dwg”文件。

Step 02 在“图层”面板中单击“图层特性”按钮，打开“图层特性管理器”，新建导线、实体符号、文字 3 个图层，然后将“导线”图层设为当前图层，如图 8-31 所示。

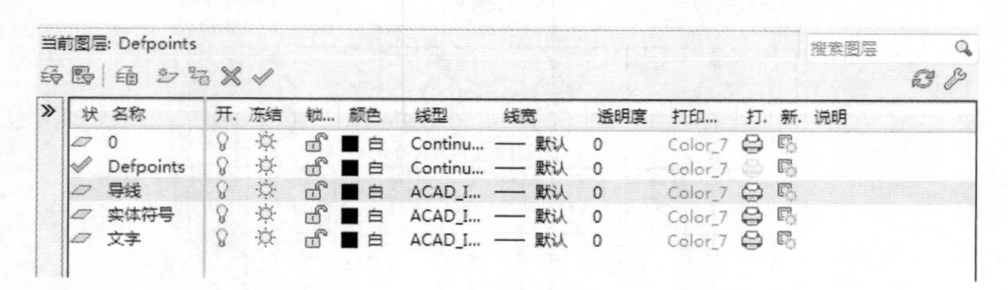

图 8-31

8.2.2 绘制主连接线

该控制图是由主要连接线、电气元件和各模块组成，下面利用 AutoCAD 中的直线、移动、偏移、修剪和删除等命令进行主连接线的绘制。

Step 01 执行“直线”命令（L），在视图中绘制一条长 388mm 的水平线段、一条长 189mm 的垂直线段，如图 8-32 所示。

Step 02 执行“偏移”命令（O），将水平线段向下依次偏移 10mm、20mm、140mm 的距离，如图 8-33 所示。

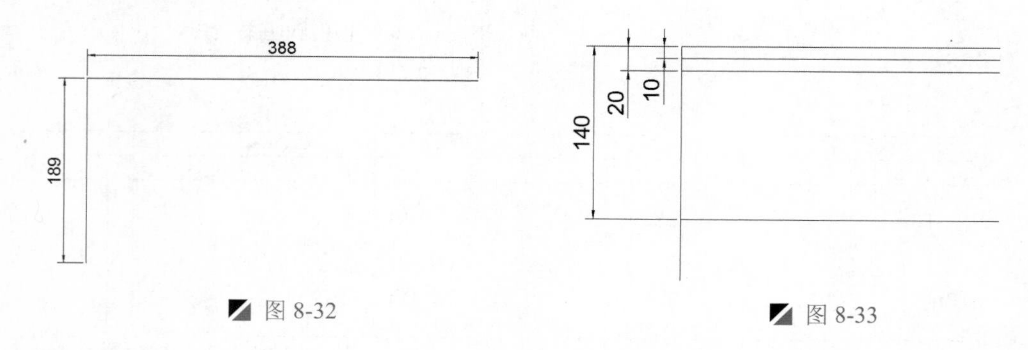

图 8-32　　图 8-33

技巧：多种命令使用

在这里，出了使用偏移命令外，还可以直接用复制命令，将水平线段垂直向下复制相应的距离。

Step 03 执行“移动”命令（M），将垂直线段向右水平移动 40mm 的距离，如图 8-34 所示。

Step 04 执行“偏移”命令（O），将移动后的垂直线段向右水平偏移如图 8-35 所示的尺寸。

Step 05 执行“直线”命令（L），在如图 8-36 所示位置绘制一条长 95mm 的垂直线段。

Step 06 执行“移动”命令（M），将绘制的垂直线段向右水平移动 188mm 的距离，如图 8-37 所示。

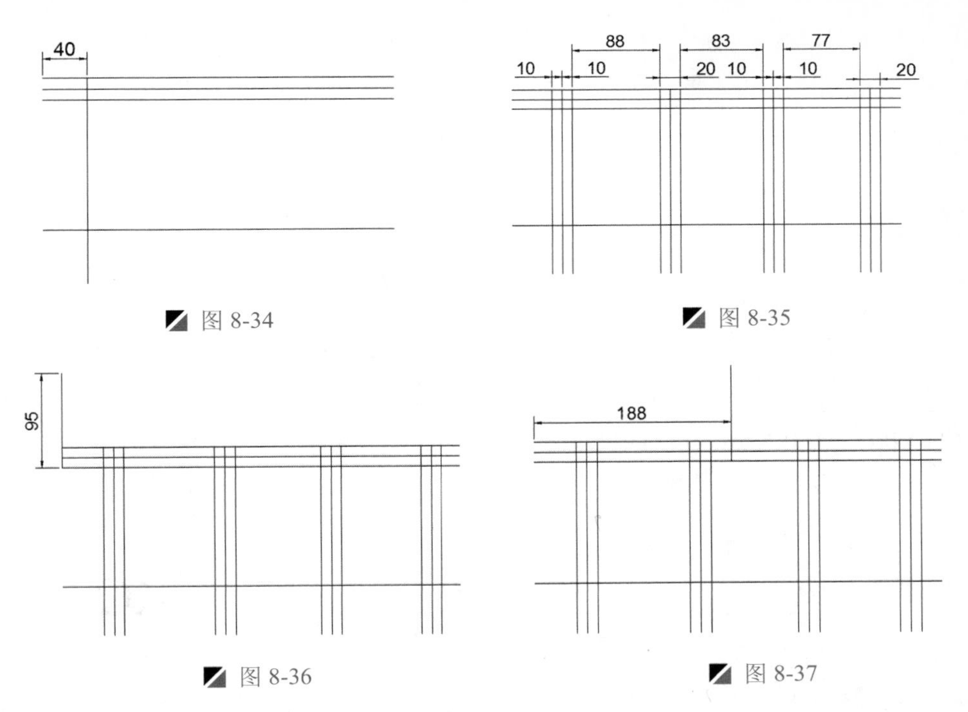

图 8-34

图 8-35

图 8-36

图 8-37

Step 07 执行“偏移”命令（O），将移动后的垂直线段向左、右两侧各偏移 20mm 的距离，如图 8-38 所示。

Step 08 执行“修剪”命令（TR），将多余的线段进行修剪操作，如图 8-39 所示。

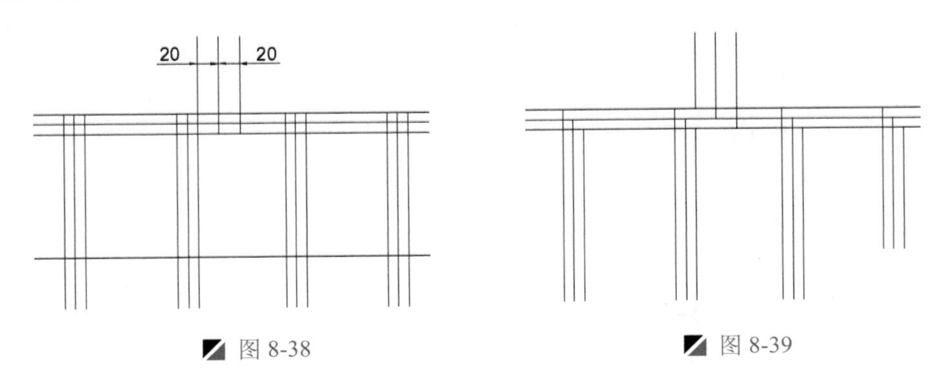

图 8-38

图 8-39

8.2.3 绘制电气元件符号

该控制图由风机、电流表、电压表、加热器、继电器、多种开关等多种电气元件组成，使用 AutoCAD 中的矩形、圆、直线、移动、复制、旋转、镜像、修剪和删除等命令，其操作步骤如下。

1. 绘制开关、电流表、电压表符号

首先调用第 3 章绘制的相应开关、电流表符号，然后在此基础上绘制其他相应的开关符号。

Step 01 在“图层控制”下拉列表中，选择“实体符号”图层设为当前图层。

Step 02 执行“插入块”命令（I），将“案例\03”文件下的“三极接触器”、“三极断路器”和“动断触点”文件插入视图中，如图 8-40～图 8-42 所示。

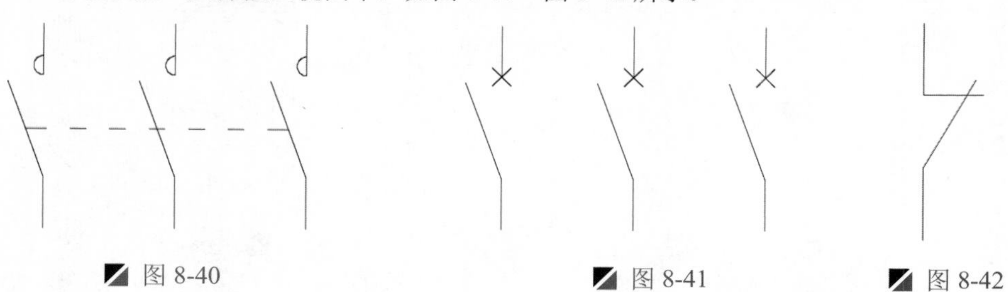

图 8-40　　图 8-41　　图 8-42

Step 03 执行“插入块”命令（I），将 “案例\03\电流表.dwg”文件插入视图中，如图 8-43 所示。

Step 04 执行“复制”命令（CO），将插入的“电流表”符号复制二份；双击复制后的电流表中的“A”，分别将文字改为“V”和“HKO”，如图 8-44、图 8-45 所示。

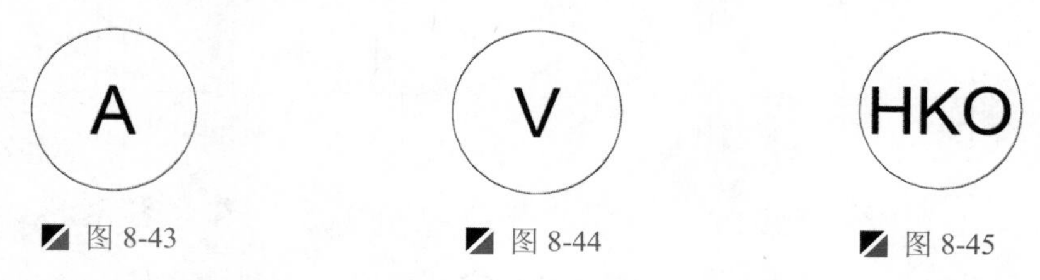

图 8-43　　图 8-44　　图 8-45

2. 绘制风机符号

下面介绍风机符号的绘制，利用 AutoCAD 中的圆、直线、偏移、单行文字等命令进行绘制。

Step 01 执行“圆”命令（C），在视图中绘制半径为 12mm 的圆对象，如图 8-46 所示。

Step 02 执行“直线”命令（L），捕捉圆心作为直线的起点，向上绘制一条长 35mm 的垂直线段，如图 8-47 所示，将垂直线段向左、右两侧各偏移 20mm 的距离，如图 8-48 所示。

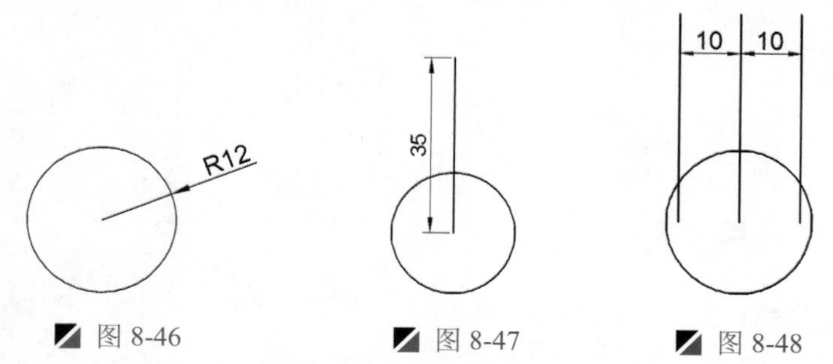

图 8-46　　图 8-47　　图 8-48

Step 03 执行“修剪”命令（TR），将圆内多余的线段进行修剪操作，如图 8-49 所示。

Step 04 执行“单行文字”命令（DT），指定圆心为文字对正的中间位置，文字高度为“6”，在圆内部输入字母“D”，从而完成风机符号的绘制，如图 8-50 所示。

3. 绘制继电器符号

下面介绍继电器符号的绘制，利用 AutoCAD 中的矩形、直线、偏移、修剪和删除等命令进行绘制。

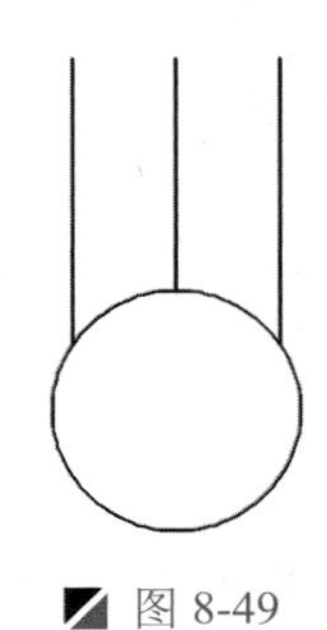

图 8-49

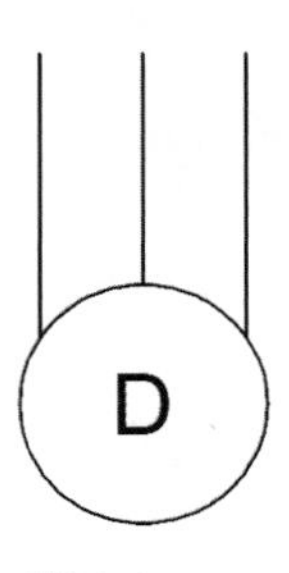

图 8-50

Step 01 执行“插入块”命令（I），在“插入”对话框中勾选“分解”项，将“案例\03\热继电器3.dwg”文件插入图形中，如图 8-51 所示。

Step 02 将外侧矩形的线型转为“ACAD-ISO03W100”线型，从而完成三相热继电器符号的绘制，如图 8-52 所示。

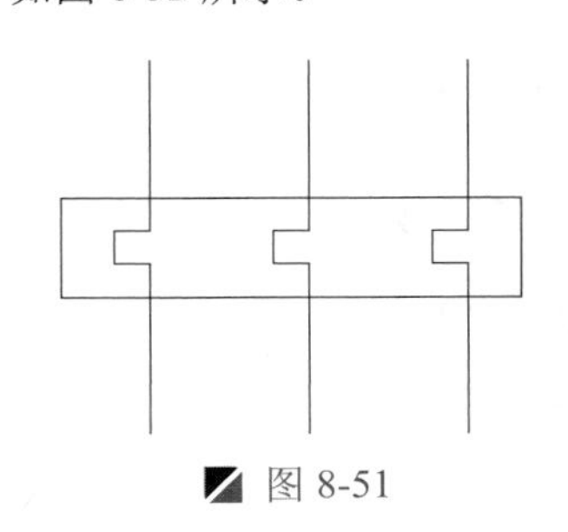

图 8-51

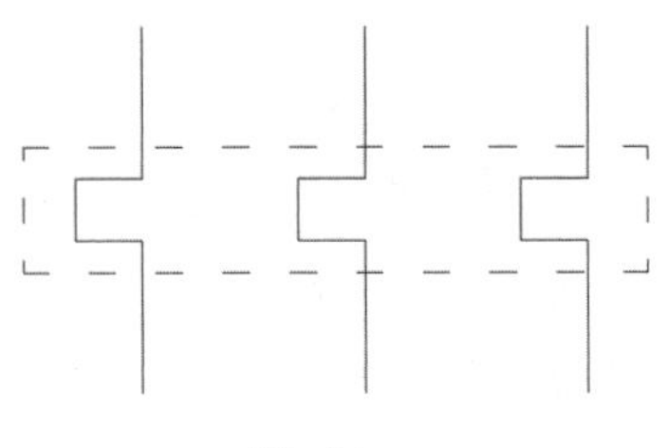

图 8-52

Step 03 执行“矩形”命令（REC），在视图中绘制 34mm×18mm 的矩形对象，如图 8-53 所示。

Step 04 执行“圆”命令（C），捕捉矩形右上侧角点作为圆心，绘制半径为 1mm 的圆对象，如图 8-54 所示。

Step 05 执行“移动”命令（M），以圆心为移动的基点，水平向左移动 5mm，再垂直向下移动 4mm，如图 8-55 所示。

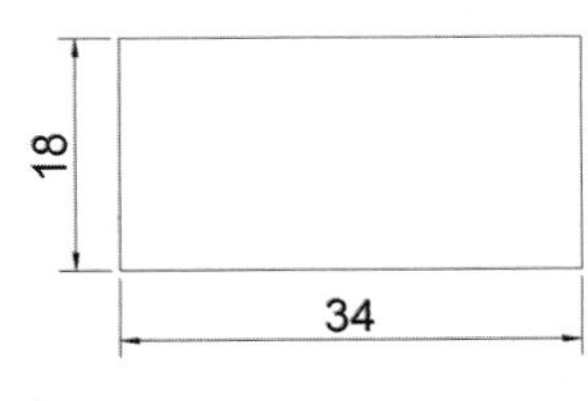

图 8-53

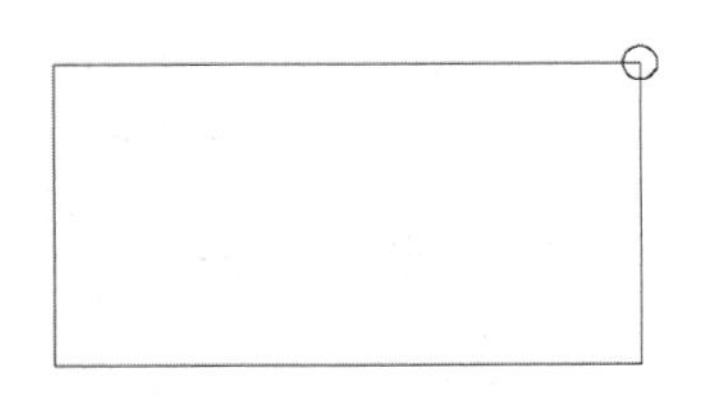

图 8-54

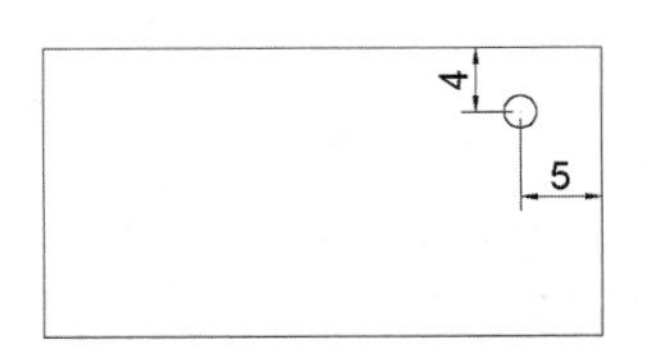

图 8-55

Step 06 执行“阵列”命令（AR），将移动后的圆进行行数为 2，列数为 3，行间距 10.5，列间距 10，进行矩形阵列操作，如图 8-56 所示。

Step 07 执行“直线”命令（L），捕捉圆的圆心绘制 3 条垂直线段，如图 8-57 所示。

Step 08 利用夹角编辑，将 3 条连接的垂直线段的上、下端点分别向外侧各拉长 10mm 的距离，如图 8-58 所示。

Step 09 执行“直线”命令（L），捕捉矩形左侧垂直边的中点作为直线的起点，向左绘制一条长 15mm 的水平线段，如图 8-59 所示。

读书破万卷

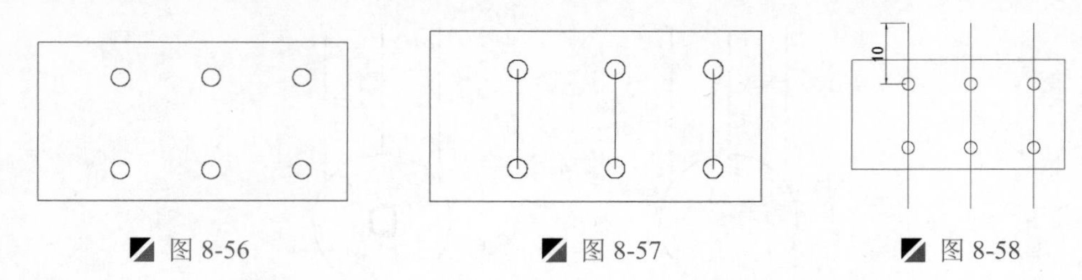

图 8-56　　图 8-57　　图 8-58

Step 10　执行“直线”命令（L），捕捉矩形右侧垂直边的中点作为直线的起点，向右绘制一条长 15mm 的水平线段，如图 8-60 所示。

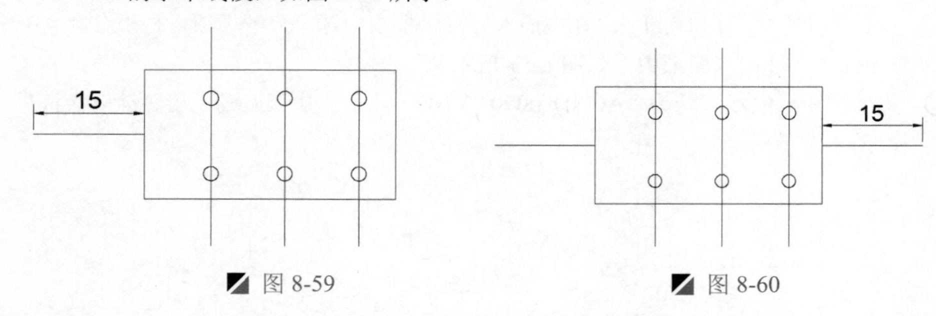

图 8-59　　图 8-60

Step 11　执行“修剪”命令（TR），将多余的对象进行修剪并删除操作，如图 8-61 所示。

Step 12　执行“直线”命令（L），在矩形内的适当位图处绘制各长度为 2mm，绘制“-”和“+”符号，从而完成固态继电器符号，如图 8-62 所示。

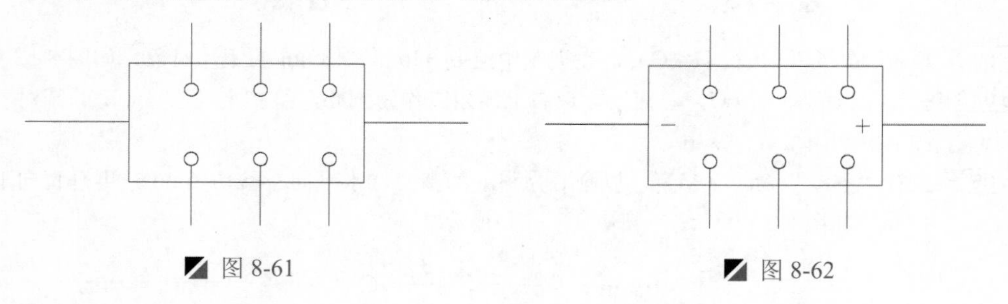

图 8-61　　图 8-62

4. 绘制加热器符号

下面介绍加热器符号的绘制，利用 AutoCAD 中的矩形、多边形、直线、复制、移动、修剪和删除等命令进行绘制。

Step 01　执行“矩形”命令（REC），在视图中绘制 17mm×2mm 的矩形对象，如图 8-63 所示。

Step 02　执行“直线”命令（L），捕捉矩形的中点绘制一条水平线段，如图 8-64 所示。

图 8-63　　图 8-64

Step 03　利用夹角编辑，将绘制的水平线段的左、右端点向外侧拉长 3mm 的距离，如图 8-65 所示。

Step 04　执行“复制”命令（CO），将矩形和直线段对象垂直向下复制 4mm 和 8mm 的距离，如图 8-66 所示。

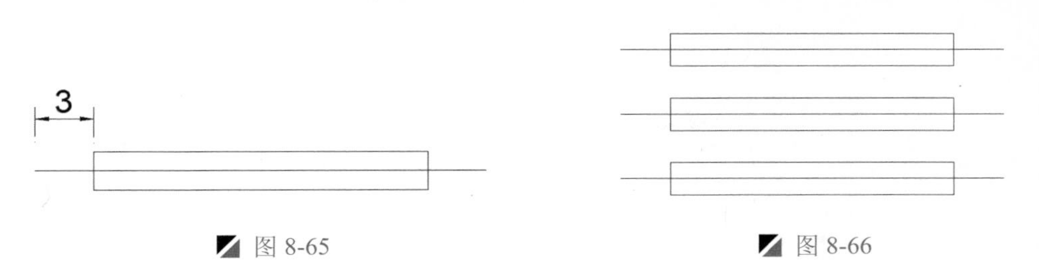

图 8-65　　图 8-66

提示：对象拉长的多种方法

除了用夹点编辑命令拉长外，还可以执行"拉长"命令（LEN），在命令行提示中选择"增量（DE）"选择，然后输入长度增量值再选择修改对象即可。

Step 05 执行"直线"命令（L），捕捉线段的端点进行直线连接操作，如图 8-67 所示。

Step 06 执行"修剪"命令（TR），将多余的对象进行修剪并删除操作，如图 8-68 所示。

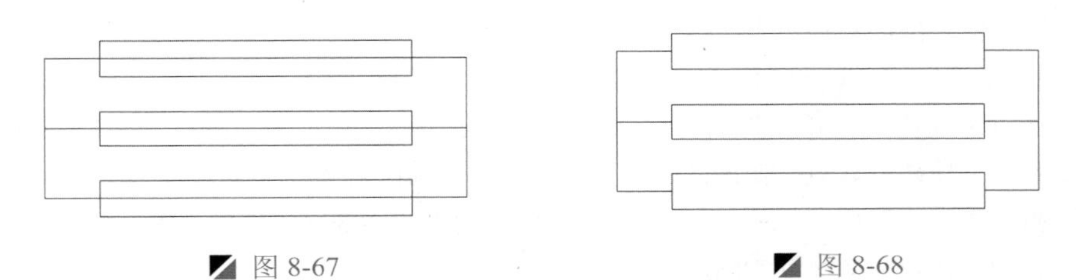

图 8-67　　图 8-68

Step 07 执行"多边形"命令（POL），在视图中绘制边长 45mm 的正三角形对象，如图 8-69 所示。

Step 08 执行"复制"命令（CO），将"加热器"符号复制二份；再执行"旋转"命令（RO），将复制后的两个加热器符号分别旋转 60° 和-60°，如图 8-70 所示。

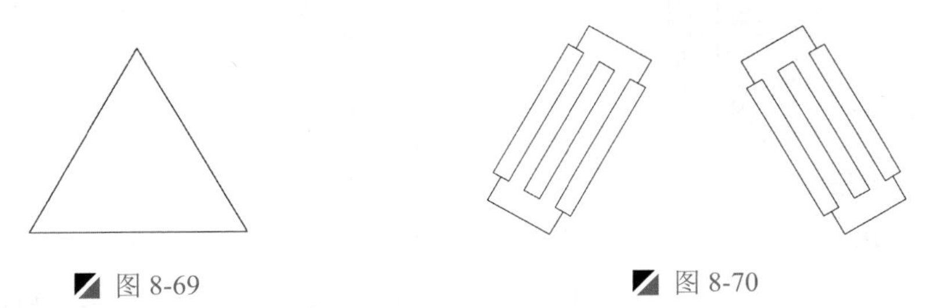

图 8-69　　图 8-70

Step 09 执行"移动"命令（M），将三个加热器符号移动到正三角形的三条边的中点位置处，如图 8-71 所示。

技巧：捕捉中点

在移动加热器符号之前，可以先执行"直线"命令（L），捕捉中间矩形的 4 角点绘制二条斜线段作为辅助线，然后捕捉斜线段的交点作为移动的基点，移动到正三角形的三边中点，最后删除掉辅助线即可。

Step 10 执行"修剪"命令（TR），将多余的对象进行修剪并删除操作，如图 8-72 所示。

读书破万卷

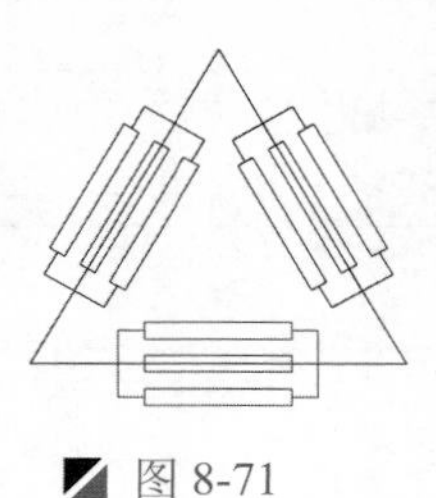

图 8-71

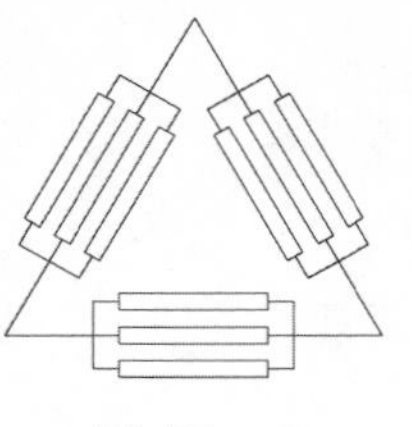

图 8-72

8.2.4 绘制各模块

控制图是由加热模块、风机模块和供电线路模块组成，下面介绍如何绘制各模块，利用矩形、圆直线、多段线、镜像、移动、复制、修剪和删除等命令进行绘制。

1. 绘制加热模块

下面介绍加热模块的绘制，由前面绘制好的“加热器”、“固态继电器”、“多极接触器”等电气元件符号组合，然后根据放置的位置绘制导线和其他电气符号，使用 AutoCAD 中的插入块、矩形、圆、直线、复制、移动等命令进行绘制。

Step 01 按<F8>键打开“正交”模式；执行“多段线”命令（PL），捕捉加热器符号的右下角点作为多段线的起点，按如图 8-73 所示的尺寸绘制多段线对象。

Step 02 执行“镜像”命令（MI），以正三角形的顶角点为镜像点，将绘制的多段线对象进行水平镜像操作，如图 8-74 所示。

Step 03 执行“移动”命令（M），将绘制的固态继电器符号移动到如图 8-75 所示的位置处。

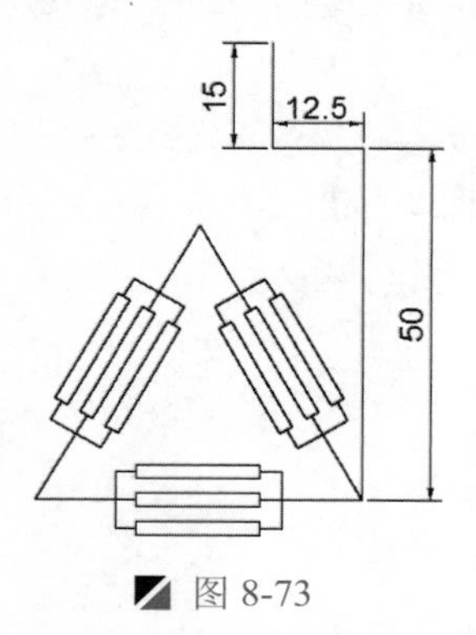

图 8-73

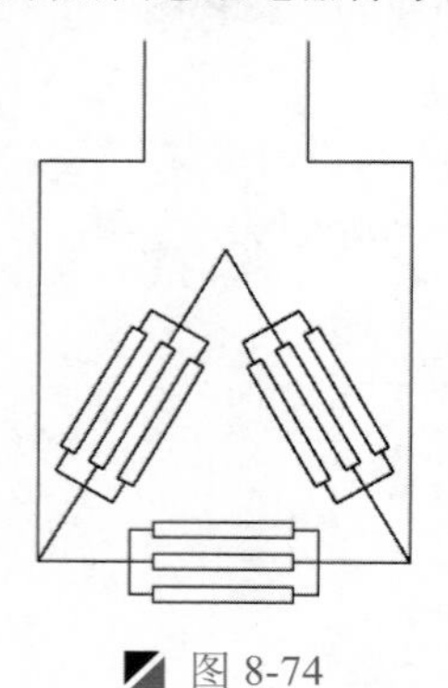

图 8-74

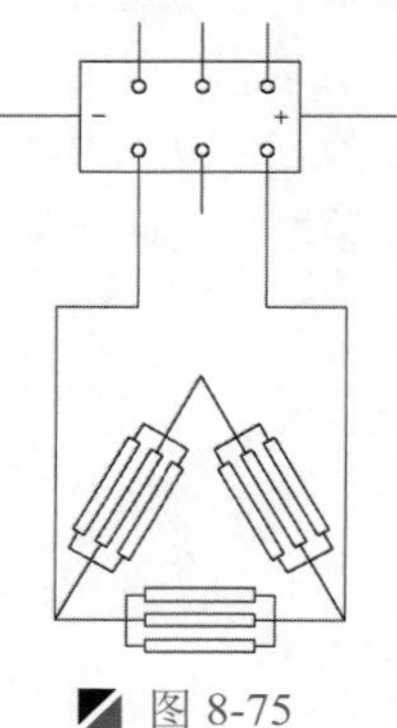

图 8-75

Step 04 执行“直线”命令（L），捕捉相应的点进行直线连接操作，如图 8-76 所示。

Step 05 利用夹角编辑，捕捉固态继电器符号上侧的 3 条垂直线段的上端点，向上侧垂直拉长 15mm 的距离，如图 8-77 所示。

Step 06 执行“复制”命令（CO），将绘制好的多极接触器符号复制到如图 8-78 所示的位置。

Step 07 执行“插入块”命令（I），设置旋转角度为 90°，比例因子为 0.25，将“案例\03\电阻.dwg”文件插入视图中，如图 8-79 所示。

Step 08 执行“复制”命令（CO），将插入的“电阻”复制如图 8-80 所示的位置。

Step 09 执行“复制”命令（CO），将绘制好的“断路器”符号复制到如图 8-81 所示的位置。并将断路器上侧的 3 条垂直线段利用夹角编辑向上垂直拉长 10mm。

Step 10 执行“矩形”命令（REC），在如图 8-82 所示的适当位置绘制 84mm×48mm 的矩形对象。

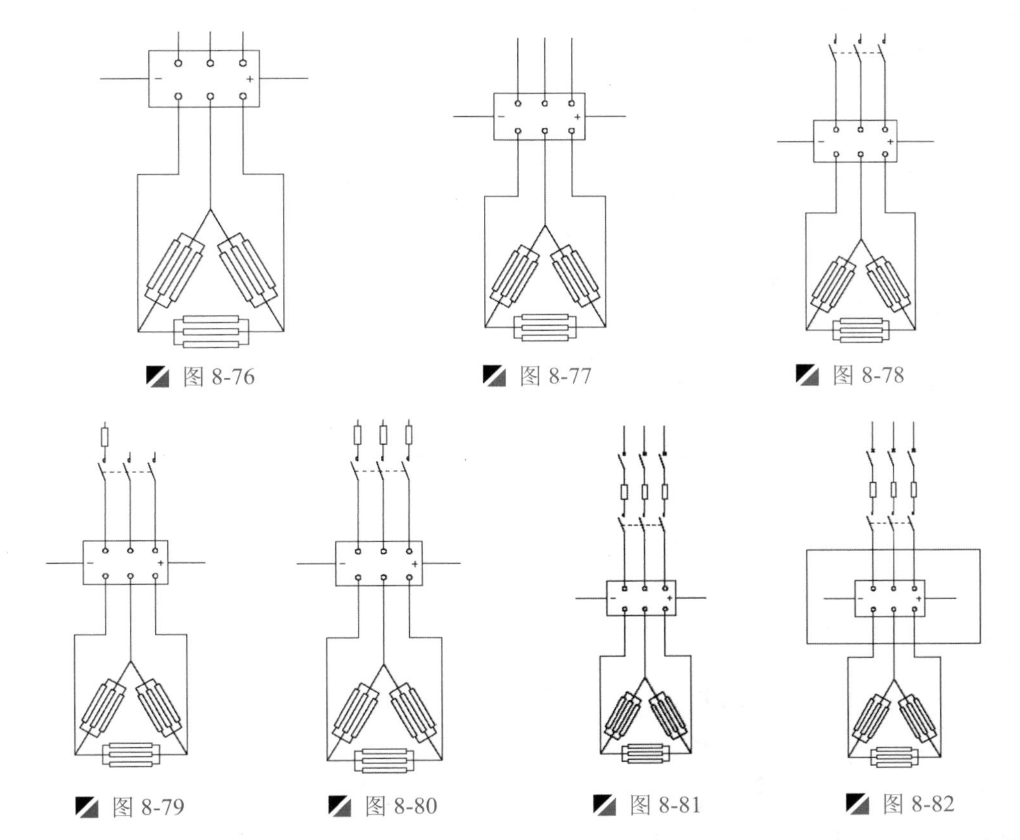

图 8-76　图 8-77　图 8-78

图 8-79　图 8-80　图 8-81　图 8-82

Step 11　执行“直线”命令（L），捕捉固态继电器右侧水平线段的外端点为直线的起点，向上绘制一条长 13mm 的垂直线段，如图 8-83 所示。

Step 12　执行“移动”命令（M）和“旋转”命令（RO），将绘制好的动断触点符号移动到如图 8-84 所示的位置。

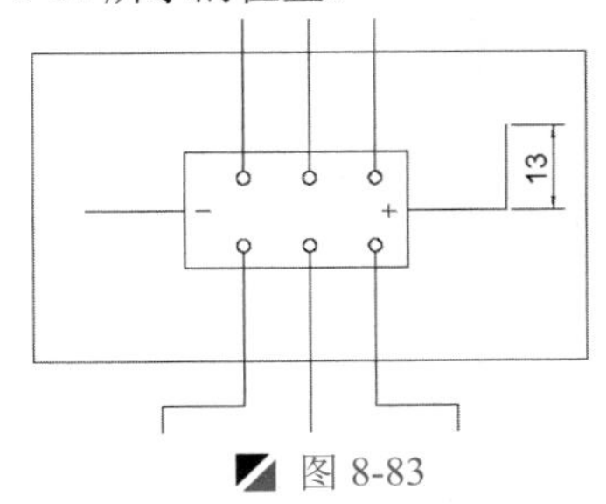

图 8-83

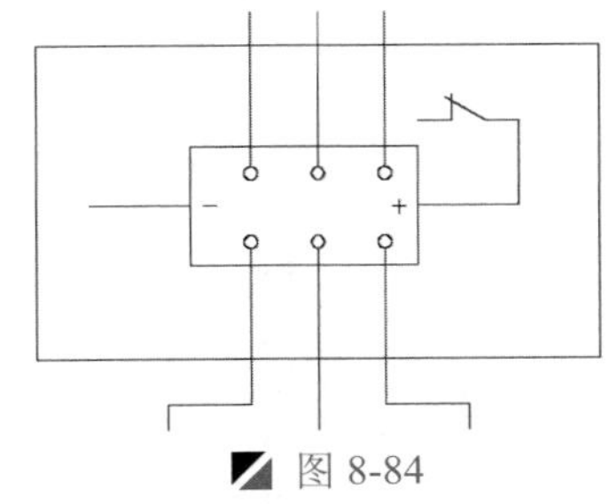

图 8-84

Step 13　执行“圆”命令（C），分别捕捉相应的点作为圆心，绘制半径均为 1mm 的 4 个圆对象，如图 8-85 所示。

Step 14　执行“修剪”命令（TR），将圆内的线段修剪掉，从而形成加热模块，如图 8-86 所示。

2. 绘制风机模块

下面介绍风机模块的绘制，由前面绘制好的“三相热继电器”、“多极接触器”、“断路器”等电气元件符号组合，然后根据放置的位置绘制导线，使用 AutoCAD 中的复制、移动等命令进行绘制。

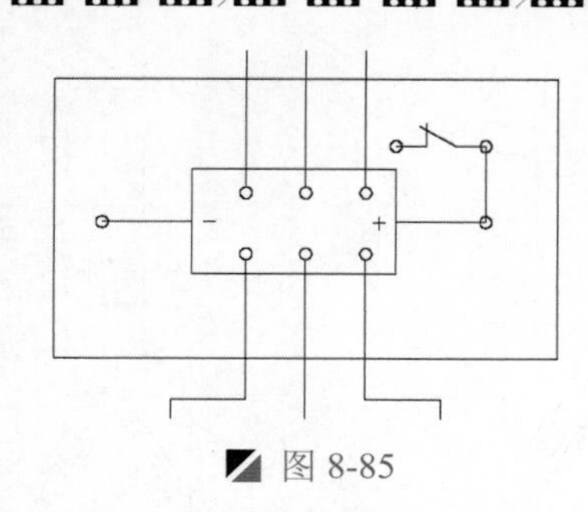

图 8-85

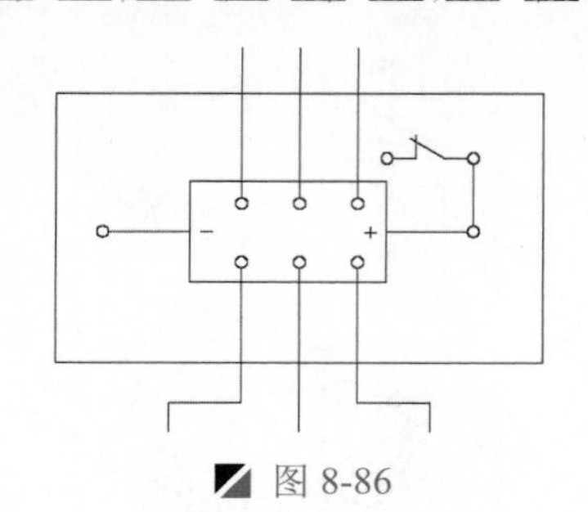

图 8-86

Step 01 执行“移动”命令（M），将绘制好的三相热继电器符号移动到如图 8-87 所示的风机符号上侧位置。

Step 02 执行“复制”命令（CO），将绘制好的三极接触器符号复制到如图 8-88 所示的位置。

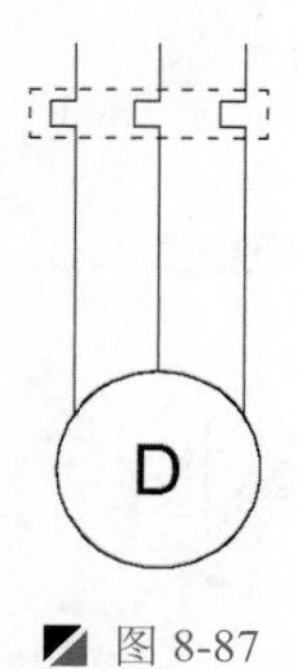

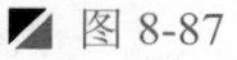

图 8-87

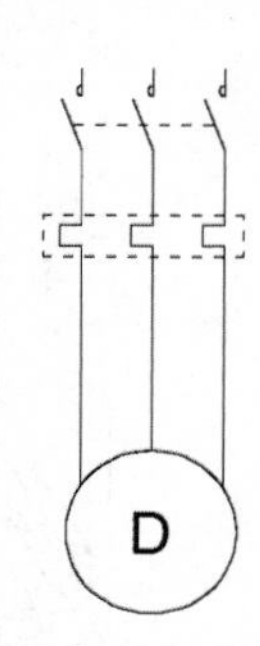

图 8-88

Step 03 利用夹角编辑，捕捉多极接触器符号上侧的3条垂直线段的上端点，向上侧垂直拉长 15mm 的距离，如图 8-89 所示。

Step 04 执行“复制”命令（CO），将绘制好的断路器符号复制到如图 8-90 所示的位置。

Step 05 利用夹角编辑，捕捉断路器符号上侧的 3 条垂直线段的上端点，向上侧垂直拉长 28mm 的距离，如图 8-91 所示。

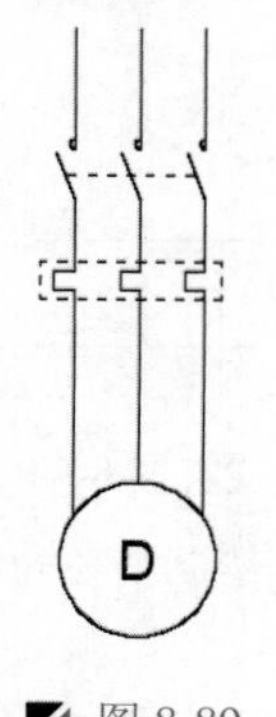

图 8-89

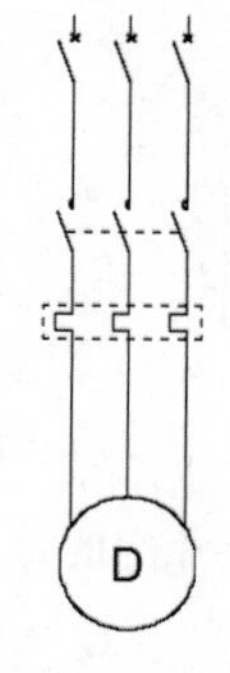

图 8-90

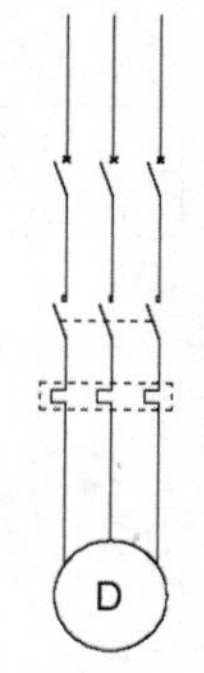

图 8-91

3. 绘制供电线路模块

绘制供电线路模块时，使用 AutoCAD 中的圆、直线、复制、删除等命令进行绘制。

Step 01 执行“复制”命令（CO），将三极断路器符号复制一份，如图 8-92 所示。

Step 02 执行“删除”命令（E），删除掉 2 个断路器符号，如图 8-93 所示。

Step 03 执行“圆”命令（C），捕捉断路器下侧垂直线段的下端点作为圆的第一端点，以 2 点方法绘制直径为 10mm 的圆对象，如图 8-94 所示。

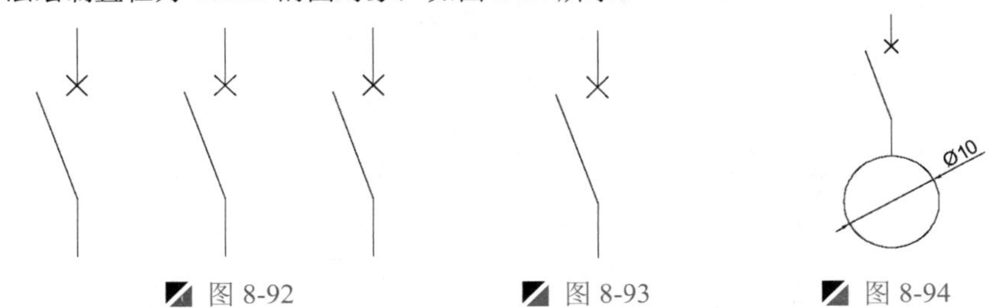

图 8-92　　图 8-93　　图 8-94

Step 04 执行“复制”命令（CO），将断路器和圆向右各复制 20mm 的距离，如图 8-95 所示。

Step 05 执行“直线”命令（L），捕捉左侧圆的上象限点作为直线的起点，向下绘制一条长 43mm 的垂直线段，如图 8-96 所示。

Step 06 执行“复制”命令（CO），将绘制的垂直线段向右复制到如图 8-97 所示的位置。

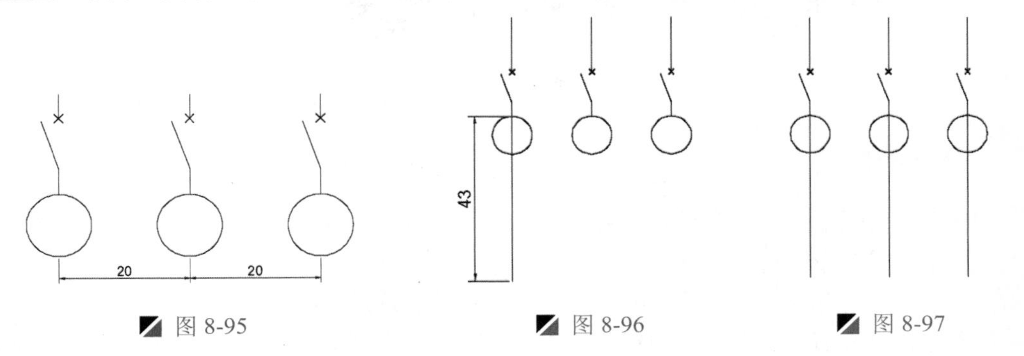

图 8-95　　图 8-96　　图 8-97

8.2.5 组合图形

将前面绘制好的连接线路图、电气符号和各模块图形，利用复制、移动、旋转等命令对其进行操作。

Step 01 多次使用复制、移动命令，将绘制好的三个模块放置在绘制好的主连接线位置上，然后再进行修改，如图 8-98 所示。

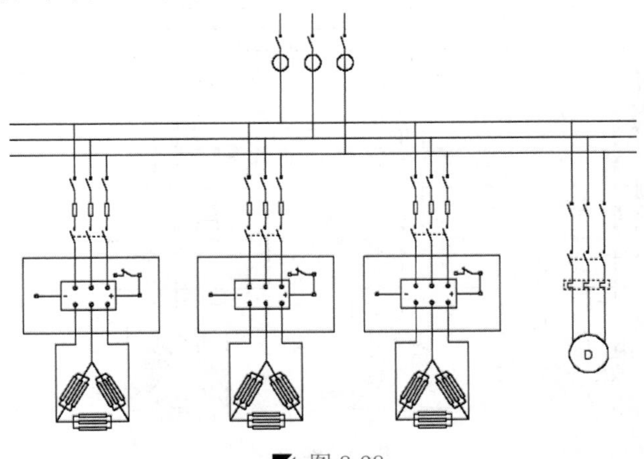

图 8-98

Step 02 使用复制、移动命令，将电流表和电压表等放置到如图 8-99 所示的位置。

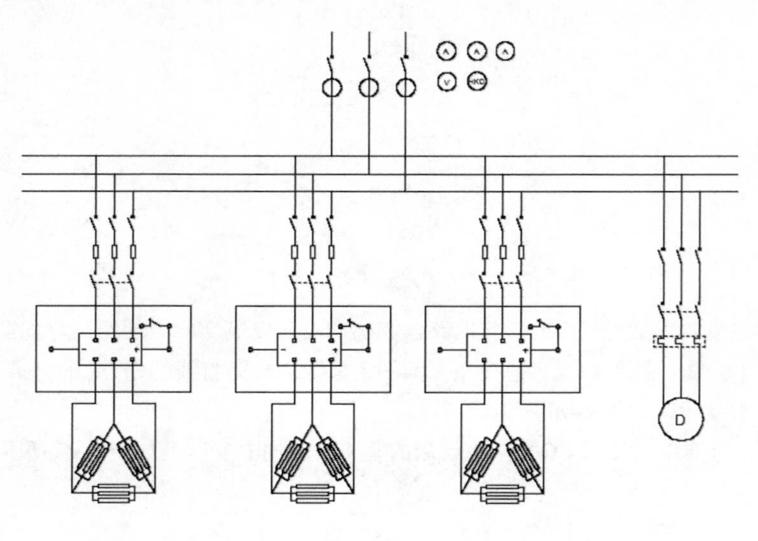

图 8-99

8.2.6 添加文字注释

前面已经完成了某烘烤车间电气控制图的绘制，下面分别在相应位置处添加文字注释，利用“单行文字”命令进行操作。

Step 01 在“图层控制”下拉列表中，选择“文字”图层设为当前图层。

Step 02 执行“单行文字”命令（DT），设置相应的文字高度，在图中相应位置输入相关的文字说明，以完成某烘烤车间电气控制图的文字注释，如图 8-100 所示。

Step 03 至此，该某烘烤车间电气控制图的绘制已完成，按<Ctrl+S>组合键进行保存。

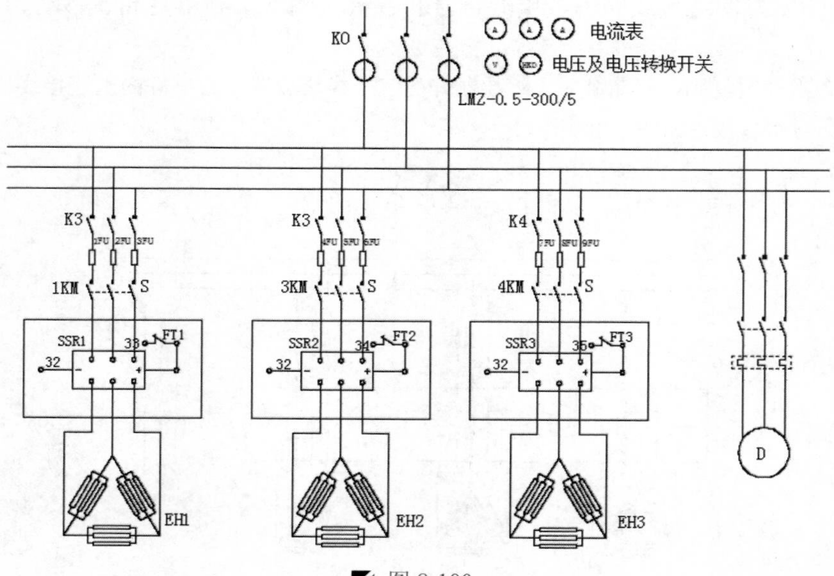

图 8-100

8.3 某工厂生活水泵一用一备控制线路图的绘制

案例	某工厂生活水泵控制线路图.dwg	视频	某工厂生活水泵控制线路图的绘制.avi	时长	11'27"

图 8-101 所示为某工厂生活水泵一用一备控制线路图。该电路图由多种开关、电铃、灯、熔断器、继电器等多种电气元件组成。

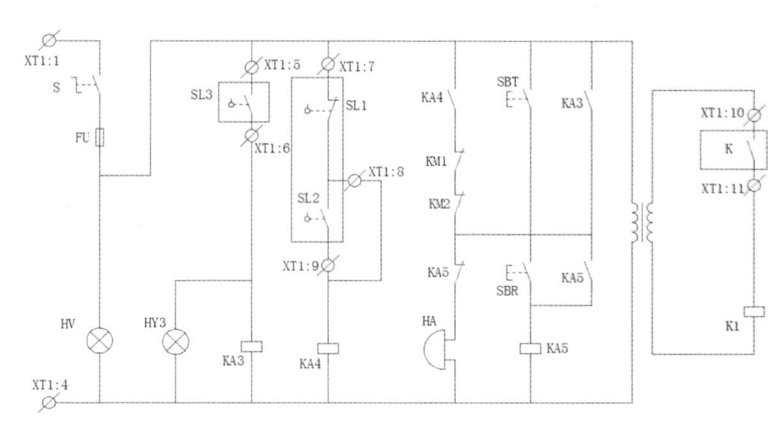

图 8-101

8.3.1 设置绘制环境

在绘制某工厂生活水泵一用一备控制线路图时，先要设置绘制环境，下面介绍绘制环境的设置步骤。

Step 01 启动 AutoCAD 2015 软件，按<Ctrl+S>组合键保存该文件为“案例\08\某工厂生活水泵一用一备控制线路图.dwg”文件。

Step 02 在“图层”面板中单击“图层特性”按钮，打开“图层特性管理器”，新建导线、实体符号、文字 3 个图层，然后将“导线”图层设为当前图层，如图 8-102 所示。

图 8-102

8.3.2 绘制主连接线

该线路图由主线路和电气元件组成，下面介绍主要连接线的绘制方法，利用 AutoCAD 中的矩形、直线、移动、偏移、修剪和删除等命令进行该图形的绘制。

Step 01 执行“直线”命令（L），在视图中绘制一条长 230mm 的水平线段，一条长 148mm 的垂直线段，如图 8-103 所示。

Step 02 执行“移动”命令（M），将垂直线段向右水平移动 20mm 的距离，如图 8-104 所示。

读书破万卷

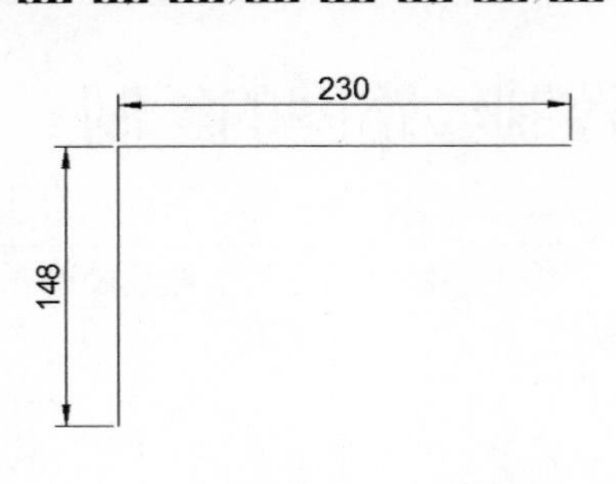

图 8-103

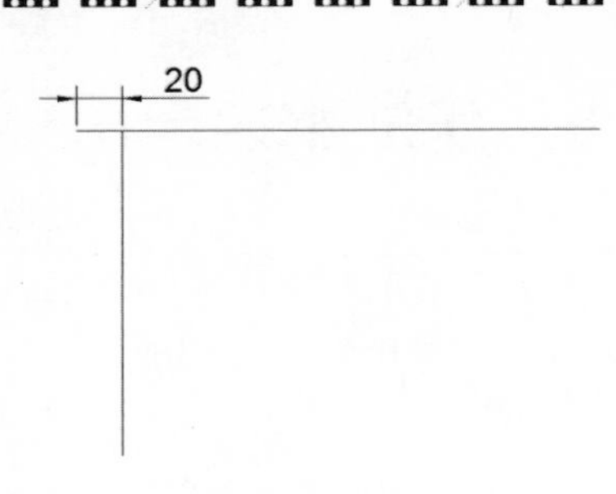

图 8-104

Step 03 执行“偏移”命令（O），将垂直线段水平向右各偏移如图 8-105 所示的尺寸与方向。

Step 04 执行“偏移”命令（O），将水平线段水平向下各偏移如图 8-106 所示的尺寸与方向。

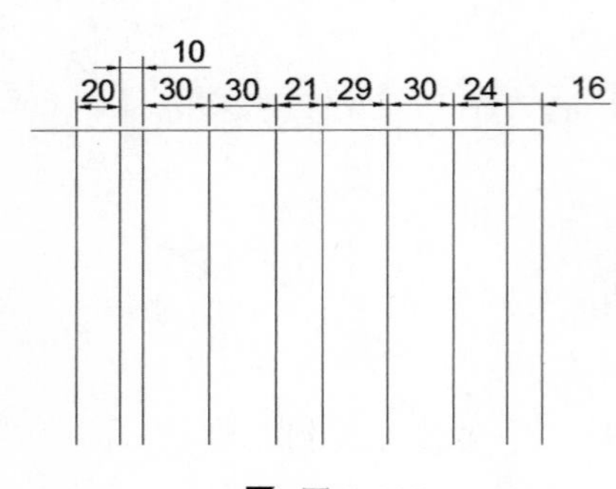

图 8-105

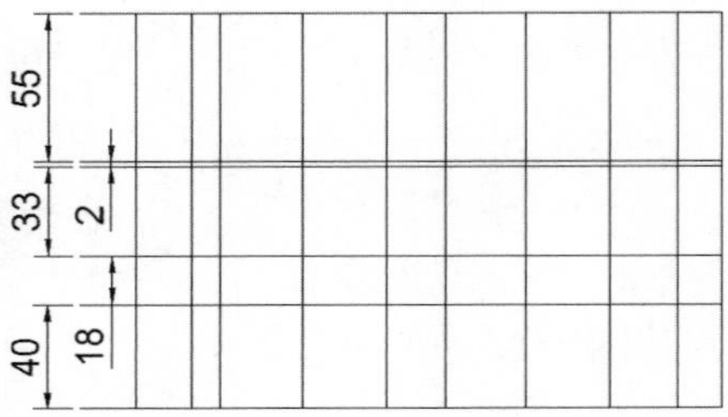

图 8-106

注意：偏移时的起始对象

偏移线段时注意，这里偏移线段都是以上一条直线为起始对象，不要出现误区。

Step 05 执行“修剪”命令（TR），将多余的线段进行修剪掉，如图 8-107 所示。

Step 06 执行“矩形”命令（REC）和“移动”命令（M），在如图 8-108 所示的位置绘制 40mm×108mm 的矩形对象。

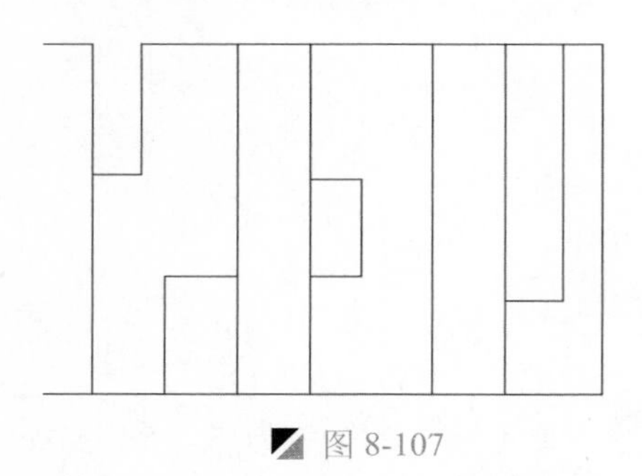

图 8-107

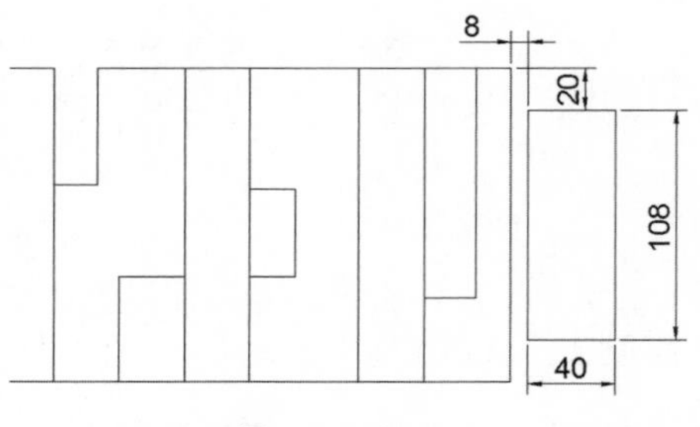

图 8-108

Step 07 执行“矩形”命令（REC），在如图 8-109 所示相应位置绘制 20mm×16mm 和 20mm×67mm 的 2 个矩形对象。

Step 08 继续在如图 8-110 所示相应位置绘制 26mm×16mm 的矩形对象。

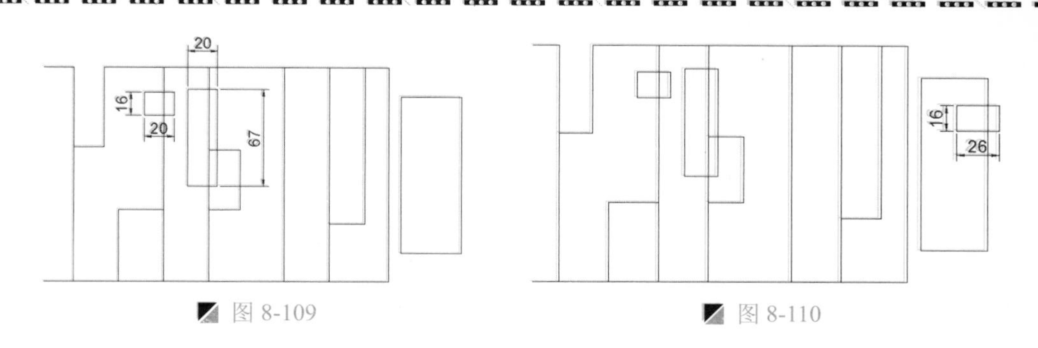

图 8-109　　图 8-110

8.3.3 绘制电气元件符号

该线路图中是多种开关、电铃、灯、熔断器、继电器等多种电气元件组成，利用 AutoCAD 中的插入、矩形、圆、直线、移动、复制、旋转、镜像、修剪和删除等命令，其操作步骤如下。

1. 绘制开关符号

下面介绍开关符号的绘制，调用第 3 章的相应电气符号，然后在此基础上来绘制其他相应的开关符号。

Step 01 在“图层控制”下拉列表中，选择“实体符号”图层设为当前图层。

Step 02 执行“插入块”命令（I），将“案例\03\单极开关.dwg”和“案例\03\常开按钮开关.dwg”文件插入视图中，如图 8-111、图 8-112 所示。

Step 03 执行“复制”命令（CO），将插入的“常开按钮开关”复制一份；再执行“删除”命令（E），将多余的对象删除掉，如图 8-113 所示。

图 8-111　　图 8-112　　图 8-113

Step 04 执行“圆”命令（C），以水平线段左端点作为圆心，绘制半径为 1mm 的圆对象，如图 8-114 所示。

Step 05 执行“直线”命令（L），捕捉圆的上象限点作为直线的起点，向上绘制一条长 1.5mm 的垂直线段，并修剪掉圆内的线段，如图 8-115 所示。

Step 06 执行“复制”命令（CO），将绘制好的“控制开关”复制一份；再执行“镜像”命令（MI），将复制后的开关符号中的斜线段水平镜像操作，并删除源斜线段，如图 8-116 所示。

Step 07 利用钳夹功能拉长，将中间的水平线段拉伸到镜像后的斜线段中点处，如图 8-117 所示。

Step 08 执行“直线”命令（L），捕捉左上侧垂直线段的下端点作为直线的起点，向右绘制一条长 4mm 的水平线段，如图 8-118 所示。

Step 09 利用钳夹功能拉长，将斜线段拉长 2mm，与上一步绘制的水平线段相交，从而完成动断控制开关符号的绘制，如图 8-119 所示。

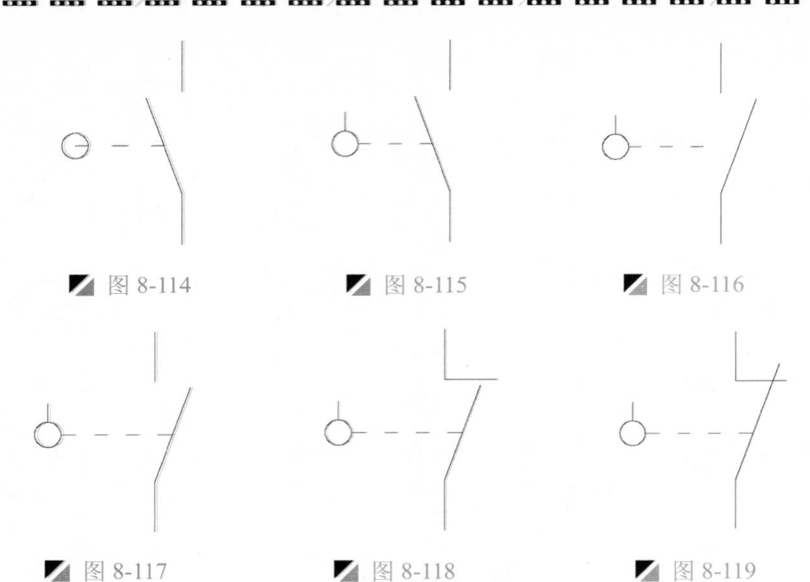

图 8-114　图 8-115　图 8-116

图 8-117　图 8-118　图 8-119

Step 10　执行“复制”命令（CO），将绘制好的“动断控制”开关复制一份；再执行“删除”命令（E），将多余的对象进行删除操作，从而完成动断触点符号的绘制，如图 8-10 所示。

Step 11　执行“复制”命令（CO），将插入的“常开按钮”开关复制一份，如图 8-121 所示。

Step 12　执行“分解”命令（X），将复制的常开按钮开关进行分解操作；再执行“移动”命令（M），将左上侧水平线段向左移动如图 8-122 所示的位置处。

图 8-120　图 8-121　图 8-122

2. 绘制电感符号

下面介绍电感符号的绘制，调用第 3 章的“电感”符号，然后在此基础上绘制符号。

Step 01　执行“插入块”命令（I），将“案例\03\电感.dwg”文件插入视图中，如图 8-123 所示。

Step 02　执行“直线”命令（L），捕捉圆的象限点进行直线连接操作，如图 8-124 所示。

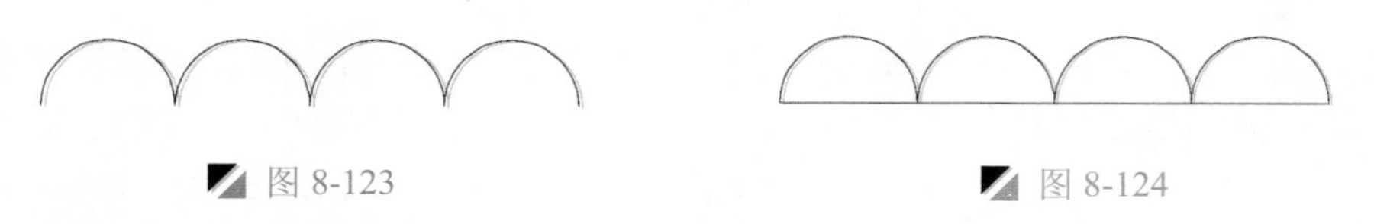

图 8-123　图 8-124

Step 03　执行“移动”命令（M），将绘制的水平线段向上垂直移动 4mm 的距离，如图 8-125 所示。

Step 04　执行“镜像”命令（MI），将下侧的 4 个圆弧以水平线段作为镜像线，进行垂直镜像操作，如图 8-126 所示。

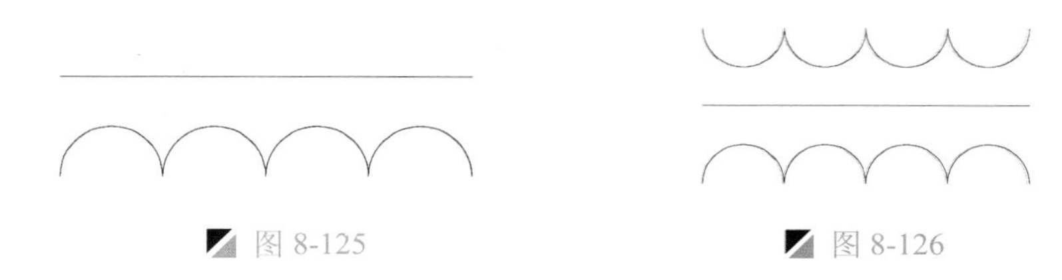

图 8-125　　图 8-126

3. 绘制继电器一般符号

下面介绍继电器一般符号的绘制，利用 AutoCAD 中的矩形和直线命令进行绘制。

Step 01 执行“矩形”命令（REC），在视图中绘制 8mm×4mm 的矩形对象，如图 8-127 所示。

Step 02 执行“直线”命令（L），捕捉矩形上下水平边的中点作为直线的起点，向上和向下绘制两条长 4mm 的垂直线段，从而完成继电器一般符号的绘制，如图 8-128 所示。

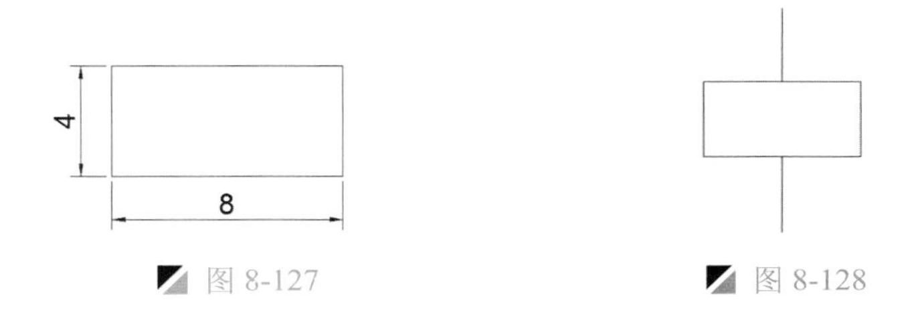

图 8-127　　图 8-128

8.3.4 组合图形

将前面绘制好的电气符号和线路结构图，利用复制、移动、旋转及插入块等命令组合元件与线路。

Step 01 使用复制、移动、旋转和缩放等命令，将绘制好的图形符号放置在绘制好的主连接线位置上，然后再进行修改，如图 8-129 所示。

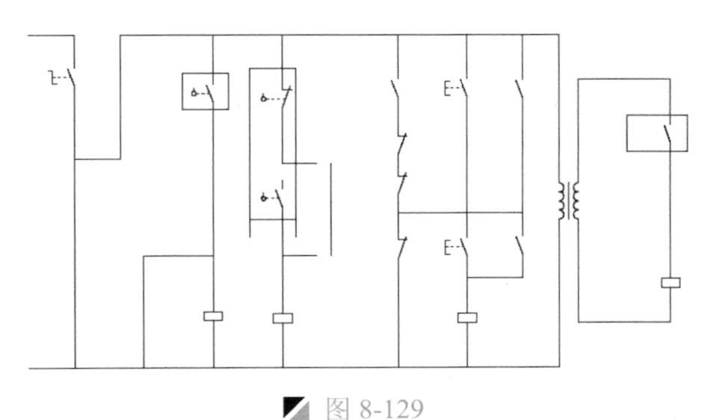

图 8-129

Step 02 执行“圆”命令（C）和“直线”命令（L），在如图 8-130 所示的位置绘制半径为 2.5mm 的圆，一条长 12mm 的斜线段，与水平线成 45° 的夹角。

技巧：利用极轴追踪绘制斜线

在绘制斜线段时，在 Auto CAD2015 软件中可以利用极轴追踪工具作为辅助绘制，这样可以准确地绘制出线段的夹角及长度，避免出现不准确的夹角数。

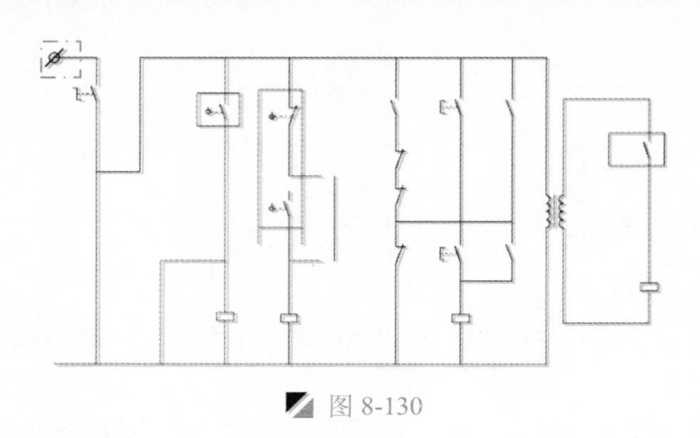

图 8-130

Step 03 执行“复制”命令（CO），将绘制的圆和斜线段复制如图 8-131 所示相应的位置，并修剪掉多余的对象。

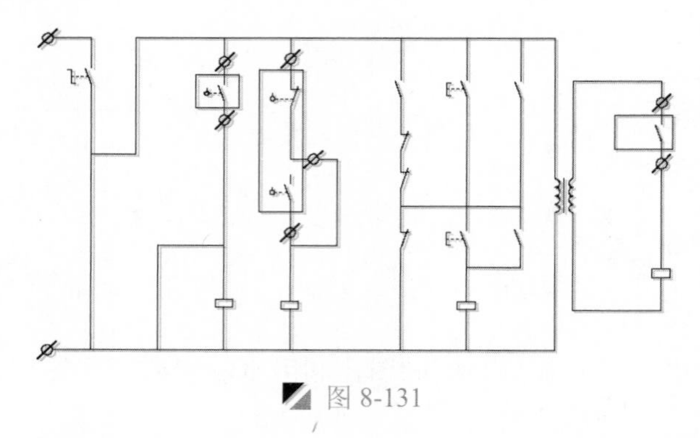

图 8-131

Step 04 执行“插入块”命令（I），将“案例\03\灯.dwg”、“案例\03\熔断器.dwg”和“案例\03\电铃.dwg”文件插入如图 8-132 所示相应位置，并进行相应的缩放比例，然后修剪掉多余的对象。

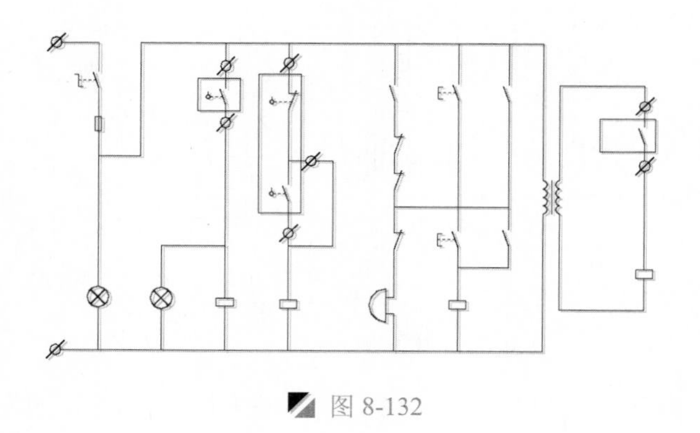

图 8-132

注意：块的缩放

插入的图块，在缩放图形符号时，一定要注意只有指定要缩放图形的基点，才能进行图形的缩放操作，否则图形将不发生任何的改变，设置比例时是以 1 为基准，小于 1 缩小图形，大于 1 放大图形，所以在适当调整图形大小时，要注意这点。

8.3.5 添加文字注释

前面已经完成了某工厂生活水泵一用一备控制线路图的绘制，下面分别在相应位置处添加文字注释，利用“单行文字”命令进行操作。

Step 01 在“图层控制”下拉列表中，选择“文字”图层设为当前图层。

Step 02 选择“格式｜文字样式”菜单命令，在弹出的“文字样式”对话框下选择文字的样式为默认的“Standard”样式，设置字体为宋体，高度为 4，然后分别单击“应用”、“置为当前”和“关闭”按钮。

Step 03 执行“单行文字”命令（DT），在图中相应位置输入相关的文字说明，以完成工厂生活水泵一用一备控制线路图的文字，如图 8-133 所示。

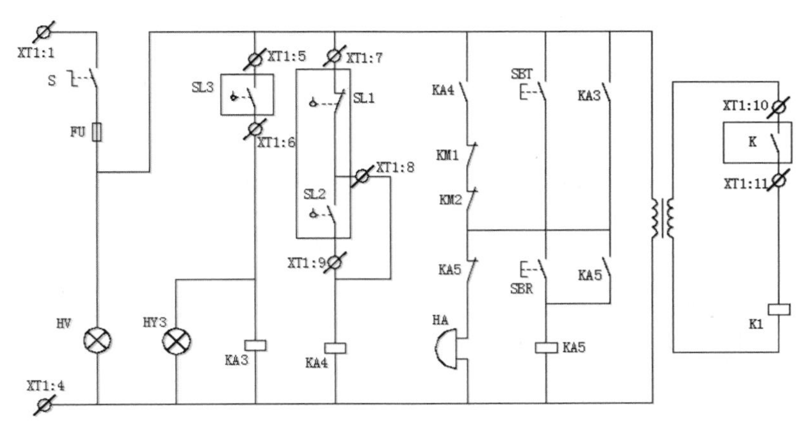

图 8-133

Step 04 至此，该工厂生活水泵一用一备控制线路图的绘制已完成，按<Ctrl+S>组合键进行保存。

9

建筑电气工程图的绘制

本章导读

建筑电气设计是基于建筑设计和电气设计的一个交叉学科，建筑电气工程满足了不同生产、生活以及安全等方面的功能要求，这些功能的实现涉及多方面具体的功能项目，这些项目环节相互结合、共同作用，以满足整个建筑电气的整体功能需求。

本章内容

- 某建筑消防安全系统的绘制
- 某高楼可视对讲系统图的绘制
- 某建筑配电图的绘制

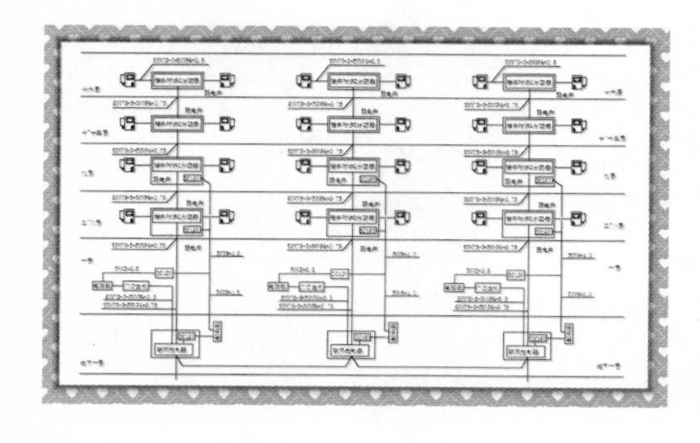

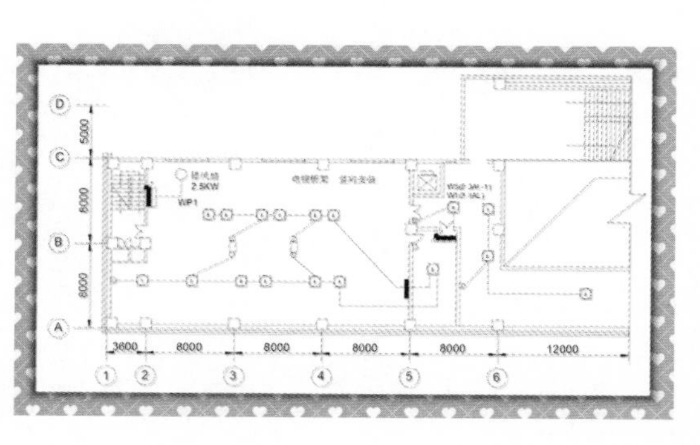

9.1 某建筑物消防安全系统的绘制

案例 某建筑物消防安全系统.dwg　视频 某建筑物消防安全系统的绘制.avi　时长 18'44"

如图 9-1 所示为某建筑物消防安全系统。该建筑消防安全系统主要由火灾探测系统、火灾判断系统、通报与疏散诱导系统、灭火设施、排烟装置及监控系统等。

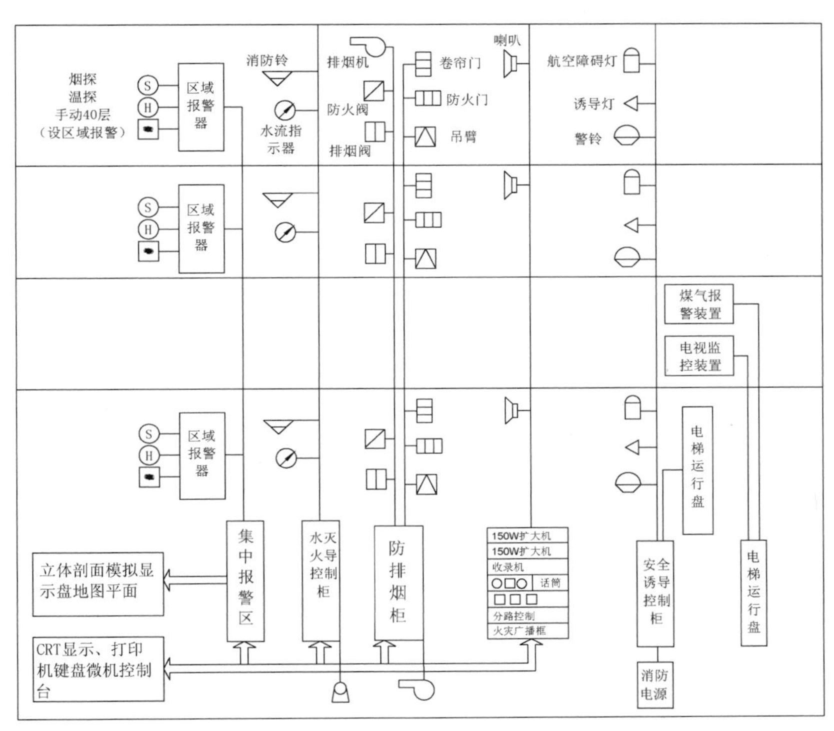

图 9-1

9.1.1 设置绘图环境

在绘制某建筑物消防安全系统时，先要设置绘制环境，下面介绍绘制环境的设置步骤。

Step 01 启动 AutoCAD 2015 软件，按<Ctrl+S>组合键保存该文件为“案例\09\某建筑物消防安全系统.dwg”文件。

Step 02 在“图层”面板中单击“图层特性”按钮，打开“图层特性管理器”，如图 9-2 所示新建绘制层、文字 2 个图层，然后将“绘制层”图层设为当前图层。

状	名称	开	冻结	锁定	颜色	线型	线宽	透明度
	0				白	Continuous	—— 默认	0
	Defpoints				白	Continuous	—— 默认	0
✓	绘制层				白	Continuous	—— 默认	0
	文字				白	Continuous	—— 默认	0

图 9-2

9.1.2 绘制线路

该系统图由主线路和电气元件组成，下面以 AutoCAD 中的矩形、分解、偏移等命令进行主线路的绘制。

Step 01 执行“矩形”命令（REC），在视图中绘制 160mm×143mm 的矩形对象，如图 9-3 所示。

Step 02 执行“分解”命令（X），将矩形进行分解操作；再执行“偏移”命令（O），将矩形上侧水平边向下各偏移 29mm、23mm、23mm，将左侧垂直边向右各偏移 45mm、15mm、15mm、2mm、25mm、25mm，如图 9-4 所示。

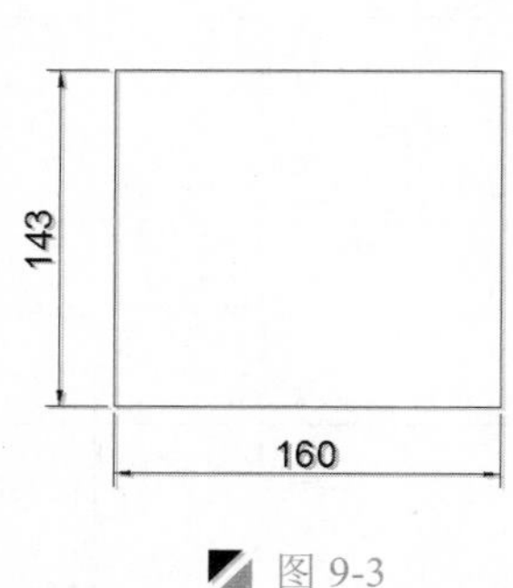

图 9-3

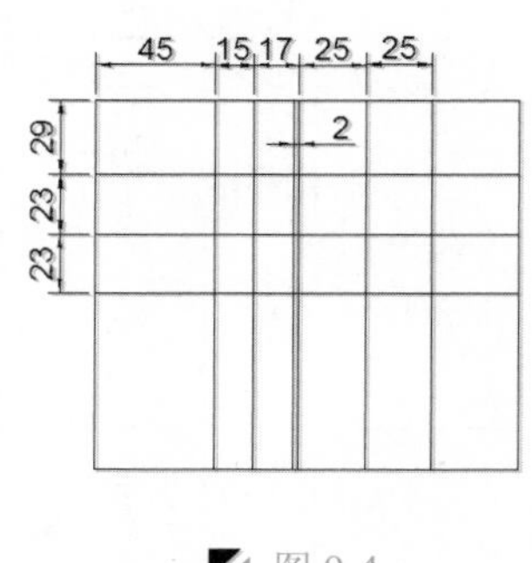

图 9-4

9.1.3 绘制电气元件符号

前面已经绘制了该图的线路结构，下面绘制电气元件，该图主要由区域报警器、消防铃、水流指示器、排烟机、防火阀和排烟阀、喇叭、障碍灯、警铃和诱导灯等多种符号组成，利用 AutoCAD 中的矩形、圆、直线、移动、复制、旋转、镜像、图案填充、修剪和删除等命令进行绘制。

1. 绘制区域报警器符号

下面介绍区域报警器符号的绘制，利用 AutoCAD 中的矩形、圆、直线、移动、偏移、图案填充、单行文字、修剪和删除等命令进行绘制。

Step 01 执行“矩形”命令（REC），在视图中绘制 9mm×18mm 的矩形对象，如图 9-5 所示。

Step 02 执行“直线”命令（L），捕捉矩形左上侧角点作为直线的起点，向左绘制一条长 6mm 的水平线段，如图 9-6 所示。

Step 03 执行“移动”命令（M），将绘制的水平线段向下垂直移动 4.5mm 的距离，如图 9-7 所示。

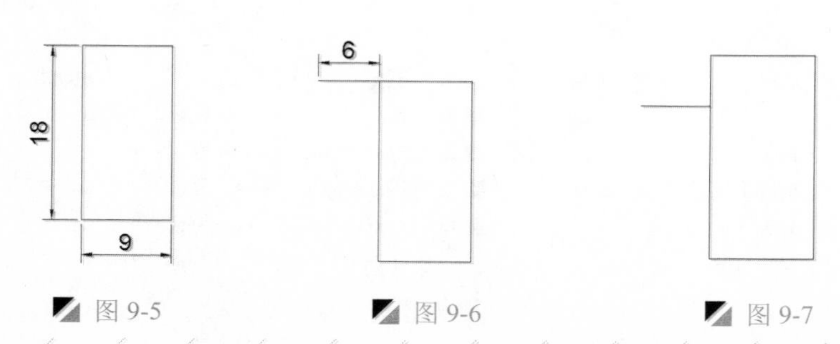

图 9-5　图 9-6　图 9-7

Step 04 执行“偏移”命令（O），将移动的水平线段向下各偏移 4.5mm 的距离，如图 9-8 所示。

Step 05 执行“圆”命令（C），捕捉相应的端点绘制半径为 2mm 的 2 个圆对象，如图 9-9 所示。

Step 06 执行“多边形”命令（POL），捕捉左下侧的水平线段的左端点为多边形的中点，绘制半径为 2mm 外切于圆的正四边形，如图 9-10 所示。

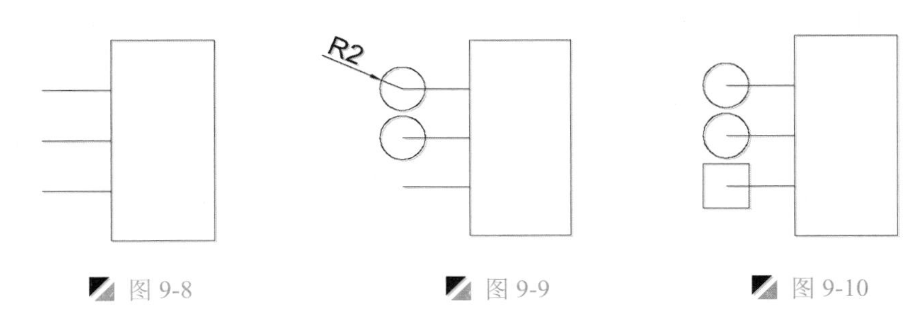

图 9-8　　图 9-9　　图 9-10

Step 07 执行“修剪”命令（TR），将圆和多边形内的线段修剪掉，如图 9-11 所示。

Step 08 执行“圆”命令（C），捕捉矩形的中点绘制直径为 1mm 的圆对象；再执行“图案填充“命令（H），将绘制的圆内部进行图案“SOLID”填充，如图 9-12 所示。

Step 09 将“标注层”设为当前图层；执行“多行文字”命令（MT），在如图 9-13 所示的位置处输入相应文字标注。

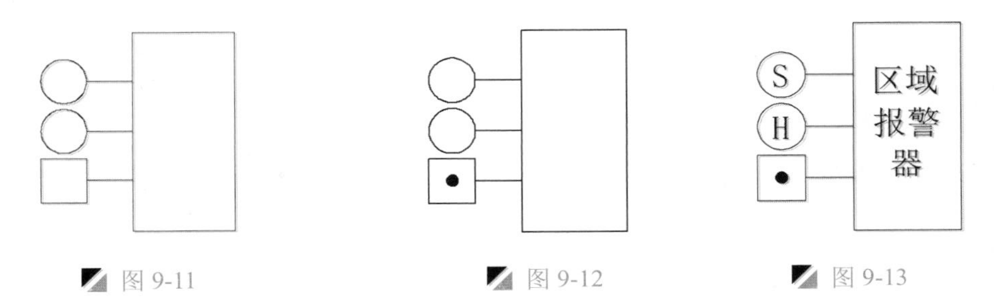

图 9-11　　图 9-12　　图 9-13

2. 绘制消防铃、水流指示器符号

下面介绍消防铃、水流指示器符号的绘制，利用 AutoCAD 中的多段线、圆、直线、旋转、修剪和删除等命令进行绘制。

Step 01 将“绘图层”设为当前图层；执行“直线”命令（L），在视图中绘制一条长 6mm 的水平线段，一条长 3mm 的垂直线段，如图 9-14 所示。

Step 02 执行“直线”命令（L），捕捉相应的点进行直线连接操作，如图 9-15 所示。

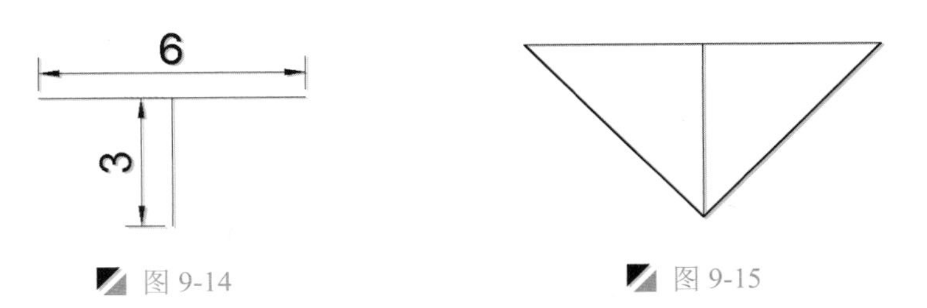

图 9-14　　图 9-15

Step 03 执行“偏移”命令（O），将上侧水平线段向下垂直偏移 1.5mm 的距离，如图 9-16 所示。

Step 04 执行“修剪”命令（TR），将多余的对象进行修剪并删除操作，如图 9-17 所示。

Step 05 执行“多段线”命令（PL），在视图中指定一点作为多段线的起点，命令行提示“指定下一点”时，水平手动并输入“1.8”的长度，然后选择“宽度（W）”选项，设置起点宽度 0.5，端点宽度 0，最后继续在水平方向拖动输入线段的长度值 2，按回车结束，从而完成箭头图形的绘制，如图 9-18 所示。

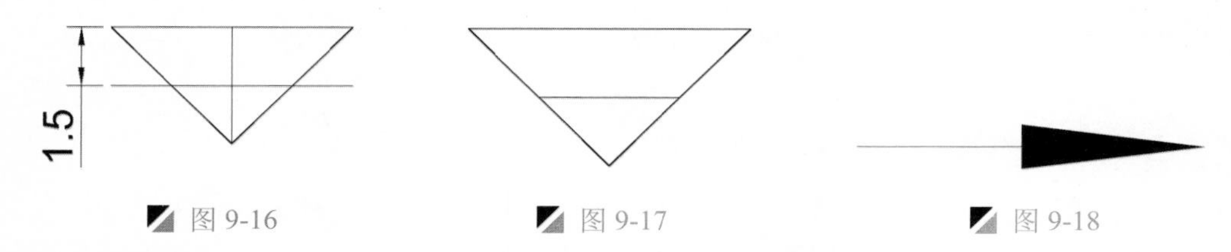

图 9-16　　图 9-17　　图 9-18

Step 06 执行“旋转”命令（RO），将箭头图形以左端点为旋转基点，进行 45°的旋转操作，如图 9-19 所示。

Step 07 执行“圆”命令（C），在箭头符号外侧绘制圆对象，以完成水流指示器符号的绘制，如图 9-20 所示。

图 9-19　　图 9-20

3. 绘制排烟机、防水阀和排烟阀符号

下面介绍排烟机、防水阀和排烟阀符号的绘制，利用 AutoCAD 中的圆、矩形、直线、修剪和删除等命令进行绘制。

Step 01 执行“圆”命令（C），在视图中绘制半径为 2mm 的圆对象。

Step 02 执行“直线”命令（L），捕捉圆的上象限点作为直线的起点，向左绘制一条长 5mm 的水平线段，如图 9-21 所示。

Step 03 执行“偏移”命令（O），将绘制的水平线段向下垂直偏移 1.5mm 的距离，如图 9-22 所示。

Step 04 执行“直线”命令（L），捕捉相应的端点进行直线连接；再执行“修剪”命令（TR），将多余的对象进行修剪掉，从而完成排烟机符号的绘制，如图 9-23 所示。

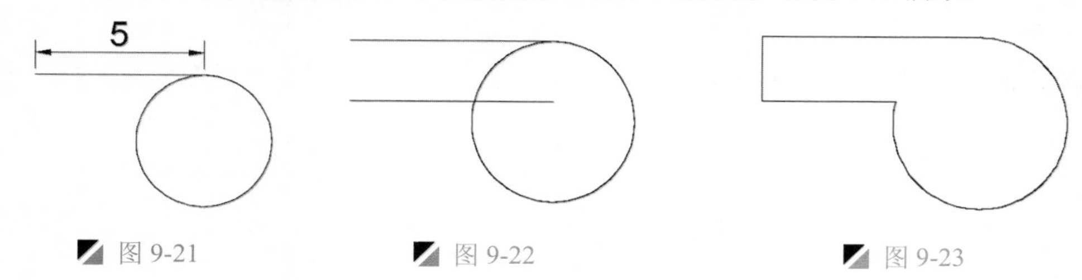

图 9-21　　图 9-22　　图 9-23

Step 05 执行“矩形”命令（REC），在视图中绘制 4mm×4mm 的矩形对象，然后执行“直线”命令（L），捕捉矩形的角点绘制一条斜线段，如图 9-24 所示。

Step 06 同样通过矩形和直线命令，绘制 4mm×4mm 的矩形，然后绘制一条垂直的中线，如图 9-25 所示。

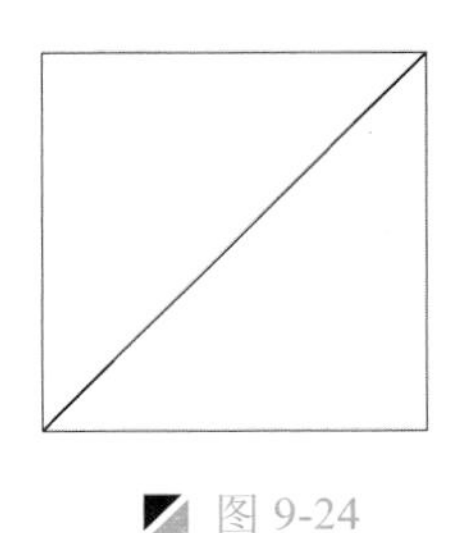

图 9-24

图 9-25

4. 绘制卷帘门、防火门和吊壁符号

下面介绍卷帘门、防火门和吊壁符号的绘制，利用 AutoCAD 中的矩形、直线、分解、定数等分、修剪和删除等命令进行绘制。

Step 01 执行“矩形”命令（REC），在视图中绘制 3mm×5mm 的矩形对象，如图 9-26 所示。

Step 02 执行“分解”命令（X），将绘制的矩形进行分解操作；再执行“定数等分”命令（DIV），将矩形左侧垂直边平均为 3 段，如图 9-27 所示。

Step 03 执行“直线”命令（L），捕捉点作为直线的起点，向右绘制水平线段，然后删除点对象，从而完成卷帘门符号的绘制，如图 9-28 所示。

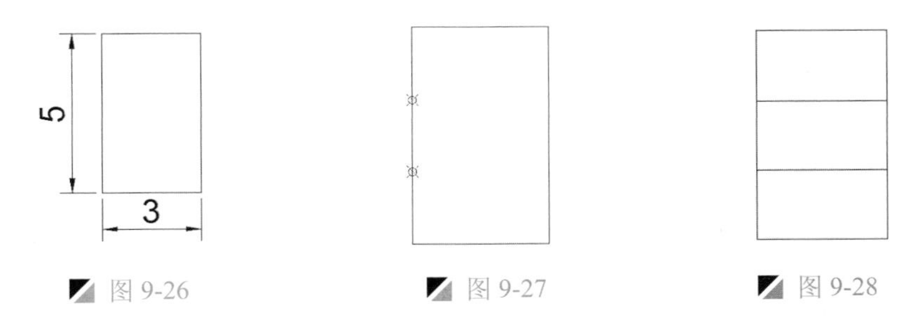

图 9-26　　图 9-27　　图 9-28

Step 04 执行“复制”命令（CO），将“卷帘门”符号复制一份；再执行“旋转”命令（RO），将复制后的符号进行 90° 的旋转操作，从而完成防火门符号的绘制，如图 9-29 所示。

Step 05 执行“矩形”命令（REC），在视图中绘制 4mm×4mm 的矩形对象，如图 9-30 所示。

Step 06 执行“直线”命令（L），捕捉矩形上侧边的中点和下边的两端点绘制两条斜线段对象，从而完成吊壁符号的绘制，如图 9-31 所示。

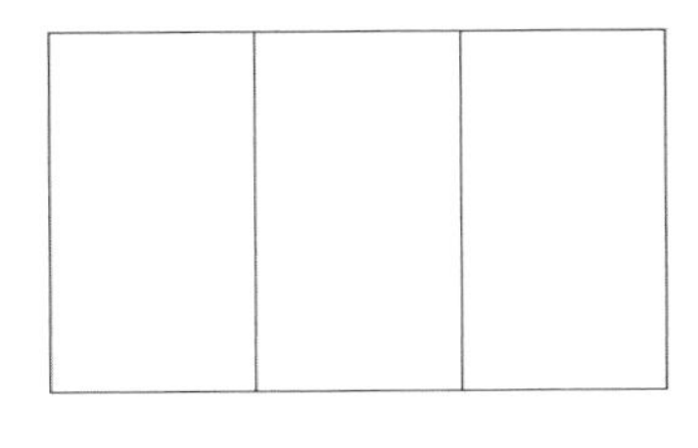

图 9-29

图 9-30

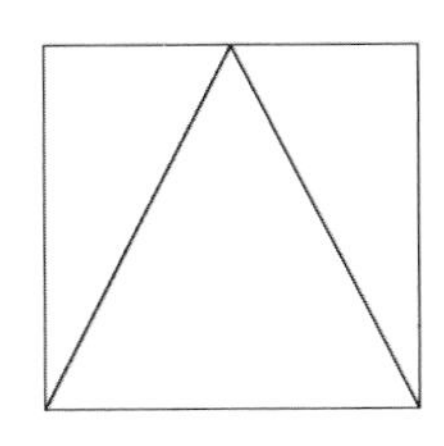

图 9-31

5. 绘制其他图形符号

下面介绍其他图形符号的绘制，利用 AutoCAD 中的多边形、圆、矩形、直线、圆弧、镜像、修剪和删除等命令进行绘制。

Step 01 执行“矩形”命令（REC），在视图中绘制1mm×3mm的矩形对象，如图9-32所示。

Step 02 按<F10>键打开“极轴追踪”模式，并设置追踪角度值135°。

Step 03 执行“直线”命令（L），捕捉矩形左上侧角点作为直线的起点，将光标向左上侧移动采用极轴追踪的方式，待出现追踪角度值135°，并且出现极轴追踪虚线时，输入斜线段的长度1mm，从而绘制斜线段对象，如图9-33所示。

Step 04 执行“镜像”命令（MI），将绘制的斜线段以矩形左右两侧垂边的中点为镜像点，进行垂直镜像操作，如图9-34所示。

Step 05 执行“直线”命令（L），捕捉斜线段的端点进行直线连接操作，从而完成喇叭符号的绘制，如图9-35所示。

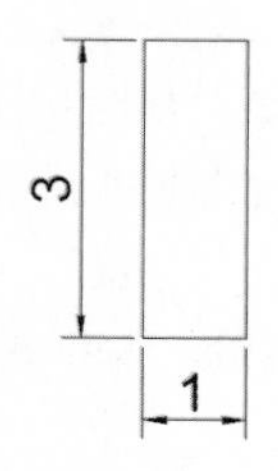

图9-32

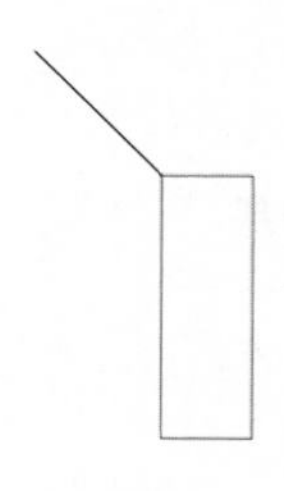
图9-33

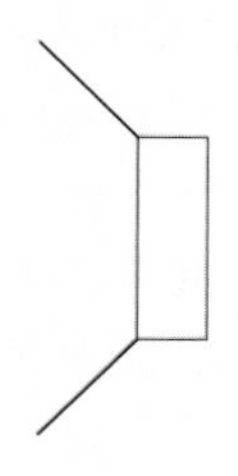
图9-34

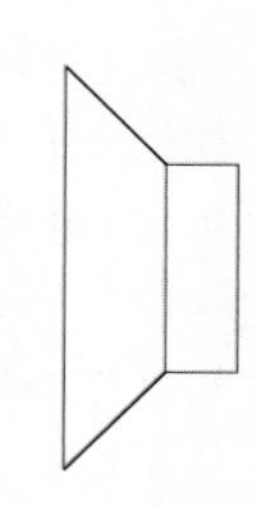
图9-35

Step 06 执行“矩形”命令（REC），在视图中绘制3mm×3.5mm的矩形对象，如图9-36所示。

Step 07 执行“圆弧”命令（A），根据命令行提示，选择“圆心（C）”选项，捕捉矩形上侧水平边的中点作为圆弧的圆心，捕捉矩形上角点作为圆弧的起点和端点，绘制圆弧对象，从而完成障碍灯符号的绘制，如图9-37所示。

Step 08 执行“圆”命令（C），在视图中绘制半径为2.5mm的圆对象，如图9-38所示。

Step 09 执行“直线”命令（L），捕捉圆的象限点绘制一条水平线段和一条垂直线段，如图9-39所示。

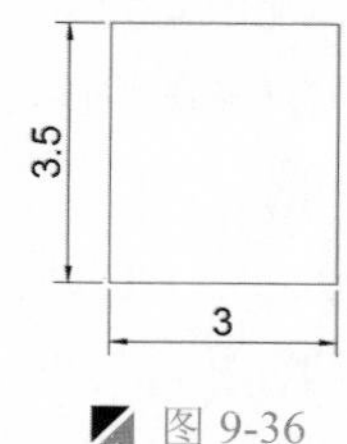

图9-36

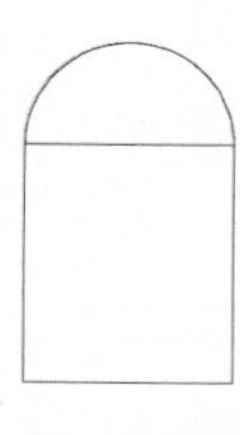
图9-37

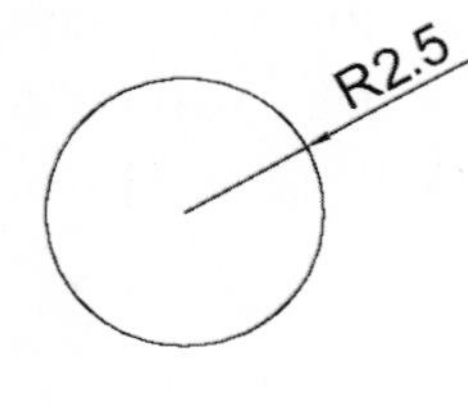

图9-38

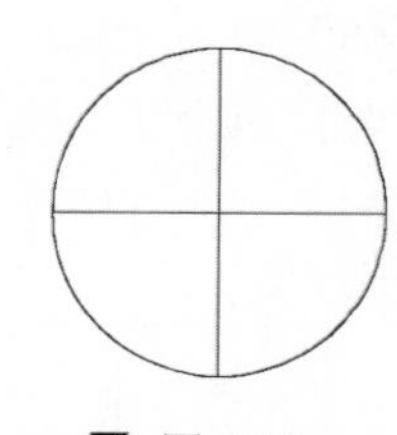
图9-39

Step 10 执行“偏移”命令（O），将圆内的水平线段向下偏移1.5mm，将垂直线段向左右各偏移1mm,，如图9-40所示。

Step 11 执行“直线”命令（L），捕捉相应的点进行直线连接操作，如图9-41所示。

Step 12 执行“修剪”命令（TR），将多余的对象进行进行修剪并删除操作，从而完成警铃符号的绘制，如图9-42所示。

Step 13 执行“多边形”命令（POL），根据命令行提示，选择“边（E）”选项，绘制边长为3mm的正三边形对象，如图9-43所示。

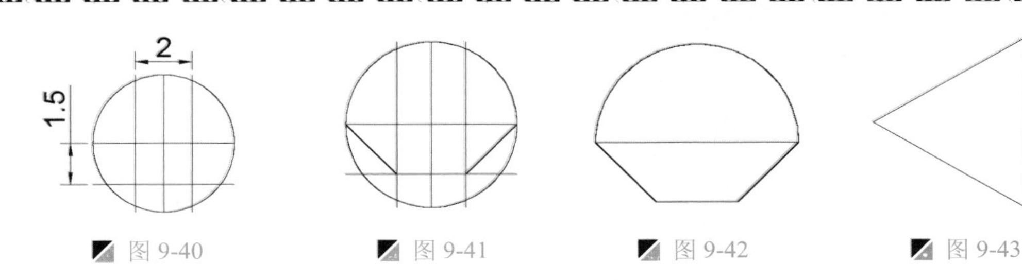

图 9-40　　图 9-41　　图 9-42　　图 9-43

9.1.4 组合图形

将前面绘制好的电气符号和线路结构图，利用复制、移动、旋转等命令将其进行组合。

Step 01 通过移动、复制、缩放和旋转等命令，将图形符号放置在绘制好的线路图上侧位置，根据符号放置的位置绘制连接线，然后再进行修改，如图 9-44 所示为整个图的上侧部分。

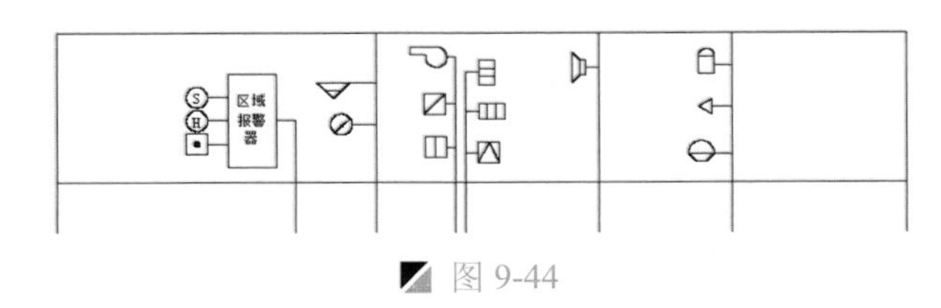

图 9-44

Step 02 执行“复制”命令（CO），将线路图上侧的所有图形符号向下垂直复制 25mm 和 72mm 的距离，然后再进行修改，如图 9-45 所示。

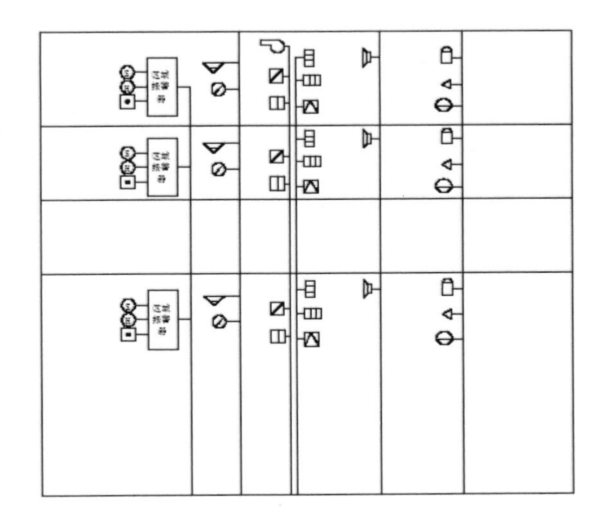

图 9-45

Step 03 执行“矩形”命令（REC），在如图 9-46 所示的位置绘制相应的 12 个适当大小的矩形对象，并进行相应的修剪。

Step 04 执行“直线”命令（L），根据前面矩形对象放置的位置绘制连接线，并将相应图形符号复制到相应的位置，如图 9-47 所示。

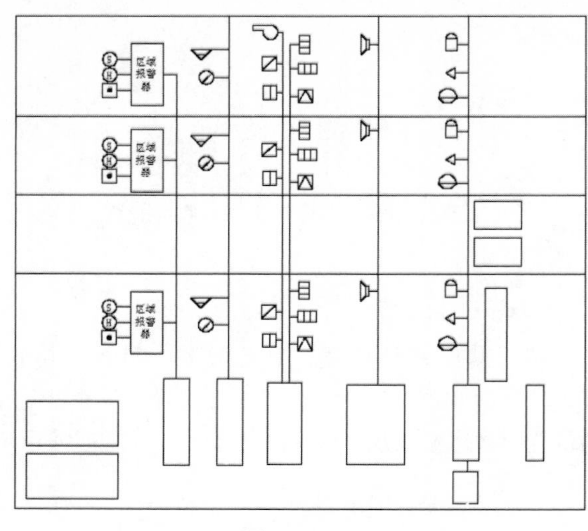

图 9-46

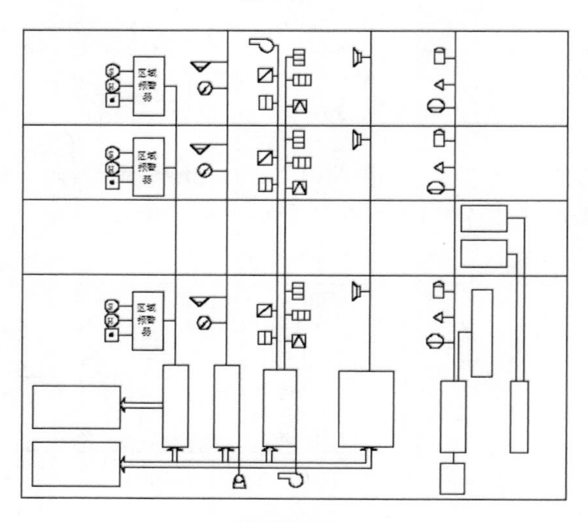

图 9-47

9.1.5 添加文字注释

前面已经完成了某建筑物消防安全系统的绘制，下面分别在相应位置处添加文字注释，利用“单行文字”命令进行操作。

Step 01 执行“分解”命令（X），将上图中喇叭位置的矩形进行分解操作；再执行“定数等分”命令（DIV），将矩形左侧垂直边平均为 7 段。

Step 02 执行“直线”命令（L），捕捉点绘制与右侧垂直边相垂直的 7 条水平线段，如图 9-48 所示。

Step 03 在“图层控制”下拉列表中，选择“标注层”图层设为当前图层。

Step 04 执行“多行文字”命令（MT），根据矩形框大小设置文字高度，在矩形框中输入相应的文字，并绘制相应的圆和矩形，其效果如图 9-49 所示。

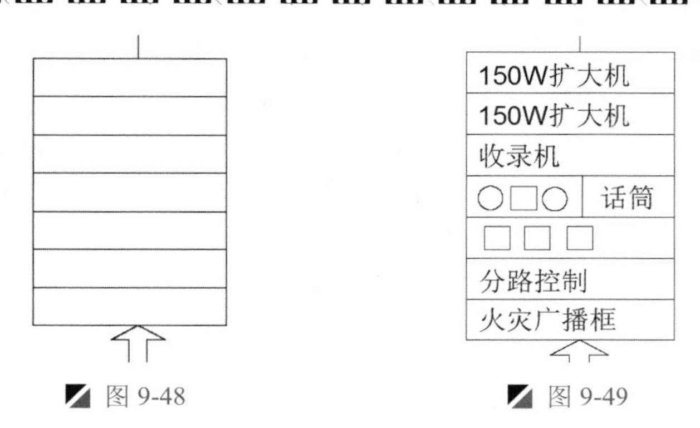

图 9-48　　图 9-49

Step 05 执行“多行文字”命令（MT），在图形中添加其他文字，并设置文字相应的高度，从而完成某建筑物消防安全系统的文字注释，如图 9-50 所示。

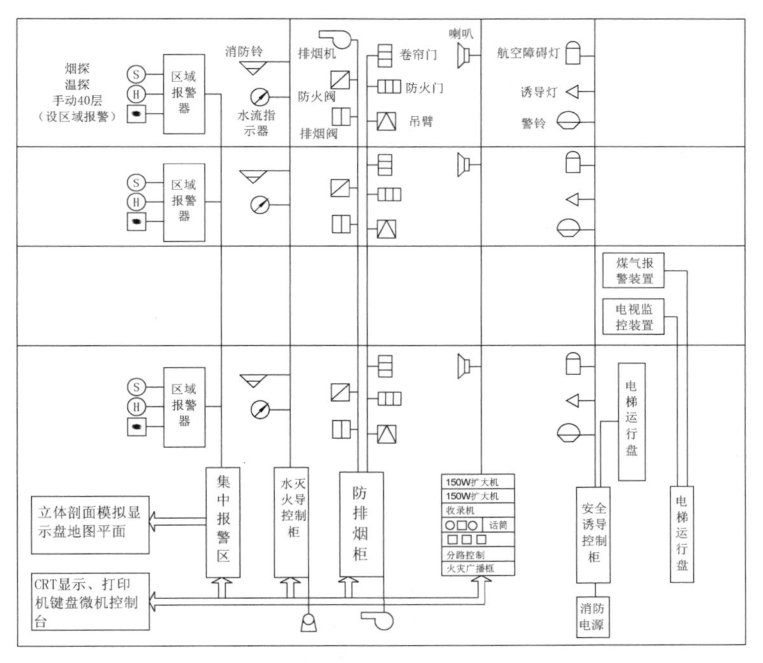

图 9-50

Step 06 至此，该某建筑物消防安全系统的绘制已完成，按<Ctrl+S>组合键进行保存。

9.2 某高楼可视对讲系统图的绘制

案例	某高楼可视对讲系统图 dwg	视频	某高楼可视对讲系统图的绘制.avi	时长	15'30"

可视对讲系统是一套现代化的住宅服务措施，提供访客与住房之间双向可视对话，达到图像、语音双重识别从而增加安全可靠性，同时节省大量的时间，提高工作效率，如图 9-51 所示为某高楼可视对讲系统图。

该系统图是由用户终端、联网控制器、大门主机、楼宇分配器等图形符号组成，使用 AutoCAD 中的矩形、圆弧、圆角、多边形、直线、移动、复制、旋转、镜像、修剪和删除等命令，其操作步骤如下。

读书破万卷

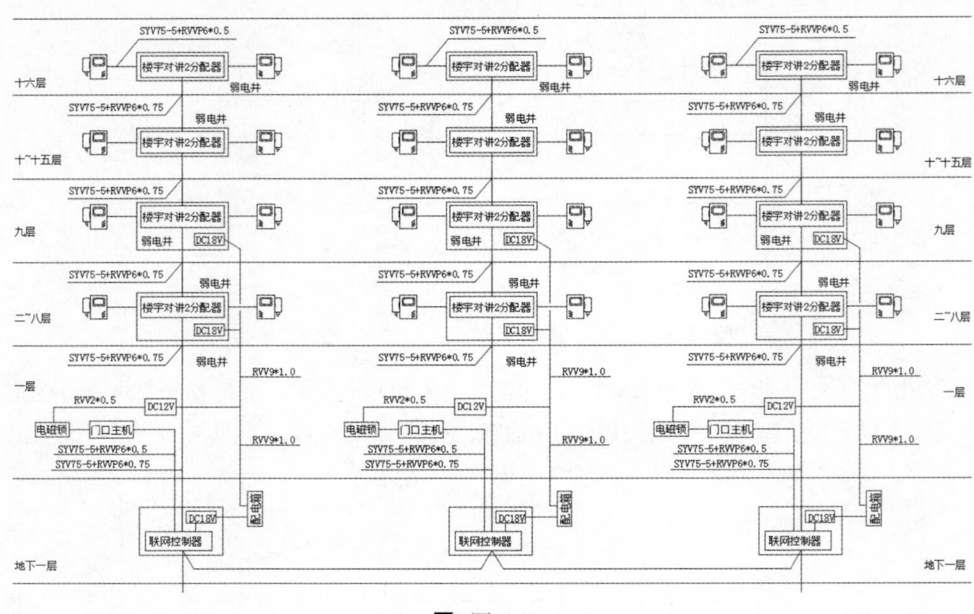

图 9-51

9.2.1 设置绘图环境

在绘制某高楼可视对讲系统图时，先要设置绘制环境，下面介绍绘制环境的设置步骤。

Step 01 启动 AutoCAD 2015 软件，按<Ctrl+S>组合键保存该文件为“案例\09\某高楼可视对讲系统图.dwg”文件。

Step 02 在“图层”面板中单击“图层特性”按钮，打开“图层特性管理器”，如图 9-52 所示新建绘制层、文字 2 个图层，然后将“绘制层”图层设为当前图层。

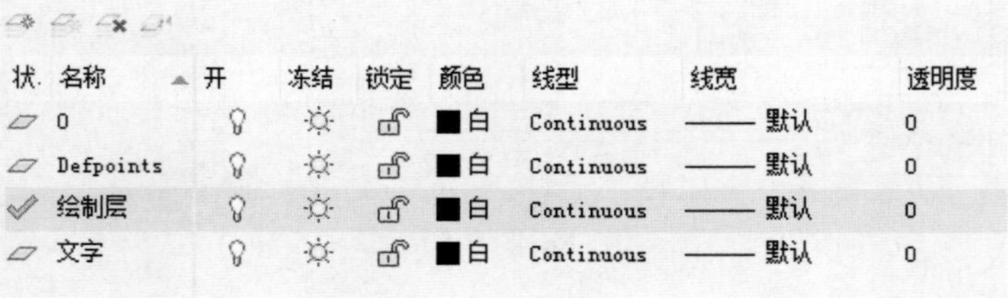

状	名称	开	冻结	锁定	颜色	线型	线宽	透明度
	0				白	Continuous	—— 默认	0
	Defpoints				白	Continuous	—— 默认	0
✓	绘制层				白	Continuous	—— 默认	0
	文字				白	Continuous	—— 默认	0

图 9-52

9.2.2 绘制线路图

该原理图由主线路和电气元件组成，下面利用 AutoCAD 中的直线、偏移等命令进行主线路的绘制。

Step 01 按<F8>键打开“正交”模式；执行“直线”命令（L），在视图中绘制一条长 390mm 的水平线段，如图 9-53 所示。

Step 02 执行“偏移”命令（O），将水平线段向下偏移如图 9-54 所示的距离。

Step 03 执行“直线”命令（L），捕捉上侧水平线的中点作为直线的起点，向下绘制一条长 252mm 的垂直线段，如图 9-55 所示。

图 9-53

图 9-54　　图 9-55

Step 04 执行“偏移”命令（O），将垂直线段向左、右两侧各偏移 126mm 的距离，如图 9-56 所示。

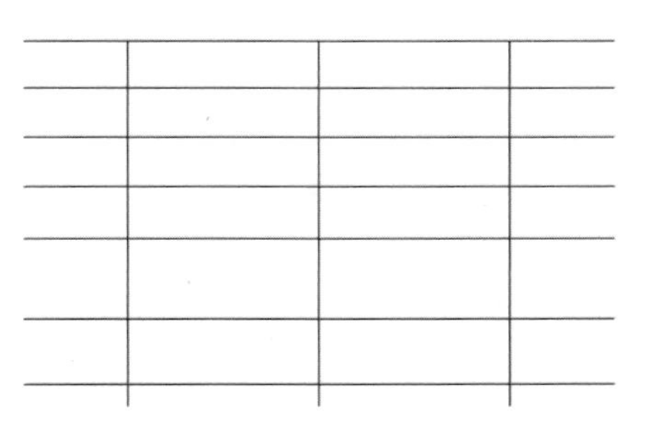

图 9-56

9.2.3 绘制图形符号

该系统图由用户终端、联网控制器、大门主机、楼宇分配器等图形符号组成，利用 AutoCAD 中的矩形、圆弧、圆角、多边形、直线、移动、复制、旋转、镜像、修剪和删除等命令，其操作步骤如下。

1. 绘制用户终端符号

下面介绍用户终端符号的绘制，利用 AutoCAD 中的圆弧、矩形、直线、移动、偏移、修剪和删除等命令进行绘制。

Step 01 执行“矩形”命令（REC），在视图中绘制 7mm×10mm 的矩形对象，如图 9-57 所示。

Step 02 执行“矩形”命令（REC），在如图 9-58 所示的位置处绘制 3mm×6mm 的矩形对象。

Step 03 执行“移动”命令（M），将上一步绘制的矩形向下垂直移动 1.2mm，如图 9-59 所示。

Step 04 执行“矩形”命令（REC）和“移动”命令（M），在如图 9-60 所示的位置处绘制 5mm×3.5mm、1mm×1mm 的 2 个矩形对象。

Step 05 执行“移动”命令（M），将 5mm×3.5mm 的矩形对象水平向左平移 1mm，向下垂直移动 1mm，将 1mm×1mm 的矩形对象水平向左平移 1mm，如图 9-61 所示。

Step 06 执行“偏移”命令（O），在 5mm×3.5mm 的矩形对象向内偏移 0.5mm，如图 9-62 所示。

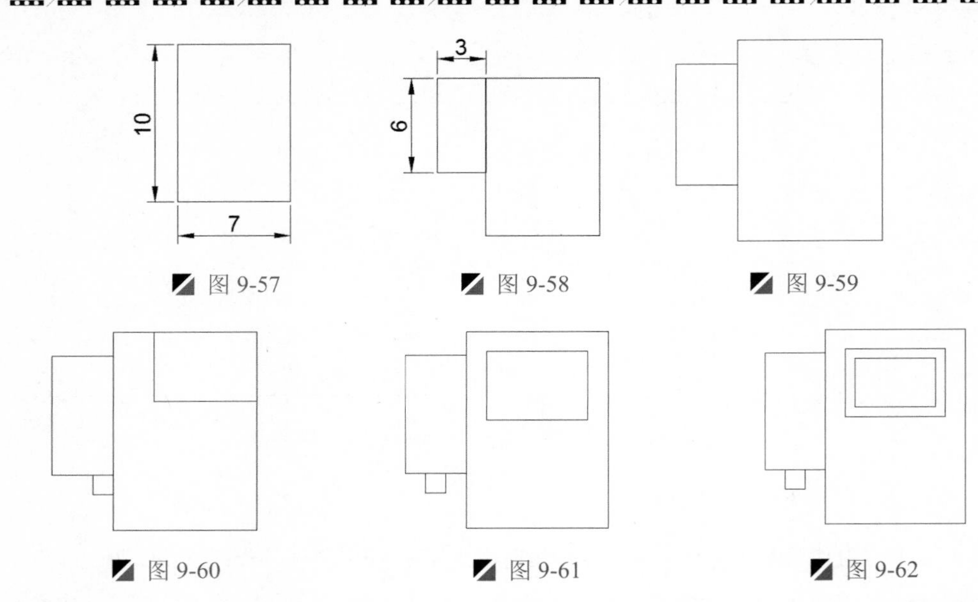

图 9-57　图 9-58　图 9-59

图 9-60　图 9-61　图 9-62

Step 07　执行“圆角”命令（F），设置圆角半径为 0.6mm，将相应的矩形对象进行圆角操作，如图 9-63 所示。

Step 08　执行“圆弧”命令（A），以“起点、端点、半径”方法绘制半径为 6mm 的圆弧对象，如图 9-64 所示。

Step 09　执行“移动”命令（M），将绘制的圆弧对象水平向右移动 0.2mm，并修剪掉多余的圆弧对象，如图 9-65 所示。

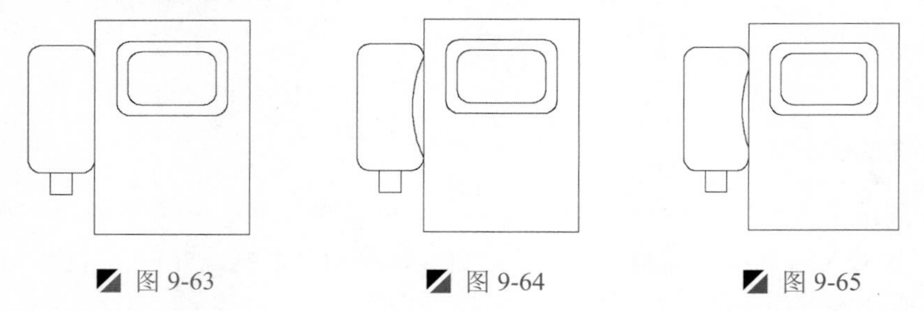

图 9-63　图 9-64　图 9-65

Step 10　执行“圆弧”命令（A），以左下侧矩形下侧水平边的中点作为圆弧的起点，绘制 1 个圆弧对象，如图 9-66 所示。

Step 11　执行“矩形”命令（REC），在视图中绘制 1.3mm×0.3mm 的矩形对象，如图 9-67 所示。

Step 12　执行“旋转”命令（RO），将绘制的矩形对象进行 30° 的旋转操作，如图 9-68 所示。

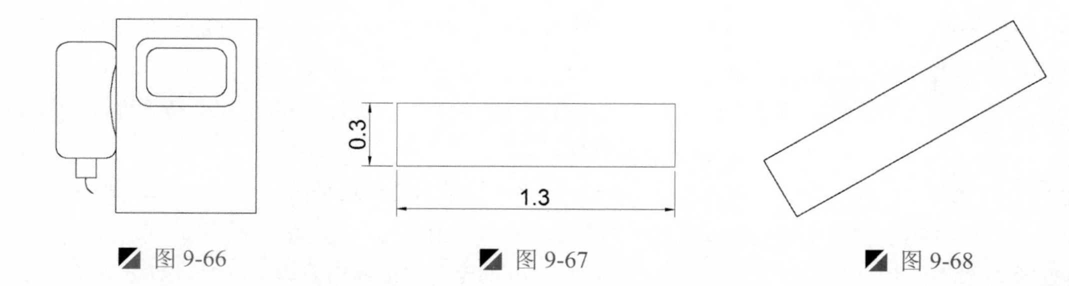

图 9-66　图 9-67　图 9-68

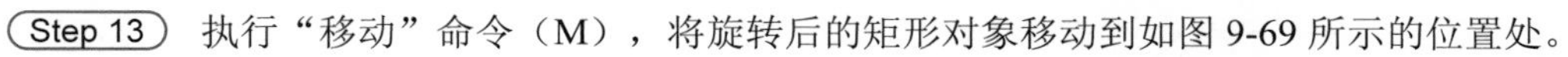

Step 13　执行“移动”命令（M），将旋转后的矩形对象移动到如图 9-69 所示的位置处。

Step 14　执行“复制”命令（CO），将移动后的矩形对象向上垂直复制 0.9mm 和 1.8mm 的距离，如图 9-70 所示。

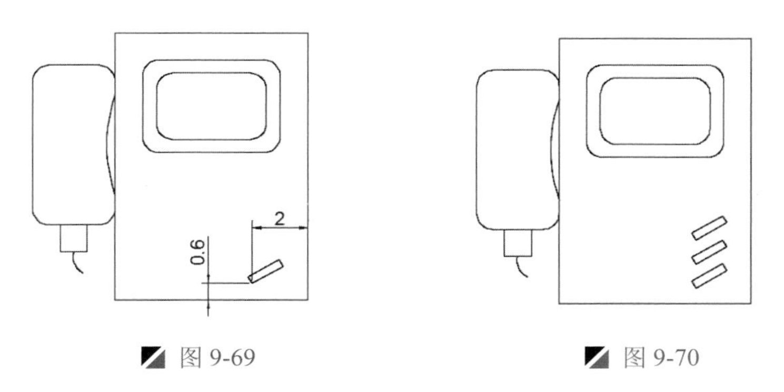

图 9-69　　　图 9-70

技巧：多种命令使用

在这里，出了将矩形使用复制命令外，还可以用阵列命令，设置行数为 3，列数为 1，行间距为 0.9，其他参数系统默认即可，从而进行矩形阵列操作。

2. 绘制联网控制器符号

下面介绍联网控制器符号的绘制，使用 AutoCAD 中的矩形、直线、移动、偏移、旋转、修剪和删除等命令进行绘制。

Step 01　执行“矩形”命令（REC），在视图中绘制 34mm×20mm 的矩形对象，如图 9-71 所示。

Step 02　执行“矩形”命令（REC）和“移动”命令（M），在如图 9-72 所示的位置绘制 25mm×8mm 和 12mm×5mm 的 2 个矩形对象。

Step 03　执行“矩形”命令（REC），在如图 9-73 所示的位置处绘制 6mm×14.5mm 的矩形对象，由于电气系统图对尺寸没有严格的要求，因此只要大致移动到相应的位置即可。

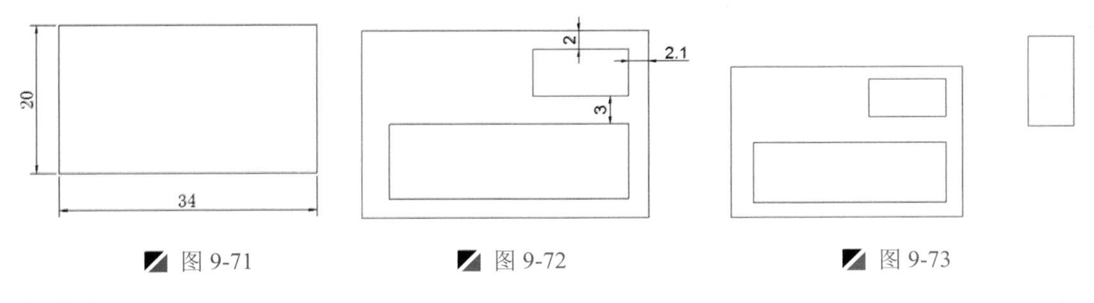

图 9-71　　　图 9-72　　　图 9-73

Step 04　按<F8>键打开“正交”模式；执行“直线”命令（L），在如图 9-74 所示的位置绘制直线段对象。

Step 05　执行“旋转”命令（RO），根据命令行提示，选择“复制（C）”选项，将下侧垂直线段以上端点为旋转基点，进行-30° 的旋转复制操作，如图 9-75 所示。

Step 06　执行“直线”命令（L），捕捉旋转后的线段下端点作为直线的起点，向左绘制一条长 14mm 的水平线段，并将绘制的直线和斜线进行水平镜像复制操作，如图 9-76 所示

Step 07　将“标注”图层设为当前图层；选择“格式｜文字样式”菜单命令，在弹出的“文字样

式”对话框下选择文字的样式为默认的“Standard”样式，设置字体为宋体，高度为2.5，然后分别单击“应用”、“置为当前”和“关闭”按钮。

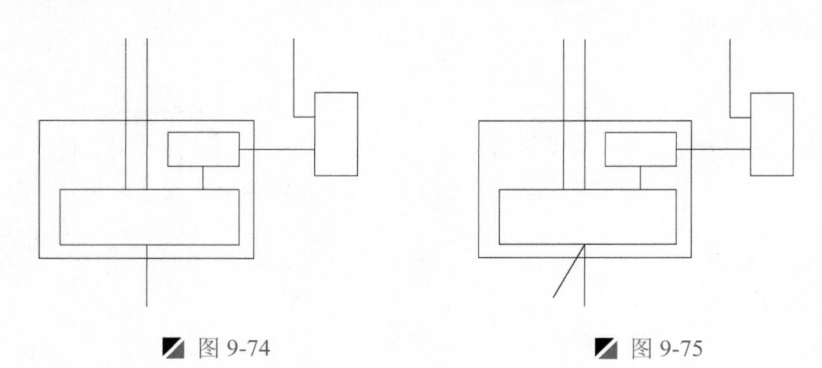

图 9-74　　　　图 9-75

Step 08　执行“单行文字”命令（DT），在图中相应位置输入“联网控制器”、“DC18V”和“配电箱”，并将“配电箱”文字旋转90°，如图9-77所示。

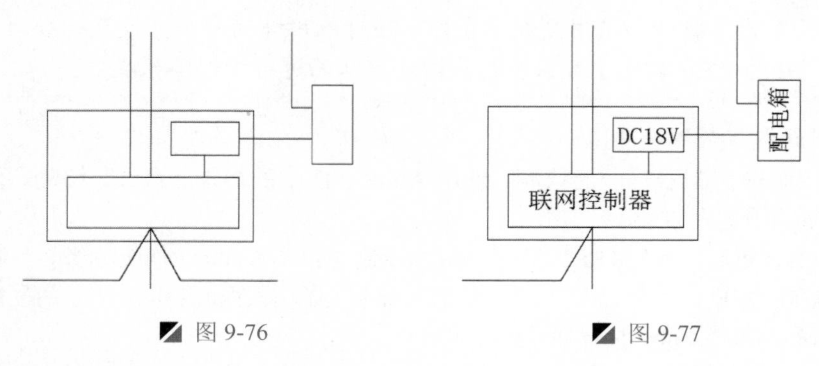

图 9-76　　　　图 9-77

3．绘制大门主机符号

下面介绍大门主机符号的绘制，利用AutoCAD中的矩形、直线、单行文字等命令进行绘制。

Step 01　将“绘图层”图层设为当前图层；执行“矩形”命令（REC），在视图中绘制14mm×6mm、18mm×7mm和12.5mm×7mm的3个矩形对象。

Step 02　执行“移动”命令（M），将绘制的矩形移动到如图9-78所示的位置。

Step 03　按<F8>键打开“正交”模式；执行“直线”命令（L），绘制如图9-79所示直线线段。

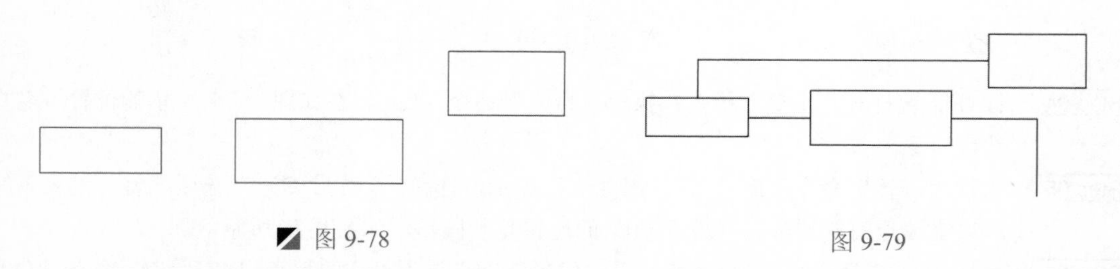

图 9-78　　　　图 9-79

Step 04　将“标注层”图层设为当前图层；执行“单行文字”命令（DT），在如图9-80所示的位置输入相应的文字说明。

4. 绘制楼宇分配器符号

下面介绍楼宇分配器符号的绘制，利用 AutoCAD 中的矩形、直线、镜像、偏移、修剪和删除等命令进行绘制。

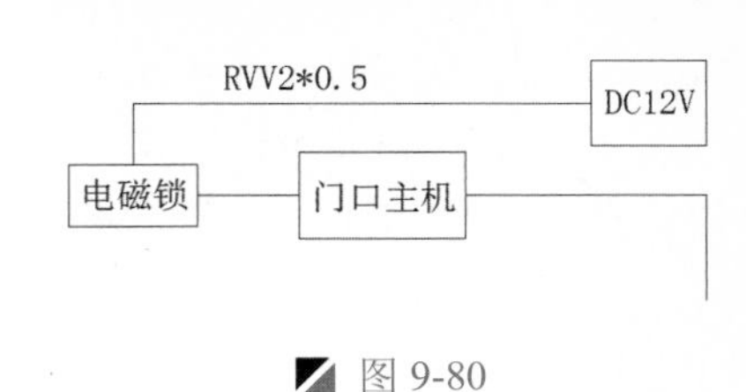

图 9-80

Step 01 将“绘图层”图层设为当前图层；执行“矩形”命令（REC），在视图中绘制 37mm×12mm 的矩形对象，如图 9-81 所示。

Step 02 执行“偏移”命令（O），将绘制的矩形对象向内偏移 1.5mm 的距离，如图 9-82 所示。

Step 03 执行“直线”命令（L），捕捉内侧矩形的中点作为直线的起点，向外绘制 2 条长 10mm 的垂直线段，如图 9-83 所示

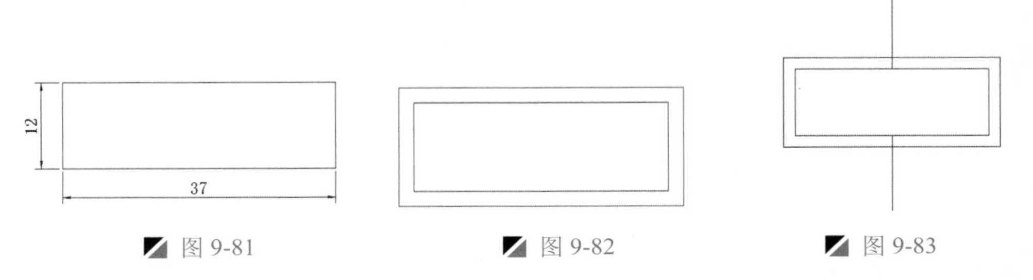

图 9-81　图 9-82　图 9-83

Step 04 执行“直线”命令（L），捕捉内侧矩形的中点作为直线的起点，向外绘制 2 条长 12mm 的水平线段，如图 9-84 所示

Step 05 执行“移动”命令（M），将前面绘制好的用户终端符号移动到如图 9-85 所示的位置。

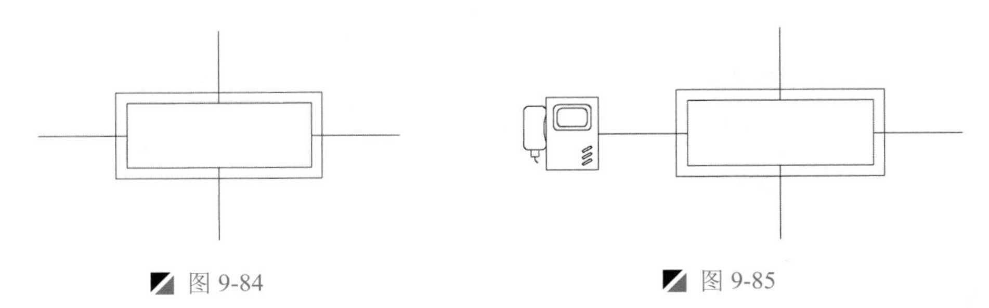

图 9-84　图 9-85

Step 06 执行“镜像”命令（MI），将用户终端符号以垂直线为镜像线，进行水平镜像复制操作，如图 9-86 所示的位置。

Step 07 执行“单行文字”命令（DT），在如图 9-87 所示的位置输入“楼宇对讲 2 分配器”文字，并将该文字转为“标注层”图层。

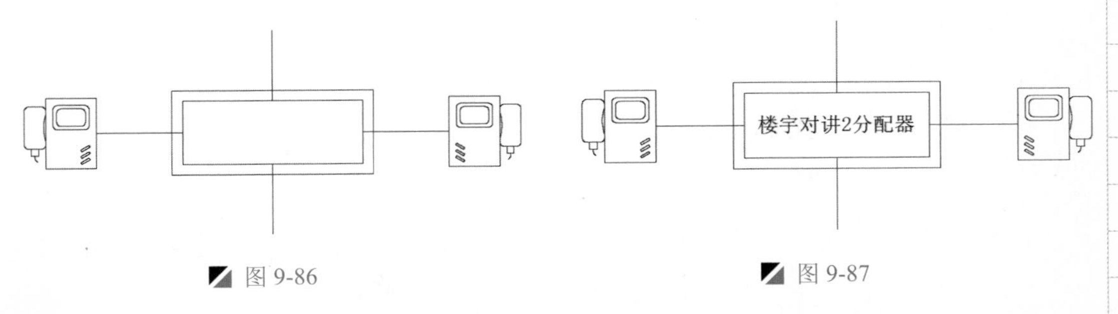

图 9-86　图 9-87

读书破万卷

Step 08 执行“复制”命令（CO），将上一步形成的图形复制一份；利用夹角编辑方法，将矩形向下拉长 8mm，如图 9-88 所示。

Step 09 执行“矩形”命令（REC），在如图 9-89 所示的位置处绘制 12mm×5mm 的矩形对象。

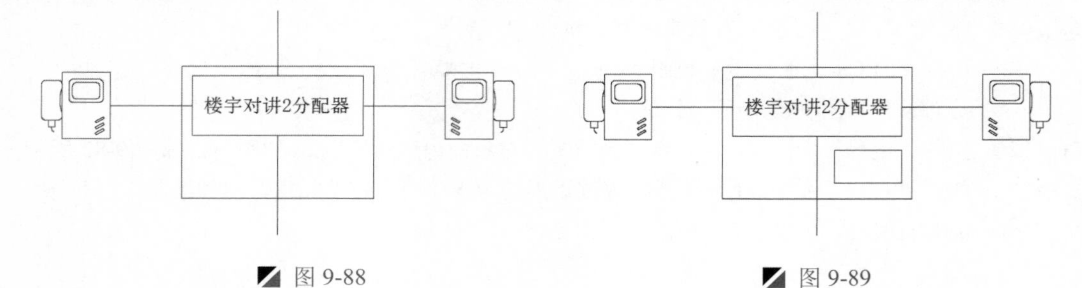

图 9-88　　图 9-89

Step 10 执行“单行文字”命令（DT），在如图 9-90 所示的位置输入“弱电井”和“DC18V”文字，并将该文字转为“标注层”图层。

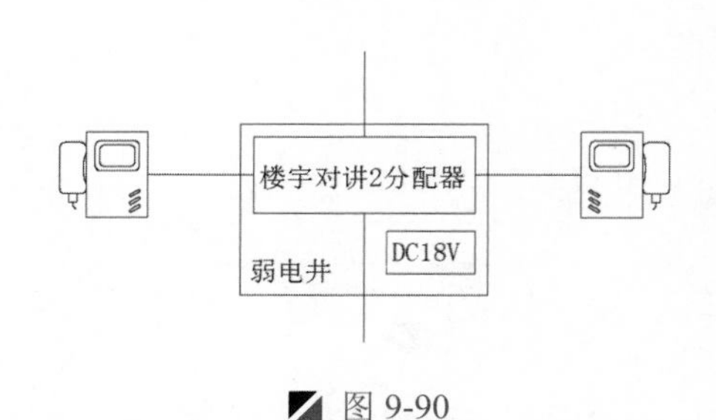

图 9-90

9.2.4 组合图形及添加文字注释

将前面绘制好的图形符号和线路结构图，利用直线、复制、移动、旋转等命令将其进行操作，并在相应位置处添加相应的文字注释。

Step 01 使用复制和移动命令，将图形符号放置在绘制好的线路图位置处，根据符号放置的位置绘制连接线，然后再进行修改，如图 9-91 所示。

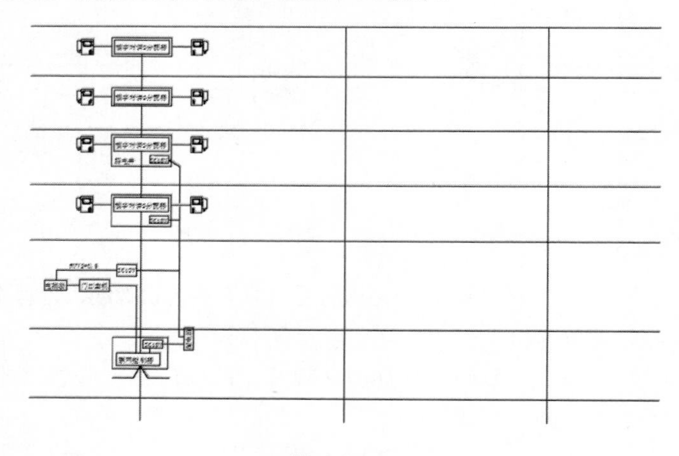

图 9-91

Step 02 执行“复制”命令（CO），将上一步复制、移动到图形中的符号复制到如图 9-92 所示的位置处，然后进行相应的修剪。

Step 03 执行“直线”命令（L），在如图 9-93 所示图形下侧将相关接线头进行连接操作。

Step 04 在“图层控制”下拉列表中，选择“标注层”图层设为当前图层。

Step 05 执行“单行文字”命令（DT），在图形中添加相应的文字，并设置文字高度为 3，字体为宋体，从而完成某高楼可视对讲系统图的标注，如图 9-94 所示。

Step 06 至此，该某高楼可视对讲系统图的绘制已完成，按<Ctrl+S>组合键进行保存。

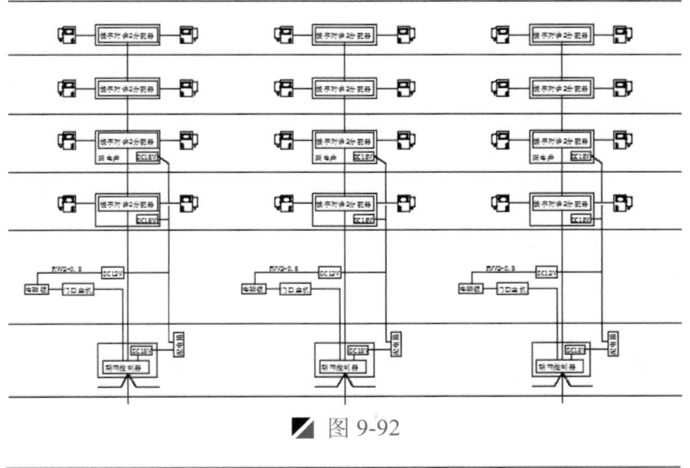

图 9-92

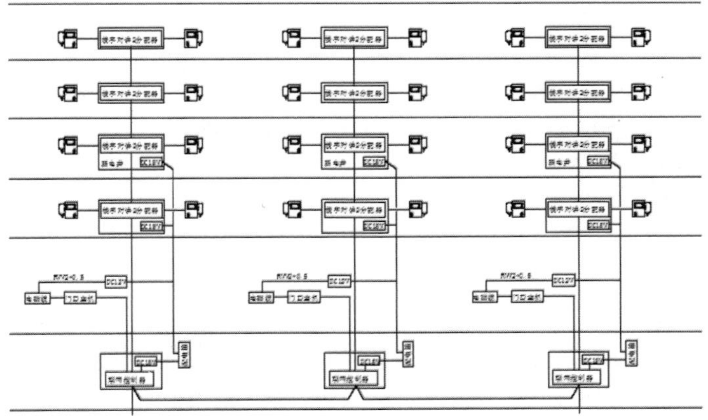

图 9-93

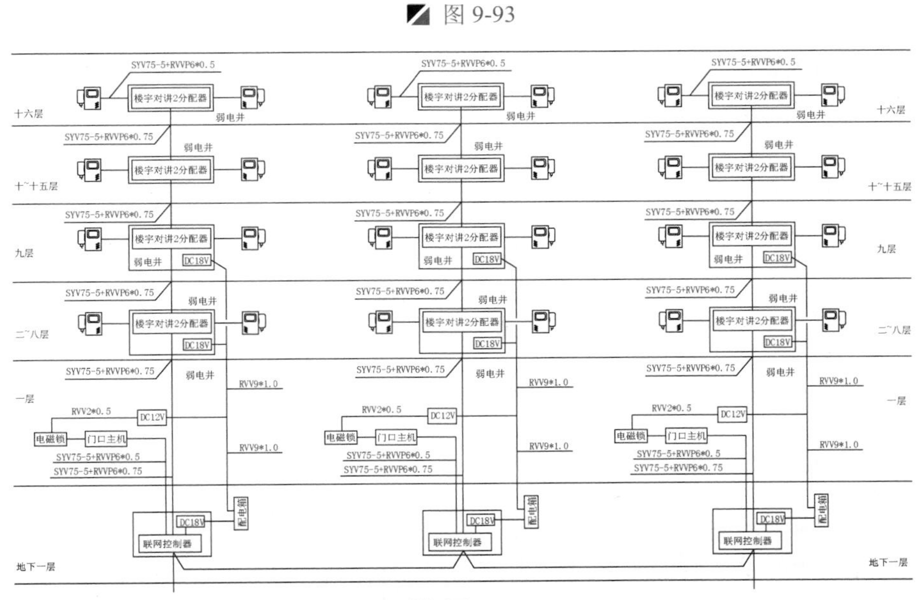

图 9-94

9.3 某建筑配电图的绘制

案例 某建筑配电图.dwg　　视频 某建筑配电图的绘制.avi　　时长 20'51"

图 9-95 所示为某建筑配电图，该配电图是在建筑平面图中绘制各种用电设备、配电箱，以及各电气设备之间的连接线路。

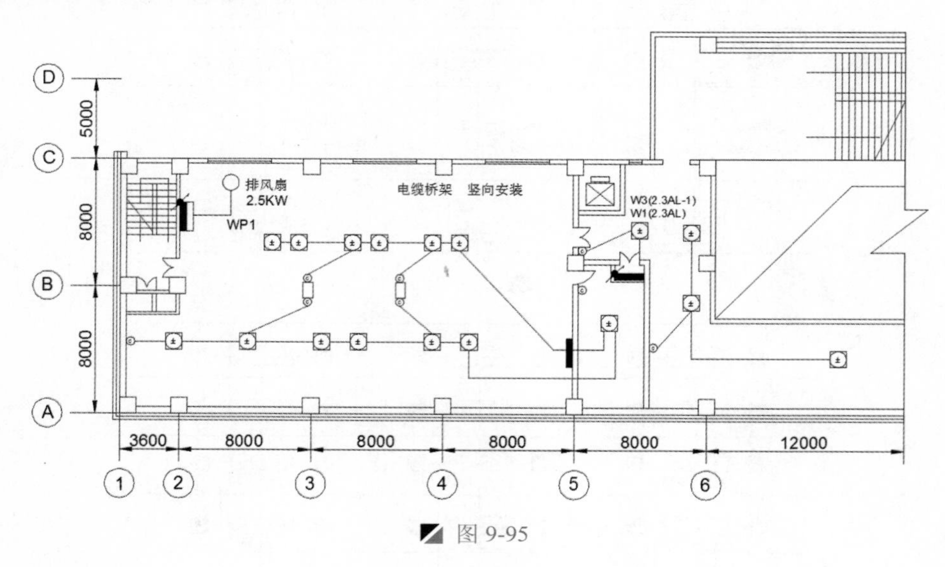

图 9-95

9.3.1 设置绘图环境

在绘制某建筑配电图时，先要设置绘制环境，下面介绍绘制环境的设置步骤：

Step 01 启动 AutoCAD 2015 软件，按<Ctrl+S>组合键保存该文件为“案例\09\某建筑配电图.dwg”文件。

Step 02 在“图层”面板中单击“图层特性”按钮，打开“图层特性管理器”，如图 9-96 所示新建绘制层、文字 2 个图层，然后将“绘制层”图层设为当前图层。

状.	名称	开	冻结	锁定	颜色	线型	线宽	透明度
	0				■白	Continuous	—— 默认	0
	Defpoints				■白	Continuous	—— 默认	0
✓	绘制层				■白	Continuous	—— 默认	0
	文字				■白	Continuous	—— 默认	0

图 9-96

9.3.2 绘制轴线编号

建筑平面图中“轴线”和“轴线编号”是必不可少的，它是墙体之间的定位线，而建筑电气图主要表达的是电气的布置，那么只需要绘制出定位轴线编号即可，下面介绍轴线编号的绘制。

Step 01 按<F8>键打开“正交”模式；执行“直线”命令（L），在视图中绘制一条水平和垂直线段，长度均为 30mm，如图 9-97 所示。

Step 02 执行“圆”命令（C）和“移动”命令（M），按 2 点方式绘制半径为 9mm 的 2 个圆并与线段的端点对齐，如图 9-98 所示。

Step 03 执行“移动”命令（M），将 2 圆对象向外侧水平移动 5mm 的距离，如图 9-99 所示。

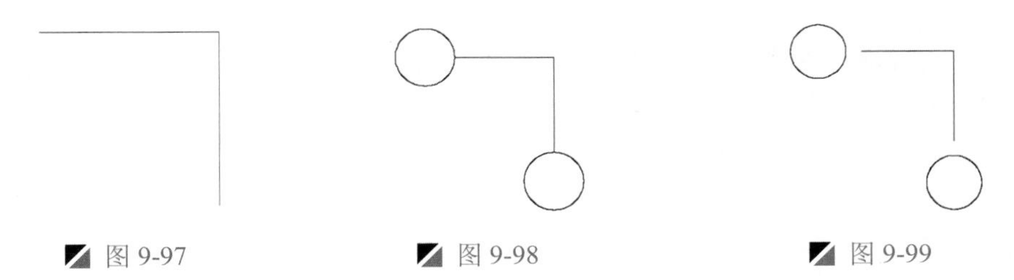

图 9-97　　图 9-98　　图 9-99

Step 04 执行“复制”命令（CO），将圆和直线向右和向上各复制如图 9-100 所示的距离。按 1∶100 的比例绘制。

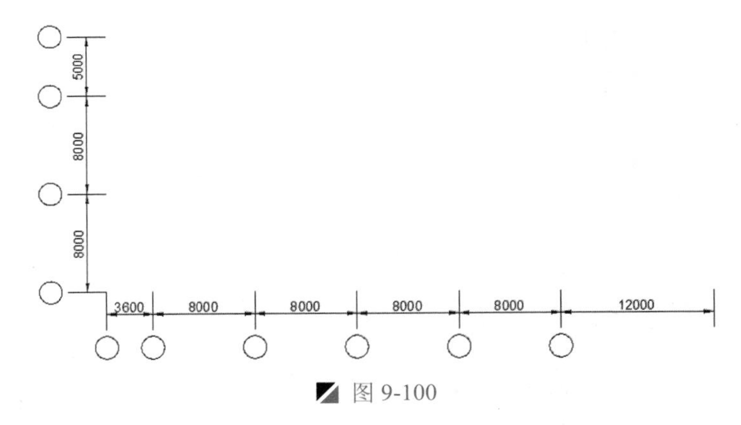

图 9-100

Step 05 执行“单行文字”命令（DT），指定圆心为文字对正的中间位置，文字高度为“800”，在圆内部输入相应文字，如图 9-101 所示。

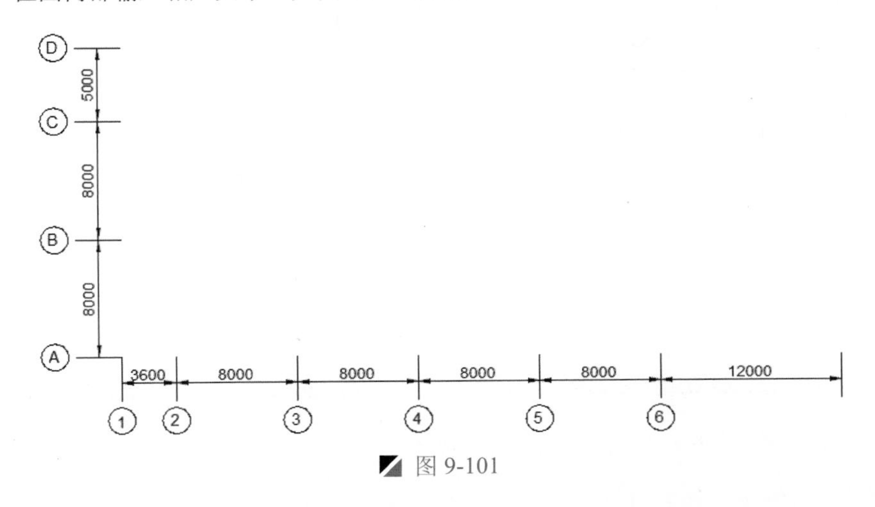

图 9-101

9.3.3 绘制墙线

这里介绍墙线的绘制，利用 AutoCAD 中的矩形、多段线、直线、圆、偏移、复制等命令进行该墙线的绘制。

Step 01 按<F8>键打开“正交”模式；执行“多段线”命令（PL），在视图中绘制如图 9-102 所示多段线对象。

Step 02 执行“偏移”命令（O），将绘制的多段线向内依次偏移 2mm、4mm、8mm 的距离，如图 9-103 所示。

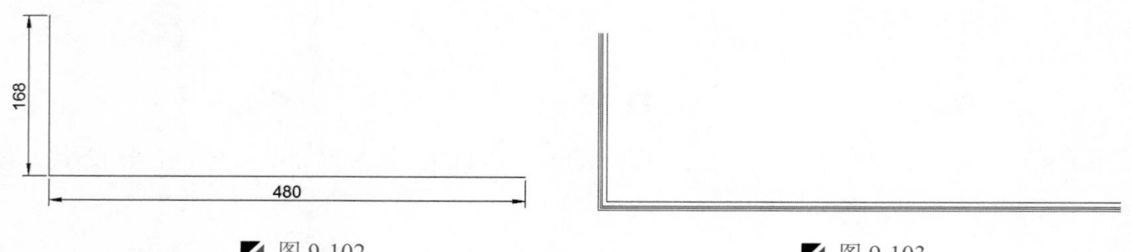

图 9-102　　图 9-103

Step 03 执行“直线”命令（L），捕捉源多段线的上端点绘制一条 480mm 的水平线段对象，如图 9-104 所示。

Step 04 执行“偏移”命令（O），将绘制的水平线段向下依次偏移 4mm 和 7mm，如图 9-105 所示。

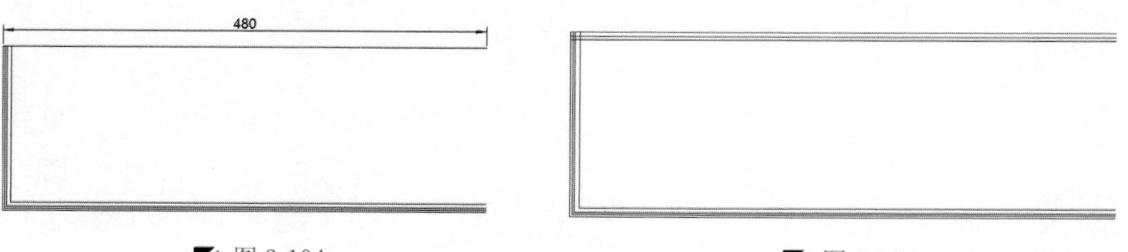

图 9-104　　图 9-105

Step 05 执行“直线”命令（L），捕捉源多段线的右下端点绘制一条 244mm 的垂直线段对象，如图 9-106 所示。

Step 06 执行“矩形”命令（REC），在如图 9-107 所示的位置处绘制 155mm×80mm 的矩形对象；并执行“移动”命令（M），将矩形底边与上侧第二条水平线于右侧重合。

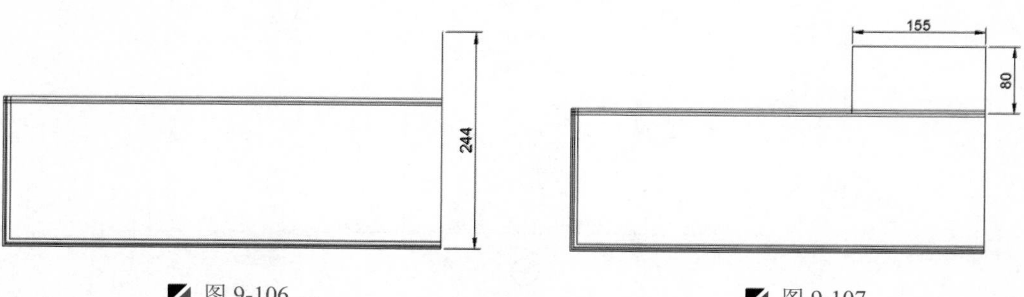

图 9-106　　图 9-107

Step 07 执行“偏移”命令（O），将绘制的矩形向内偏移 3mm 的距离，如图 9-108 所示

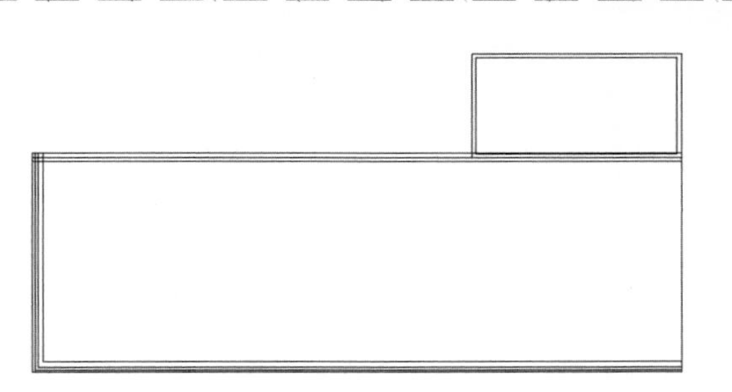

图 9-108

Step 08　执行“矩形”命令（REC）和“移动”命令（M），在如图 9-109 所示的位置绘制 10mm×10mm 的矩形对象。

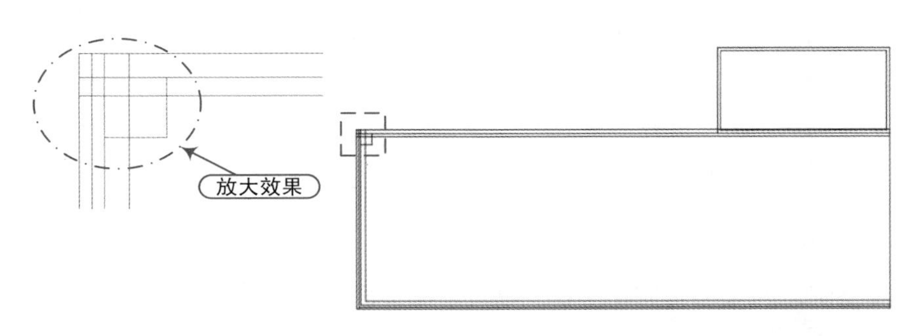

图 9-109

Step 09　执行“复制”命令（CO），在绘制的矩形复制到如图 9-110 所示的位置。

Step 10　执行“修剪”命令（TR），将多余的线段进行修剪操作，如图 9-111 所示。

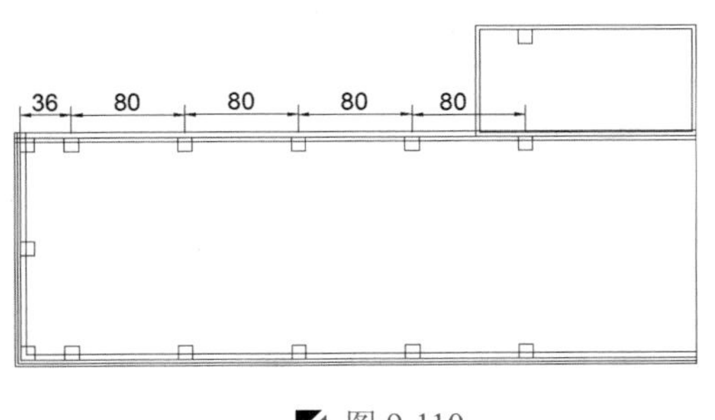

图 9-110

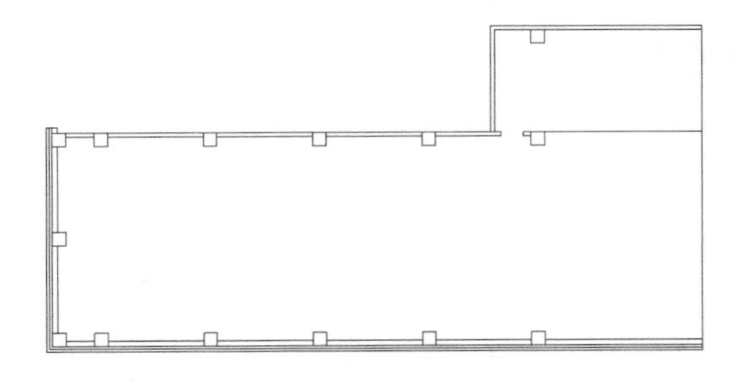

图 9-111

Step 11　执行“矩形”命令（REC），在如图 9-112 所示的位置绘制 115mm×100mm 的矩形对象。

Step 12　执行“偏移”命令（O），将绘制的矩形向外偏移 3mm 的距离；再执行“复制”命令（CO），10mm×10mm 的矩形复制到如图 9-113 所示的位置，并修剪掉多余的对象。

Step 13　执行“直线”命令（L），绘制如图 9-114 所示的直线段，这里不详细介绍。由于电气系统图对尺寸没有严格的要求，因此只要大致绘制相应的直线段的位置即可。

Step 14　执行“直线”命令（L）和“修剪”命令（TR），绘制如图 9-115 所示的直线段，并修剪掉多余的对象，从而形成墙线。由于电气系统图对尺寸没有严格的要求，因此只要大致绘制相应的直线段的位置即可。

读书破万卷

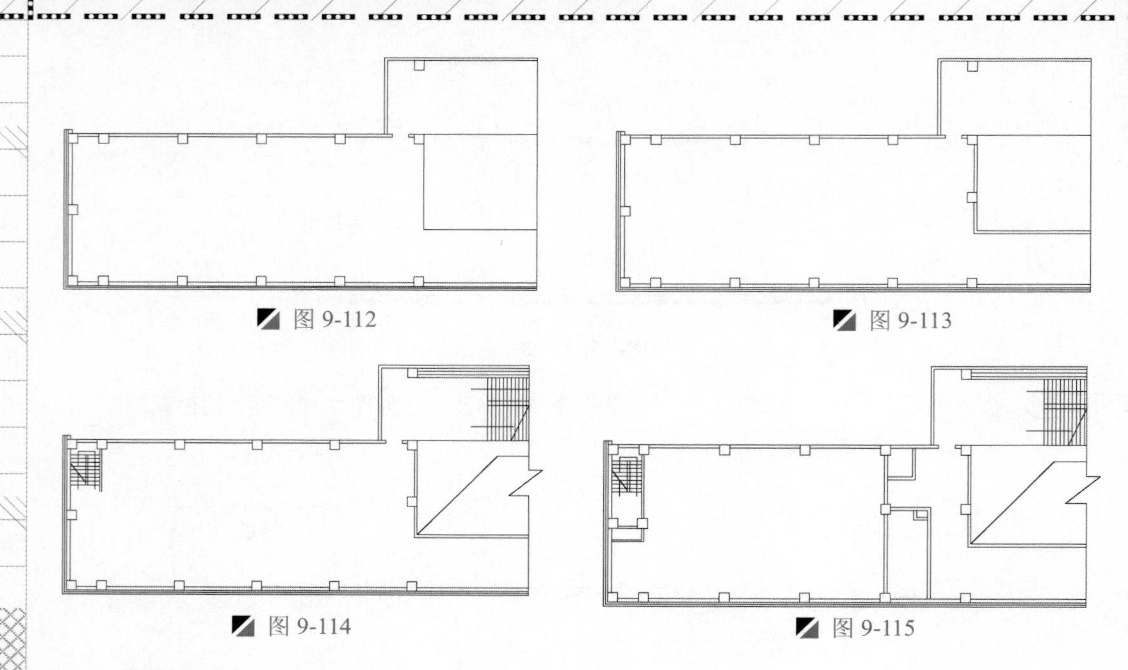

图 9-112　图 9-113

图 9-114　图 9-115

9.3.4 绘制门和电梯井

这里介绍门洞口的开启与创建门窗、以及电梯井的绘制方法，由 AutoCAD 中的矩形、圆弧、分解直线等命令进行该门窗洞并创建窗的绘制。

Step 01 执行“矩形”命令（REC），在视图中绘制 12mm×10mm 的矩形对象，如图 9-116 所示。

Step 02 执行“分解”命令（X），将绘制的矩形对象进行分解操作；再执行“偏移”命令（O），将矩形下侧水平边向上偏移 3mm 的距离，如图 9-117 所示。

Step 03 执行“圆弧”命令（A），使圆弧的两端点在矩形的上角点和偏移后的水平线段的中点处，如图 9-118 所示。

图 9-116　图 9-117　图 9-118

Step 04 执行“直线”命令（L）和“修剪”命令（TR），绘制相应的直线并修剪多余的对象，如图 9-119 所示。

Step 05 执行“矩形”命令（REC），在如图 9-120 所示的绘制处绘制 17mm×14mm 和 11mm×3mm 的 2 个矩形对象。

Step 06 执行“直线”命令（L），捕捉下侧矩形的 4 角点进行斜线连接操作，如图 9-121 所示。

技巧：复制图形分解个体操作

> 面对复杂的图形，应该学会将其分解为简单的实体，然后分别进行绘制，最终组合成所要的图形即可。

轻松学CAD

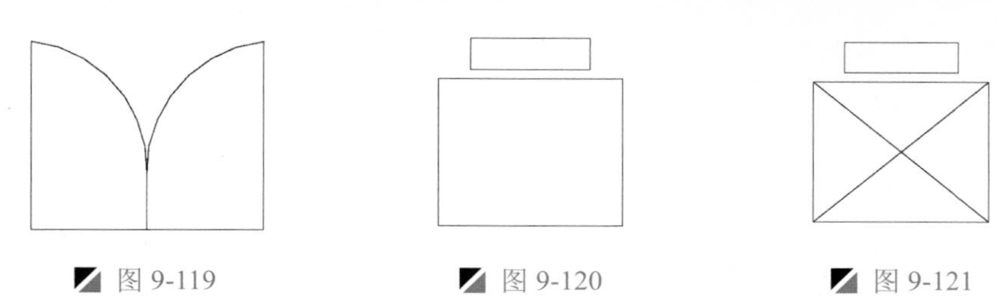

图 9-119　图 9-120　图 9-121

Step 07　使用复制、移动、旋转和修剪等命令，将绘制好的门、电梯井图形放置如图 9-122 所示的位置，并进行相应的修剪操作。

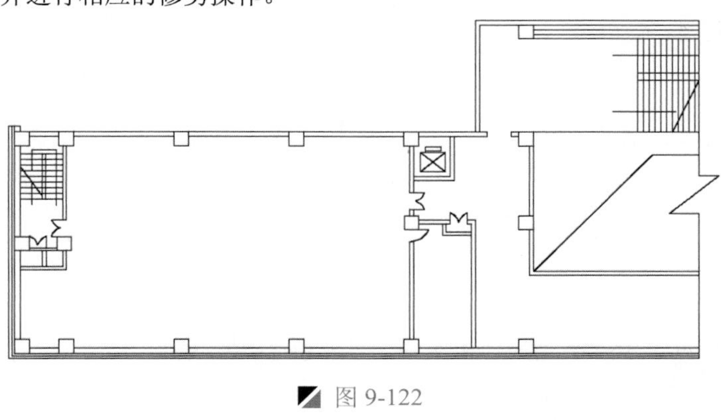

图 9-122

9.3.5　绘制风机盘符号

这里介绍风机盘管的绘制，利用 AutoCAD 中的多边形、直线、圆、安数等分、复制、单行文字等命令进行该风机盘管的绘制。

Step 01　执行“直线”命令（L），在如图 9-123 所示的位置处绘制两条水平线段，其线段的长度为 146mm、224mm。

Step 02　执行“定数等分”命令（DIV），将上侧的一条水平线段平均分为 9 等份，将下侧的一条水平线段平均分为 10 等份，如图 9-124 所示。

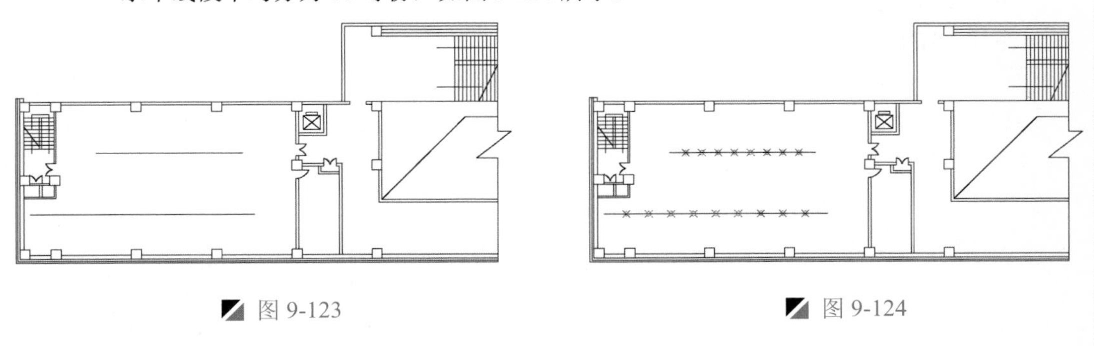

图 9-123　图 9-124

提示：点的样式

由于系统默认点样式的原因，定数等分以后是看不到点对象的，可选择“格式 | 点样式”菜单命令，从弹出的“点样式”对话框中设置点的样式为“⊠”即可。

读书破万卷

Step 03 执行“圆”命令（C），在视图中绘制半径为 5mm 的圆对象，如图 9-125 所示

Step 04 执行“多边形”命令（POL），绘制外切于圆的正四边形，如图 9-126 所示

Step 05 执行“单行文字”命令（DT），指定圆心为文字对正的中间位置，文字高度为“4”，在圆内部输入“±”，从而完成风机盘管符号的绘制，如图 9-127 所示。

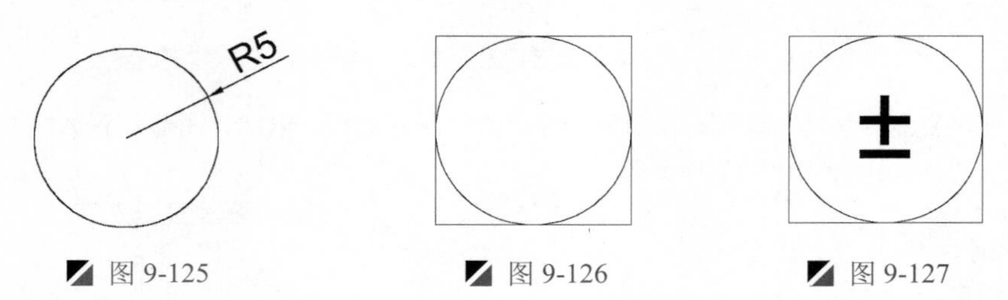

图 9-125　图 9-126　图 9-127

Step 06 执行“复制”命令（CO），以风机盘管的圆心为移动基点，然后将其复制移动到相应的定数等分点上，再将多余的对象进行修剪操作，如图 9-128 所示。

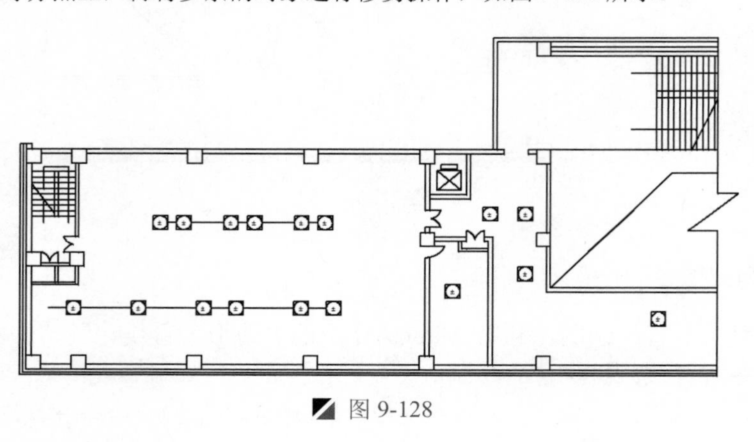

图 9-128

9.3.6 绘制配电箱

这里介绍配电箱的绘制，利用 AutoCAD 中的矩形、直线、复制、图案填充等命令进行该配电箱符号的绘制。

Step 01 执行“矩形”命令（REC），在视图中绘制 8mm×18mm 的矩形对象，如图 9-129 所示。

Step 02 执行“直线”命令（L），过矩形的中点绘制一条垂直线段，如图 9-130 所示。

Step 03 执行“图案填充”命令（H），设置图案为“SOLID”，将矩形内左侧部分进行图案填充操作，如图 9-131 所示。

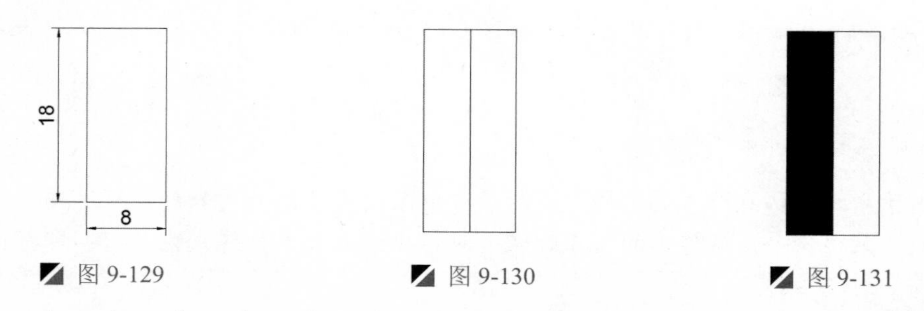

图 9-129　图 9-130　图 9-131

Step 04 执行“移动”命令（M）、“复制”命令（CO）和“旋转”命令（RO），将配电箱复制移动到如图 9-132 所示的相应位置。

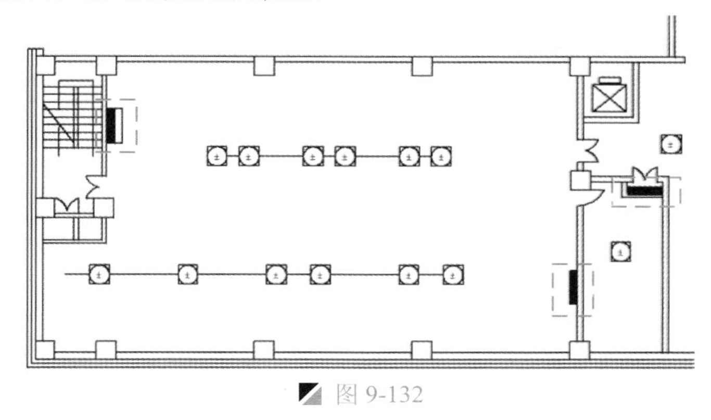

图 9-132

9.3.7 绘制温控与三速开关控制器

这里介绍温控与三速开关控制器的绘制，利用 AutoCAD 中的矩形、圆、直线、复制、单行文字等命令进行该温控与三速开关控制器符号的绘制。

Step 01 执行“圆”命令（C），在视图中绘制半径为 2.5mm 的圆对象，如图 9-133 所示。

Step 02 执行“单行文字”命令（DT），指定圆心为文字对正的中间位置，文字高度为“2”，在圆内部输入“C”，从而完成温控与三速开关控制器符号的绘制，如图 9- 134 所示。

图 9-133　　图 9-134

Step 03 执行“复制”命令（CO），将温控与三速开关控制器复制移动到如图 9-135 所示的位置。

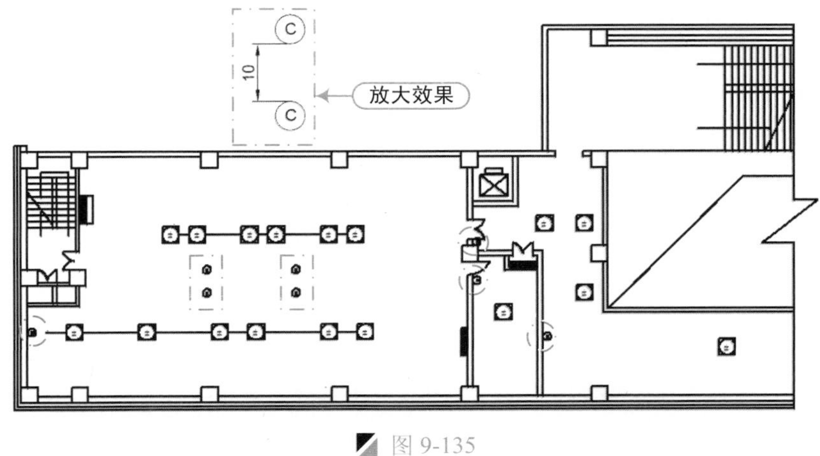

图 9-135

软件知识：三速温控开关

三速温控开关用于风机盘管风速的控制，通过改变中央空调风机的三速，调节风机盘客送风量的大小，进而达到调节室内温度的目的。

Step 04 执行“矩形”命令（REC），在如图 9-136 所示的位置处绘制 10mm×6mm 的 2 个矩形对象，使矩形上下水平为的中点与上下 2 圆的象限点重合。

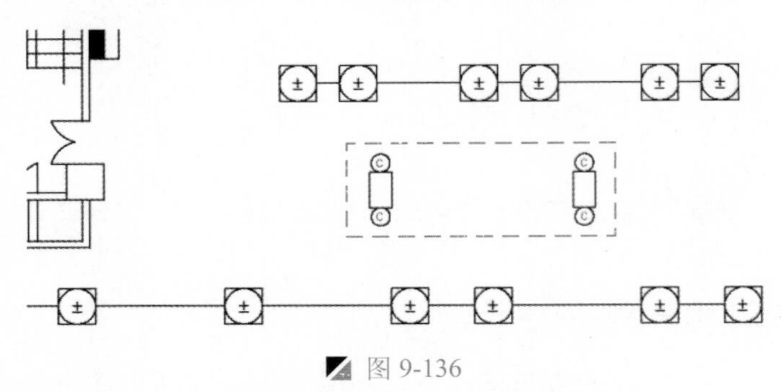

图 9-136

9.3.8 绘制排风扇、上下敷管符号

这里介绍排风扇、上下敷管的绘制，利用 AutoCAD 中的圆、多边形、直线、复制、旋转、图案填充等命令进行该排风扇、上下敷管符号的绘制。

Step 01 执行“圆”命令（C），在视图中绘制半径为 2mm 的圆对象，如图 9-137 所示。

Step 02 执行“直线”命令（L），捕捉圆心作为直线的起点，向下绘制一条长 7.5mm 的垂直线段，如图 9-138 所示。

Step 03 执行“多边形”命令（POL），绘制边长为 1.5mm 的正三边形对象，如图 9-139 所示。

图 9-137　　图 9-138　　图 9-139

Step 04 执行“移动”命令（M），将正三边形对象移动到圆的下象限点处，如图 9-140 所示。

Step 05 执行“旋转”命令（RO），将正三边形和垂直线段以圆心为基点，进行-45° 的旋转操作，如图 9-141 所示。

Step 06 执行“修剪”命令（TR），将多余的对象进行修剪掉，如图 9-142 所示。

Step 07 执行“图案填充”命令（H），设置图案为“SOLID”，将圆和形成的三角形内部分进行图案填充操作，如图 9-143 所示。

Step 08 执行“复制”命令（CO），将下侧的三角形和斜线复制到与圆相垂直的位置，从而完成上下敷管符号的绘制，如图 9-144 所示。

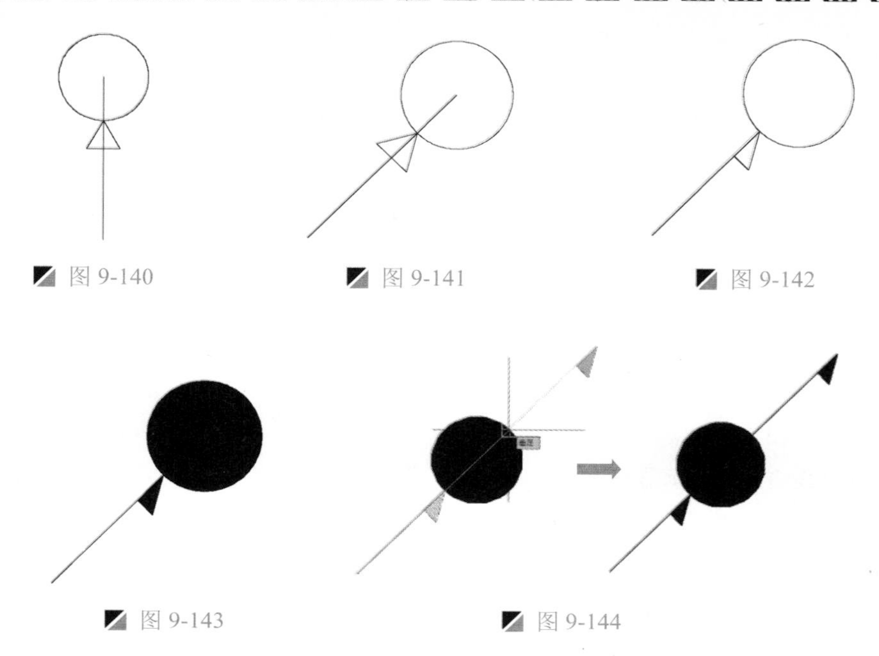

图 9-140　图 9-141　图 9-142

图 9-143　图 9-144

注意：填充图案

用户在将圆和三角形进行图案填充时，应注意将这二个对象进行单独填充操作，如果一次性填充的话，在复制时会将圆内的图案一起复制。

Step 09　执行"复制"命令（CO），将上下敷管符号复制移动到如图 9-145 所示的位置。

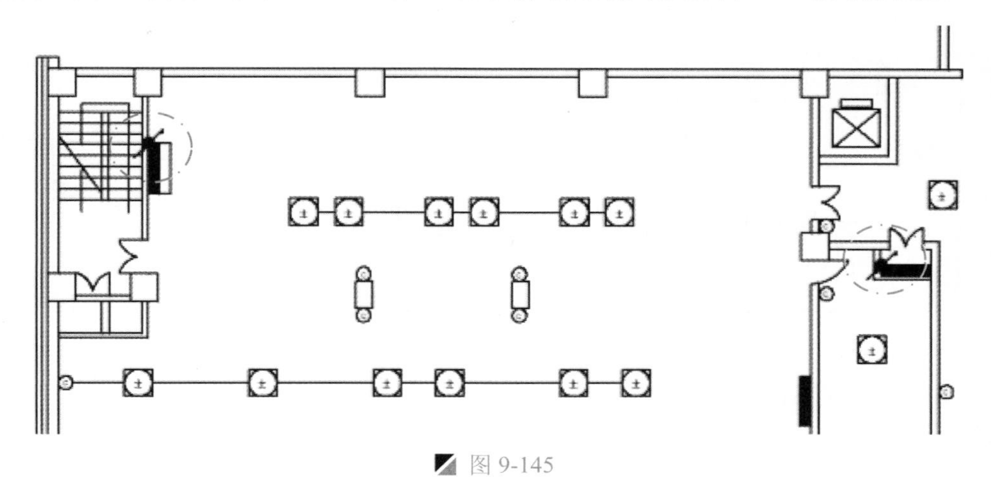

图 9-145

技巧：敷管的作用

敷管在电气图中主要在动力、照明电话和消防等系统的管路敷设，可以进行明敷、暗敷，也可敷设于墙体内，不适用于腐蚀性场所和爆炸危险环境中。

Step 10　执行"圆"命令（C），在如图 9-146 所示的绘制处绘制半径 5mm 的圆作为排风扇对象。

读书破万卷

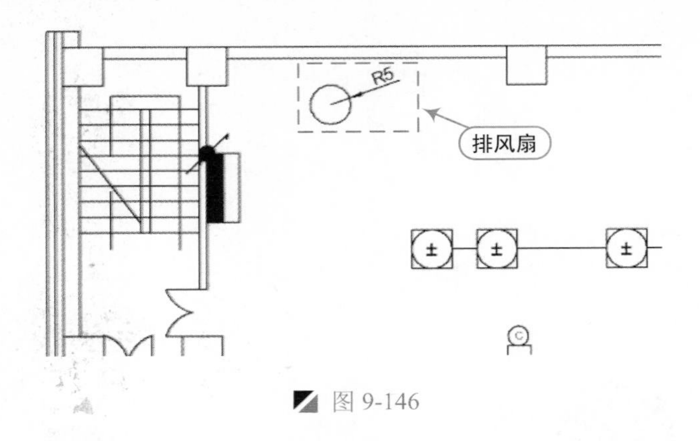

图 9-146

9.3.9 绘制连接线路及添加文字注释

前面已经完成了某建筑配电图的绘制，下面分别将图形符号利用直线进行连接，并在相应位置添加文字注释。

Step 01 执行“直线”命令（L），按如图 9-147 所示将图中相应的电气设备进行直线连接操作。

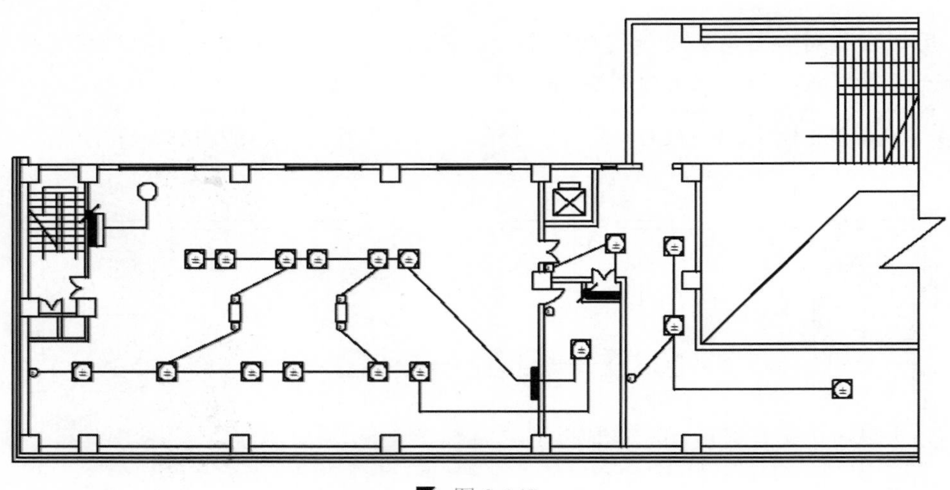

图 9-147

Step 02 在“图层控制”下拉列表中，选择“标注”图层设为当前图层。

Step 03 选择“格式 | 文字样式”菜单命令，在弹出的“文字样式”对话框下选择文字的样式为默认的“Standard”样式，设置字体为宋体，高度为 4，然后分别单击“应用”、“置为当前”和“关闭”按钮。

Step 04 执行“单行文字”命令（DT），在图中相应位置输入相关的文字说明，以完成某建筑配电图的文字注释，如图 9-148 所示。

Step 05 执行“移动”命令（M），将前面绘制的轴线编号移动到如图 9-149 所示的位置处；并通过执行“线性标注”命令（DLI）和“连续标注”命令（DCO），对轴号距离进行标注。

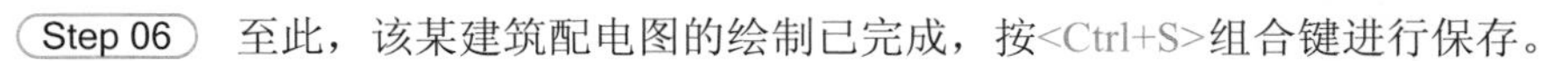

Step 06 至此，该某建筑配电图的绘制已完成，按<Ctrl+S>组合键进行保存。

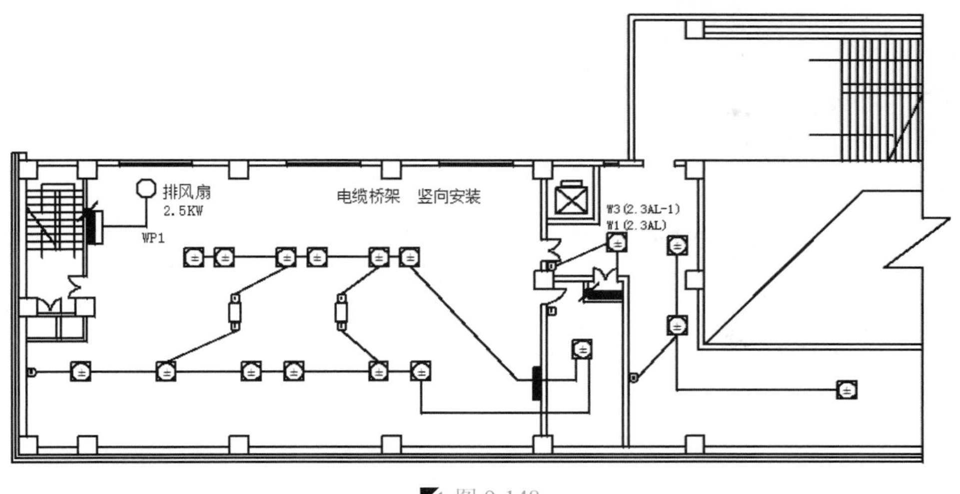

图 9-148

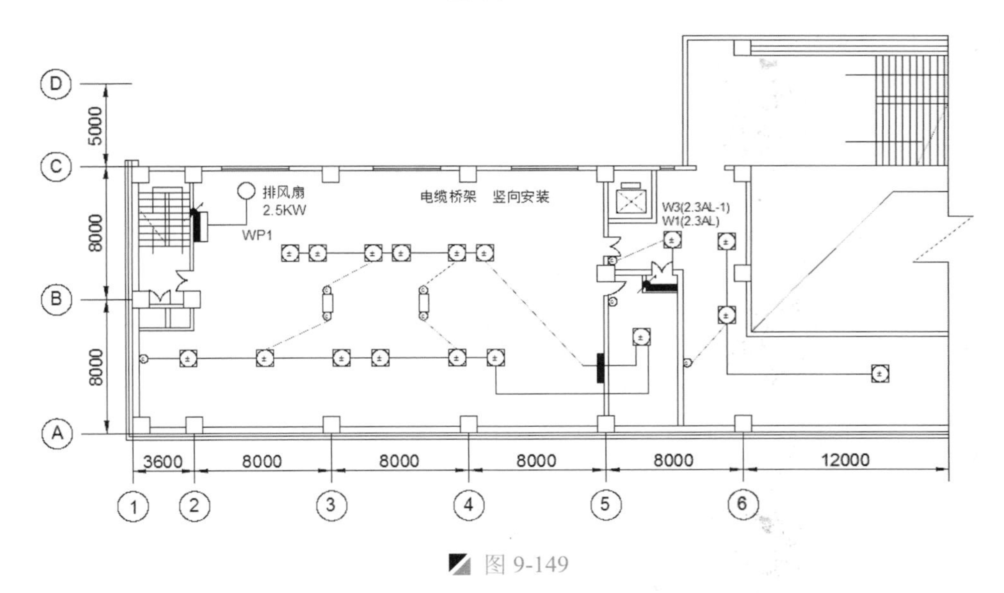

图 9-149

10

照明电气工程图的绘制

本章导读

电气照明工程是指各种类型的照明灯具、开关、插座和照明配电箱设备的安装，其中最主要的是照明线路的敷设与电气零配件的安装。本章通过几个实例来学习绘制照明电气的绘制方法。

本章内容

- 配电箱照明系统二次原理图的绘制
- 别墅二层楼照明平面图的绘制
- 照明系统图的绘制
- 照明灯延时关断线路图的绘制

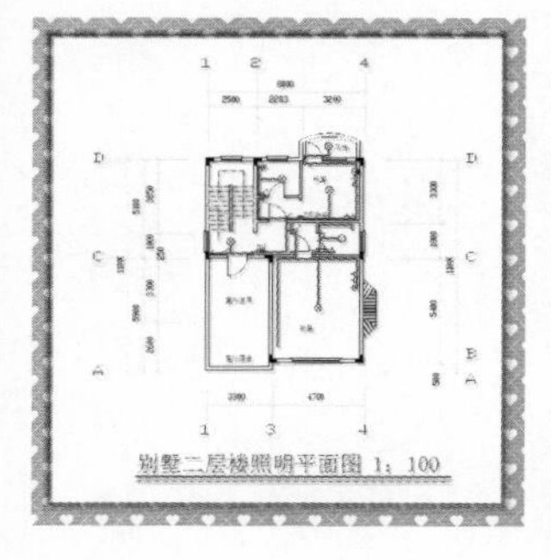

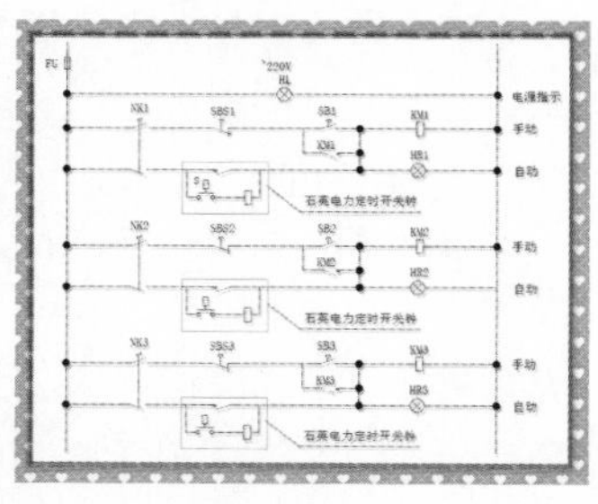

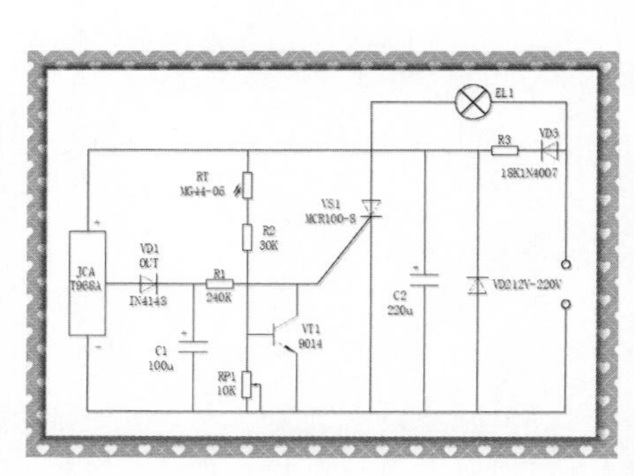

10.1 配电箱照明系统二次原理图的绘制

案例	配电箱照明系统二次原理图.dwg	视频	配电箱照明系统二次原理图的绘制.avi	时长	12'27"

照明配电箱系统图，适用于正常工作时就地和远距离两地同时控制；消防时联动切断电源控制保护器。如图 10-1 所示为配电箱照明系统二次原理图。

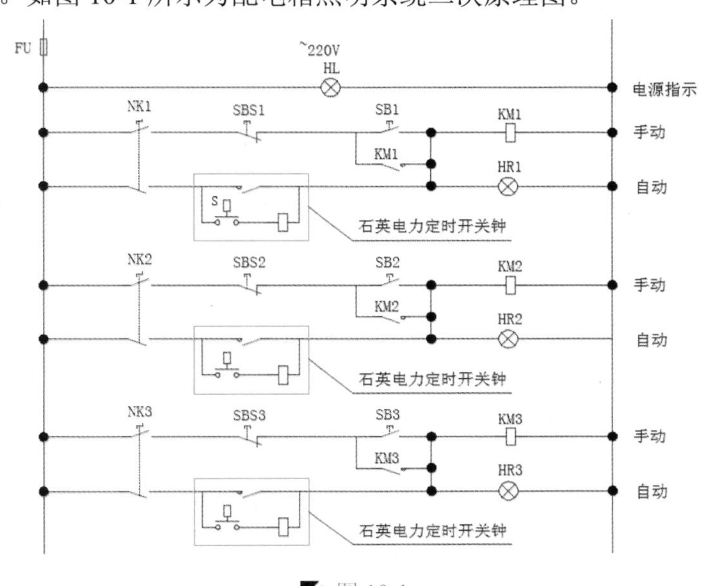

图 10-1

10.1.1 设置绘图环境

在绘制配电箱照明系统二次原理图时，先要设置绘图环境，下面介绍绘图环境的设置步骤。

Step 01 启动 AutoCAD 2015 软件，按<Ctrl+S>组合键保存该文件为“案例\10\配电箱照明系统二次原理图.dwg”文件。

Step 02 在“图层”面板中单击“图层特性”按钮，打开“图层特性管理器”，新建导线、实体符号、文字 3 个图层，然后将“导线”图层设为当前图层，如图 7- 1 所示。

当前图层：Defpoints　　搜索图层

状	名称	开.	冻结	锁...	颜色	线型	线宽	透明度	打印...	打.	新.	说明
	0				白	Continu...	—— 默认	0	Color_7			
	Defpoints				白	Continu...	—— 默认	0	Color_7			
	导线				白	ACAD_I...	—— 默认	0	Color_7			
	实体符号				白	ACAD_I...	—— 默认	0	Color_7			
	文字				白	ACAD_I...	—— 默认	0	Color_7			

图 10-2

10.1.2 绘制主连接线

该原理图是由主线路和电气元件组成，下面介绍主连接线的绘制，利用 AutoCAD 中的直线、移动、偏移等命令进行该图形的绘制。

Step 01 执行“直线”命令（L），在视图中绘制一条长 122mm 的水平线段，一条长 120mm 的垂直线段，如图 10-3 所示。

Step 02 执行“移动”命令（M），将水平线段向下垂直移动 15mm，如图 10-4 所示。

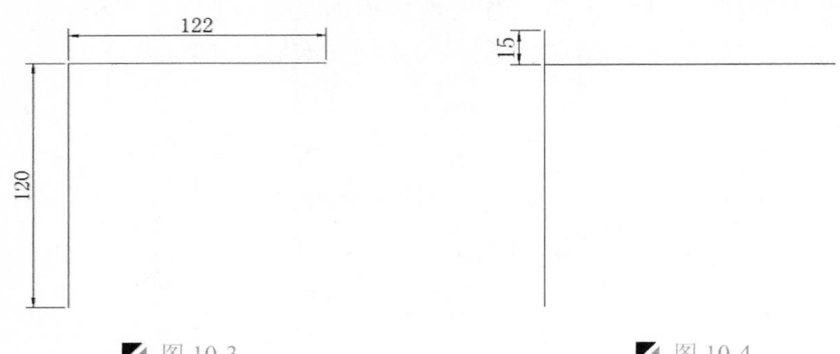

图 10-3　　图 10-4

Step 03 执行“偏移”命令（O），将移动后的水平线段按如图 10-5 所示的距离向下偏移。

Step 04 执行“偏移”命令（O），将垂直线段水平向右偏移 122mm，如图 10-6 所示。

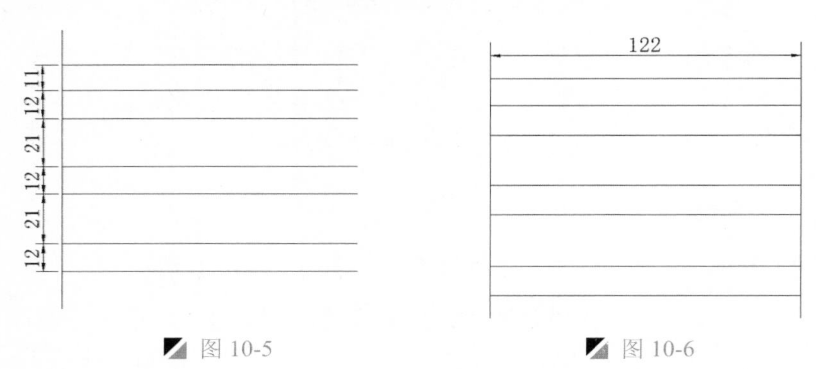

图 10-5　　图 10-6

10.1.3 绘制电气元件符号

前面已经绘制了原理图的线路结构，下面绘制电气元件，该元件主要由电容、导线连接、开关、电动机、三相变压器等多种电气元件组成，利用 AutoCAD 中的矩形、圆、直线、移动、复制、旋转、镜像、图案填充、修剪和删除等命令进行绘制。

1. 绘制开关符号

下面介绍开关符号的绘制，利用 AutoCAD 中的矩形、直线、圆、偏移、旋转、修剪和删除等命令进行绘制。

Step 01 在“图层控制”下拉列表中，选择“实体符号”图层设为当前图层。

Step 02 执行“插入块”命令（I），将“案例\03”文件夹下面的“动合常开触点”、“接触器”、“动断按钮”、“电阻”、“灯”、“常开按钮开关”插入图形中，依次如图 10-7～图 10-12 所示。

Step 03 执行“复制”命令（CO），将“常开按钮开关”复制出一份；然后执行“移动”命令（M），将左侧相应的线段进行移动，从而完成旋转开关符号的绘制，如图 10-13 所示。

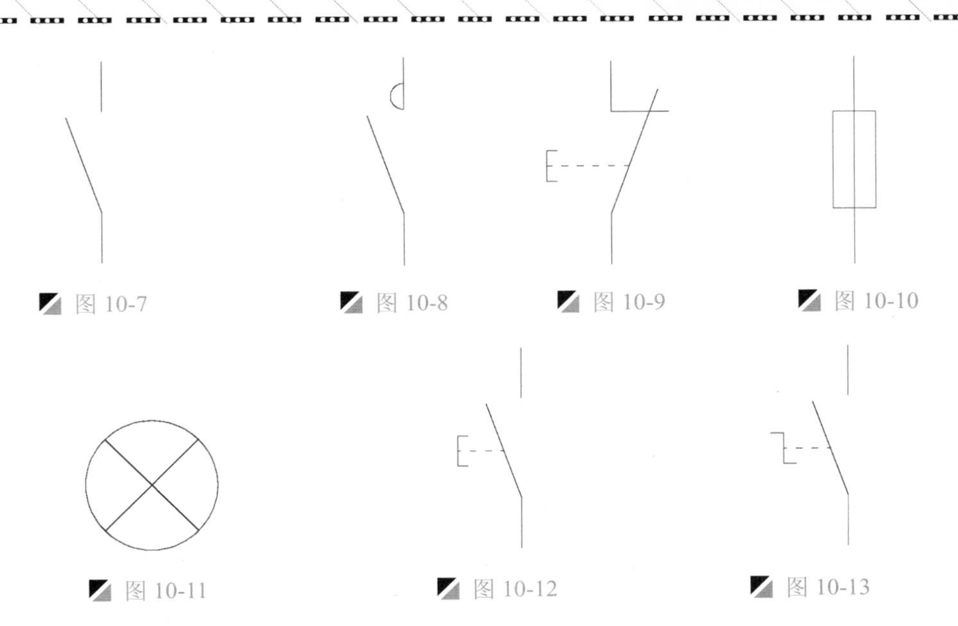

图 10-7　图 10-8　图 10-9　图 10-10

图 10-11　图 10-12　图 10-13

2. 绘制交流接触器符号

下面介绍交流接触器符号的绘制，利用 AutoCAD 中的矩形、直线等命令进行绘制。

Step 01 执行“矩形”命令（REC），在视图中绘制 2mm×4mm 的矩形对象，如图 10-14 所示。

Step 02 执行“直线”命令（L），捕捉矩形左侧的垂直边的中点作为直线的起点，向左绘制长 2.5mm 的水平线段，如图 10-15 所示。

Step 03 执行“直线”命令（L），捕捉矩形右侧的垂直边的中点作为直线的起点，向右绘制长 2.5mm 的水平线段，从而完成交流接触器符号的绘制，如图 10-16 所示。

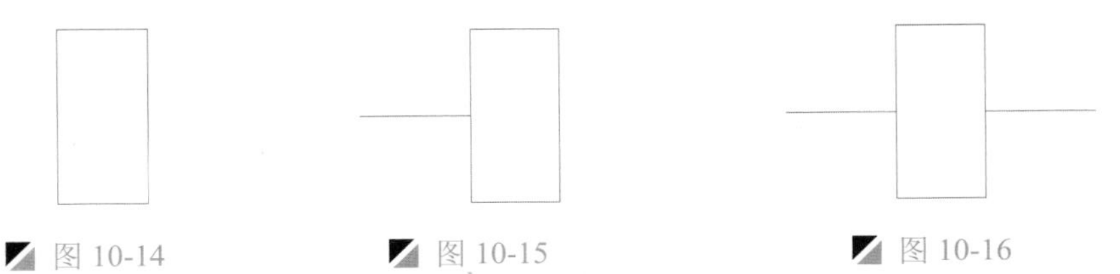

图 10-14　图 10-15　图 10-16

3. 绘制石英电力定时开关钟符号

下面介绍信号灯符号的绘制，利用 AutoCAD 中的矩形、圆、直线、镜像、移动等命令进行绘制。

Step 01 执行“矩形”命令（REC），在视图中绘制 1.5mm×2.5mm 的矩形对象，如图 10-17 所示。

Step 02 执行“直线”命令（L），捕捉矩形的下侧水平边的中点作为直线的起点，向下绘制一条长 1.2mm 的垂直线段，如图 10-18 所示。

Step 03 执行“直线”命令（L），捕捉垂直线段的下端点作为直线的起点，水平向左绘制一条长 2.5 mm 的水平线段，如图 10-19 所示。

Step 04 执行“圆”命令（C），捕捉水平线段的左端点为圆的第一端点，以 2 点方式绘制直径为 1mm 的圆对象，如图 10-20 所示。

Step 05 执行“镜像”命令（MI），将圆和水平线段以垂直线段为镜像线，进行水平镜像复制操作，如图 10-21 所示。

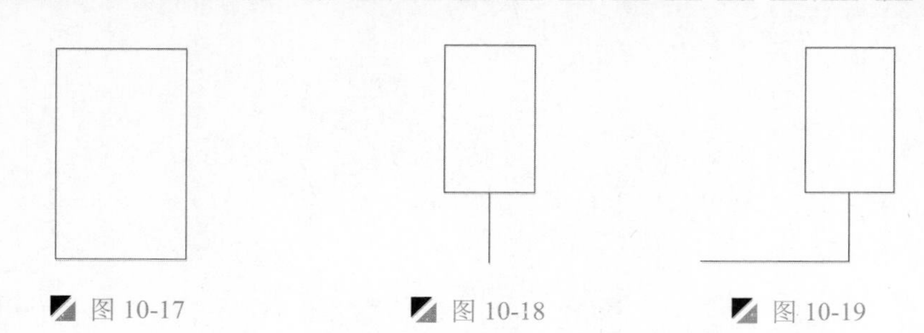

图 10-17　　图 10-18　　图 10-19

Step 06　执行“移动”命令（M），将 2 圆对象垂直向下移动 1.3mm 的距离，如图 10-22 所示。

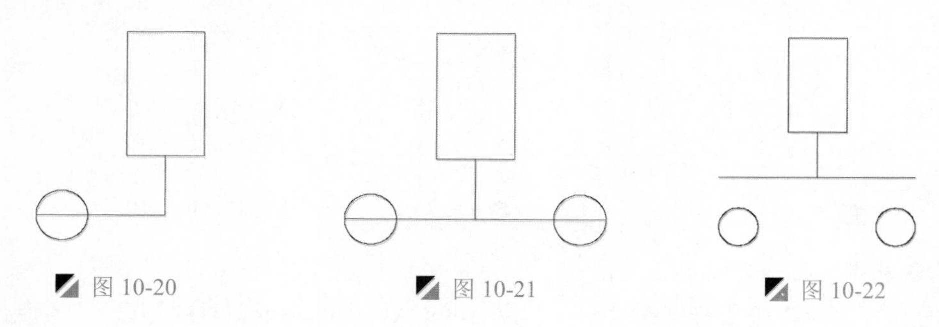

图 10-20　　图 10-21　　图 10-22

10.1.4　组合图形

将前面绘制好的电气符号和线路结构图，利用复制、移动、旋转等命令组合线路图。

Step 01　多次使用复制、移动、旋转和缩放命令，将绘制的符号放置在绘制好的线路位置上，根据符号放置的位置绘制导线，然后再进行相应的修剪，如图 10-23 所示为整图的上部分。

Step 02　执行“复制”命令（CO），将上部分的图形垂直向下复制 34mm 和 68mm 的距离，并进行相应的修改操作，如图 10-24 所示。

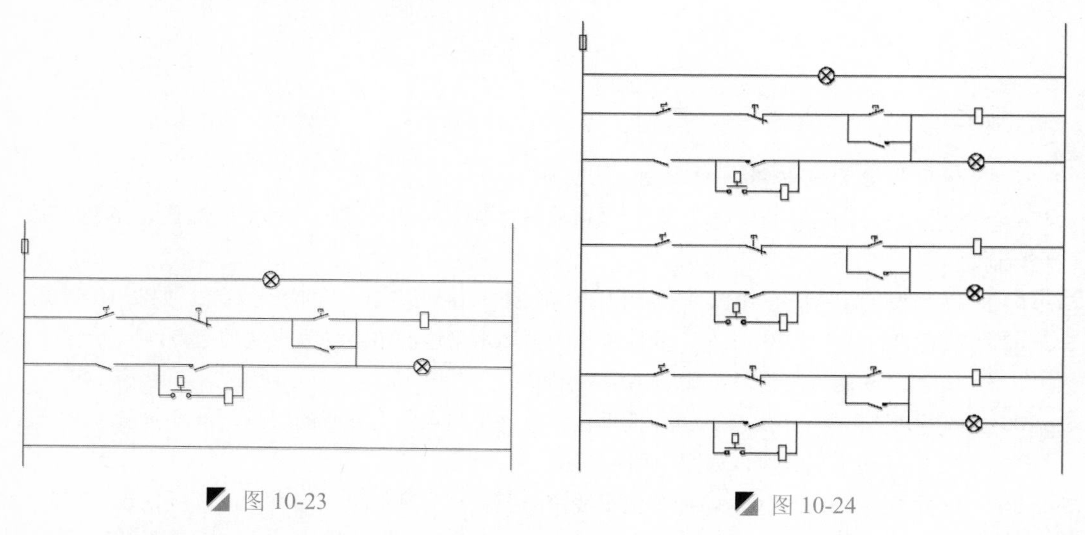

图 10-23　　图 10-24

Step 03　根据配电箱照明系统二次原理图的工作原理，在适当的交叉点处加上实心圆，并进行相应的导线连接，其效果如图 10-25 所示。

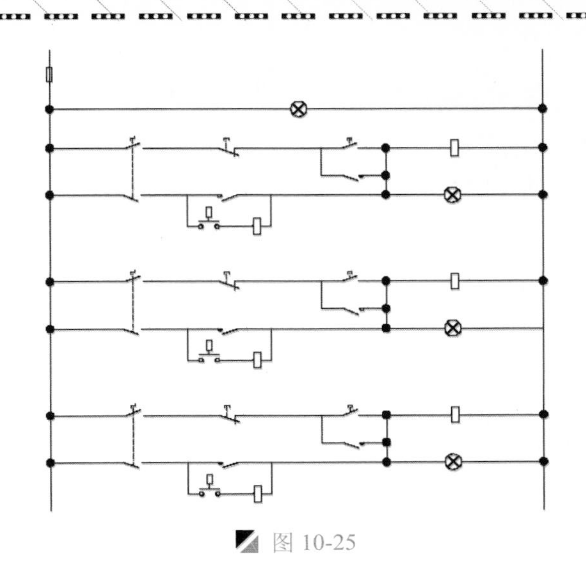

图 10-25

10.1.5 添加文字注释

前面已经完成了配电箱照明系统二次原理图的绘制，下面分别在相应位置处添加文字注释，利用“单行文字”命令进行操作。

Step 01 在“图层控制”下拉列表中，选择“文字”图层设为当前图层。

Step 02 选择“格式 | 文字样式”菜单命令，在弹出的“文字样式”对话框下选择文字的样式为默认的“Standard”样式，设置字体为宋体，高度为 2.5，然后分别单击“应用”、“置为当前”和“关闭”按钮。

Step 03 执行“单行文字”命令（DT），在图中相应位置输入相关的文字说明，以完成配电箱照明系统二次原理图的文字注释，如图 10-26 所示。

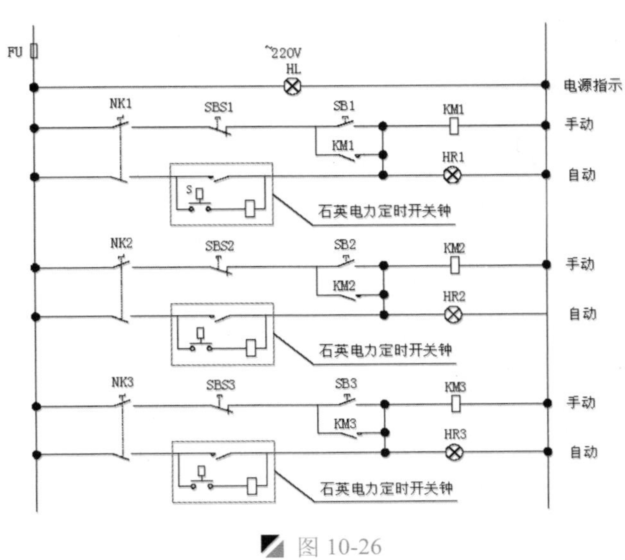

图 10-26

Step 04 至此，该配电箱照明系统二次原理图的绘制已完成，按<Ctrl+S>组合键进行保存。

10.2 别墅二层楼照明平面图的绘制

案例	别墅二层楼照明平面图.dwg	视频	别墅二层楼照明平面图的绘制.avi	时长	04'34"

本节以别墅二层楼照明平面图为例，介绍该照明平面图的绘制流程，使用户掌握建筑照明平面图的绘制方法以及相关的知识点，其绘制的该别墅二层楼照明平面图如图 10-27 所示。

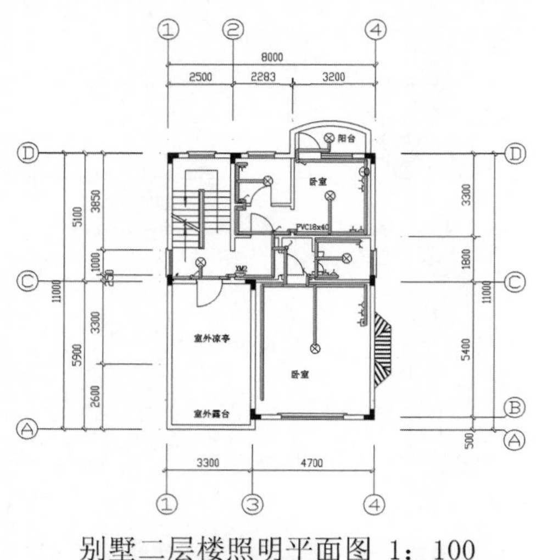

图 10-27

10.2.1 设置绘图环境

本章可以直接打开已经绘制好的某别墅二层楼平面图，并对打开的图形进行修改，然后在该平面图的基础上进行某别墅二层楼照明平面图的绘制，其操作步骤如下。

Step 01 启动 AutoCAD 2015 软件，按<Ctrl+O>组合键，打开“案例\10\别墅二层楼平面图.dwg”文件，如图 10-28 所示。

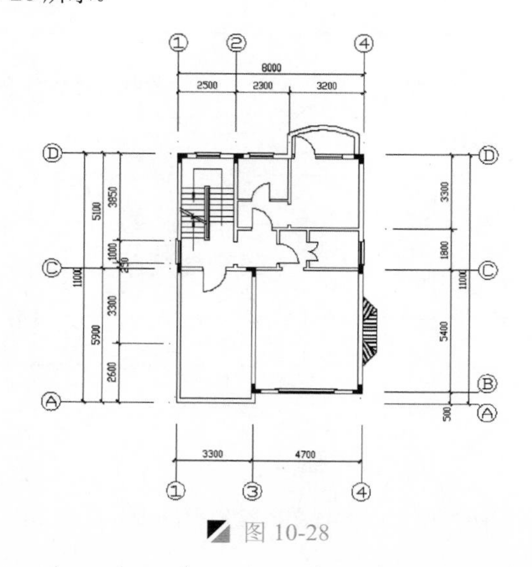

图 10-28

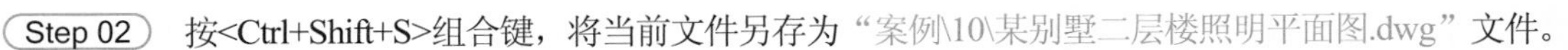

Step 02 按<Ctrl+Shift+S>组合键，将当前文件另存为“案例\10\某别墅二层楼照明平面图.dwg”文件。

Step 03 在“图层”面板中单击“图层特性”按钮，打开“图层特性管理器”，新建如图 10-29 所示的 7 个图层，然后将“照明电气”图层设为当前图层。

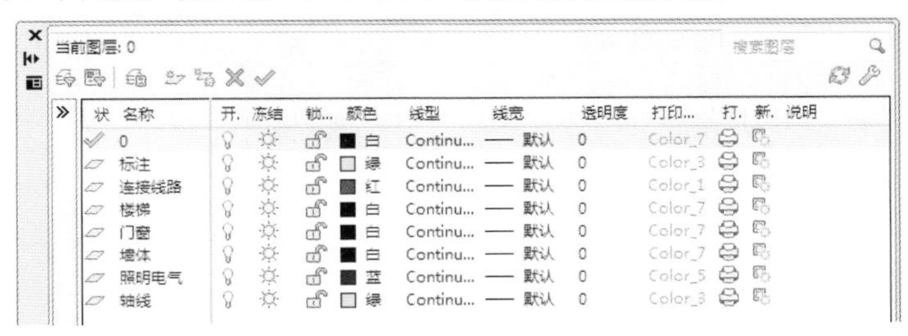

图 10-29

提示：图层的增加与修改

如果在已经打开的建筑平面图中有一些图层对象，这时用户只需要创建还没有的图层对象，或者修改已有的图层对，使之符合该照明电气平面图的图层要求即可。

10.2.2 布置照明电气元件

在前面已经调用的文件进行了图名、图层等相应的修改，下面介绍该照明平面图的电气元件的放置，用户只需在该文件中插入相应的图块，然后布置在各个相应的空间中即可，利用 AutoCAD 2015 软件中的插入块、分解、复制、移动和旋转等命令进行操作。

Step 01 执行“插入块”命令（I），将“案例\10\照明电气元器件图例.dwg”文件插入当前文件的空白位置，如图 10-30 所示。

Step 02 执行“分解”命令（X），将插入的图块进行分解操作。

Step 03 执行“移动”命令（M），将配电箱符号移动到如图 10-31 所示的位置。

图例	名称	图例	名称	图例	名称
	多孔插座		单相插座		灯
			电话插座		一位开关
			线路走向		配电箱

图 10-30

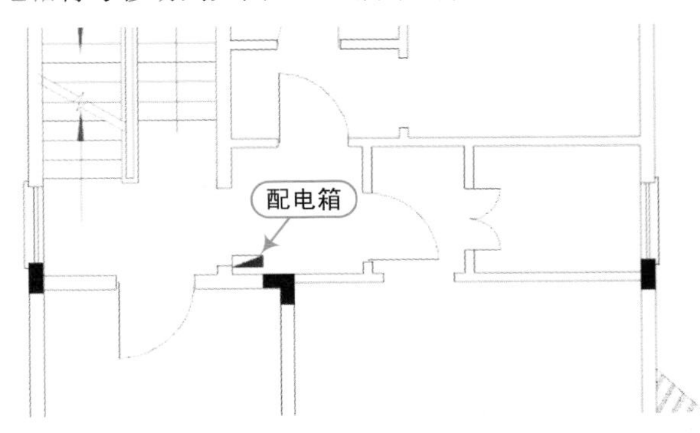

图 10-31

Step 04 执行“复制”命令（CO），将灯符号复制到如图 10-32 所示的位置。

提示：放置灯符号时

在布置灯符号时，可先绘制辅助线，然后将灯布置到各房间的中间位置，最后灯布置结束后将辅助线删除即可，这样灯具就会准确地布置到每个房间的真正位置了。

Step 05 结合“复制”、“移动”、“旋转”、“镜像”等命令，将一位开关符号复制移动到如图 10-33 所示的位置。

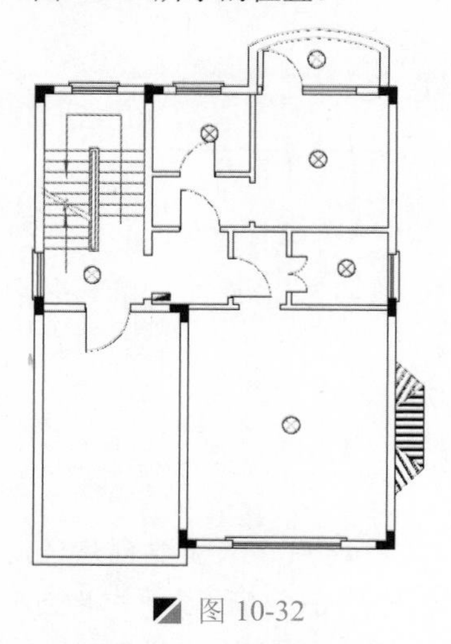

图 10-32

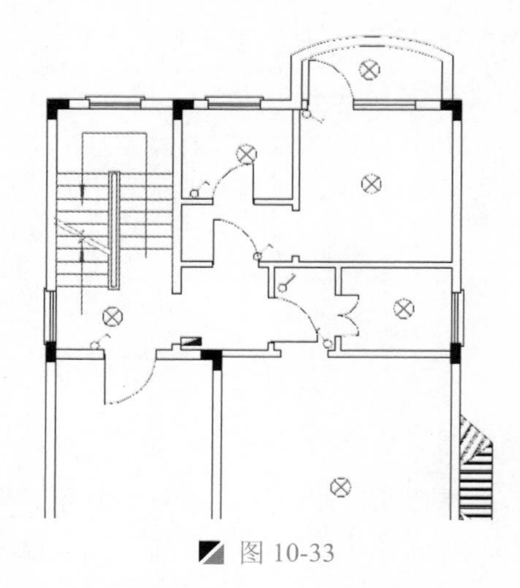

图 10-33

Step 06 执行“移动”命令（M），将线路走向符号移动到如图 10-34 所示的位置。

Step 07 结合“复制”、“移动”、“旋转”、“镜像”等命令，将多孔插座、单相插座、电话插座符号复制到如图 10-35 所示的位置。

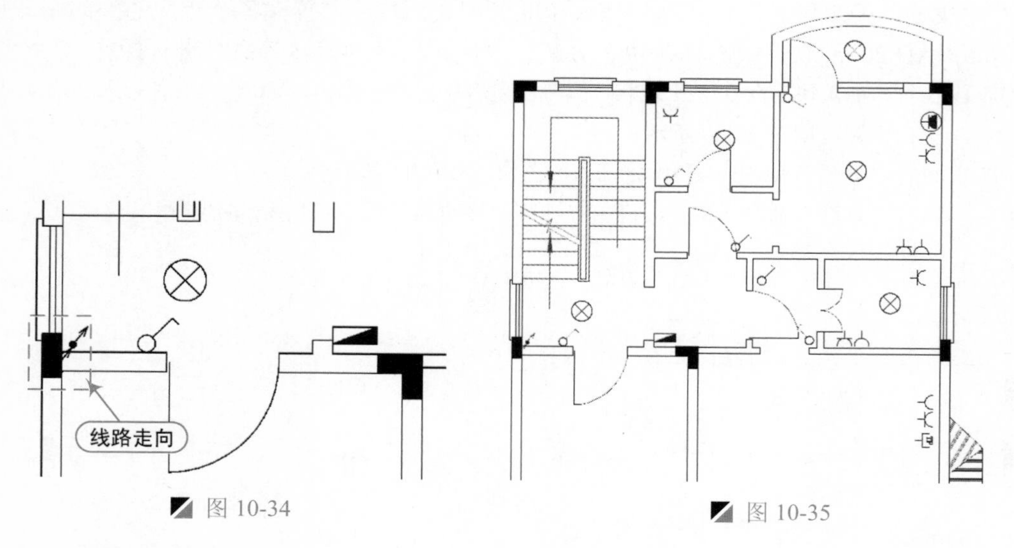

图 10-34

图 10-35

10.2.3 绘制连接线路

在前面布置完照明电气元器件以后，接下来进行连接线路的绘制，将各电气元器件通过导线合理地连接起来，其操作步骤如下。

Step 01 在“图层控制”下拉列表中，选择“连接线路”图层设为当前图层。

Step 02 执行“多段线”命令（PL），根据命令行提示，选择“宽度（W）”选项，设置起点宽度为 60，端点宽度为 60，根据线路连接各电气元器件的控制原理，从配电箱引出，依次连接开关、灯、插入等元件，其效果如图 10-36 所示。

技巧：灯具开关线路的绘制

> 用户在绘制灯具开关线路图时，应按以下原则来进行绘制。
>
> - 线路的绘制可以使用“直线”或“多段线”命令，在这里为了观察及快速识读，采用了具有一定宽度的多段线来进行绘制，如采用“直线”命令绘制时可设置当前图层的线形宽度（线度）来达到相同的效果。
> - 线路的连接应遵循电气元器件的控制原理，如一个开关控制一只灯的线路连接方式与一个开关绘制两只灯的线路连接方式是不同的，用户应在学习电气专业课来掌握电气制图的相关电气知识和理论。

10.2.4 标注房间名、图名及比例

在绘制完连接线后，应对图形添加相应的文字说明，利用“单行文字”命令进行操作。

Step 01 在“图层控制”下拉列表中，选择“标注”图层设为当前图层。

Step 02 执行“单行文字”命令（DT），设置相应的文字高度，在平面图的内部和下侧适当的位置添加图名和比例内容，从而完成别墅二层灯照明平面图的绘制，其效果如图 10-37 所示。

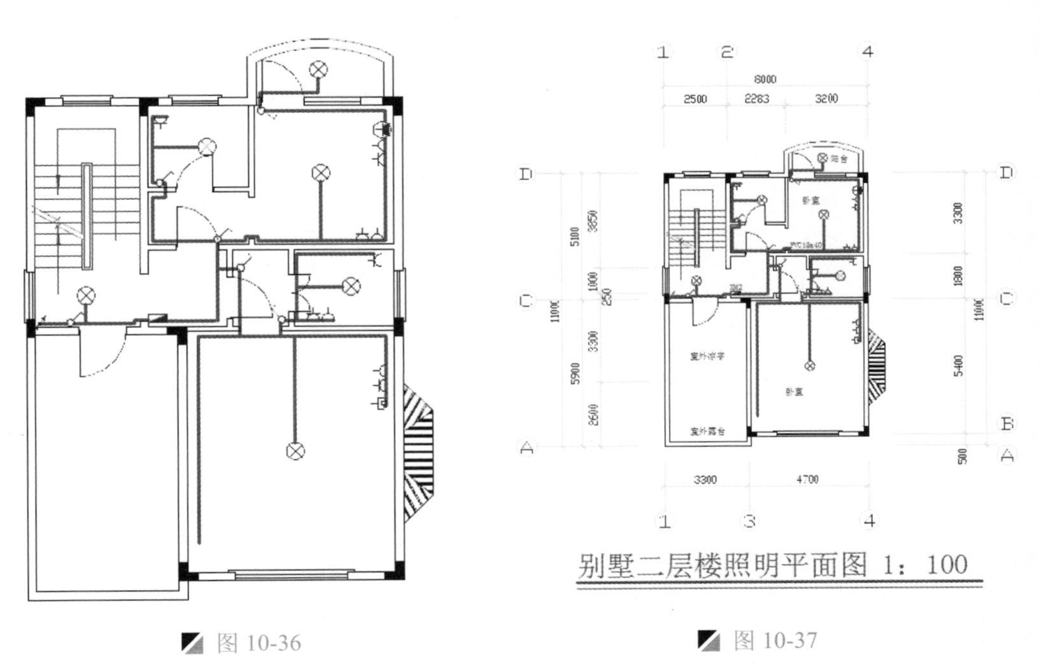

图 10-36　　图 10-37

Step 03 至此，该别墅二层楼照明平面图的绘制已完成，按<Ctrl+S>组合键进行保存。

10.3 照明系统图的绘制

案例	照明系统图.dwg	视频	照明系统图的绘制.avi	时长	04'57"

照明系统图能够反映照明的安装容量、计算电流、配电方式、导线或电缆的型号、规格、数量、敷设方式和穿客管径等。如图 10-38 所示为某工作的照明系统图，它主要包括进户线、计量箱、配电线路、开关插座和电气设备等组成。

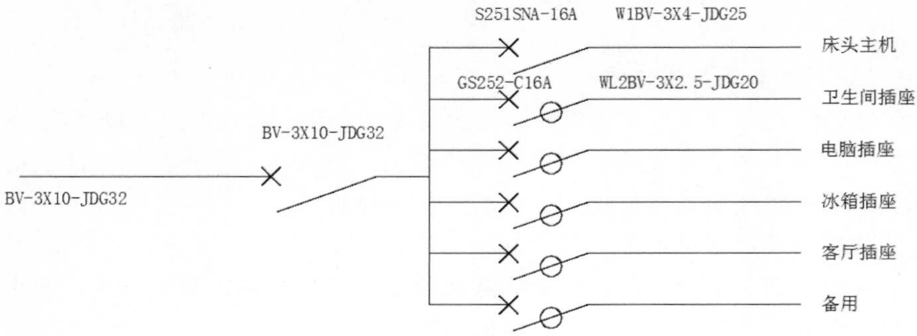

图 10-38

10.3.1 设置绘图环境

在绘制该照明系统图之前，首先须对绘制环境进行相应的设置，其操作步骤如下。

Step 01 启动 AutoCAD 2015 软件，按<Ctrl+S>组合键保存该文件为“案例\10\照明系统图.dwg”文件。

Step 02 在“图层”面板中单击“图层特性”按钮，打开“图层特性管理器”，如图 9- 2 所示新建绘制层、文字 2 个图层，然后将“绘制层”图层设为当前图层。

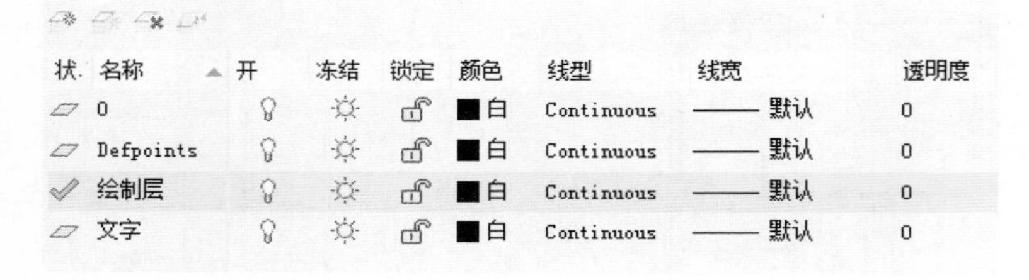

状.	名称	开	冻结	锁定	颜色	线型	线宽	透明度
	0				白	Continuous	—— 默认	0
	Defpoints				白	Continuous	—— 默认	0
✓	绘制层				白	Continuous	—— 默认	0
	文字				白	Continuous	—— 默认	0

图 10-39

10.3.2 绘制图形

该照明系统图由不同功能的插座符号和总开关组成，下面分别介绍这些电气元件的绘制，主要使用直线、圆、点、旋转、阵列、复制、删除等命令进行绘制。

Step 01 执行“插入块”命令（I），将“案例\3\单极开关.dwg”文件插入当前视图中，并设置相应的比例因子及旋转角度，如图 10-40 所示。

Step 02 执行“直线”命令（L），捕捉左侧水平线段的右端点作为直线的起点，向上绘制一条长 100mm 的垂直线段，如图 10-41 所示。

图 10-40　　图 10-41

Step 03 执行“旋转”命令（RO），将上一步绘制的垂直线段以交点作为旋转基点，进行 45° 的旋转操作，如图 10-42 所示。

Step 04 执行“阵列”命令（AR），以左侧水平线与旋转后的对象的交点作为阵列的中点，进行项目数为 4 的环形阵列操作，如图 10-43 所示。

图 10-42 图 10-43

Step 05 利用夹角编辑，将左侧水平线段向左拉长 1500mm，如图 10-44 所示。

Step 06 执行“直线”命令（L），过右侧水平线段的右端点，绘制一条长 2000mm 的垂直线段，使绘制的垂直线段的中点与水平线段的右端点重合，如图 10-45 所示。

图 10-44 图 10-45

Step 07 执行“直线”命令（L），捕捉右侧垂直线段的上端点作为直线的起点，向右绘制相连贯的水平线段，其长度为 600mm、600mm、1600mm，如图 10-46 所示。

Step 08 执行“旋转”命令（RO），将上一步绘制的中间的水平线段以右端点为旋转基点，进行 20° 的旋转操作，如图 10-47 所示。

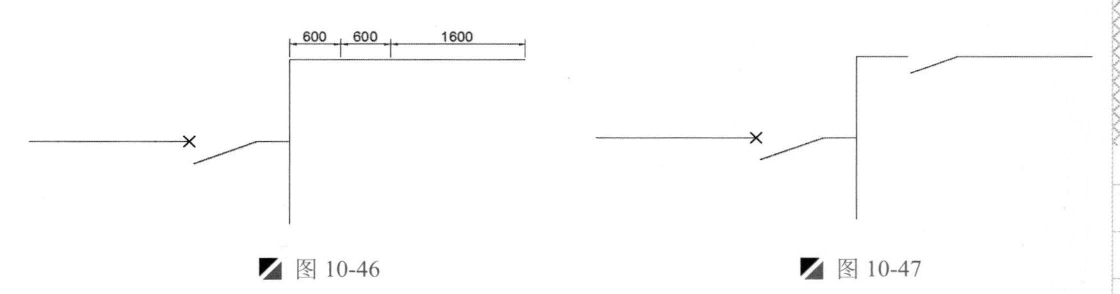

图 10-46 图 10-47

Step 09 执行“复制”命令（CO），将前面阵列形成的断路器对象复制到如图 10-48 所示的位置处。

Step 10 执行“圆”命令（C），捕捉右侧斜线段的中点作为圆心，绘制半径为 80mm 的圆对象，如图 10-49 所示。

图 10-48 图 10-49

Step 11　执行“定数等分”命令（DIV），将图中的垂直线段平均分为 5 等分，如图 10-50 所示。

Step 12　执行“复制”命令（CO），将垂直线段的右侧所有对象复制到如图 10-51 所示的位置处。

图 10-50　　图 10-51

Step 13　执行“删除”命令（E），将点对象和多余的圆对象删除掉，如图 10-52 所示。

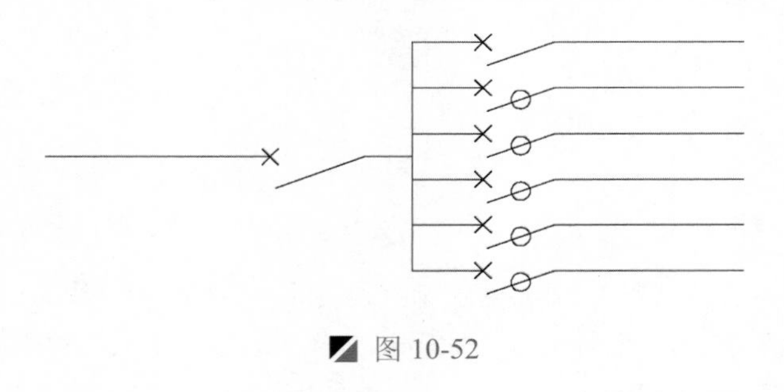

图 10-52

10.3.3　添加文字注释

在绘制完该照明系统图的相关图形后，接下来应对图中相应的内容进行文字注释标注，使用“单行文字”命令进行操作。

Step 01　在“图层控制”下拉列表中，选择“文字”图层设为当前图层。

Step 02　选择“格式｜文字样式”菜单命令，在弹出的“文字样式”对话框下选择文字的样式为默认的“Standard”样式，设置字体为宋体，高度为 4，然后分别单击“应用”、“置为当前”和“关闭”按钮。

Step 03　执行“单行文字”命令（DT），在图中相应位置输入相关的文字说明，以完成照明系统图的文字注释，如图 10-53 所示。

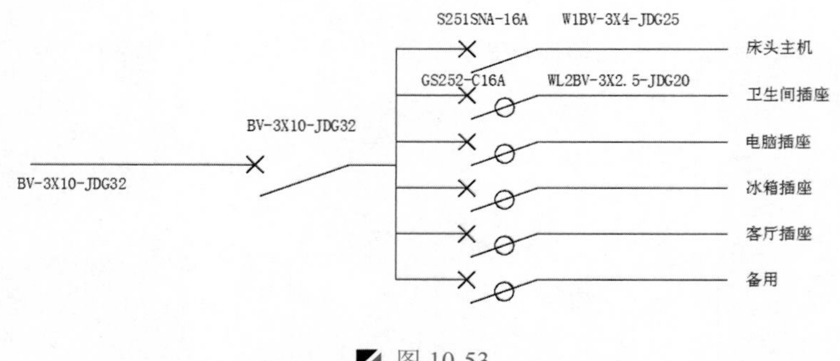

图 10-53

Step 04　至此，该照明系统图的绘制已完成，按<Ctrl+S>组合键进行保存。

10.4 照明灯延时关断线路图的绘制

案例	照明灯延时关断线路图 dwg	视频	照明灯延时关断线路图的绘制.avi	时长	07'30"

图 10-54 所示由光和振动控制的走廊照明灯延时关断线路。在夜晚有人路过走廊时，该线路均会自动控制走廊照明灯点亮，延时约 40 秒后自动熄灭。

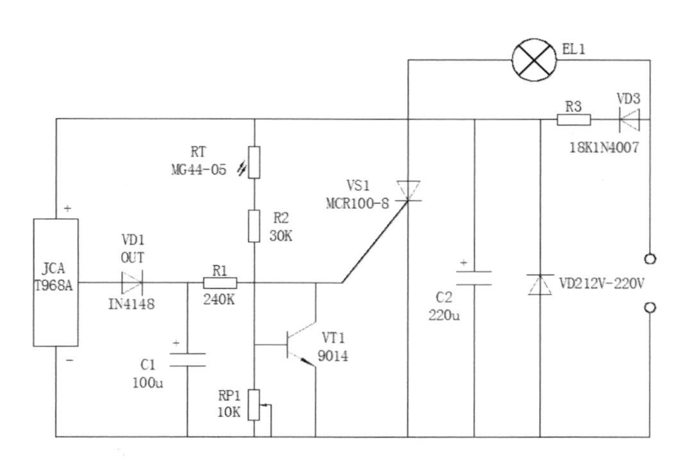

图 10-54

10.4.1 设置绘图环境

在绘制照明灯延时关断线路图之前，首先须对绘制环境进行相应的设置，其操作步骤如下。

Step 01 启动 AutoCAD 2015 软件，按<Ctrl+S>组合键保存该文件为“案例\10\照明灯延时关断线路图.dwg”文件。

Step 02 在“图层”面板中单击“图层特性”按钮，打开“图层特性管理器”，如图 10-55 所示新建绘制层、文字 2 个图层，然后将“绘制层”图层设为当前图层。

状.	名称	开	冻结	锁定	颜色	线型	线宽	透明度
	0				白	Continuous	—— 默认	0
	Defpoints				白	Continuous	—— 默认	0
✓	绘制层				白	Continuous	—— 默认	0
	文字				白	Continuous	—— 默认	0

图 10-55

10.4.2 绘制主连接线

该照明灯延时关断线路图由线路结构和各个元件符号组成，下面介绍线路结构图的绘制，主要使用矩形、分解、偏移、修剪和删除等命令。

Step 01 执行“矩形”命令（REC），在视图中绘制 270mm×150mm 的矩形对象，如图 10-56 所示。

Step 02 执行“分解”命令（X），将绘制的矩形对象进行分解操作；再执行“偏移”命令（O），将矩形的左侧垂直边水平向右各偏移如图 10-57 所示的距离。

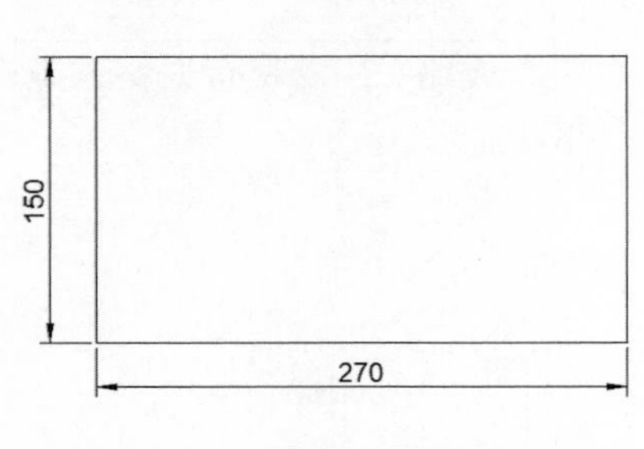

图 10-56

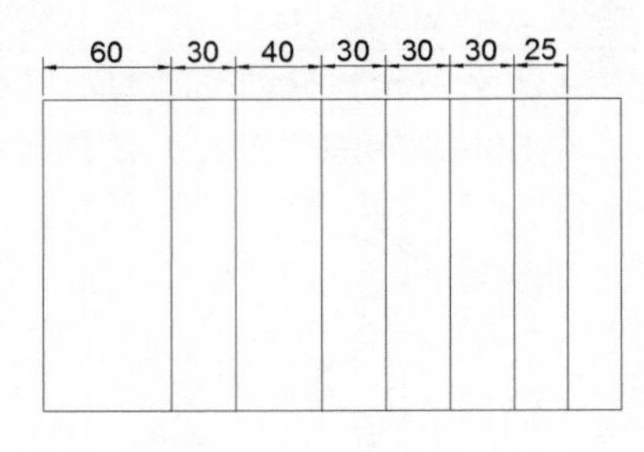

图 10-57

Step 03 执行“偏移”命令（O），将矩形的上侧水平边垂直向上偏移 28mm，向下偏移 77mm，如图 10-58 所示。

Step 04 执行“直线”命令（L），捕捉相应的点进行直线连接操作，如图 10-59 所示。

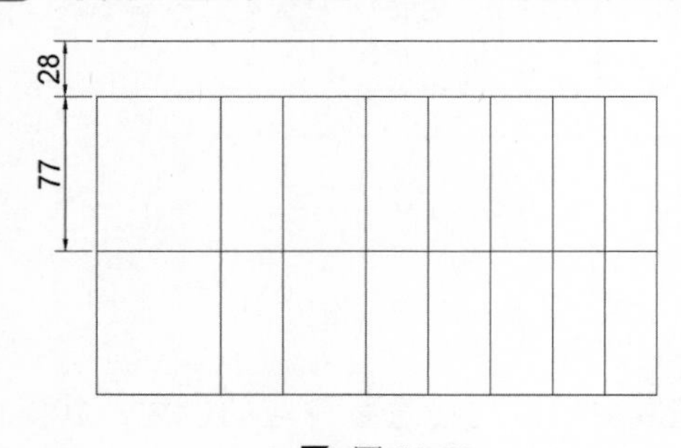

图 10-58

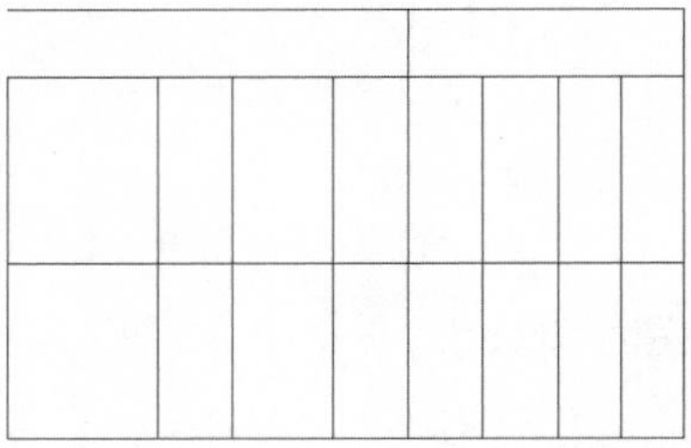

图 10-59

Step 05 执行“修剪”命令（TR），将多余的线段进行修剪并删除操作，如图 10-60 所示。

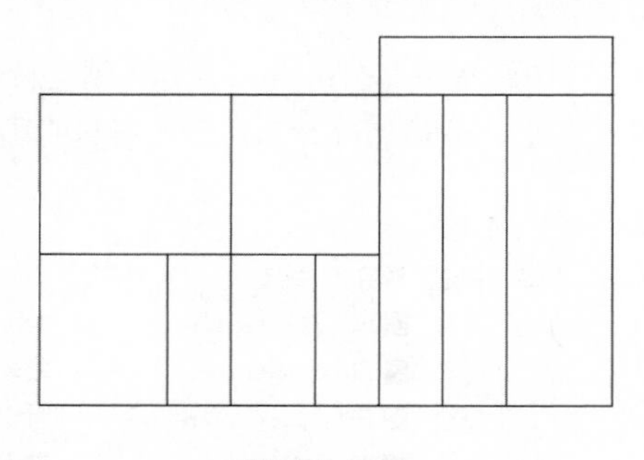

图 10-60

10.4.3 绘制电气元件符号

前面已绘制好了线路结构图，下面介绍电气元件的绘制，利用多段线、插入块、修剪和删除等命令绘制图形。

1. 绘制光敏电阻符号

下面介绍光敏电阻符号的绘制，操作步骤如下。

Step 01 执行“插入块”命令（I），比例因子为 0.5，将“案例\03\电阻.dwg”文件插入视图中，如图 10-61 所示。

Step 02 按<F10>键打开“极轴追踪”模式，并其设置追踪角度值为–30°。

Step 03 执行“多段线”命令（PL），在矩形的上方采用极轴追踪的方式由上向右下侧绘制一条长 3mm 的斜线段，当命令行提示“指定下一点或 [圆弧(A)/闭合(C)/半宽(H)/长度(L)/放弃(U)/宽度(W)]:”时，选择“宽度(W)”项，设置起点宽度为 1，端点宽度为 0，继续使用极轴追踪方式，将光标继续向右下侧移动，然后输入长度为 3mm，如图 10-62 所示在斜线延长线上绘制箭头图形。

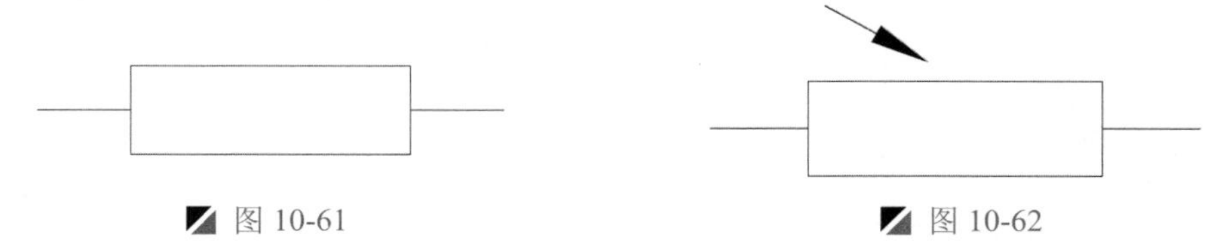

图 10-61　　图 10-62

Step 04 按同样的方法绘制另一个箭头图形，从而完成光敏电阻符号的绘制，如图 10-63 所示。

图 10-63　　图 10-64

2. 绘制滑动触点电位器符号

执行“插入块”命令（I），将“案例\03\滑动触点电位器.dwg”文件插入到图形中，如图 10-64 所示。

10.4.4 组合图形

将前面绘制好的电气符号和线路结构图，利用复制、移动、旋转、缩放和修剪等命令对其进行操作。

Step 01 执行“插入块”命令（I），设置旋转角度 90°，比例因子为 2，将“案例\03\电阻.dwg”文件插入视图中，并进行相应的修剪操作，如图 10-65 所示。

Step 02 利用旋转、移动命令，将绘制好的光敏电阻和滑线式变阻器符号移动到如图 10-66 所示的位置，并进行相应的修剪。

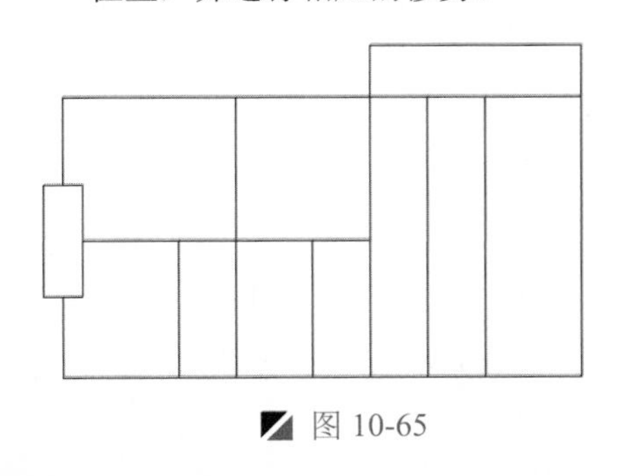

图 10-65

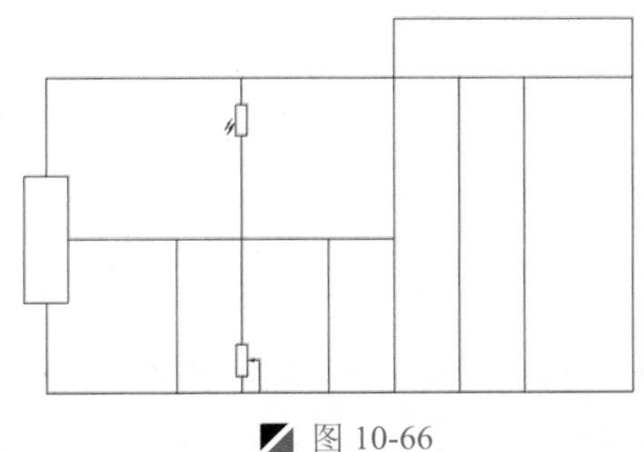

图 10-66

Step 03 执行“插入块”命令（I），将“案例\03 灯.dwg”文件插入视图中，并进行相应的修剪，如图 10-67 所示。

Step 04 采用同样的方法，将电阻、电容、二极管、三极管符号插入结构图中，并根据元件符号的大小利用缩放、旋转、复制、移动功能来进行相应的调整，如图 10-68 所示。

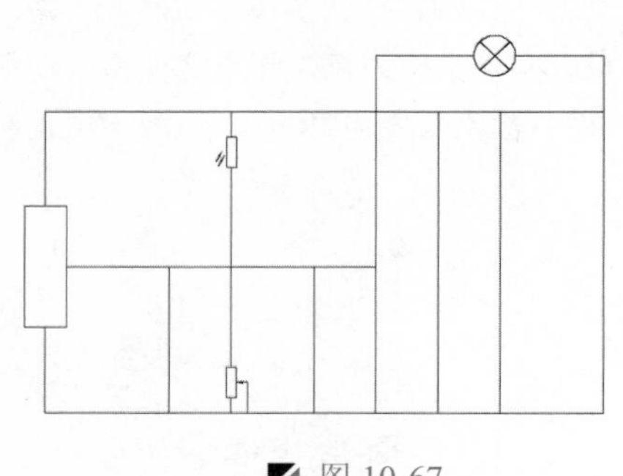

图 10-67

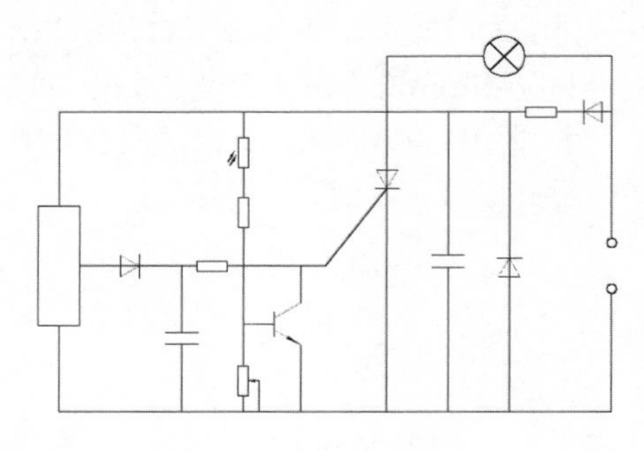

图 10-68

10.4.5 添加文字注释

前面已经完成了照明灯延时关断线路图的绘制，下面分别在相应位置处添加文字注释，利用“单行文字”命令进行操作。

Step 01 在“图层控制”下拉列表中，选择“文字”图层设为当前图层。

Step 02 选择“格式 | 文字样式”菜单命令，在弹出的“文字样式”对话框下选择文字的样式为默认的“Standard”样式，设置字体为宋体，高度为 5，然后分别单击“应用”、“置为当前”和“关闭”按钮。

Step 03 执行“单行文字”命令（DT），在图中相应位置输入相关的文字说明，以完成照明灯延时关断线路图的文字注释，如图 10-69 所示。

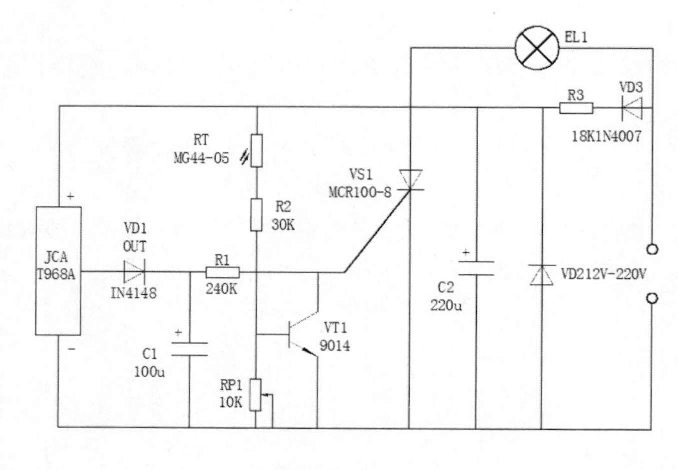

图 10-69

Step 04 至此，该照明灯延时关断线路图的绘制已完成，按<Ctrl+S>组合键进行保存。

附录 A AutoCAD 常见的快捷命令

1．对象特性					
快捷键	命令	含义	快捷键	命令	含义
AA	AREA	面积	LTS	LTSCALE	线形比例
ADC	ADCENTER	设计中心	LW	LWEIGHT	线宽
AL	ALIGN	对齐	MA	MATCHPROP	属性匹配
ATE	ATTEDIT	编辑属性	OP	OPTIONS	自定义设置
ATT	ATTDEF	属性定义	OS	OSNAP	设置捕捉模式
BO	BOUNDARY	边界创建	PRE	PREVIEW	打印预览
CH	PROPERTIES	修改特性	PRINT	PLOT	打印
COL	COLOR	设置颜色	PU	PURGE	清除垃圾
DI	DIST	距离	R	REDRAW	重新生成
DS	DSETTINGS	设置极轴追踪	REN	RENAME	重命名
EXIT	QUIT	退出	SN	SNAP	捕捉栅格
EXP	EXPORT	输出文件	ST	STYLE	文字样式
IMP	IMPORT	输入文件	TO	TOOLBAR	工具栏
LA	LAYER	图层操作	UN	UNITS	图形单位
LI	LIST	显示数据信息	V	VIEW	命名视图
LT	LINETYPE	线形			
2．绘图命令					
快捷键	命令	含义	快捷键	命令	含义
A	ARC	圆弧	MT	MTEXT	多行文本
B	BLOCK	块定义	PL	PLINE	多段线
C	CIRCLE	圆	PO	POINT	点
DIV	DIVIDE	等分	POL	POLYGON	正多边形
DO	DONUT	圆环	REC	RECTANGLE	矩形
EL	ELLIPSE	椭圆	REG	REGION	面域
H	BHATCH	填充	SPL	SPLINE	样条曲线
I	INSERT	插入块	T	MTEXT	多行文本
L	LINE	直线	W	WBLOCK	定义块文件
ML	MLINE	多线	XL	XLINE	构造线
3．修改命令					
快捷键	命令	含义	快捷键	命令	含义
AR	ARRAY	阵列	M	MOVE	移动
BR	BREAK	打断	MI	MIRROR	镜像
CHA	CHAMFER	倒角	O	OFFSET	偏移
CO	COPY	复制	PE	PEDIT	多段线编辑
E	ERASE	删除	RO	ROTATE	旋转
ED	DDEDIT	修改文本	S	STRETCH	拉伸
EX	EXTEND	延伸	SC	SCALE	比例缩放
F	FILLET	倒圆角	TR	TRIM	修剪
LEN	LENGTHEN	直线拉长	X	EXPLODE	分解

4．视窗缩放

快捷键	命令	含义	快捷键	命令	含义
P	PAN	平移	Z+P		返回上一视图
Z		局部放大	Z+双空格		实时缩放
Z+E		显示全图			

5．尺寸标注

快捷键	命令	含义	快捷键	命令	含义
D	DIMSTYLE	标注样式	DED	DIMEDIT	编辑标注
DAL	DIMALIGNED	对齐标注	DLI	DIMLINEAR	直线标注
DAN	DIMANGULAR	角度标注	DOR	DIMORDINATE	点标注
DBA	DIMBASELINE	基线标注	DOV	DIMOVERRIDE	替换标注
DCE	DIMCENTER	中心标注	DRA	DIMRADIUS	半径标注
DCO	DIMCONTINUE	连续标注	LE	QLEADER	快速引出标注
DDI	DIMDIAMETER	直径标注	TOL	TOLERANCE	标注形位公差

6．常用 Ctrl 快捷键

快捷键	命令	含义	快捷键	命令	含义
Ctrl+1	PROPERTIES	修改特性	Ctrl+O	OPEN	打开文件
Ctrl+L	ORTHO	正交	Ctrl+P	PRINT	打印文件
Ctrl+N	NEW	新建文件	Ctrl+S	SAVE	保存文件
Ctrl+2	ADCENTER	设计中心	Ctrl+U		极轴
Ctrl+B	SNAP	栅格捕捉	Ctrl+V	PASTECLIP	粘贴
Ctrl+C	COPYCLIP	复制	Ctrl+W		对象追踪
Ctrl+F	OSNAP	对象捕捉	Ctrl+X	CUTCLIP	剪切
Ctrl+G	GRID	栅格	Ctrl+Z	UNDO	放弃

7．常用功能键

快捷键	命令	含义	快捷键	命令	含义
F1	HELP	帮助	F7	GRIP	栅格
F2		文本窗口	F8	ORTHO	正交
F3	OSNAP	对象捕捉			

附录 B AutoCAD 常用的系统变量

A	
变量	含义
ACADLSPASDOC	控制 AutoCAD 是将 acad.lsp 文件加载到所有图形中，还是仅加载到在 AutoCAD 任务中打开的第一个文件中
ACADPREFIX	存储由 ACAD 环境变量指定的目录路径（如果有的话），如果需要则添加路径分隔符
ACADVER	存储 AutoCAD 版本号
ACISOUTVER	控制 ACISOUT 命令创建的 SAT 文件的 ACIS 版本
AFLAGS	设置 ATTDEF 位码的属性标志
ANGBASE	设置相对当前 UCS 的 0° 基准角方向
ANGDIR	设置相对当前 UCS 以 0° 为起点的正角度方向
APBOX	打开或关闭 AutoSnap 靶框
APERTURE	以像素为单位设置对象捕捉的靶框尺寸
AREA	存储由 AREA、LIST 或 DBLIST 计算出来的最后一个面积
ATTDIA	控制 INSERT 是否使用对话框获取属性值
ATTMODE	控制属性的显示方式
ATTREQ	确定 INSERT 在插入块时是否使用默认属性设置
AUDITCTL	控制 AUDIT 命令是否创建核查报告文件(ADT)
AUNITS	设置角度单位
AUPREC	设置角度单位的小数位数
AUTOSNAP	控制 AutoSnap 标记、工具栏提示和磁吸
B	
变量	含义
BACKZ	存储当前视口后剪裁平面到目标平面的偏移值
BINDTYPE	控制绑定或在位编辑外部参照时外部参照名称的处理方式
BLIPMODE	控制点标记是否可见
C	
变量	含义
CDATE	设置日历的日期和时间
CECOLOR	设置新对象的颜色
CELTSCALE	设置当前对象的线型比例缩放因子
CELTYPE	设置新对象的线型
CELWEIGHT	设置新对象的线宽
CHAMFERA	设置第一个倒角距离
CHAMFERB	设置第二个倒角距离
CHAMFERC	设置倒角长度
CHAMFERD	设置倒角角度
CHAMMODE	设置 AutoCAD 创建倒角的输入模式
CIRCLERAD	设置默认的圆半径
CLAYER	设置当前图层
CMDACTIVE	存储一个位码值，此位码值标识激活的是普通命令、透明命令、脚本还是对话框
CMDECHO	控制 AutoLISP 的(command)函数运行时 AutoCAD 是否回显提示和输入
CMDNAMES	显示活动命令和透明命令的名称
CMLJUST	指定多线对正方式
CMLSCALE	控制多线的全局宽度
CMLSTYLE	设置多线样式
COMPASS	控制当前视口中三维坐标球的开关状态
COORDS	控制状态栏上的坐标更新方式
CPLOTSTYLE	控制新对象的当前打印样式
CPROFILE	存储当前配置文件的名称
CTAB	返回图形中的当前选项卡(模型或布局)名称。通过本系统变量，用户可确定当前的活动选项卡
CURSORSIZE	按屏幕大小的百分比确定十字光标的大小
CVPORT	设置当前视口的标识号
D	
变量	含义
DATE	存储当前日期和时间
DBMOD	用位码表示图形的修改状态
DCTCUST	显示当前自定义拼写词典的路径和文件名
DCTMAIN	本系统变量显示当前的主拼写词典的文件名
DEFLPLSTYLE	为新图层指定默认打印样式名称
DEFPLSTYLE	为新对象指定默认打印样式名称
DELOBJ	控制用来创建其他对象的对象将从图形数据库中删除还是保留在图形数据库中
DEMANDLOAD	在图形包含由第三方应用程序创建的自定义对象时，指定 AutoCAD 是否以及何时要求加载此应用程序
DIASTAT	存储最近一次使用对话框的退出方式
DIMADEC	控制角度标注显示精度的小数位
DIMALT	控制标注中换算单位的显示
DIMALTD	控制换算单位中小数的位数
DIMALTF	控制换算单位中的比例因子

DIMALTRND	决定换算单位的舍入
DIMALTTD	设置标注换算单位公差值的小数位数
DIMALTTZ	控制是否对公差值作消零处理
DIMALTU	设置所有标注样式族成员（角度标注除外）的换算单位的单位格式
DIMALTZ	控制是否对换算单位标注值作消零处理
DIMAPOST	指定所有标注类型（角度标注除外）换算标注测量值的文字前缀或后缀（或两者都指定）
DIMASO	控制标注对象的关联性
DIMASZ	控制尺寸线、引线箭头的大小
DIMATFIT	当尺寸界线的空间不足以同时放下标注文字和箭头时，确定这两者的排列方式
DIMAUNIT	设置角度标注的单位格式
DIMAZIN	对角度标注作消零处理
DIMBLK	设置显示在尺寸线或引线末端的箭头块
DIMBLK1	当DIMSAH为开时，设置尺寸线第一个端点箭头
DIMBLK2	当DIMSAH为开时，设置尺寸线第二个端点箭头
DIMCEN	控制由DIMCENTER、DIMDIAMETER和 DIMRADIUS 绘制的圆或圆弧的圆心标记和中心线
DIMCLRD	为尺寸线、箭头和标注引线指定颜色
DIMCLRE	为尺寸界线指定颜色
DIMCLRT	为标注文字指定颜色
DIMDEC	设置标注主单位显示的小数位位数
DIMDLE	当使用小斜线代替箭头进行标注时，设置尺寸线超出尺寸界线的距离
DIMDLI	控制基线标注中尺寸线的间距
DIMDSEP	指定一个单独的字符作为创建十进制标注时使用的小数分隔符
DIMEXE	指定尺寸界线超出尺寸线的距离
DIMEXO	指定尺寸界线偏离原点的距离
DIMFIT	已废弃。现由 DIMATFIT 和 DIMTMOVE 代替
DIMFRAC	设置当 DIMLUNIT 被设为 4（建筑）或 5（分数）时的分数格式
DIMGAP	在尺寸线分段以放置标注文字时，设置标注文字周围的距离
DIMJUST	控制标注文字的水平位置
DIMLDRBLK	指定引线的箭头类型
DIMLFAC	设置线性标注测量值的比例因子
DIMLIM	将极限尺寸生成为默认文字
DIMLUNIT	为所有标注类型（角度标注除外）设置单位
DIMLWD	指定尺寸线的线宽
DIMLWE	指定尺寸界线的线宽
DIMPOST	指定标注测量值的文字前缀/后缀（或两者都指定）
DIMRND	将所有标注距离舍入到指定值

DIMSAH	控制尺寸线箭头块的显示
DIMSCALE	为标注变量（指定尺寸、距离或偏移量）设置全局比例因子
DIMSD1	控制是否禁止显示第一条尺寸线
DIMSD2	控制是否禁止显示第二条尺寸线
DIMSE1	控制是否禁止显示第一条尺寸界线
DIMSE2	控制是否禁止显示第二条尺寸界线
DIMSHO	控制是否重新定义拖动的标注对象
DIMSOXD	控制是否允许尺寸线绘制到尺寸界线之外
DIMSTYLE	显示当前标注样式
DIMTAD	控制文字相对尺寸线的垂直位置
DIMTDEC	设置标注主单位的公差值显示的小数位数
DIMTFAC	设置用来计算标注分数或公差文字的高度的比例因子
DIMTIH	控制所有标注类型（坐标标注除外）的标注文字在尺寸界线内的位置
DIMTIX	在尺寸界线之间绘制文字
DIMTM	当 DIMTOL 或 DIMLIM 为开时，为标注文字设置最大下偏差
DIMTMOVE	设置标注文字的移动规则
DIMTOFL	控制是否将尺寸线绘制在尺寸界线之间（即使文字放置在尺寸界线之外）
DIMTOH	控制标注文字在尺寸界线外的位置
DIMTOL	将公差添加到标注文字中
DIMTOLJ	设置公差值相对名词性标注文字的垂直对正方式
DIMTP	当 DIMTOL 或 DIMLIM 为开时，为标注文字设置最大上偏差
DIMTSZ	指定线性标注、半径标注以及直径标注中替代箭头的小斜线尺寸
DIMTVP	控制尺寸线上方或下方标注文字的垂直位置
DIMTXSTY	指定标注的文字样式
DIMTXT	指定标注文字的高度，除非当前文字样式具有固定的高度
DIMTZIN	控制是否对公差值作消零处理
DIMUNIT	已废弃，现由DIMLUNIT和DIMFRAC代替
DIMUPT	控制用户定位文字的选项
DIMZIN	控制是否对主单位值作消零处理
DISPSILH	控制线框模式下实体对象轮廓曲线的显示
DISTANCE	存储由 DIST 计算的距离
DONUTID	设置圆环的默认内直径
DONUTOD	设置圆环的默认外直径
DRAGMODE	控制拖动对象的显示
DRAGP1	设置重生成拖动模式下的输入采样率
DRAGP2	设置快速拖动模式下的输入采样率
DWGCHECK	确定图形最后是否经非 AutoCAD 程序编辑

DWGCODEPAGE	存储与 SYSCODEPAGE 系统变量相同的值（出于兼容性的原因）
DWGNAME	存储用户输入的图形名
DWGPREFIX	存储图形文件的“驱动器/目录”前缀
DWGTITLED	指出当前图形是否已命名
E	
变量	含义
EDGEMODE	控制 TRIM 和 EXTEND 确定剪切边和边界的方式
ELEVATION	存储当前空间的当前视口中相对于当前 UCS 的当前标高值
EXPERT	控制是否显示某些特定提示
EXPLMODE	控制 EXPLODE 是否支持比例不一致（NUS）的块
EXTMAX	存储图形范围右上角点的坐标
EXTMIN	存储图形范围左下角点的坐标
EXTNAMES	为存储于符号表中的已命名对象名称（例如线型和图层）设置参数
F	
变量	含义
FACETRATIO	控制圆柱或圆锥 ACIS 实体镶嵌面的宽高比
FACETRES	调整着色对象和渲染对象的平滑度，对象的隐藏线被删除
FILEDIA	禁止显示文件对话框
FILLETRAD	存储当前的圆角半径
FILLMODE	指定多线、宽线、二维填充、所有图案填充（包括实体填充）和宽多段线是否被填充
FONTALT	指定在找不到指定的字体文件时使用的替换字体
FONTMAP	指定要用到的字体映射文件
FRONTZ	存储当前视口中前剪裁平面到目标平面的偏移量
FULLOPEN	指示当前图形是否被局部打开
G	
变量	含义
GRIDMODE	打开或关闭栅格
GRIDUNIT	指定当前视口的栅格间距（X 和 Y 方向）
GRIPBLOCK	控制块中夹点的分配
GRIPCOLOR	控制未选定夹点（绘制为轮廓框）的颜色
GRIPHOT	控制选定夹点（绘制为实心块）的颜色
GRIPS	控制“拉伸”、“移动”、“旋转”、“比例”和“镜像”夹点模式中选择集夹点的使用
GRIPSIZE	以像素为单位设置显示夹点框的大小
H	
变量	含义
HANDLES	报告应用程序是否可以访问对象句柄
HIDEPRECISION	控制消隐和着色的精度
HIGHLIGHT	控制对象的亮显。它并不影响使用夹点选定的对象
HPANG	指定填充图案的角度
HPBOUND	控制 BHATCH 和 BOUNDARY 创建的对象类型
HPDOUBLE	指定用户定义图案的交叉填充图案
HPNAME	设置默认的填充图案名称
HPSCALE	指定填充图案的比例因子
HPSPACE	为用户定义的简单图案指定填充图案的线间距
HYPERLINKBASE	指定图形中用于所有相对超级链接的路径
I	
变量	含义
IMAGEHLT	控制是亮显整个光栅图像还是仅亮显光栅图像边框
INDEXCTL	控制是否创建图层和空间索引并保存到图形文件中
INETLOCATION	存储 BROWSER 和“浏览 Web 对话框”使用的网址
INSBASE	存储 BASE 设置的插入基点
INSNAME	为 INSERT 设置默认块名
INSUNITS	当从 AutoCAD 设计中心拖放块时，指定图形单位值
INSUNITSDEFSOURCE	设置源内容的单位值
INSUNITSDEFTARGET	设置目标图形的单位值
ISAVEBAK	提高增量保存速度，特别是对于大的图形
ISAVEPERCENT	确定图形文件中所允许的占用空间的总量
ISOLINES	指定对象上每个曲面的轮廓素线的数目
L	
变量	含义
LASTANGLE	存储上一个输入圆弧的端点角度
LASTPOINT	存储上一个输入的点
LASTPROMPT	存储显示在命令行中的上一个字符串
LENSLENGTH	存储当前视口透视图中的镜头焦距长度（以毫米为单位）
LIMCHECK	控制在图形界限之外是否可以生成对象
LIMMAX	存储当前空间的右上方图形界限
LIMMIN	存储当前空间的左下方图形界限
LISPINIT	当使用单文档界面时，指定打开新图形时是否保留 AutoLISP 定义的函数和变量
LOCALE	显示当前 AutoCAD 版本的国际标准化组织（ISO）语言代码
LOGFILEMODE	指定是否将文本窗口的内容写入日志文件
LOGFILENAME	指定日志文件的路径和名称
LOGFILEPATH	为同一任务中的所有图形指定日志文件的路径

读书破万卷

LOGINNAME	显示加载 AutoCAD 时配置或输入的用户名
LTSCALE	设置全局线型比例因子
LUNITS	设置线性单位
LUPREC	设置线性单位的小数位数
LWDEFAULT	设置默认线宽的值
LWDISPLAY	控制“模型”或“布局”选项卡中的线宽显示
LWUNITS	控制线宽的单位显示为英寸还是毫米
M	
变量	含义
MAXACTVP	设置一次最多可以激活多少视口
MAXSORT	设置列表命令可以排序的符号名或块名的最大数目
MBUTTONPAN	控制定点设备第三按钮或滑轮的动作响应
MEASUREINIT	设置初始图形单位（英制或公制）
MEASUREMENT	设置当前图形的图形单位（英制或公制）
MENUCTL	控制屏幕菜单中的页切换
MENUECHO	设置菜单回显和提示控制位
MENUNAME	存储菜单文件名，包括文件名路径
MIRRTEXT	控制 MIRROR 对文字的影响
MODEMACRO	在状态行显示字符串
MTEXTED	设置用于多行文字对象的首选和次选文字编辑器
N	
变量	含义
NOMUTT	禁止消息显示，即不反馈工况（如果消息在通常情况不禁止）
O	
变量	含义
OFFSETDIST	设置默认的偏移距离
OFFSETGAPTYPE	控制如何偏移多段线以弥补偏移多段线的单个线段所留下的间隙
OLEHIDE	控制 AutoCAD 中 OLE 对象的显示
OLEQUALITY	控制内嵌的 OLE 对象质量默认的级别
OLESTARTUP	控制打印内嵌 OLE 对象时是否加载其源应用程序
ORTHOMODE	限制光标在正交方向移动
OSMODE	使用位码设置执行对象捕捉模式
OSNAPCOORD	控制是否从命令行输入坐标替代对象捕捉
P	
变量	含义
PAPERUPDATE	控制警告对话框的显示（如果试图以不同于打印配置文件默认指定的图纸大小打印布局）
PDMODE	控制如何显示点对象
PDSIZE	设置显示的点对象大小
PERIMETER	存储 AREA、LIST 或 DBLIST 计算的最后一个周长值
PFACEVMAX	设置每个面顶点的最大数目
PICKADD	控制后续选定对象是替换当前选择集还是追加到当前选择集中
PICKAUTO	控制“选择对象”提示下是否自动显示选择窗口
PICKBOX	设置选择框的高度
PICKDRAG	控制绘制选择窗口的方式
PICKFIRST	控制在输入命令之前（先选择后执行）还是之后选择对象
PICKSTYLE	控制编组选择和关联填充选择的使用
PLATFORM	指示 AutoCAD 工作的操作系统平台
PLINEGEN	设置如何围绕二维多段线的顶点生成线型图案
PLINETYPE	指定 AutoCAD 是否使用优化的二维多段线
PLINEWID	存储多段线的默认宽度
PLOTID	已废弃，在 AutoCAD2000 中没有效果，但在保持 AutoCAD2000 以前版本的脚本和 LISP 程序的完整性时还可能有用
PLOTROTMODE	控制打印方向
PLOTTER	已废弃，在 AutoCAD2000 中没有效果，但在保持 AutoCAD2000 以前版本的脚本和 LISP 程序的完整性时还可能有用
PLQUIET	控制显示可选对话框以及脚本和批打印的非致命错误
POLARADDANG	包含用户定义的极轴角
POLARANG	设置极轴角增量
POLARDIST	当 SNAPSTYL 系统变量设置为 1（极轴捕捉）时，设置捕捉增量
POLARMODE	控制极轴和对象捕捉追踪设置
POLYSIDES	设置 POLYGON 的默认边数
POPUPS	显示当前配置的显示驱动程序状态
PRODUCT	返回产品名称
PROGRAM	返回程序名称
PROJECTNAME	给当前图形指定一个工程名称
PROJMODE	设置修剪和延伸的当前“投影”模式
PROXYGRAPHICS	指定是否将代理对象的图像与图形一起保存
PROXYNOTICE	如果打开一个包含自定义对象的图形，而创建此自定义对象的应用程序尚未加载时，显示通知
PROXYSHOW	控制图形中代理对象的显示
PSLTSCALE	控制图纸空间的线型比例
PSPROLOG	为使用 PSOUT 时从 acad.psf 文件读取的前导段指定一个名称
PSQUALITY	控制 Postscript 图像的渲染质量
PSTYLEMODE	指明当前图形处于“颜色相关打印样式”还是“命名打印样式”模式
PSTYLEPOLICY	控制对象的颜色特性是否与其打印样式相关联
PSVPSCALE	为新创建的视口设置视图缩放比例因子

PUCSBASE	存储仅定义图纸空间中正交 UCS 设置的原点和方向的 UCS 名称
Q	
变量	含义
QTEXTMODE	控制文字的显示方式
R	
变量	含义
RASTERPREVIEW	控制 BMP 预览图像是否随图形一起保存
REFEDITNAME	指示图形是否处于参照编辑状态，并存储参照文件名
REGENMODE	控制图形的自动重生成
RE-INIT	初始化数字化仪、数字化仪端口和 acad.pgp 文件
RTDISPLAY	控制实时缩放(ZOOM)或平移(PAN)时光栅图像的显示
S	
变量	含义
SAVEFILE	存储当前用于自动保存的文件名
SAVEFILEPATH	为 AutoCAD 任务中所有自动保存文件指定目录的路径
SAVENAME	在保存图形之后存储当前图形的文件名和目录路径
SAVETIME	以分钟为单位设置自动保存的时间间隔
SCREENBOXES	存储绘图区域的屏幕菜单区显示的框数
SCREENMODE	存储表示 AutoCAD 显示的图形/文本状态的位码值
SCREENSIZE	以像素为单位存储当前视口的大小（X 和 Y 值）
SDI	控制 AutoCAD 运行于单文档还是多文档界面
SHADEDGE	控制渲染时边的着色
SHADEDIF	设置漫反射光与环境光的比率
SHORTCUTMENU	控制“默认”、“编辑”和“命令”模式的快捷菜单在绘图区域是否可用
SHPNAME	设置默认的形名称
SKETCHINC	设置 SKETCH 使用的记录增量
SKPOLY	确定 SKETCH 生成直线还是多段线
SNAPANG	为当前视口设置捕捉和栅格的旋转角
SNAPBASE	相对于当前 UCS 设置当前视口中捕捉和栅格的原点
SNAPISOPAIR	控制当前视口的等轴测平面
SNAPMODE	打开或关闭“捕捉”模式
SNAPSTYL	设置当前视口的捕捉样式
SNAPTYPE	设置当前视口的捕捉样式
SNAPUNIT	设置当前视口的捕捉间距
SOLIDCHECK	打开或关闭当前 AutoCAD 任务中的实体校验
SORTENTS	控制 OPTIONS 命令（从“选择”选项卡中执行）对象排序操作
SPLFRame	控制样条曲线和样条拟合多段线的显示
SPLINESEGS	设置为每条样条拟合多段线生成的线段数目
SPLINETYPE	设置用 PEDIT 命令的“样条曲线”选项生成的曲线类型
SURFTAB1	设置 RULESURF 和 TABSURF 命令所用到的网格面数目
SURFTAB2	设置 REVSURF 和 EDGESURF 在 N 方向上的网格密度
SURFTYPE	控制 PEDIT 命令的“平滑”选项生成的拟合曲面类型
SURFU	设置 PEDIT 的“平滑”选项在 M 方向所用到的表面密度
SURFV	设置 PEDIT 的“平滑”选项在 N 方向所用到的表面密度
SYSCODEPAGE	指示 acad.xmf 中指定的系统代码页
T	
变量	含义
TABMODE	控制数字化仪的使用
TARGET	存储当前视口中目标点的位置
TDCREATE	存储图形创建的本地时间和日期
TDINDWG	存储总编辑时间
TDUCREATE	存储图形创建的国际时间和日期
TDUPDATE	存储最后一次更新/保存的本地时间和日期
TDUSRTIMER	存储用户消耗的时间
TDUUPDATE	存储最后一次更新/保存的国际时间和日期
TEMPPREFIX	包含用于放置临时文件的目录名
TEXTEVAL	控制处理字符串的方式
TEXTFILL	控制打印、渲染以及使用 PSOUT 命令输出时 TrueType 字体的填充方式
TEXTQLTY	控制打印、渲染以及使用 PSOUT 命令输出时 TrueType 字体轮廓的分辨率
TEXTSIZE	设置以当前文字样式绘制出来的新文字对象的默认高
TEXTSTYLE	设置当前文字样式的名称
THICKNESS	设置当前三维实体的厚度
TILEMODE	将“模型”或最后一个布局选项卡设置为当前选项卡
TOOLTIPS	控制工具栏提示的显示
TRACEWID	设置宽线的默认宽度
TRACKPATH	控制显示极轴和对象捕捉追踪的对齐路径
TREEDEPTH	指定最大深度，即树状结构的空间索引可以分出分支的最大数目
TREEMAX	通过限制空间索引（八叉树）中的节点数目，从而限制重新生成图形时占用的内存
TRIMMODE	控制 AutoCAD 是否修剪倒角和圆角的边缘
TSPACEFAC	控制多行文字的行间距。以文字高度的比例计算 t
TSPACETYPE	控制多行文字中使用的行间距类型
TSTACKALIGN	控制堆迭文字的垂直对齐方式

TSTACKSIZE	控制堆迭文字分数的高度相对于选定文字的当前高度的百分比
U	
变量	含义
UCSAXISANG	存储使用 UCS 命令的 X，Y 或 Z 选项绕轴旋转 UCS 时的默认角度值
UCSBASE	存储定义正交 UCS 设置的原点和方向的 UCS 名称
UCSFOLLOW	用于从一个 UCS 转换到另一个 UCS 时生成一个平面视图
UCSICON	显示当前视口的 UCS 图标
UCSNAME	存储当前空间中当前视口的当前坐标系名称
UCSORG	存储当前空间中当前视口的当前坐标系原点
UCSORTHO	确定恢复一个正交视图时是否同时自动恢复相关的正交 UCS 设置
UCSVIEW	确定当前 UCS 是否随命名视图一起保存
UCSVP	确定活动视口的 UCS 保持定态还是作相应改变以反映当前活动视口的 UCS 状态
UCSXDIR	存储当前空间中当前视口的当前 UCS 的 X 方向
UCSYDIR	存储当前空间中当前视口的当前 UCS 的 Y 方向
UNDOCTL	存储指示 UNDO 命令的“自动”和“控制”选项的状态位码
UNDOMARKS	存储“标记”选项放置在 UNDO 控制流中的标记数目
UNITMODE	控制单位的显示格式
USERI1-5	存储和提取整型值
USERR1-5	存储和提取实型值
USERS1-5	存储和提取字符串数据
V	
变量	含义
VIEWCTR	存储当前视口中视图的中心点
VIEWDIR	存储当前视口中的查看方向
VIEWMODE	使用位码控制当前视口的查看模式
VIEWSIZE	存储当前视口的视图高度
VIEWTWIST	存储当前视口的视图扭转角
VISRETAIN	控制外部参照依赖图层的可见性、颜色、线型、线宽和打印样式（如果 PSTYLEPOLICY 设置为 0），并且指定是否保存对嵌套外部参照路径的修改
VSMAX	存储当前视口虚屏的右上角坐标
VSMIN	存储当前视口虚屏的左下角坐标
W	
变量	含义
WHIPARC	控制圆或圆弧是否平滑显示
WMFBKGND	控制 WMFOUT 命令输出的 Windows 图元文件、剪贴板中对象的图元格式，以及拖放到其他应用程序的图元的背景
WORLDUCS	指示 UCS 是否与 WCS 相同
WORLDVIEW	确定响应 3DORBIT、DVIEW 和 VPOINT 命令的输入是相对于 WCS（默认），还是相对于当前 UCS 或由 UCSBASE 系统变量指定的 UCS
WRITESTAT	指出图形文件是只读的还是可写的。开发人员需要通过 AutoLISP 确定文件的读/写状态
X	
变量	含义
XCLIPFRame	控制外部参照剪裁边界的可见性
XEDIT	控制当前图形被其他图形参照时是否可以在位编辑
XFADECTL	控制在位编辑参照时的褪色度
XLOADCTL	打开或关闭外部参照文件的按需加载功能，控制打开原始图形还是打开一个副本
XLOADPATH	创建一个路径用于存储按需加载的外部参照文件临时副本
XREFCTL	控制 AutoCAD 是否生成外部参照的日志文件(XLG)
Z	
变量	含义
ZOOMFACTOR	控制智能鼠标的每一次前移或后退操作所执行的缩放增量